網路行銷與創新商務服務

|第四版| 雲端商務和物聯網個案集

第四版 序

本次第四版改版重點，是修改加入最新議題：第 9 章虛實整合和平台共享行銷，和:第 10 章成長駭客和大數據行銷，其中包括：程序化購買機制，AIoT**(Artificial Intelligence and Internet of Thing)**企業應用資訊系統，新零售虛實整合架構等，以及產業實務案例介紹。

在目前全球化產業因應急遽創新科技變化下，其生態版圖也快速變遷，尤其是物聯網和雲端運算創新科技的來臨，它更改變了網路行銷的創新運作模式，本次改版，就是因應新的 IOT(internet of things) 和 Cloud computing 營運模式，融入於網路行銷個案裡，這些新個案都是國際性和前瞻性的議題，期望能讓讀者可以藉由此書得到具有競爭力的個案學習。

在現今商業時代裏，全球化、網路化、知識化已成為企業產業和職場生涯的發展主軸。在這個主軸中，網路化經營促成了全球化市場，全球化經濟加速了網路化平台，進而創造了知識化的核心能力。因此，網路行銷是企業全球營業化的金鑰。同樣地，網路行銷也是個人全球化職場的入門。

企業資訊系統變革除了因軟體技術和流程再造的變革而創新，但此時在產業全球生態化競爭之際，更需要另一種變革，也就是智能物件的變革。Internet 開啟了企業真實和虛擬的結合，但物聯網創造了企業現實和物理的結合，因此新的一代企業營運資訊化應用須結合 internet 和物聯網。

天地之間，無所遁形。天之籠罩，地之織網，將其大自然生態的生命力變化鉅細靡遺的留存於時空內。雲端環境就如同天一般的籠罩，而物聯網就如同地一般的織網，因此當雲端環境和物聯網建構完成之時，也就是創造出產業生態化形成之際。

雲端商務和物聯網的結合價值在於產業資源規劃的最佳化上。

從事學術理論研究的支援下，促使筆者在該本書撰寫的企圖心，也因經歷到各種實戰經驗之下，想將這些知識和心得共同分享。

最後，誠惶誠恐的期盼各界先進者和讀者，能為本書不足和錯誤之處，不吝指正，其中也引用先進者相關文獻和圖表，謹在於講究完整性和重要性的參考引用，絕無侵害之意。在撰寫本書期間中，相關朋友在收集資料和討論內容的努力，以及家人的支持，再加上出版編輯的敦促幫忙，才得以完成這本書，雖然盡力投入，仍顯倉促和失誤在所難免，期望在下一個版本能更完整無誤和充實。

而為了和學員讀者更深入互動，特開闢 facebook：

https://www.facebook.com/cittechweb/

陳瑞陽 107.3 提筆

e-mail: 168chenchen@gmail.com

本書導讀

這是一本融合學術理論、業界實務、個案分析、整合趨勢、考試參考、學生專題，並可做為大專院校在網路行銷和創新管理課程，以及企業辦訓等網路創新商務服務與行銷內容的書籍。

本書特色

教學導向

以教學為導向，在編排設計上以每學期 16 週實際上課時數，安排有 12 章（每章列舉豐富多元和目前新趨勢代表性的實際公司個案：電子錢包、智能停車位撮合、智慧電冰箱和食用感測、情境感知、興趣圖譜、物聯網化服務…等）。以及 6 個創新服務之網路行銷應用物聯網案例討論，和 6 個最新實務創新專題，內容充實且豐富，以符合教師每週約 3 小時的授課所需，另備有教學投影片與習題，可做為用書老師的教學配件。

實務導向

筆者融合自身於業界與學界的實務經驗和理論架構，來編排整個教材內容。包含企業經營和網路行銷的整合、網路行銷方法和工具、實際網路行銷網站的規劃和範本。

整合和資訊導向

由於企業講究整體最佳化和整合各資訊系統，故本書有談到 e-business、CRM、物聯網系統和網路行銷的整合，以及最新的 RFID 資訊應用等。

結合傳統與網路行銷導向

將傳統行銷與網路行銷做一整合，從概念、規劃、實務等各個面貌，以便傳統行銷結合網路行銷來發揮更大的功效。

前瞻科技導向

本書討論最新前瞻科技的趨勢議題，包含雲端商務、服務導向架構、物聯網等前瞻性的理論和實務應用內容。

最新服務創新之網路行銷應用案例導向

本書蒐集並提供最新雲端商務和物聯網結合的服務創新之網路行銷應用以及案例。

引用問題解決創新方案（Problem-Solving Innovation Solution, PSIS）

企業在遇到問題發生時，常是以情境事件的現象呈現之，這時企業要提出解決方案時，往往會被問題表面現象混淆，使得無法真正澄清問題的定義和原因所在，進而受限於對問題關鍵點不透徹，最後難以提出解決方案，或是勉強提出治標方案，但真正治本方案卻束之高閣，更遑論透過解決問題後的啟發，來避免類似問題的再發生，以及建立創新的經營管理模式。

有鑑於上述的因應，筆者提出了－問題解決創新方案學習模式。首先透過企業發生問題的場景故事為事件描述的案例，接著針對在此案例的企業背景做經營特性的闡述，並做問題診斷分析，將問題的定義、癥結點、原因、關鍵擬定出一個欲探討的主題構面，從此問題診斷分析結果，規劃建構出一套解決方案。而在建構此解決方案過程中，須將問題實例抽象化，並相對應提出模版驅動（template-driven）的問題事件結構模式（Event Structure Model），如此可將此案例問題分析，快速套用在類似相同問題事件上，進而即時提出解決方案，縮短整個問題處理的過程時間。除此之外，再進而透過問題事件結構模式和創新方法，來提出創新的解決方案，並提出管理上的意涵啟發，從中得出創新的經營管理模式，以及避免類似問題的再發生，如此才是真正治本之道。

就學習者而言，其效益包含：企業產業知識（Domain-knowledge）、故事觀察解讀能力、問題剖析能力、解決方案知識、管理方法論知識、問題解決應用能力。

其內涵做法是採取循序漸進 step by step 和圖解方式步驟來引導學員有結構化和條理性的分析演練整個問題解決創新方案學習之邏輯。其學習教戰包含六大步驟：

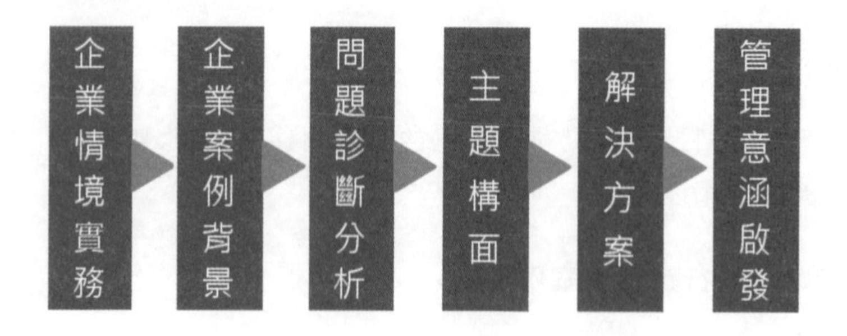

案例討論

就本書主題重點下，以筆者實際產業經驗和相關資訊整理，用小故事的方式闡述在企業中和該主題重點的實際作業，讓讀者能感受到這個主題的情境，達到體驗閱讀的成效，可供學生分組討論。

以問題解決創新方案（Problem-Solving Innovation Solution, PSIS）手法，吸引學員從情境故事入門至學習論述方法等起承轉合，漸進鋪陳的過程(包含案例、問題、創新手法、解決方案（科技化服務趨勢及整合）、管理意涵），以更能達到學以致用的效益。其個案方向在於：企業如何以雲端商務和物聯網為基礎來發展企業經營的模式和作業。

本書編寫架構

1. 本書學習目標
2. 案例情景故事→引發問題 issue 思考點（問題解決方案導向）
3. 本文主題章節
4. 問題解決創新方案→以章前案例為基礎
   (1) 問題診斷
   (2) 案例解決方案
   (3) 管理意涵
   (4) 個案問題探討
5. 案例研讀—Web 創新趨勢
6. 案例研讀—熱門網站個案
7. 本章重點
8. 關鍵詞索引
9. 學習評量

本書各章簡介

本書內容分為七篇；前五篇共計 12 章，每章之前有一簡明扼要的「學習目標」和「章前案例」，以引導讀者閱讀和思考方向，每章的後段中有「問題解決創新方案」和「案例研讀—Web 創新趨勢」和「案例研讀—熱門網站個案」三個主題串聯，各章末並提供「關鍵詞索引」、「學習評量」。最後二篇則是解析應用案例和創新專題。

第一篇　基礎概念篇

第 1 章　網路行銷導論：針對網路行銷議題，說明其定義、特性、範圍和效益，並提出整個網路行銷架構，以引導讀者對往後章節的思路。

第 2 章　網路行銷策略：探討行銷策略基本要素，它包含顧客需求和環境及其經濟活動，而從這個行銷策略可發展出影響行銷的環境及其如何造就市場的形成，接下來介紹以網路為基礎的行銷策略架構和其內涵。本章節除了上述所說的以網路行銷為策略的模式和善用資訊科技來達到跨領域的綜效外，也延伸出整合式行銷，故將說明其架構與定義、及網路行銷策略架構的種類與企業策略的關係，其中並包含網路支援行銷活動的階段。

第二篇　行銷策略篇

第 3 章　網路行銷規劃：引導網路行銷系統的軟體規劃階段，包含如何運用策略考量的網路行銷分析，及網路行銷分析的輔導階段。從規劃階段中，探討到網路行銷設計的流程及角色定位。也由於軟體的規劃執行，使得軟體系統上的網路行銷與實體行銷，在不同網際網路市場對消費者的特性下，產生在行銷功能上有所差異。

第 4 章　網路行銷組合：說明網路的行銷組合定義和內容，進而產生網際網路上行銷組合與消費者關係的轉變，和網路行銷在產品生命週期的重點，最後說明網路行銷上的通路程序，以及網路行銷如何和 4P 的整合。

第 5 章　網路行銷管理：就網路行銷的管理，來做其定義及如何規劃內容，進而針對網路行銷的運作過程做專案管理。有了網路行銷的管理後，可提出說明，在網路行銷的網路特性和行銷功能下，其網路行銷的管理模式架構和內容為何？以及如何做好網路消費者的管理，和網路行銷的影響層面內容，最後以網路行銷的影響指標做為管理的衡量。

第三篇　消費者端及企業端網路行銷

第 6 章　個人化之網路行銷：以個人化之環境，來探討個人化網路行銷定義和內涵，及一對一行銷與大眾行銷之差異。而在這樣的差異下，就買賣雙方的型態做分類說明，其中也介紹到大量訂製化和組合式訂單的定義和比較。本章從個人化角度，說明直效行銷定義和內涵，及直效行銷如何應用在個人化，和情境式行銷定義及應用。

第 7 章　企業網路行銷工具：主要探討網路行銷工具種類和內容，其中包含網路廣告的種類和應用、部落格的應用、網路上的電子商務種類和內容等，進而說明網路行銷工具的執行模式和方法，最後就網路上的購買交易過程做探討分析。

第四篇　網路行銷應用篇

第 8 章　資料庫行銷和資料挖掘：說明資料庫行銷的定義和內涵，以及以資料倉儲為基礎的資料庫行銷模式，而在這樣資料庫環境下，來探討網路行銷和決策支援系統的關係，及網路行銷的網路服務技術，其中包含網路行銷代理人的定義和內涵。

第 9 章　虛實整合和平台共享行銷：虛實整合 O2O 營運模式（Offline to Online）是指將數位網路（Online）整合到實體商店（Offline）的多管道融合營運模式，本章介紹 O2O 營運模式特性和新零售虛實整合架構、共享經濟平台模式、APP 和聊天機器人。另外，也整理 O2O 和共享經濟平台實例，例如：共享 O2O 教育、推廣商品購物知識顧問和曝光平台。並也在數位匯流基礎上，說明 web、web service、APP 、Chatbot 等 4 個發展階段。

第 10 章　成長駭客和大數據行銷：成長駭客是近年興起的熱門技術和行為，主要是以創意精神來運用編寫程式與演算法與數據分析技術，成長駭客必須和大數據行銷結合。本章也介紹新技術：程序化購買機制（包括 RTB 即時廣告競價、重定向廣告再行銷、機器學習等技術）、App Store optimization（軟體商店優化）、漏斗型行銷 AARRR 模型等。並也提出大數據分析的優化作業，以及介紹智能行銷，包括：數據優化行銷、主動推播行銷、創造需求行銷、預知行銷等最新智慧和知識。最後，也整理成長駭客數據優化和智能行銷等實務案例。

第五篇　行銷趨勢及未來發展

第 11 章　RFID 及行動商務之網路行銷：說明行動商務的定義和內涵，並延伸出行動商業之網路行銷內涵和種類，接著說明行動通訊的種類和效益及連結模式，進而就企業 M 化做定義和內涵說明，其中包含 RFID 的定義和應用，以及嵌入式系統和網路行銷的關係。

第 12 章　雲端商務與電子商業：主要探討電子商業概論，及電子商業與網路行銷的關係，並進而發展出企業電子化的網路行銷。最後再探討雲端運算對企業的衝擊，以及物聯網的定義和種類，說明嵌入式網路行銷以及 EPCGlobal 架構。

第六篇　創新服務之網路行銷應用案例

最新服務創新之網路行銷應用案例 6 則：

1. 產業資源規劃系統時代的來臨—以雲端商務為驅動引擎
2. 商務和商業整合－IRP-based C2B2C 商機模式
3. 結合雲端運算和物聯網的 IRP 資訊系統
4. 企業拓展商機在於 IOT-based 雲端 IRP 平台—協同客戶價值鏈
5. CIO 如何因應雲端和物聯網形成的 IRP 環境之挑戰
6. 虛擬實體整合的 3C 產品銷售

第七篇　最新實務創新專題

在大專高年級學習過程中，都會遇到撰寫專題專案，然而在面對專題題目時，如何規劃具有創新性議題，這對於學生在就業面試時是很重要的。由此，特別規劃第七篇「最新實務創新專題」，係針對目前和未來具有全球創新性趨勢議題來規劃，包括物聯網、未來金融、大數據分析、無人機應用、雲端服務鏈等熱門議題。本系列單元主要目的是期望透過這些議題，來引導專題指導老師和同學們思考專題題目時的發想想法方向，以俾可順利發展出專題題目和內容重點。專題內容格式主要包括：計畫緣起、計畫目的、計畫範圍、計畫內容、計畫效益等五大項目。

「最新實務創新專題」：

1. 微定位（Micro-Location）適地服務行銷商機計畫－商品消費履歷
2. APP-AR 創意行銷－Ugift 禮品為基的智慧商機服務
3. 未來數位金融行銷－跨界延伸性商機服務
4. 智能物品應用行銷－天空中的物聯網：無人機行銷
5. 物聯網為基礎的新一代資訊系統－智慧化客戶社群平台
6. 服務導向的數位行銷管理師職能認證－產業種子人才跨領域培訓計畫

目錄

Part 1 基礎概念篇

chapter 1　網路行銷導論

chapter 2　網路行銷策略

Part 2 行銷策略篇

chapter 3 網路行銷規劃

chapter 4 網路行銷組合

chapter 5 網路行銷管理

Part 3 消費者端及企業端網路行銷

chapter 6 個人化之網路行銷

chapter 7 企業網路行銷工具

Part 4 網路行銷應用篇

chapter 8 資料庫行銷和資料挖掘

chapter 9 虛實整合和平台共享行銷

chapter 10 成長駭客和大數據行銷

Part 5 行銷趨勢及未來發展

chapter 11 RFID 及行動商業之網路行銷

chapter 12 雲端商務與電子商業

Part 6 創新服務之網路行銷應用案例

chapter 13 應用案例 1：產業資源規劃系統時代的來臨—以雲端商務爲驅動引擎

chapter

網路行銷導論

章前案例：顧客服務網站

案例研讀：NFC 企業行銷、電子錢包

學習目標

- 探討網路行銷定義和結合
- 說明網際網路特性如何影響網路行銷模式
- 探討網路行銷範圍和內容
- 說明網路策略如何影響網路行銷
- 探討企業實體活動如何利用網路行銷
- 說明網路行銷效益
- 說明網路行銷架構和各章主題

章前案例情景故事 顧客服務網站

有一個非常小氣的老闆，平常對員工方式都是嚴苛和節省，令員工覺得不是共同打拚的企業，只是混日子和暫時的工作場所。如此的心態也反應到在市場推廣的工作上。有一次，顧客正好在週六假日，極需要某產品的使用手冊，於是打電話向該公司的業務員索取，但業務員因人不在公司且覺得不需要那麼拚命而回絕了顧客，當然顧客的生氣和失落是不在話下。於是氣的打電話給這位老闆抱怨，老闆聽完並思考後，已經有了解決方案，雖然他個性非常小氣，但在商場下已打滾了那麼久，他理當知道應該如何因應問題並進而改善現狀。

隔日，他採取了建構一個顧客服務網站，將產品的使用手冊放在該網站上，讓顧客可在任何時間地點都可得到最新的使用手冊，果然大受顧客歡迎。 經過這件事後，他對員工方式改變成以公開績效獎金制度，不再為節省而節省，因為：**利用網路行銷的低成本，就是節省，這是一種有效益的節省**；相對的，給予員工合理績效獎金和讓顧客覺得服務週到，就等於是擴大市場利基。從機會成本來看，這是一種有成長的「節省」。節省的目的，是在於擴大市場利基，而不是縮減成本。

1-1 網路行銷定義

在知識經濟和網際網路的環境影響下，產生了網路新經濟學，網路新經濟對所有產業市場交易機制皆會產生衝擊，例如：傳統中間商或經紀人皆應迅速調整服務作業流程，以避免去中介化之危機。故於知識經濟時代內，在網路行銷的模式將會有別於傳統行銷對市場交易機制模式。

網際網路之產業網絡，將會造成市場需求或供給變動對市場均衡影響的模式，而在這模式下，其企業將會面對不同於傳統知識經濟的市場交易模式，進而改變市場需求者和供給者面對知識經濟的交易行為機制。這樣的機制，就個人消費者而言，**是反應在購物行為習慣改變，和對產品價值觀的多重認知**，尤其是數位產品。就企業而言，是反應在產業上下游各交易環節中，**企業與其顧客或供應商將透過競爭性、策略性、議價性市場交易相互連結**，而與產業體系成員整合成互補生產、協同作業、共創價值、共享資源等，為促成交易資訊流通的網際網路平台。

從上述說明，即知道在知識經濟和網際網路的衝擊下改變了市場行銷，也就是興起了所謂的「網路行銷」。

那麼什麼是「網路行銷」呢 ?從字義上來看，可分成「行銷」和「網路」。

首先是「行銷」部份：

Stanton 認為「行銷是一整體性的企業市場活動流程，用於產品定價、企劃、促銷、服務和分配產品給現有及潛在的顧客，期以能滿足顧客的需求品質。」Kotler & Armstrong 認為「行銷活動是個人或組織成員藉由生產與交換，得到所需價值的社會與管理活動。」

美國行銷學會（AMA , American Marketing Association）認為「行銷的主要目的在於把商品供應者所提供的產品或服務，交接至消費者的手中。」並且提出網路行銷研究的概念：行銷研究的作用是透過用以確認和掌握行銷機會的活動，來整合消費者、顧客和社會大眾三者與行銷人員，用以產生、改善和評估行銷活動，進而增進對行銷程序的瞭解，如圖 1-1。

圖 1-1 資料來源：http://www.ama.org 公開網站

行銷是透過產品或服務的產銷活動，來達成供應者和需求者的效益，其效益是經由商品、服務的產銷所造成的滿足需求的作業及結果。一般在行銷過程活動有產製形成（produce activity）、需求供應（demand activity）、通路運送（channel activity）、交換需求（exchange activity）等，而這樣的行銷過程活動形成了行銷功能，包含企劃並執行商品或服務的生產和流程、產品定價、促銷推廣及配送通路等活動的過程，其最終目的是創造並維繫能滿足個人及企業需求的效益。

再則是「網路」部份：

網路是指網際網路的基礎環境，它最主要的強大功能就是在任何時間和地點，只要有電腦和上網的簡單條件，就可幾乎完成任何事情，例如：網際網路能作為一個有效的溝通和交易媒介的平台。在網際網路效應中，最明顯的就是數位化產品產生及其傳播媒介快速便宜，如此的特性結構化改變，也創造了過去沒有的電子商務模式。這樣的模式影響在知識經濟時代的企業經營特徵，就是**正結合顯現數位產品取代傳統的有形產品的另一行銷的世界**，透過網際網路搜尋產品資訊的低成本和快速達成，並能在不同的供應商之間方便地比較相似產品的價格，因此網際網路不斷成長創新，也相對衝擊**市場行銷的結構化改變**。

從上述說明，可知網路行銷就是在網際網路的基礎環境下，企劃並執行市場行銷的活動作業。但這只是字面上的定義描述。

網路行銷其實不只是在網路做生意交易和線上購物機制而已，網路行銷是一切電子商務活動的基礎（Vassos, 1996），網路行銷由於其網際網路具有互動、不分區域等特性，使其可以發揮傳統行銷無法發展的部分，它將行銷概念、行銷策略的內容網路化或數位化。因此網路行銷是和傳統行銷結合的最佳方式，它也是企業經營規劃的一環，從市場區隔、目標市場、產品及市場定位、品牌價值、整合行銷等和實體行銷活動做搭配，甚至是新的經營模式基礎。故**整合傳統實體與網際網路的多樣化行銷，是網路行銷的真意所在**。

Cockbrun 與 Wilson 認為網路行銷的活動有傳遞資訊、銷售、廣告、顧客服務、溝通等。Catalano 與 Smith 則認為網路行銷活動的進行要分為三個階段：

- 第 1 階段：銷售前（pre-sales）階段，包括市場調查、關係建立、新產品與服務的說明會、web 上搜尋。
- 第 2 階段：銷售中（sales）階段，包括 web 上報價、交貨與計費。
- 第 3 階段：售後（post-sales）階段，包括問題回饋、產品更新、售後服務、維修作業。

Krauss 認為網路行銷，是依賴資訊技術來達成傳統行銷的管道。它可透過網路互動介面以及資料庫的建立，在市場上與客戶建立直接的銷售行為。

他認為以網路行銷，可對顧客消費的期望有三項重點：

1. 對產品滿意度的期望：提供更好的產品及服務以符合顧客的需求。
2. 對個人服務的期望：提供符合對顧客本身的客製化需求。
3. 對行銷關係的期望：建立顧客同類社群與偏好習慣。

從上述的說明，茲整理一些文獻對網路行銷的定義：

Nisenholtz 與 Martin（1994）認為網路行銷即為企業運用網際網路進行銷售活動，且可運用網際網路工具，來從事與顧客之間的雙向溝通。

Daniel（1995）認為網路行銷是針對使用網際網路和商業 web 上服務的特定客戶，建立銷售產品和服務的 web 上系統。

Mehta、Sivadas 與 Eugene（1995）認為網路行銷是為企業在網際網路上進行直效行銷之活動。

在行銷的過程時期中，網路行銷也是某一時期階段的行銷，茲整理行銷的過程時期如下：

一、生產導向時期（Production）

以具有生產製造優勢的賣方市場為主，若生產好的產品自然會有銷路。在這個時期，其產品種類少，不具有多樣化。

二、銷售導向時期（Sale）

在這個時期，其產品種類多，利用廣告、銷售人員方式，來說服消費者購買。

三、行銷導向時期（Marketing）

以具有掌握商品優勢的買方市場為主，其產品開發是以消費者導向，注重在先分析消費者潛在的需求，做市場企劃行銷，再設計和生產產品來提供符合消費者的需要。

四、關係導向時期（Relationship Marketing）

在這個時期，其產品種類不僅多，且具有多樣化和客製化，消費者所需求的不只是產品功能而已，必須有更多的產品附加價值，因此企業必須能長期發展出具有創造附加價值的關係，企業和企業之間必須依賴策略聯盟（strategic alliances），才能提供更多的產品附加價值。

五、整合式導向（Integrated Marketing Communication, IMC）

整合行銷傳播是九十年代市場行銷的新趨勢，它要求企業必須重視並分析目標市場消費者個人化的生活型態與消費模式，並透過有效的互動溝通介面，來找出消費者深層的需要。Schultz（1993）認為整合行銷傳播是企業長期深入針對準顧客、現有顧客、潛在顧客及其他內外部相關目標市場，發展、執行並分析出可衡量的整體性行銷策略的計劃。

Shimp（2000）認為整合行銷傳播有五大特點：

1. **影響消費者行為**：它的目的不僅在於影響其品牌認同或購買物品，更是為了影響消費者行為的習慣和模式。
2. **以現有或潛在消費者為主**：企業應該要以消費者回饋為主，由外而內的觀點，來傳播行銷內容。
3. **整合所有的傳播媒體**：需考慮所有可能接觸到現有顧客或潛在顧客的傳播管道，進而藉由此媒介來傳播行銷內容。
4. **產生整合性的綜效**：將傳播的各媒介之間做相互連結，來達到所有各媒介的效果。
5. **建構其網絡關係**：以網絡關係方式，建立其長久關係的行銷傳播。

六、網路整合式行銷導向

網路整合式行銷導向是結合整合行銷傳播和網路平台的行銷系統。它注重透過網路平台的互動介面，來達到整合行銷的功能。Steuer（1992）認為互動性是指使用者可以即時地參與行銷傳播媒體的互動溝通。Meyer 與 Zark（1996）認為互動性是指消費者以進行主動選擇、處理資訊，以符合本身特定需求的介面功能。

Hoffman 與 Novak（1996）認為傳統上的實體行銷，即廠商透過銷售等各種手法主動說服客戶，屬於單向的行銷流程，如圖 1-2。

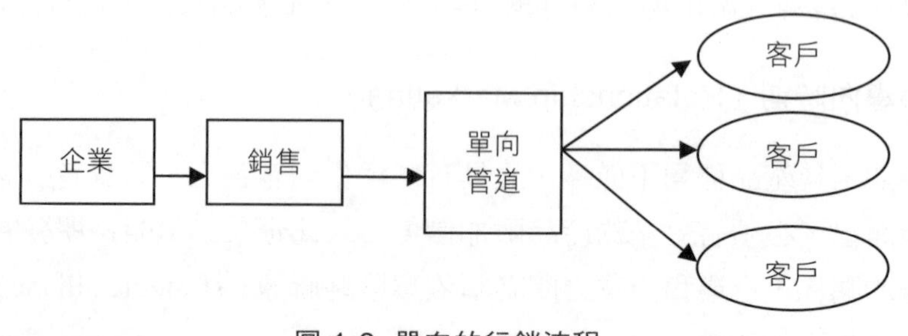

圖 1-2 單向的行銷流程

而在於網路整合式行銷導向模式，其互動方式具雙向特性：一對一或多對多的溝通，即指服務供應者對消費者及消費者對消費者的互動。另外，在行銷資訊的管道來自於消費者和企業服務的提供，如圖 1-3。

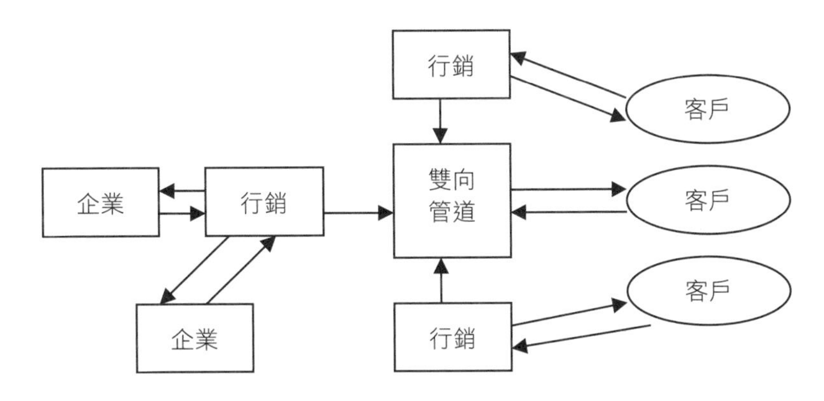

圖 1-3 雙向的行銷流程（資料來源：Hoffman、Donna L. 與 Homas P. Novak）

茲將上述時期整理成如下：

表 1-1 行銷時期階段

時期階段	市場	產品
生產導向	賣方市場	產品種類少
銷售導向	說服消費者	產品種類多
行銷導向	買方市場	符合消費者的需要
關係導向	策略聯盟	產品附加價值
整合式導向	整合傳播	消費者深層的需要
網路整合式行銷導向	網路整合傳播	個人化數位產品

1-2 網路行銷特性

在網路行銷的時代環境中，其網路特性會影響到網路行銷，進而成為網路行銷特性。因為網際網路行銷的運作需依賴資訊科技的環境才能執行，故網路行銷的成功與否，行銷與網路科技兩個功能的協同作業將是關鍵因素。

在網路行銷的模式中，是運用網路的資源來達到行銷的目標，在全球資訊網的資源是具有讓使用者可以無限制地複製與下載的特性，顯示出資源供應會持續產生來滿足需求，因此，網路資源不但沒有供給匱乏的問題，反而呈現了大量需求的情況。

在資訊科技環境上，全球上 Internet 人口急速增加，且由於寬頻網路技術的突破，電子商務環境及技術和成本已漸趨成熟。所以企業運用資訊科技來建構「電子化企業」的效益就愈來愈廣泛了，包括建立良好的客戶關係、提升企業流程的運作效率、產品與服務創新、新市場的發展、快速溝通平台、掌握技術應用能力、與合作夥伴建立互信互助的關係等。因此，網路市場不再只是買、賣雙方價值交換的場所，市場更是合作網路各成員多元交流，知識流通與加值的網際網路效應。

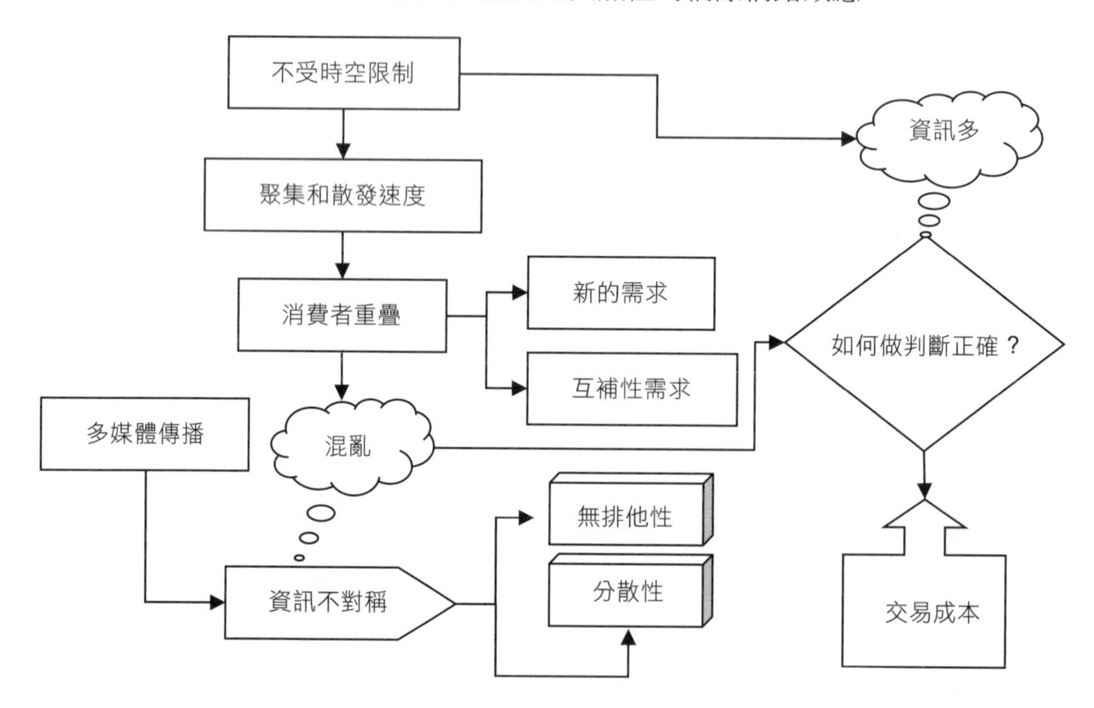

圖 1-4 網際網路特性如何影響網路行銷模式

以下將針對網際網路特性如何影響網路行銷模式，如圖 1-4：

1. 不受時空限制的快速變遷

網際網路具有不受時空限制的特性，因此利用網際網路進行行銷，可產生許多優勢，例如：立即回應、一對一和多對多交易、多媒體的資訊呈現、人機互動介面等。它具有其他的傳統媒體所沒有的特性，例如：低成本、多媒體、客製化、跨地域、任何時間等。

在網路新經濟市場上，來自不受時空限制的力量如同海嘯般來得快但也去得快，它主要來自網路的使用者人數，參與的人數愈多，網路的影響力將愈大，它就像磁鐵一樣聚集無限商機。例如：足球網路社群聚集了多少球迷，也使得該社群充滿了人潮，有人潮就會產生錢潮。但在這樣不受時空限制性的力量效應，也正反應了 2 個可能發生的狀況：

第 1 個狀況：消費者重疊

同樣的消費者人潮會出現在不同網路社群中，也就是說，雖然足球網路社群有大量的人潮，但在另一個足球網路社群也有大量的人潮，然而可能是同一批的人潮，如此將會造成人潮重疊，亦即總人潮是不變的，故總人潮的需求是有限的，它可能帶來某一個網路社群的外部性影響，但對整個經濟效應仍是和以前一樣。Varian 與 Shapiro（1998）認為：「若某一方加入一個網路系統所願意支付的價格，與網路中現有的顧客數量或對象是有關的，則網路外部性即存在。」故網路外部性是否對知識經濟時代有正面影響，是必須看是否能帶來新的需求。

第 2 個狀況 ：網路聚集速度很快，但散發速度也很快

當網路社群本身出了問題或是有了一個新的更好網路社群競爭者，透過網路傳播快速，人潮很快就會退潮，這就是一體兩面力量，故網路外部性是否對知識經濟時代有正面影響，是必須看人潮在移動時是否能帶來互補性的需求。

2. **網路資訊的多和亂**

網路媒體特性使其在進行網路消費行為時，具有低成本、立即性、多元化等優勢，使得網路行銷的資訊非常多，但同時也是很混亂。

在以往經濟活動中，資訊的傳播和擁有是不容易和不公平的，這樣的現象造成資訊不對稱，資訊不對稱將造成經濟活動中占有資訊優勢者，利用此不對稱現象賺取利得，而資訊薄弱的一方則蒙受損失。資訊不對稱的另一方面就是資源配置不均勻，如此，不但資源配置不具有效率，更造成企業競爭的不公平和整體產業的損失。但在知識經濟和網際網路環境下，具有「無排他性」和「分散性」特性，則可使資訊快速傳播和擁有，如此可避免訊息不對稱下所發生的隱藏訊息和隱藏行為。但也因為如此，而延伸出在非常多和混亂的資訊如何做判斷正確，及資訊財產權和個人隱私權的爭議。

3. **多媒體的傳播和交易**

透過網路來傳播分享，除了在資訊對稱影響上外，另外一個就是促成交易行為的發展。在傳統上，因為交易行為的不方便，會影響到買賣雙方的交易意願和完成，這就是交易成本的負擔，交易成本（transaction cost）在傳統的經濟學中多不受重視，經濟學在探討許多問題時，多假設交易成本為零。但實際上，交易成本的大小，常會影響個人或廠商是否能夠進行若干經濟活動，而在網路上交易成本幾乎為零，而且具有多媒體的豐富人性化介面，使得交易行為的過程容易進行，進而促成網路行銷的發達。

Peterson、Balasubramanian 與 Bronnenberg（1997）認為以網際網路作為行銷管道時，有以下的特性：

1. 銷售者可以在不同網際網路環境，以低成本來交易多量資訊。
2. 將這些交易多量資訊透過搜尋、分送這些資訊，來加以重新組織。
3. 網際網路的運用可依照銷售者需求，提供符合的資訊。
4. 網路透過多媒體人性化介面，來提供顧客的經驗感受，比傳統文字目錄來得符合人性。
5. 透過網際網路平台，可以做為交易的媒介。
6. 網際網路可以作為某些數位產品的實體消費和配送管道，例如：遊戲軟體。

Papows（1999）認為網際網路帶來三個重要的特性，分別是邊際成本效益、大量客製化及大量通訊：

1. **邊際成本效益**

網際網路軟體本身的開發成本高，但複製和儲存成本卻非常低，故其邊際成本會愈低，其使用的邊際效益愈高。因此，軟體的開發平均成本隨著消費者的增加而快速下降，而使用效益則愈高，如圖 1-5。

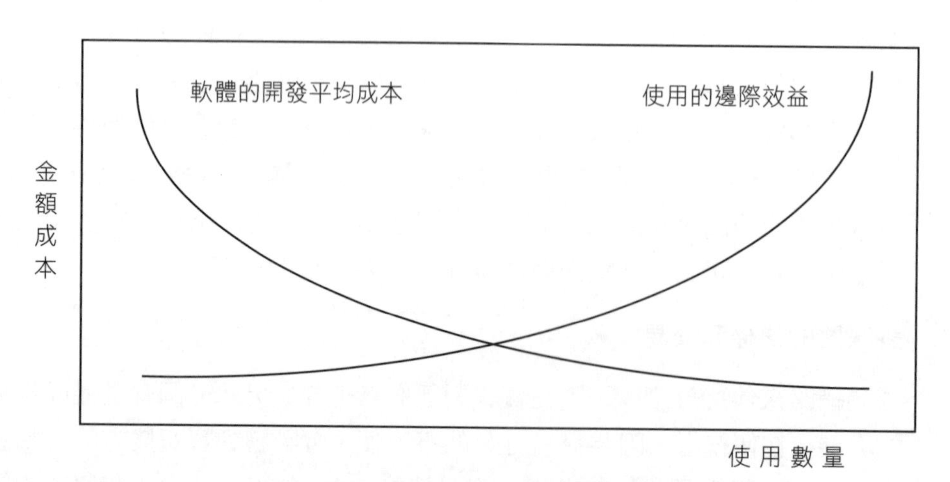

圖 1-5 邊際成本效益（Papows,1999）

2. 大量客製化

多媒體和資料庫技術的發達，使得數位產品客製化的技術可行性已容易發展和成本已大幅降低。當最初發展時系統的成本是較高的，而當規模擴大時，客製化的平均成本會被分攤，如圖 1-6。

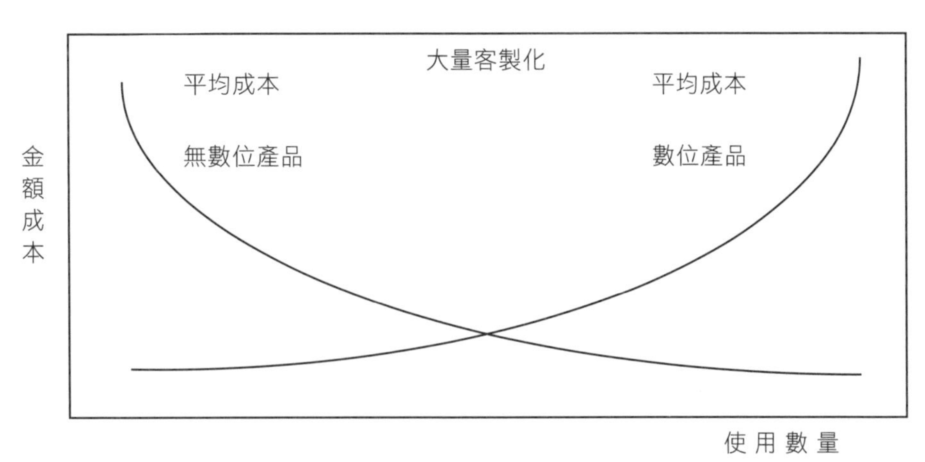

圖 1-6 大量客製化（Papows,1999）

3. 應用的需求滿足化

複製和儲存成本非常低，幾乎趨近於零，故在網際網路上，可以同時滿足資訊應用的需求和成本的考量。

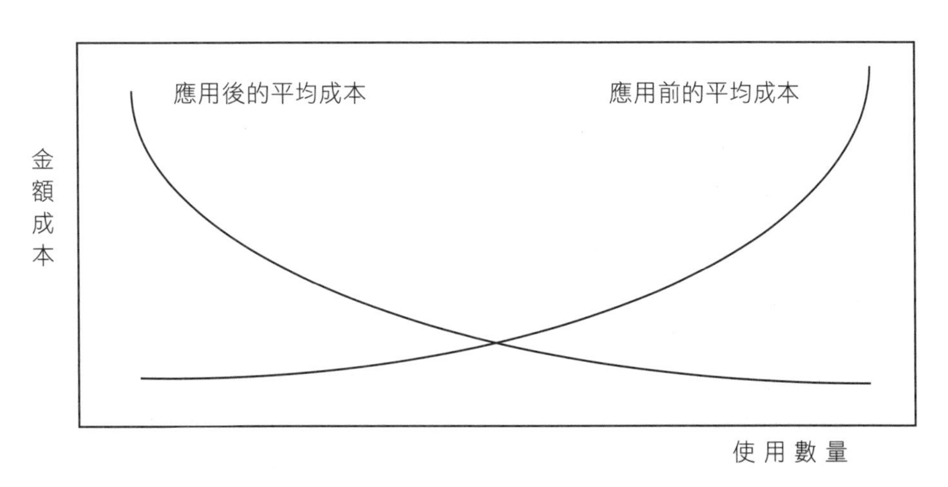

圖 1-7 應用的需求滿足化（Papows,1999）（資料來源：Papows, J.）

1-3 網路行銷範圍

從網路特性來看傳統行銷的範圍，就會得出網路行銷範圍。網路行銷範圍是落在網路環境內，若以社群環境角度來看，就是網路虛擬社群。網路虛擬社群是網際網路上經營的環境模式。而在這個環境模式內互動的，就是網路消費者和行銷人員。

Duboff 與 Spaeth（2000）認為網路消費者的共同特質有下列三項：

1. **進入成本（cost of entry）**：網路消費者在網路環境上購買商品的條件，是產品項目的價格屬性，其產品本身成本是為其他商品進入此市場的進入障礙。
2. **產品的獨特性（relevant differentiators）**：若以產品的獨特性來看，消費者在產品或品質上沒有替代的考慮或選擇，就有可能成為寡佔市場。
3. **使用網路的進入（needs）**：消費者對網路行銷的使用，會因資訊呈現的方式是否有功能需求或有著多媒體效果而不同，因此，對消費者未被滿足的使用需求，可改善成為潛在競爭者的獲利條件，未被開發的部分則成為新產品的主要功能。

網路虛擬社群對於行銷人員的價值，是在於虛擬社群實際上改善了顧客交易溝通的品質，並且廠商可根據顧客行為模式，來規劃設計出個人化的行銷理想。在網路虛擬社群的環境裡，行銷人員可以主動利用顧客的想法來設計產品，更可以藉助顧客的參與來行銷產品。

HagelⅢ 與 Armstrong（1997）認為網路虛擬社群對行銷人員的潛在影響如下，如圖 1-8：

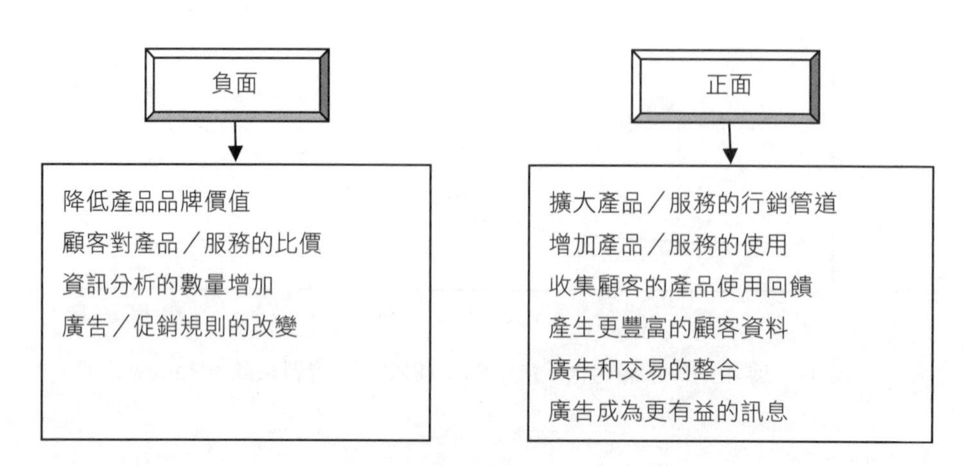

圖 1-8 行銷人員的潛在影響（資料來源：Hagel Ⅲ, J. 與 A. G. Armstrong）

從上述可知，網際網路行銷不僅是一種功能強大的行銷手法，同時兼具通路、電子交易、客戶服務與市場資訊收集等多種功能的資訊系統，尤其是新的行銷方式，在網路環境中更能發揮，例如：一對一互動式行銷能力與資料庫行銷、分眾行銷、直接行銷等。故網路行銷的資訊系統，應重視顧客使用的人性化介面，除了要考量顧客在需求上的需求與服務外，也要注重對企業在資訊的掌握。

茲將網路行銷範圍整理如圖 1-9。

從圖 1-9 中，可知角色有消費者、行銷人員、供應者。而在網路行銷的組合部份有促銷、產品品牌、推廣、通路等。其網路行銷的方式有利用網路廣告與宣傳，來增加用戶對產品的了解，和網際網路可經由非同步的溝通方式，例如電子郵件和名片，來進行一對一行銷和資料庫行銷。而其在電子交易有將定價和成交價格做議價、付款交易過程與方式、貨物運送給顧客等。

因此網路行銷對於企業而言，可做為行銷通路，讓消費者可方便的購買到商品，並做訂單處理和運輸、倉儲通路，進而可做到存貨控制。

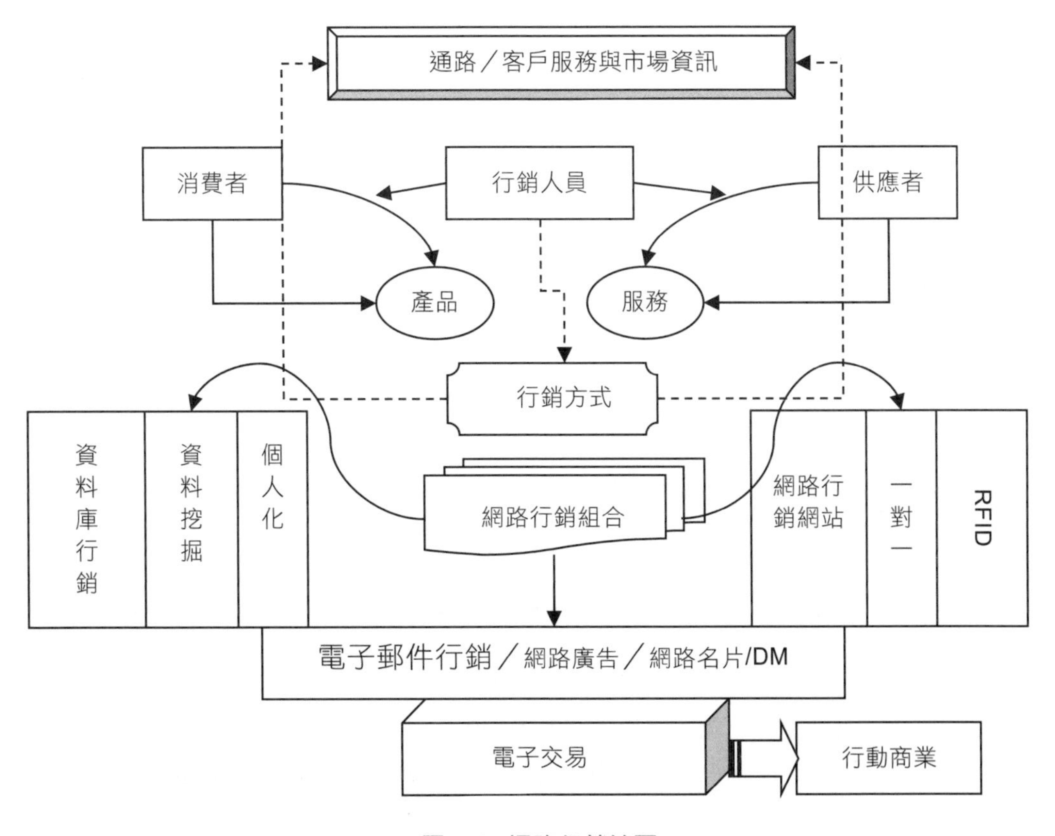

圖 1-9 網路行銷範圍

從網路行銷範圍中可知有三個重點：

1. 適用於網際網路如何成功地執行網路行銷？
2. 企業行銷策略與網際網路如何成為網路行銷策略？
3. 應用網際網路於行銷活動後的需求？

茲將三個重點分別說明如下：

Peppers 與 Rogers（2009）認為要成功地執行網路行銷，必須做到以下幾點：

1. 集中式資料庫管理：將客戶和相關的資料隨時更新，並儲存在同一個資料庫內，並將資料提供給行銷所有需要的管道。
2. 工作流程管理：建構工作流程平台，在該平台上執行訓練、組織與授權，來分享網路行銷的知識與資訊。
3. 人性化互動的介面：人機介面的客戶溝通，以引導客戶理性的消費行為。
4. 行銷生命週期的管理：從感受、接觸、詢價、合約、協商、承諾、交貨、安裝、回饋和再次銷售等各階段，並進而有效追蹤和管理客戶。

Angehm and Meyer（2010）認為網路策略區分為四種型態：

1. **虛擬資訊空間**（Virtual Information Spaces, VIS）：在發佈與存取公司的產品與相關服務等資訊。
2. **虛擬溝通環境**（Virtual Communication Spaces, VCS）：從事交易關係與客戶服務等活動。
3. **虛擬交易環境**（Virtual Transaction Spaces, VTS）：執行企業作業的交易。
4. **虛擬行銷環境**（Virtual Distribution Spaces, VDS）：配銷產品與服務的通路。

應用網際網路於行銷活動後的需求，最主要是將需求（need）轉為需要（want）。需要對於消費者而言，才會產生購買行動，否則只是需求的意念。

由於網際網路的盛行，政府、個人及企業紛紛連上網際網路，使得運用網際網路成為一種新的行銷管道，它既具有自身的獨特性，也具有整合其他傳統行銷方式的特性。然而，對於網際網路行銷和企業原有實體活動整合，才是企業運用網際網路行銷的最大效益及成功之道。

企業實體活動如何利用網路行銷？一般有下列方向：

1. **網路上互動式資訊和活動**（Interactive brochures/workshop）
2. **虛擬商店**（Virtual storefronts）
3. **顧客服務**（Customer service tools）
4. **關係行銷**（Relationship marketing）
5. **內部行銷**（Internal marketing）
6. **多媒體行銷**（Multimedia marketing）

茲就多媒體行銷舉例說明：一般有人物行銷（person marketing）、景點行銷（place marketing）、意念行銷（intend marketing）、事件行銷（event marketing）、視覺行銷（video marketing）等。

人物行銷：是以比較著名和公開型的人物，來做為行銷賣點的主體，不過在此的人物不一定就限於實際人類，它也可能是卡通人物，故最重要的是能塑造成良好形象，以取得消費者的認同。

圖 1-10 人物行銷（資料來源：http://www.time.com/time/公開網站）

景點行銷：以地區特色來吸引和服務消費者，其地區特色包含文化、風格、主題、外觀、及歷史等地點獨特性和差異性，來做為行銷賣點的出發。

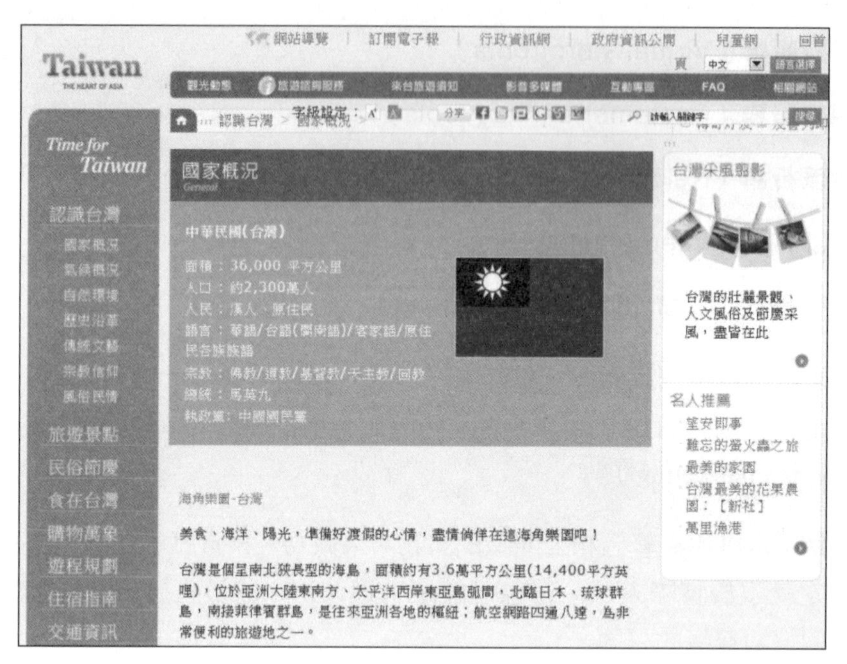

圖 1-11 景點行銷（資料來源：http://taiwan.net.tw 公開網站）

意念行銷：善用溝通方式，將行銷內容轉換成意念表達的行銷，其意念是指給消費者一個主觀感知的形式，它可呈現於產品、服務或製程上，其重點是在於能促使創新的意念轉換成有價值的行銷。

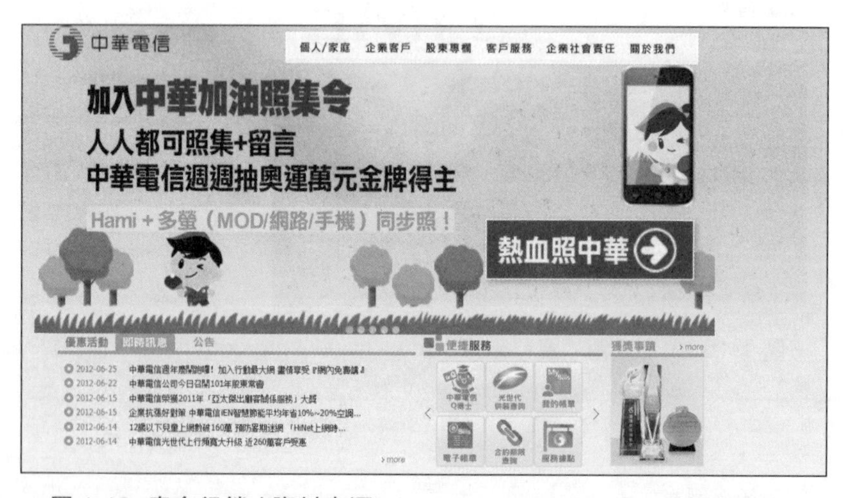

圖 1-12 意念行銷（資料來源：http://www.cht.com.tw/公開網站）

事件行銷：以活動事件來做為行銷表達，例如：綠色行銷就是以環保活動，來產生能辨識、預期及符合消費者與社會需求的行銷活動，故運用一些公關活動，使得事件行銷拉近與目標群眾的關係，以便達成企業品牌形象與品牌資產。

圖 1-13 事件行銷（資料來源：http://w3.epson.com.tw/ett/about/green/01_1.asp 公開網站）

視覺行銷：運用多媒體的視覺效果，使得人機介面的互動媒體設計，融入於行銷中，也就是讓消費者從體驗視覺化行銷的觀點，來產生對企業的產品、服務的認可。

圖 1-14 視覺行銷（資料來源：http://techart.tnua.edu.tw 公開網站）

網路行銷可用在營利企業，當然也可用在非營利機構行銷，不過非營利機構行銷的特性和營利企業是不一樣的，它的行銷目標是廣大社會大眾，而且由於非營利，故對顧客購買行為模式較難控制非營利機構的決策營運，但若是有經費贊助，則就可能會干涉非營利機構的行銷活動。

1-4 網路行銷效益

如何利用網路低成本、人性化互動、個人化、跨地域與不受時間限制的優點，以降低買賣雙方交易的成本，並產生後續客戶服務，是網路行銷的效益。因此，網路行銷可達成的目標為：(1) 提高品牌的價值觀，(2) 促進消費者的互動速度和關係，(3) 新商品上市的行銷活動，(4) 收集和分析消費者的潛在需求，(5) 通路的整合和快速，(6) 經營企業形象。

Hoffman、Novak 與 Chatteriee (1996) 認為衡量網際網路作為一個行銷管道時，對消費者及企業雙方都有的加值效益。對企業而言，其效益可分為三方面，即配銷訂單、行銷互動與行銷作業效益：

1. **配銷訂單**

   (1) 對電子數位產品、資訊服務與來說，配銷與銷售成本趨於零，使配銷訂單管道更有效率，也減少人工成本與時間費用。

   (2) 在銷售訂單的過程中，經由 web 下單，促進交易的效率和快速。

2. **行銷互動**

   (1) 網際網路可雙向傳送企業和客戶資訊，不僅對外部溝通有利，也促進內部溝通。互動的本質可以促進客戶良好關係，增進了顧客關係行銷與客戶支援服務的成效。

   (2) 網際網路行銷提供了在產品和價格因素以外的行銷手法，因為網際網路可以透過程式軟體技術，整合行銷組合中的任二項以上內容，成為另一個新的行銷手法，例如：e-mail 和 DM 的結合。

3. **行銷作業**

   (1) 網際網路可以透過程式軟體技術，設計檢核機制，來減少資訊處理過程中的錯誤、和加速作業完成的時間。

(2) 建構線上資料庫，做為和相關其他角色的關聯整合，以減少與其他角色間的作業成本，和減少營運流程中不必要的作業。

(3) 加速新產品上市和進入新市場，使銷售業績更好。

總而言之，網路也成為企業形象和強化企業識別的宣傳媒體。它不僅是一個傳媒，更是市場行銷、企業服務的**一種商業模式**。

對消費者而言，其效益可分為三方面：

1. 消費者在購買時有許多隨時更新的資訊可供參考。
2. 消費者可使用深入且非線性的搜尋互動。
3. 消費者可運用的多媒體功能，加強消費互動的樂趣。

網路行銷對消費者的利益，總而言之，也就是說消費者的上網時間和地點不受限制，一天 24 小時隨時隨地都可上網查詢或訂購產品，或者不需離開家中便可找到許多相關資訊，以及不受銷售人員說服的情緒影響。

就消費者的滿意度而言，網路行銷溝通活動能有效提升客戶滿意度。就企業行銷的成效而言，**網路行銷溝通活動能有效降低企業溝通成本與提昇溝通效率**。除了對消費者和企業有效益外，還有對行銷者的效益。

網路行銷對行銷者的利益：

1. 網際網路具有全球化的行銷能力，可與世界各地的商店與個人消費者在 Web 上互動和交易。
2. 行銷者可迅速從網路行銷工具，得知市場最新訊息，快速因應市場情況，在行銷組合上做快速的改變，並正確掌握消費者的需求。
3. 網路行銷可節省行銷者營運作業的相關成本和時間，及不必要的作為。
4. 新產品及資訊服務的充分公開，行銷者可以運用資料庫，瞭解和分析客戶消費習性。
5. 以網際網路為行銷者和消費者整合的平台，其交易溝通可經由網路跨平台能力來完成。
6. 網際網路可將各種行銷活動整合在一起，並且降低發展和轉換行銷工具的成本，來達成行銷整合的綜效。

7. 行銷者可針對每個顧客進行深入個人化和潛在需求的服務。
8. 行銷者可與顧客立即互動交談，獲得第一手資訊，並建立良好的顧客關係。
9. 行銷者透過網際網路上來行銷，其變動和複製成本幾乎為零。

1-5 網路行銷架構

在網路經濟時代中，企業將面臨兩種世界的競爭：虛擬世界與實體世界。企業經營必須同時整合如何在實體與虛擬世界中創造價值，但必須了解在此二種世界中創造價值的方式和運用方法是不同的。

整個網路行銷架構就是建構在此觀念下，如圖 1-15。

在此架構中，是以網路行銷為中心，發展出網路和行銷，並且在實體世界和虛擬世界的環境中，得出網路、行銷、實體世界、虛擬世界等四個象限的交集：在網路和虛擬世界交集有網路行銷網站和資訊安全；在網路和實體世界交集有資料庫行銷和資料挖掘、RFID 及行動商業；在行銷和實體世界交集有顧客關係、E-business、知識管理；在行銷和虛擬世界交集有多媒體、個人化、一對一等。

在上述所言的網路行銷結合網路、行銷的內容後，成為以網路行銷為中心的發展，可分成實體世界和虛擬世界的發展。在網路行銷於實體世界的發展有網路行銷導論、網路行銷規劃、網路行銷管理等；而在網路行銷於虛擬世界的發展有 Internet 世界、網路行銷策略、網路行銷組合等。

在虛擬世界和實體世界的整合，是運用虛擬世界的網路軟體技術應用於實體世界的企業實體活動中。在虛擬世界以雲端商務為主，其雲端運算（Cloud computing）是以數以萬計的伺服器，叢集成為一個龐大的運算資源。它包含 IaaS、Paas 與 SaaS 等三種模式。在實體世界以物聯網為主，其 物聯網 Internet of Things 是指以 Internet 網絡與技術為基礎，將感測器或無線射頻標籤（RFID）晶片、紅外感應器、全球定位系統、鐳射掃描器、遠端管理、控制與定位等裝在物體上，透過無線感測器網路（Wireless Sensor Networking, WSN）等種種裝置與網路結合起來而形成的一個巨大網路。

在以網路行銷為中心，發展出網路和行銷，在行銷組合中有產品、通路、價格、推廣等，在網路技術中有網頁和網路特性等。

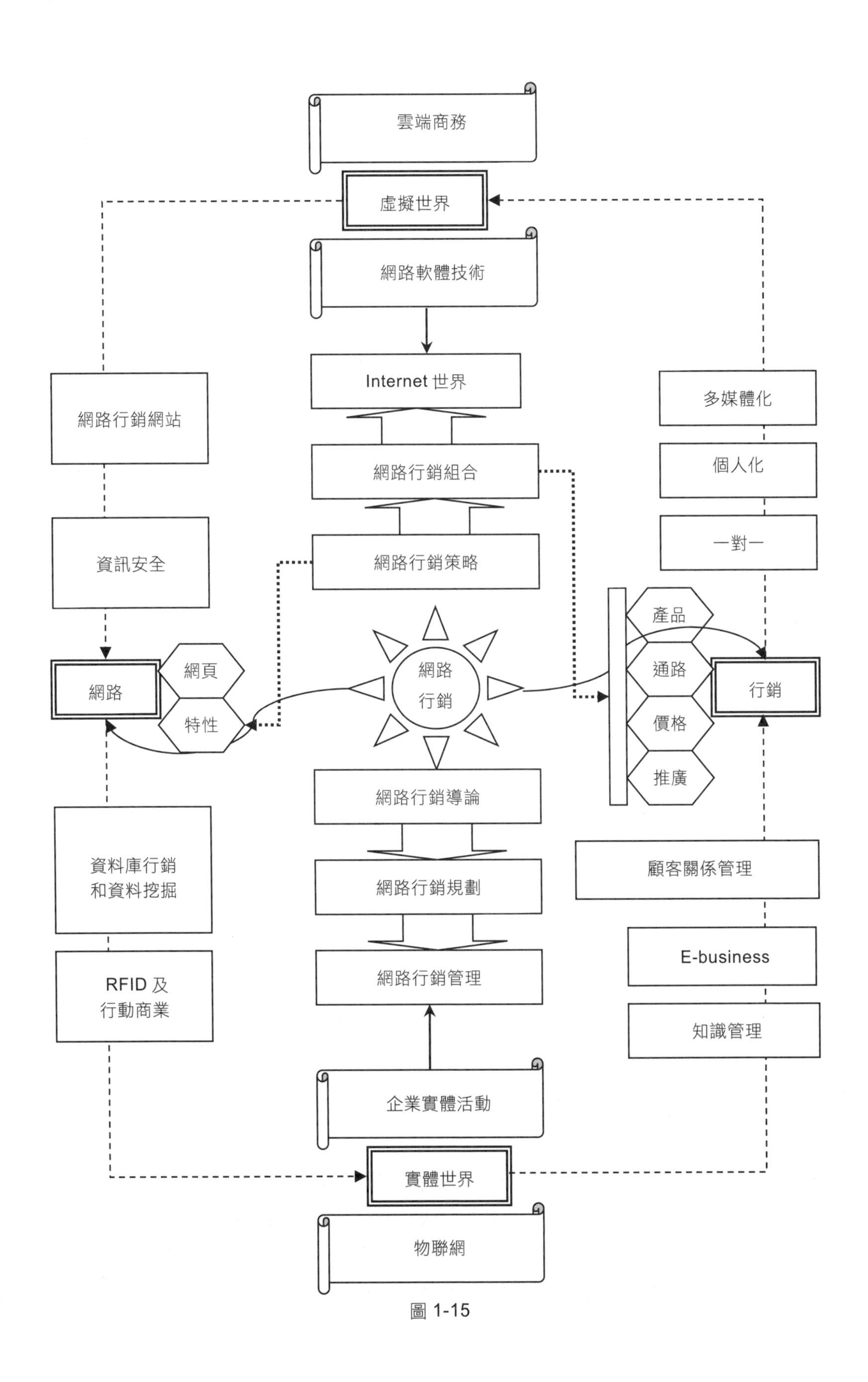
雲端商務
虛擬世界
網路軟體技術
Internet 世界
網路行銷組合
網路行銷策略
網路行銷網站
資訊安全
網路
網頁
特性
網路
行銷
多媒體化
個人化
一對一
產品
通路
價格
推廣
行銷
網路行銷導論
網路行銷規劃
網路行銷管理
資料庫行銷
和資料挖掘
RFID 及
行動商業
顧客關係管理
E-business
知識管理
企業實體活動
實體世界
物聯網

圖 1-15

 問題解決創新方案－以章前案例爲基礎

(一) 問題診斷

依據 PSIS 方法論中的問題形成診斷手法（過程省略），可得出以下問題項目：

■ 問題 1：顧客擷取使用手冊時空

顧客因可能弄丟紙本使用手冊，或是廠商使用手冊，錯誤勘正的需求下，須在顧客本身方便時空內，擷取其使用手冊，但廠商上班時間和顧客居住、公司地址的距離受限下，對於顧客欲依本身時空需求來擷取，就有所困難。

■ 問題 2：網路行銷對企業經營的定位

企業欲用網路行銷，必須相對地付出投資金額，然此投資金額，若以節省成本角度來規劃網路行銷，則將會使網路行銷所欲呈現的創新價值有所打折扣。

■ 問題 3：網路行銷特色如何結合企業作業流程？

企業採用網路行銷在日常營運作業下，則將會影響企業原本日常作業，它衝擊到業務人員在做推銷時的作業方式，例如：使用手冊的存取作業方式。

(二) 創新解決方案

■ 問題解決 1：運用建構售後服務網站，來互動擷取使用手冊

企業採用網路行銷工具，必須事先了解什麼是網路行銷，並且全員須對網路行銷有一定共識的認知，如此才可知道網路行銷可為企業帶來什麼效益。

■ 問題解決 2：網路行銷為企業創造價值

該公司架設一個售後服務網站，來做為讓客戶隨時隨地存取其使用手冊，因此可知其網站價值是在於創造市場利基，它利用售後服務作業，輔之網際網路技術，使網路行銷的投資不是以節省成本角度視之（例如：網頁介面設計用靜態方式較節省），而使得其功能效益打折，而應是積極節省成本（例如：客戶存取電子化使用手冊，則可省下紙本和郵寄費用），以及創造更多客戶的滿意度。

■ 問題解決 3：企業流程須和網路行銷流程互為關聯的運作。

企業一旦運用網路行銷，則將會產生網路行銷本身新作業，例如：企業須在售後服務網站做上架使用產品的新作業），因此此新作業須和企業原有服務作業做結合，也就是企業原本用郵寄紙本使用手冊作業，改為和此網站上下傳使用新手冊作業做互為關聯的運作。

(三) 管理意涵

■ SOHO 型企業背景說明

在以從事各行各業的 SOHO 型服務業，受限於本身經營規模小和非常有限的資源條件下，往往無法突破顧客市場的範圍，造成營收不穩定和投資報酬很低。

■ 網路行銷觀念

該 SOHO 型企業可利用全球化的網路行銷管道，將公司產品型錄和服務包裝成數位呈現，並於網路上參加網路社群和資料庫行銷的主動式方法，及網路銷售交易的功能。

■ 中小企業背景說明

一家從事於零組件製造的中小企業，它的客戶是定位在成品製造的製造廠和通路買賣的經銷商，在這個產業結構中，該企業現況是限於目前往來很久的老顧客範圍內，無法突破擴大市場的客戶領域，因為在有限資源的市場行銷受到地區性和時間性的因素影響下，一直無法邁入全球化的廣大市場。

■ 網路行銷觀念

該中小企業可利用全球化的網路行銷管道，將公司產品型錄和生產服務包裝成數位呈現，並和顧客於網路上有售前溝通和售後服務的互動式作業，及網路銷售交易的功能。

■ 大型企業背景說明

在從事傳統保險和投資業務相關金融產品已數十年的大型企業，面對知識經濟和全球產業生態變化，以往保守一成不變的產品內容和行銷管道，已無法符合快速多變的市場需求，如何設計符合該時代消費者的多變特性的喜好，和切入全球金融趨勢發展，其消費型金融產品和投資理財型的保單，才是該企業極需突破的產品市場服務。

■ 網路行銷觀念

該大型企業可利用全球化的網路行銷管道，將公司產品型錄和投資理財服務包裝成數位呈現，並於網路上有市場情報收集回饋和金融產品知識傳播的互動式作業，及網路銷售交易的功能。

(四) 個案問題探討：請探討網路行銷可為企業創造什麼價值

案例研讀
Web 創新趨勢：NFC 企業行銷

依據維基百科的定義：“近場通訊（Near Field Communication，NFC），是一種短距離的高頻無線通訊技術，允許電子設備之間進行非接觸式點對點資料傳輸”（https://www.wikipedia.org/）。因此，NFC 重點在於近距離的無線通訊，它是一個能讓廠商將技術應用於產業作業上，使得服務流程能提升附加價值的一項自動感知應用。NFC 和藍牙（Bluetooth）、無線區域網路（Wi-Fi）、二維條碼（QR-Code）等同屬於近端的通訊技術。

NFC 可製作成標籤，所謂標籤是經過程式化設定的小型資訊區域，它可內嵌於零售產品、海報、佈告欄或其他物件。因此，在使用電子設備時 可直接透過 NFC 功能下載資訊，例如：下載文章資訊來打發你無聊的通勤時間，並利用其 App 告訴使用者最近的圖書公司在哪裡，引導使用者可以前往購書。

NFC 和 QR Code 有什麼差異？主要在於 NFC 滲透率高且使用較無限制性的感應晶片，因此，比起 QR Code 必須下載 app 和條碼用掃描的方式，NFC 顯得既簡單又快速。因此，NFC 可說是一種智慧型裝置感應技術。

NFC 的應用非常廣泛。例如：圖書館的館藏查詢和作品介紹等服務，它的作法是將書架上的標籤嵌入了 NFC 晶片，接著藉由 NFC 手機感應圖書館區內指引牌（也嵌入了 NFC），如此就可立即了解圖書館的館藏查詢訊息和圖書存放位置，以便使用者能更快速的進行借書需求。再例如：兩個 NFC 裝置相互靠近觸碰，即可啟動標籤來交換或下載提供其他資訊，例如名片、地圖、產品資訊、影音內容、優惠券、票券、網址和促銷品資訊等。

NFC 能夠讓設備進行非接觸式點對點通訊，讀取/寫入非接觸式卡，運作上可分為「主動模式」和「被動模式」。主動模式是指 NFC 的兩端設備都必須要支援全雙向的資料交換，而被動模式是指啟動端要有電源的供應，它會傳輸訊息並發送到 NFC 的接收端，而接收端會利用發送端所產生的電場回應訊息給 NFC 的啟動端。

NFC forum 定義了三種 NFC 的溝通模式：卡模式（Tag）、點對點模式（P2P）、讀卡器模式（Reader）。卡模式不需供電也可以工作，點對點模式則傳輸距離短，傳輸速度較快且功耗低，例如：交換音樂、圖片。讀卡器模式則作為非接觸讀卡器使用，例如：在智慧電子看板、產品包裝、雜誌廣告、海報上讀取相關內容等（參考來源：NFC Forum）。

NFC 應用於網路行銷例子很多。例如：一台已裝置 NFC 功能的自動販賣機，它可支援行動付款的功能（包括：Visa PayWave 及 MasterCard PayPass）。也就是說只要拿起已進行銀行聯網的 NFC 手機，在自動販賣機裝置上觸控便可以進行付款，並透過螢幕看到付款的資訊。

再例如：「手機信用卡」，只要把信用卡資訊傳輸到手機裡的 SD 卡中，就可進行小額消費或是行動點餐，如此即可讓使用者方便消費，也可以說是電子錢包（手機就能取代錢包）。再例如：NFC 互動看板，除了可提供即時更新的附近商家之促銷優惠券、抵用券之外，還可讓消費者下載多媒體廣告內容以及路徑指引資訊。

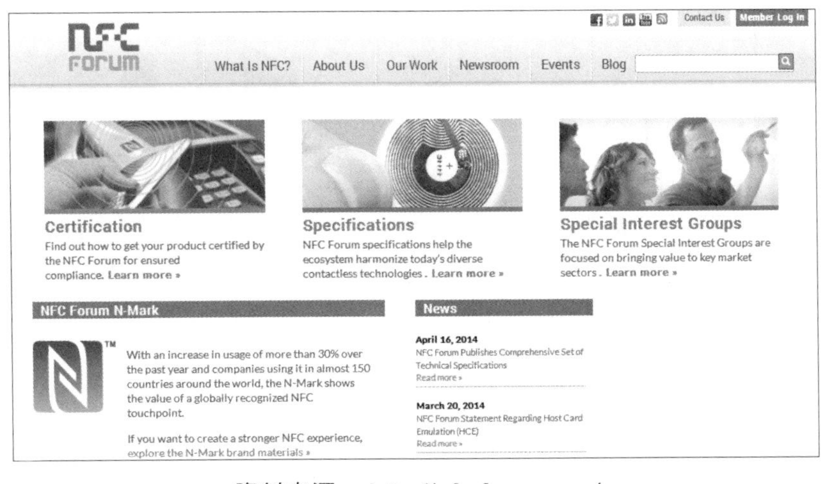

資料來源： http://nfc-forum.org/

案例研讀
熱門網站個案：電子錢包

電子錢包，是在購買商品小額付款時常用的數位付款，它是電子商務活動中網上購物顧客常用的一種支付工具。目前常用有 iPhone 電子錢包和 Google 電子錢包。

iPhone 電子錢包是指使用 iPhone 手機付款購買實體商品，同時也可產生虛擬貨幣來折抵蘋果公司的商品或加值服務。Google 電子錢包則可讓你將付款資訊安全儲存在 Google 帳戶中。

資料來源：http://www.groupon.com 公開網站

茲說明電子錢包運作程序如下：

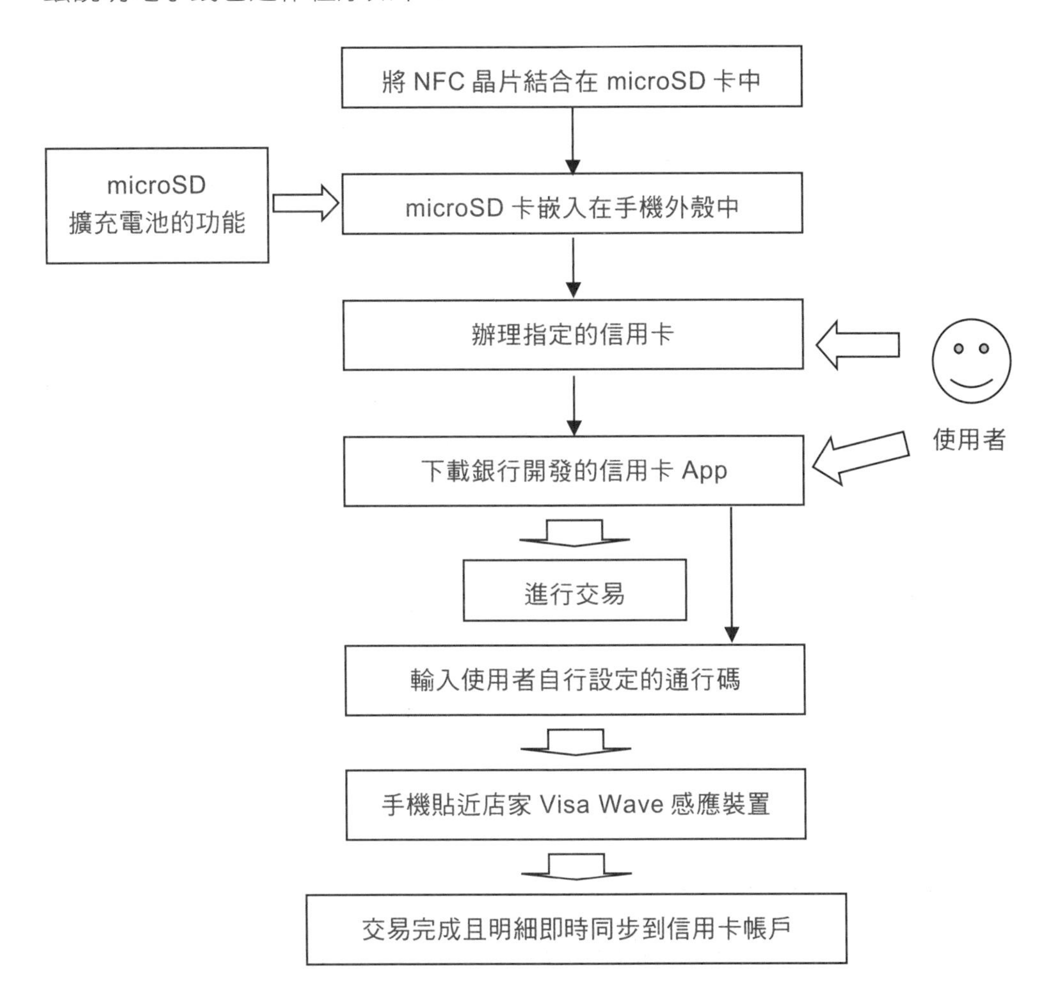

■ **問題討論**

請模擬並了解自動販賣機購買作業後，探討你覺得對那些業者會產生哪些不同的新營運模式？

本章重點

1. 網際網路之產業網絡，將會造成市場需求或供給變動對市場均衡影響的模式，而在這模式下，其企業將會面對不同於傳統的知識經濟的市場交易模式，進而改變市場需求者和供給者面對知識經濟的交易行為機制。
2. 在網際網路效應中，最明顯的就是數位化產品產生，及其傳播媒介快速便宜，如此的特性結構化改變，也創造了以前沒有的電子商務模式。這樣的模式影響知識經濟時代的企業經營特徵，就是**正結合顯現數位產品取代傳統的有形產品和有形產品的另一行銷的世界**。
3. 在網路行銷的時代環境中，其網路特性會影響到網路行銷，進而成為網路行銷特性。因為網際網路行銷的運作需依賴資訊科技的環境才能執行，故網路行銷的成功與否，行銷與網路科技兩個功能的協同作業將會是關鍵因素。
4. 網際網路帶來三個重要的特性，分別是邊際成本效益、大量客製化及大量通訊。
5. 從網路行銷範圍中可知有三個重點：
   - 適用於網際網路如何成功地執行網路行銷？
   - 企業行銷策略與網際網路如何成為網路行銷策略？
   - 應用網際網路於行銷活動後的需求？
6. 網路行銷可達成的目標為：（1）提高品牌的價值觀，（2）促進消費者的互動速度和關係，（3）新商品上市的行銷活動，（4）收集和分析消費者的潛在需求，（5）通路的整合和快速，（6）經營企業形象。

關鍵詞索引

學習評量

一、問答題

1. 針對金融業、製造業、服務業的大型企業、中小企業和 SOHO 等規模的背景說明，找出實際個案公司的背景再加以說明？
2. 網路行銷定義為何？
3. 行銷的過程時期為何？

二、選擇題

(　　) 1. 在知識經濟和網際網路的環境影響下，產生了什麼經濟學？

(a) 網路新經濟學

(b) 交易經濟學

(c) 知識經濟學

(d) 古典經濟學

(　　) 2. 行銷是什麼？

(a) 一整體性的企業市場活動流程

(b) 用於產品定價、企劃、促銷

(c) 服務和分配產品給現有及潛在的顧客

(d) 以上皆是

(　　) 3. 網路行銷的真意所在？

(a) 整合傳統實體與網際網路的多樣化行銷

(b) 傳統實體與網際網路是無關的

(c) 傳統實體與網際網路是衝突的

(d) 傳統實體的行銷

(　　) 4. 網路行銷的效益？

(a) 低成本

(b) 人性化互動、個人化

(c) 跨地域與不受時間限制的優點

(d) 以上皆是

(　　) 5. 行銷者透過網際網路上來行銷，什麼成本幾乎為零？

(a) 開發成本

(b) 複製成本

(c) 維護成本

(d) 人力成本

chapter

2 網路行銷策略

章前案例：線上詢報價

案例研讀：主動需求的數位匯流、智能停車位撮合網站

學習目標

- 探討行銷策略基本要素
- 說明網路為基礎的行銷策略架構
- 說明整合式行銷和行銷社群的運值
- 探討網路行銷策略架構
- 探討網路行銷策略和企業整體策略關係
- 說明網路上市場行銷策略

章前案例情景故事 **線上詢報價**

用 web 連線的線上詢報價功能來達成詢報價作業，詢報價作業是為了銷售訂單的後續作業，但在這詢報價過程中，會有三個問題，第一是詢報價的產品價格組合定義，它牽涉到產品成本計算，也牽涉到產品利潤的計算，這是不容易的事; 第二是詢報價的統計紀錄，可做為產品種類的選擇和下一次價格的定義參考；另外一個是詢報價作業是會花費很多人力時間，而且不一定會轉成真正的銷售訂單。

運用網路行銷的資訊系統，來自動化產生詢報價作業。

2-1 行銷策略

2-1-1 行銷策略基本要素

Chaffey（2000）將網路行銷分成狹義和廣義兩種，狹義的網路行銷（Internet Marketing），是運用軟體科技在網際網路平台中來達成行銷目的；廣義的網路行銷是指電子化行銷（e-marketing），泛指運用任何整合性科技來達到行銷目的。

從上述對網路行銷的說明，可延伸至行銷策略的規劃。在規劃上，須針對行銷策略基本要素做擬定。行銷策略基本要素主要包含顧客需求、環境、經濟活動等三種。

顧客需求

衡量潛在顧客需求，從產品角度可包含有形產品、無形服務，從購買行為角度可包含有能力嘗試性購買、有意願經常性購買等。「有意願經常性購買」的消費者對於網路行銷策略下所展開的網站功能與互動溝通的效果是非常重視的，至於「有能力嘗試性購買」的消費者，對於網路行銷策略下所展開的網站，感覺與整合程度的效果是非常重視的。

網站功能與互動溝通在行銷策略是非常重要的。Kotler（2000）認為互動溝通是一種包括廣告、銷售、推廣、公共關係和直效行銷活動所組成的，目的是要達到其行銷策略的目標。他將互動溝通分成五種主要的活動，如下：

1. **廣告**（advertising）：提供並表達及推廣各種產品觀念，以非人員、呈現化的方式，將商品或服務相關資訊呈現給顧客。一般會採用視覺上的豐富設計，以影響消費者的購物意願。
2. **銷售**（selling）：由公司的銷售人員對顧客做購買產品的說明，其目的在促成交易與建立顧客關係。
3. **推廣**（promotion）：刺激商品及服務的購買，是在某一期間的激勵和優惠措施，以便快速將商品銷售出去，例如： 超低價、折價券、免費樣品等。
4. **公共關係**（public relation）：藉由互動良好媒體介面，和各種組織建立良好的關係，例如：獲得有利的報導、塑造企業優質形象等。
5. **直效行銷**（direct marketing）：針對個人化的需求，直接與特定的消費者溝通，以期能獲得直接和立即的回應，例如：使用信件包裹、個人化網站、電話、傳真、電子郵件等。直效行銷一般也會用建立品牌熟悉度方式及進行不斷重複的廣告，來加強品牌印象，以便易於直效行銷。

對於所購買的產品愈有意願，則涉入深度愈高，所謂涉入程度是指消費者在購買過程中，所投入的關注心力和購買交易可能性程度，相同的人對於不同時間同樣產品會有不同的涉入深度，不同的人對於同樣產品也會有不同的涉入深度，故涉入深度和購買成功率就有很大的關係。

環境

一般影響行銷的環境可分成如下：產業環境、社會文化環境、科技環境、經濟環境、政治法律環境。

上述的環境會造就市場的形成，而行銷就是從分析市場需求開始，它試著分析滿足特定市場的需求，並且在該市場環境內可展開成上下游的產業。企業欲維持和消費者長期互動，則就必須考慮到產業鏈的關係。市場環境依是否可營利而分成營利及非營利市場組織。另外，在市場環境中的產品會有產品生命週期，也就是說會經歷萌芽期、成長期、成熟期、衰退期等。雖然產品有生命週期，但也可以用一些方法延續商品生命週期，例如：學校教室可利用為教室商品尋找新的用途來增加使用次數，也就是說舉辦政府或民間檢定考試；冰棒可利用環境調整來增加使用商品的頻率，也就是說冬天亦可吃冰棒。

經濟活動

經濟活動是指在環境下對於顧客需求所展開的消費活動，它是從規模並執行概念、商品化、服務的生產、定價、促銷及配送通路等活動的過程，這樣的活動目的是在於創造並維繫能滿足個人及組織的需求，故經濟活動必須和消費者需求相結合，它包含產品定位、包裝設計、品牌名稱、商標、售後保證、客服作業等消費者需求結合的經濟活動。

在這個經濟活動可產生行銷上的 4P：產品品牌（product）、定價（price）、配銷通路（place）、行銷推廣（promotion）等。Harris（1998）認為除了行銷的 4P 之外，還必須重視權力（power）與公共關係（public relations），才能獲致競爭優勢，因此他將 4P 擴充成 6P，構成所謂巨大行銷（mega-marketing）。

在重視權力的經濟活動，會因產品本身的複雜性和價格化因素，而有 2 種購買權力，它分別是涉入深度低的權力，和涉入深度高的權力。在產品本身的複雜性和價格較低情況下，其會產生涉入深度低的權力，這些產品購買多半只是習慣使然，不是很重要，故使得購買交易可快速產生，例如：書本、便當等；在產品本身的複雜性和價格較高情況下，其會產生涉入深度高的權力，這些產品購買可能牽涉到決定代價很高，故使得購買交易必須有一段期間才會產生，例如：珠寶、電腦等。

Peterson 與 Bronnenberg（1997）認為配銷通路（place）通常有三種型態：1. 配售通路（Distribution）；2. 交易通路（Transaction）；3. 溝通通路（Communication）。

經由網路行銷來發揮其配銷通路的彈性和互動性，以使得組織之間可以快速交易；在這樣網路行銷策略的配銷通路下，可能會有以下 2 個問題重點：

1. 網路行銷運作能否取代傳統通路中間商的功效？
2. 網路行銷運作是否能夠超越傳統通路中間商的績效？

在網路行銷的經濟活動中，會產生所謂的網路產業鏈，也就是說在網路鏈中可延伸從行銷企劃到顧客回應整個可追蹤的過程。Hanson（2000）認為網路產業鏈中的價值評估有四個要項，分別來自於印象（Impression）、預期（Prospect）、新購顧客（New customer）及再次購買顧客（Repeat buyer）。

從上述對在網路行銷上，就行銷策略基本要素做擬定規劃，可整理出以網路為基礎的行銷策略架構，如下圖：

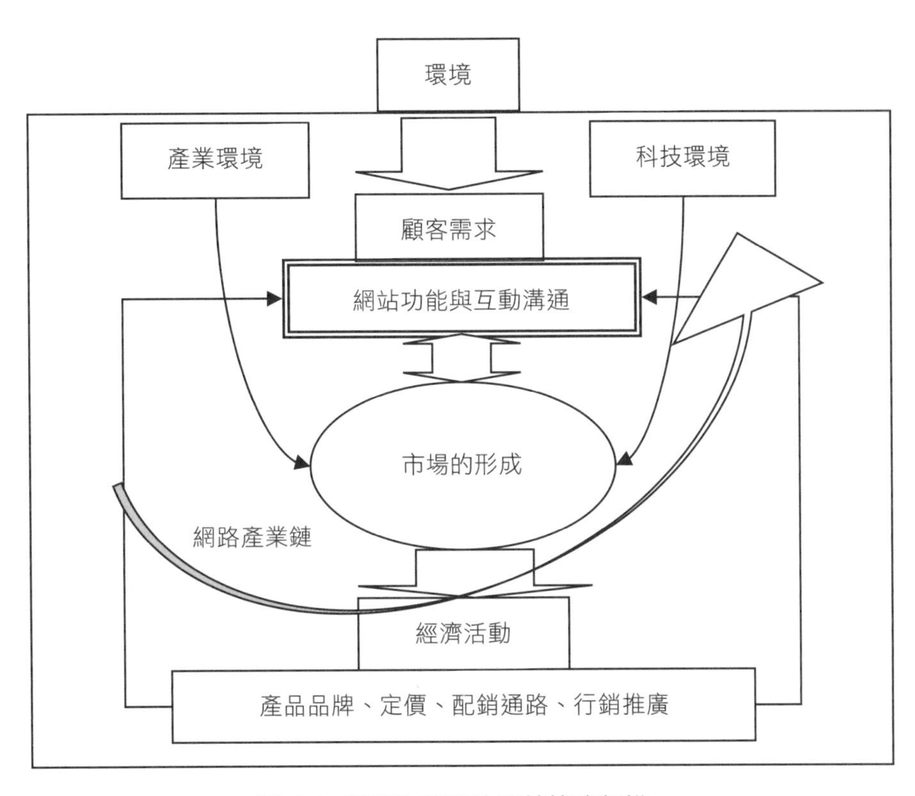

圖 2-1 網路為基礎的行銷策略架構

2-1-2 整合式行銷

「整合式行銷溝通」（Integrated Marketing Communication, IMC），重點在於「整合行銷」。顧名思義，整合式行銷溝通是利用多樣化行銷工具，來達到行銷溝通。

整合式行銷溝通是系統模式化，如下圖：

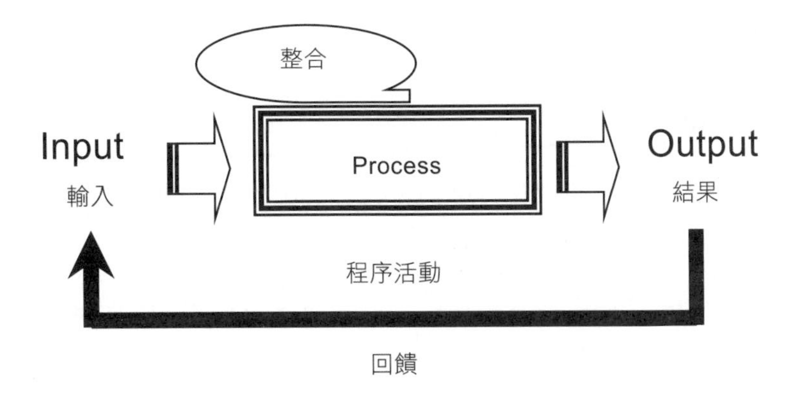

圖 2-2 系統模式化

Schultz（1993）認為整合式行銷溝通是一種長期間對顧客及潛在顧客發展、執行不同形式的行銷溝通的過程。其將所有與產品或服務相關的資訊加以系統化的過程，使顧客與潛在顧客接觸整合式行銷的資訊，進而產生消費者購買行為。

Duncan（1996）認為「整合式行銷溝通是行銷的策略方法，它利用行銷策略來影響產品或服務相關的訊息，並鼓勵企業組織與顧客雙向互動，藉以創造良好關係」。

在整合式行銷溝通中，如何利用企業和消費者之間的行銷溝通，來達到整合式行銷的效益，是非常重要的，其中行銷中間組織的通路就是一例。

Kotler（1994）認為行銷通路主張企業製作者皆透過行銷中間機構，將其產品由製造者移轉到消費者手中，而這些行銷中間機構即組成了行銷通路（Marketing Channel）。若從交易角度，又可稱為交易通路（Trade Channel）；若從分配運輸角度，又可稱為配銷通路（Distribution Channel）。

若再以網路行銷的構思來看整合式行銷溝通，就會產生消除中間組織的通路，它是指 disintermediation，也就是說消除特定價值鏈中負責某些中間組織的通路的層次。這裡的消除中間組織的通路，其實重點是指企業流程再造，並不是完全地消除。

Philip Kotler（2008）將無店面行銷分為四大類：「直接（直效）行銷」、「直接銷售」、「自動販賣」、「購物服物」。

1. **直接行銷**（direct marketing）：是指運用各種不同的行銷企劃直接吸引消費者的動機，以期獲得消費者的直接回應。
2. **直接銷售**（direct selling）：企業人員的拜訪。
3. **自動販賣**（automatic vending）：例如：投幣式的自動販賣機。
4. **購貨服務**（buying service）：為顧客做選擇和訂購產品，從中收取服務利潤。

2-1-3 行銷社群

因為網路行銷的技術，使得它打破傳統行銷的限制，在傳統行銷不可行的方式，在網路行銷就有可能執行。其中行銷社群的策略模式就是一例。

企業將可以運用「行銷社群」的功能，來達到快速成長、降低風險、提升顧客忠誠度的方法目標。如下圖：

圖 2-3 資料來源：http://www.oracle.com/tw/index.html 公開網站

Wu（2002）認為行銷社群，可分成四種社群種類：

1. 個人特性（Personal characteristics）
2. 生活風格（Lifestyle）
3. 知覺需求（Perception needs）
4. 上網狀態（Situations）

行銷社群可以對網路行銷在消費者行為的涉入深度產生影響；網路行銷利用行銷社群的策略模式來了解消費者行為的特徵，它可藉由搜尋、資訊處理等作業軌跡，來加以分析消費者行為的涉入深度，進而形成一個顧客消費的回應模式。

將行銷社群的策略模式應用在產業鏈中，就會產生先前所提及的網路產業鏈，對網路鏈進行分析，可幫助降低行銷投入的成本和產生消費行為價值，Hanson（2000）稱之為網路鏈（Web Chains of Events）。如下圖：

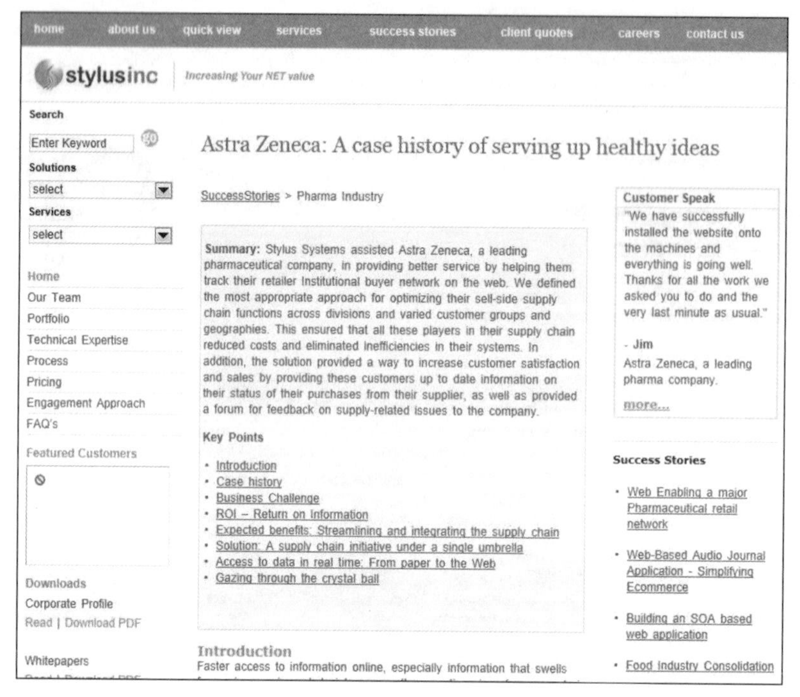

圖 2-4 資料來源：http://stylusinc.com/Common/SuccessStories/Pharma.php 公開網站

2-2 網路行銷策略

2-2-1 網路行銷策略架構

網路行銷（internet marketing），主要是針對網際網路的使用者，透過網路的虛擬世界，來行銷產品和服務的一系列行銷策略及活動。故又稱為虛擬行銷（cyber marketing），另外透過網際網路，使得消費者可以運用超連結方式連上任何允許的網頁上，進而運用網頁上工具和作業來取得資訊及購買產品，故又稱為超行銷（hyper marketing）。

從上述對網路行銷的說明，再加上前面章節所提及的以網路為基礎的行銷策略架構，可以了解到網路行銷策略是網路行銷規劃和執行的重要基礎。Angehm 與 Meyer（2009）認為網路行銷策略可分為四種種類：

1. **虛擬資訊環境**（Virtual Information Spaces, VIS）：企業將網際網路應用於行銷的產品與相關服務等資訊，它會公佈與存取在公司內的資訊環境中。
2. **虛擬溝通環境**（Virtual Communication Spaces, VCS）：企業在網際網路上從事行銷溝通和客戶服務等活動。

3. **虛擬交易環境**（Virtual Transaction Spaces, VTS）：企業在網際網路上執行訂單交易的活動。

4. **虛擬行銷環境**（Virtual Distribution Spaces, VDS）：企業在網際網路上配銷產品與服務的過程。如下圖：

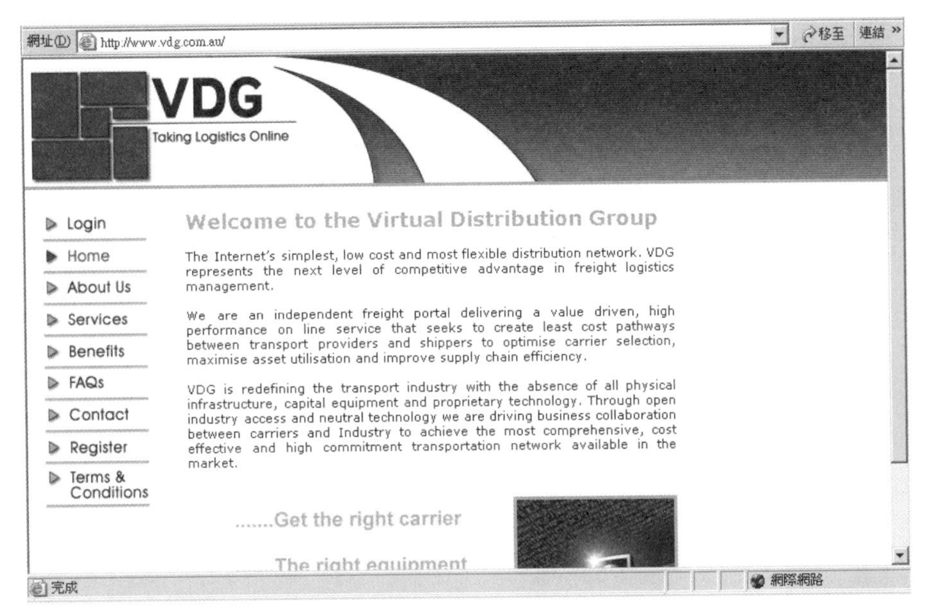

圖 2-5 資料來源：http://www.vdg.com.au/ 公開網站

在目前網際網路盛行的時代中，網路行銷在企業的行銷活動中，已經扮演愈來愈重要的活動，網路行銷不只是在網際網路上做行銷，更是在企業經營模式的另一延伸，例如：以手機為例子，手機產業的價值鏈很長，故手機原本是通話的功能，但它卻衍生出 e-mail、多媒體影音、網路的互動、視訊的傳輸內容等功能，而這樣的內容就取決了該手機的價值，也就是說傳輸服務內容才是主角。故運用手機在網路的資訊傳輸來做企業產品的行銷，也同時更可在網路上行銷延伸做為提供服務內容的企業經營模式。

2-2-2 網路行銷策略和企業整體策略

行銷策略在企業整體策略架構中，是很重要的一環，同樣的，網路行銷策略也必須和企業整體策略整合。只是和行銷策略不同的是，網路行銷策略必須建築在網路特性和模式下。

網路的特性之一，就是可以漫無目的、隨心所欲的查看任何有某些主題的內容，而且可以在彈指之間即刻切換到另一個不同主題的內容，這樣的任意遨遊功能，使得愈來愈多人沉迷於上網。

從上述的網路特性，可導引出網路行銷策略。那就是如何將使用者潛在的需求挖掘並且呈現。這樣的策略對使用者會產生驚喜的需求發現，進而產生購買行為，而且最重要的是對消費者而言，他可以發現自己真正的需求。如下圖：

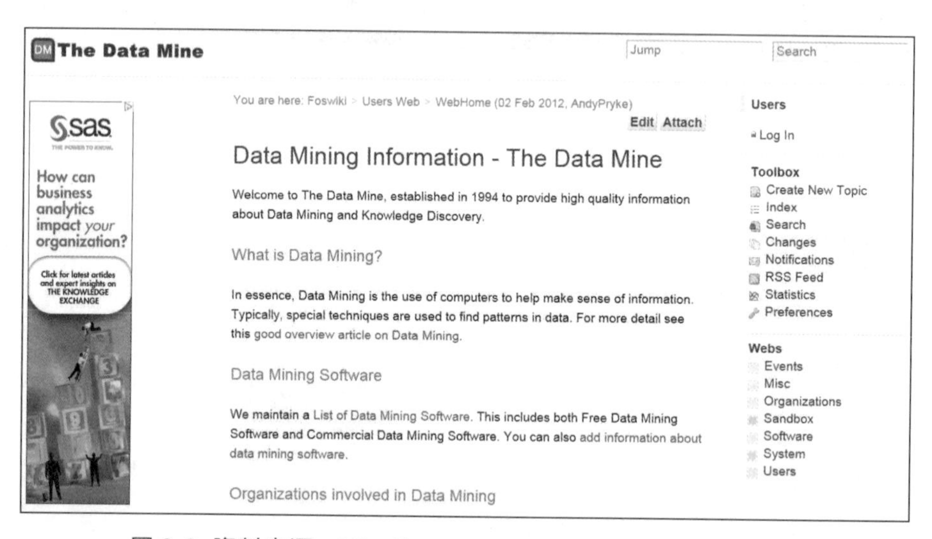

圖 2-6 資料來源：http://www.the-data-mine.com/公開網站

從這個網路行銷策略來看，可以展開網路行銷運作模式，它首先將消費者所感興趣的主題，經過曾經上網的網頁內容記錄 log，來交叉分析得出主題的所有關鍵屬性，這些關鍵屬性可以 RFM（Recent、Frequency、Monetary）方法，來得出這些關鍵屬性的重要優先度，再根據這些重要優先度，由網路行銷的企業來挖掘並組合成消費者潛在需求的產品，並主動告知消費者這個產品的優惠價格，和塑造促進購物的情境，使得消費者真正下單。最後再運用這些重要優先度，組合成免費的另一商品或訊息給消費者，讓消費者購物後，仍覺得滿意和窩心，這是一種「再次消費動機」的手法，如此才可永遠保住這位消費者。如圖 2-7。

網路行銷能在網際網路上做行銷活動，最主要是在於將行銷活動內容數位化，而數位內容就可以運用軟體技術來做更深一層的加值服務，例如：將產品型錄內容轉為數位產品型錄的圖片內容，該內容可以用資料庫軟體技術，加值為交叉關聯的產品型錄資料庫，以進而掌握產品客製化需求屬性和產品交易資料分析。故若要將網路行銷從原本單純訂單促銷活動，轉為更有價值的服務，就必須依賴軟體技術的應用。

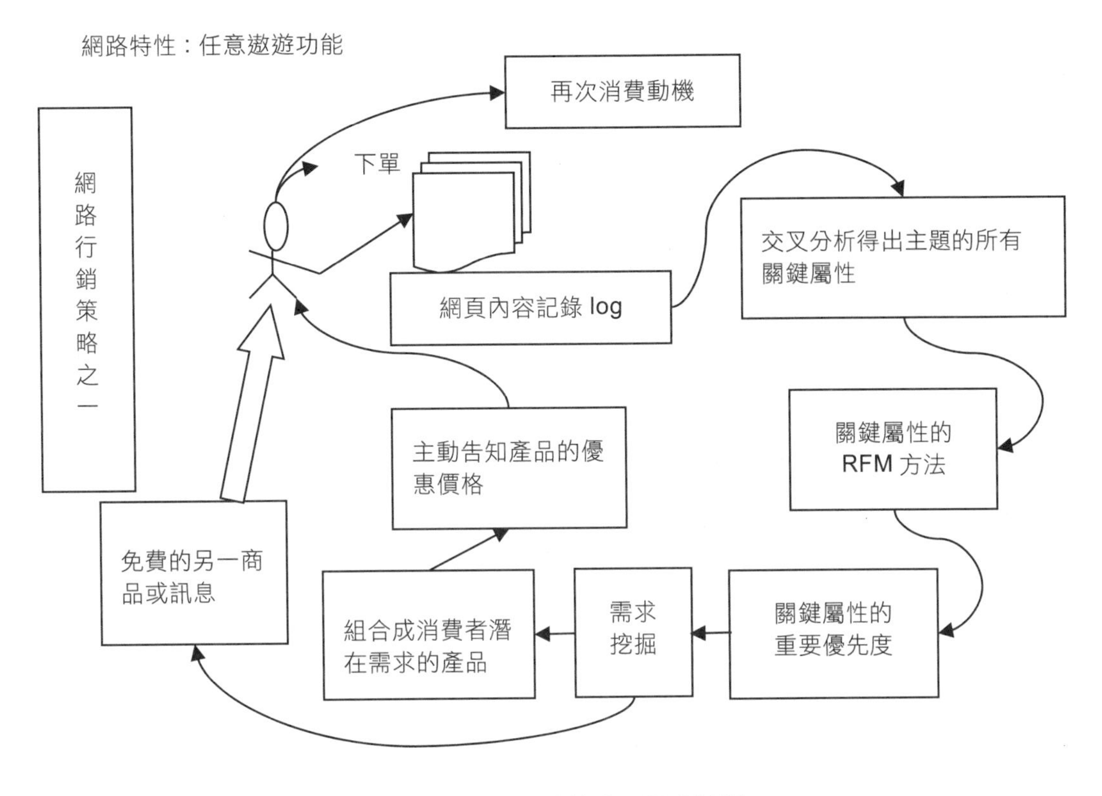

圖 2-7 網路行銷策略－需求挖掘

軟體技術是一堆程式碼，它可被規劃設計成軟體產品。這是以前的想法和應用。軟體不只是一個製作出產品，它是一個需求上的服務。亦即網路行銷運用軟體技術的加值，應該是在於需求服務上，而不是產品應用上，如此才能將網路行銷推至極致創新的境界，最後達到的不只是行銷商機的延伸，更是行銷模式的新商機。

網路行銷不是只是傳統行銷活動的另一延伸舞台，它是企業行銷的新模式，更是企業經營的創新模式。故網路行銷必須加入 IT（資訊科技）和需求的內容，來達到最終目標是在做經營及整合。

透過網路行銷策略，來整合客戶、供應商、客戶中客戶，供應商中的供應商等資訊和作業流程。

網路行銷策略就是要想盡任何方式和不同媒體，將欲銷售產品或服務推銷給目標客戶，以達到營運利潤目的。故如何快速低成本的行銷推廣，就變成非常重要。而在網際網路環境的網路行銷上，就具有快速低成本擴展特性，網路且有不斷超連結的功能，也就是網網相連，無遠弗屆。但往往一體是兩面的，也就是說雖然網路行銷可正面帶來行銷擴展的效益，但若適用不當，也會造成負面行銷排山倒海而來。但若用反面角度思考，則也可以用負面方式來達到行銷目的。如下圖：

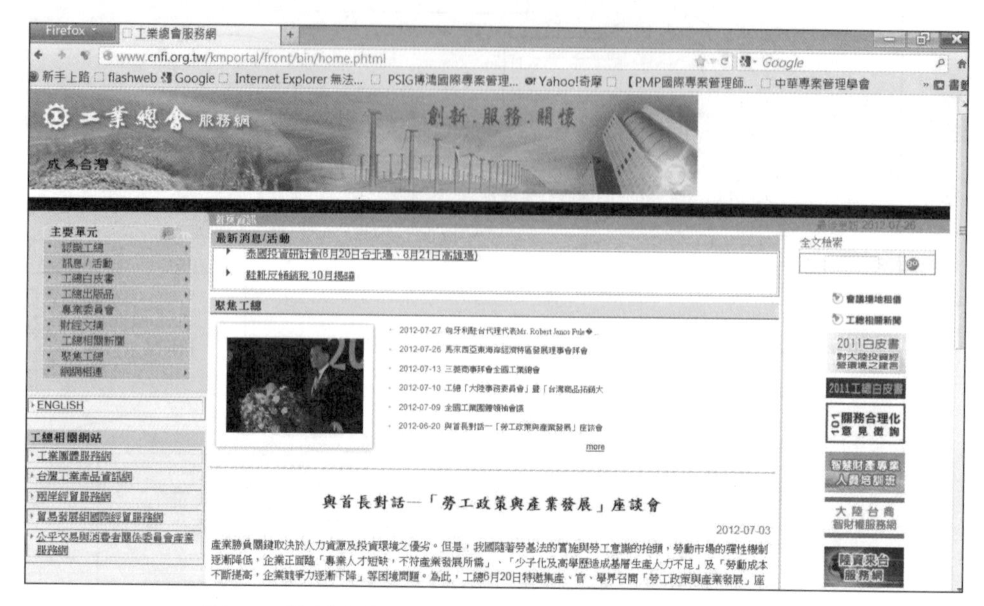

圖 2-8 資料來源：http://www.cnfi.org.tw/公開網站

網路行銷可使資訊不對稱的狀況不發生，進而不會產生反選擇（adverse selection）現象。所謂反選擇的現象，是指買方在資訊不對稱情況下，無法知道賣方的商品價格和資訊，導致在買賣交易過程出現逆向的選擇。例如：本身風險高的客戶，愈會想去投保；而風險低的客戶，反而不太會投保。

網路行銷在企業上應用會因需求內容型態和技術方式不同而有所不同應用的層次，它分別可分為如下 8 層應用：

1. 網路上宣傳告示：網路廣告、留言版、email、網路名片。
2. 網路上收集調查：網路市調、網路群組、搜尋。
3. 網路上互動溝通：部落格、企業網路。
4. 網路上行銷分析：web 資料庫、知識搜尋引擎、RFID。
5. 網路上訂單交易：訂單、採購、詢報價。
6. 網路上行銷經營：電子商店、網路購物。
7. 網路上經營行銷：電子化企業、CTI 客戶服務。
8. 網路上整合：網路行銷資訊系統。

Catalano 與 Smith（2000）認為網路支援行銷活動可分為三個階段：

1. **銷售前（pre-sales）階段**：包括詢報價、產品與服務的展示、事先預售。
2. **銷售（sales）階段**：包括 WEB 上訂購交易、產品與服務資訊、產品型錄訂購、與定價。
3. **售後（after-sales）階段**：包括產品功能更新、售後服務、與問題解決。消費者對產品的相關資訊需求，不僅在銷售前，而且在銷售後使用的相關資訊需求更是重要，因此提升對於顧客售後需求、客戶抱怨與售後服務等回應能力，是有效保有消費者再次購買行為的關鍵。

2-2-3 網路行銷策略的模式

網路行銷，若以軟體技術角度而言，它本身就是資訊科技的呈現。資訊科技必須和企業經營需求整合，才真正能發揮資訊科技的效用。故網路行銷必須善用資訊科技應用，才能達到網路上的行銷綜效。網路行銷不能只是從傳統行銷方法搬到網路上複製而已，或只是傳統行銷程序電腦自動化而已，其中包含有傳統行銷的方法論和善用資訊科技技術來達到網路行銷的綜效（synergy），例如：資料庫科技行銷就是一例。其中跨領域的顧客整合也是一例。

跨領域指的是不同領域之間的介面整合，領域包含從企業功能和企業角色的維度來分類。以企業功能維度來看，可分成研發、業務、製造、採購、財會領域。若以企業角色維度來看，可分成客戶、供應商、客戶中客戶、供應商中供應商領域，這二個維度領域的交集，可整合分類出更多關聯的領域，以達到立體式的跨領域整合。

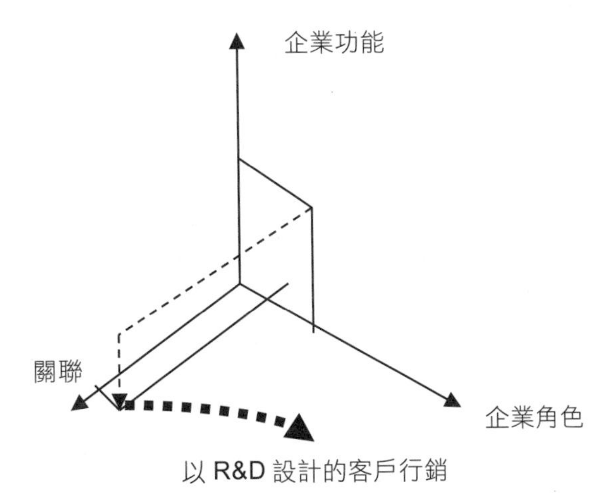

圖 2-9 跨領域的介面整合

網路行銷的應用，若是在更多跨不同領域之間則其產生綜效也愈大，但相對上顯現效益的反應時間也比較長，會造成企業可能無法忍受太久，或短期效益無法彰顯。

從上述說明可知網路行銷策略的模式，是善用資訊科技技術來達到網路行銷的跨領域綜效。

消費者對於產品資訊豐富多的產品需要蒐集更多產品資訊，因此在上 Yahoo! 入口網站時，就會在網站的分類目錄不斷瀏覽，如此會造成瀏覽成本與整合時間的認知程度較久。故若運用資訊科技技術，使得產品資訊透過網路媒體來曝露，並且進而運用跨領域方式，來加速呈現其產品相關資訊。例如：股票產品利用 Yahoo! 入口網站的股票分類目錄，及運用協會和銀行跨領域組織超連結方式，來呈現其股票產品的相關資訊。如此網路行銷策略的模式，可使屬於數位化產品，較易達到網路行銷的綜效。如下圖：

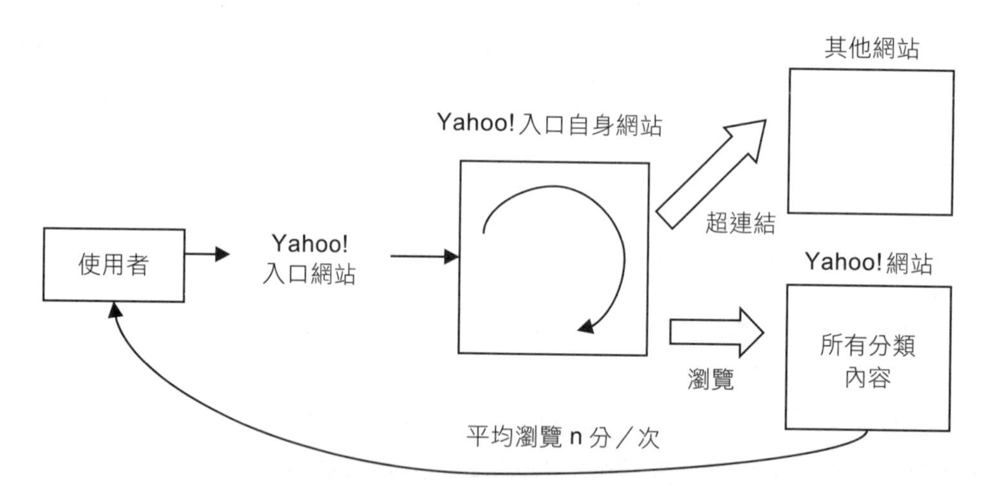

圖 2-10 網路行銷策略的模式-分類目錄瀏覽

消費者對於產品資訊豐富低的產品只需要蒐集產品資訊，因此在上 Google 搜尋網站時，就會直接在網站上做關鍵字搜尋，如此會造成搜尋成本與確認時間的認知程度較久，故若運用資訊科技技術，會使得產品資訊透過網路媒體來曝露，並且進而運用跨領域方式，來加速呈現其產品相關資訊，例如：書本產品利用 Google 搜尋網站的排行關鍵字搜尋，及運用網路書店廠商和 Amazon.com 書本專業通路商等跨領域組織超連結方式，來呈現其書本產品的相關資訊。如此網路行銷策略的模式，可使屬於實體性產品，較易達到網路行銷的綜效。如下圖：

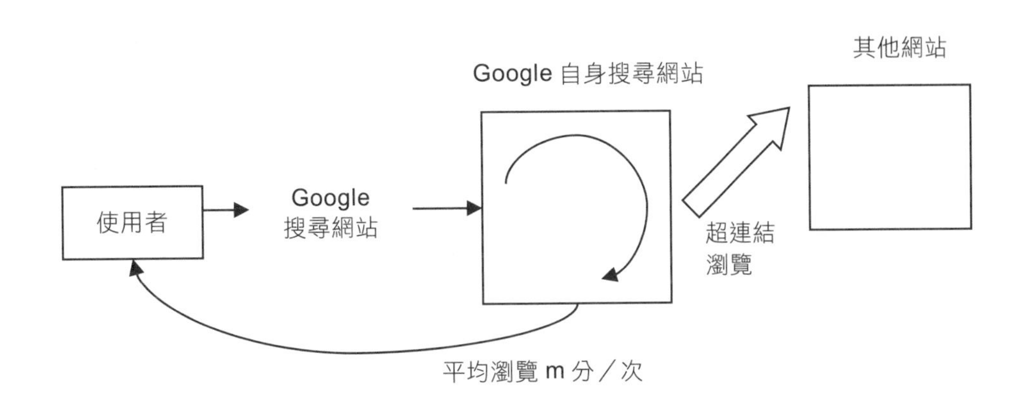

圖 2-11 網路行銷策略的模式－關鍵字搜尋

從上述說明可知，產品資訊豐富多的產品固然需要蒐集更多產品資訊，但如果能以建立品牌認同感，並且強調產品或品牌的差異化，提高較豐富的相對性資訊與顧客化的需求，則可提高網路行銷的成功度，因為可藉由品牌來降低其瀏覽成本與整合時間。例如：IBM 透過網路賣個人電腦，因為品牌的知名度使消費者對於網路上的產品依然有信心，故透過網路可以購得品質有保證而價格又較低的電腦。

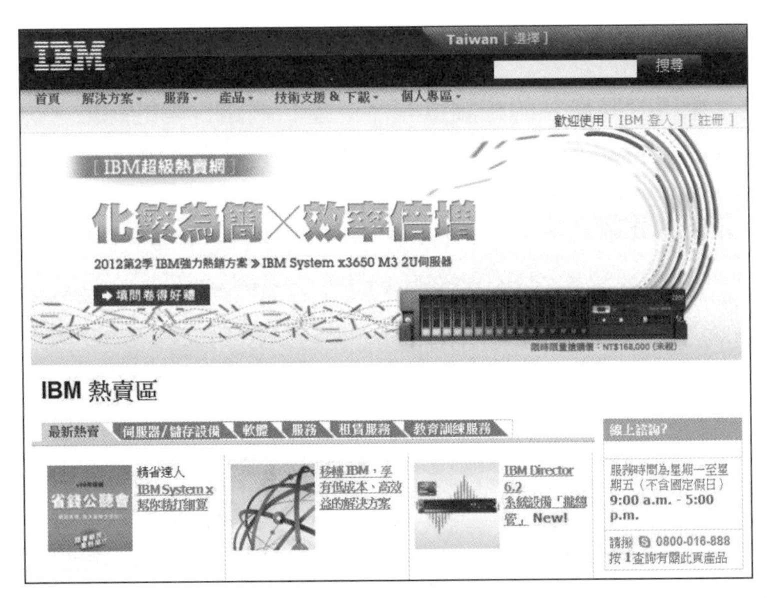

圖 2-12 資料來源：http://www-8.ibm.com/tw/shop/product/prdpackage.html 公開網站

從上述說明也可知，產品資訊豐富低的產品固然只需要蒐集產品資訊，但該產品類型的網路行銷模式很容易被模仿，故如何不斷的利用產品擴充與更新，來擴大產品種類與產品組合變化，和使得購物與取得貨品的便利感與一次購足滿足感，進而提高消費者再次購物的動機，並且實體的服務據點與通路等結合，都能夠彌補網路行銷無法充分表達產品資訊的弱點，如此才可吸引並保有消費者，這是非常重要的。例如：零售超商與大盤商、「宅急便」網站結合的方式便是一個典型的案例。

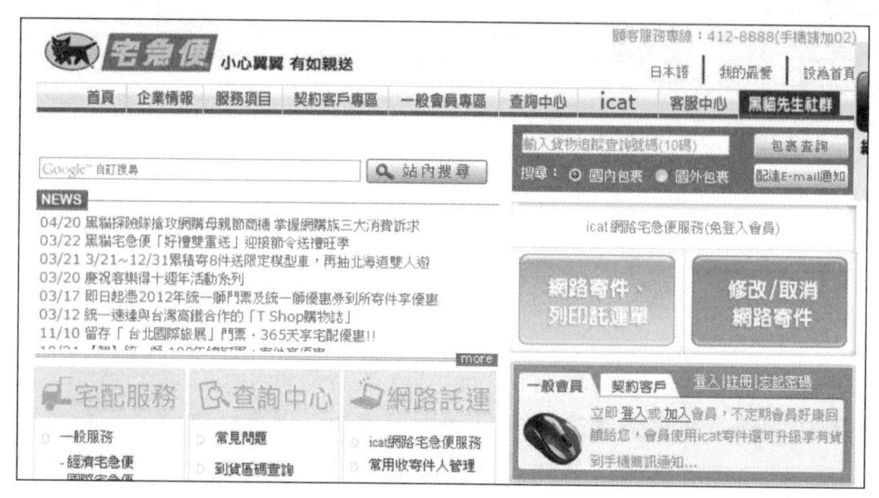

圖 2-13 資料來源：http://www.t-cat.com.tw/index.do 公開網站

網路行銷策略的模式，可善用資訊科技技術來擴大網路流量，如此可讓產品訊息在網路媒體大量的資訊傳播效果之下，使消費者能經由多管道，包括傳統傳播媒體與社群的連結，來得到該產品的相關資訊，以達到網路行銷的綜效。以下是針對資訊委外知識社群和國際電子化行銷平台的資訊科技技術，來擴大網路流量的案例：

案例一：資訊委外知識社群

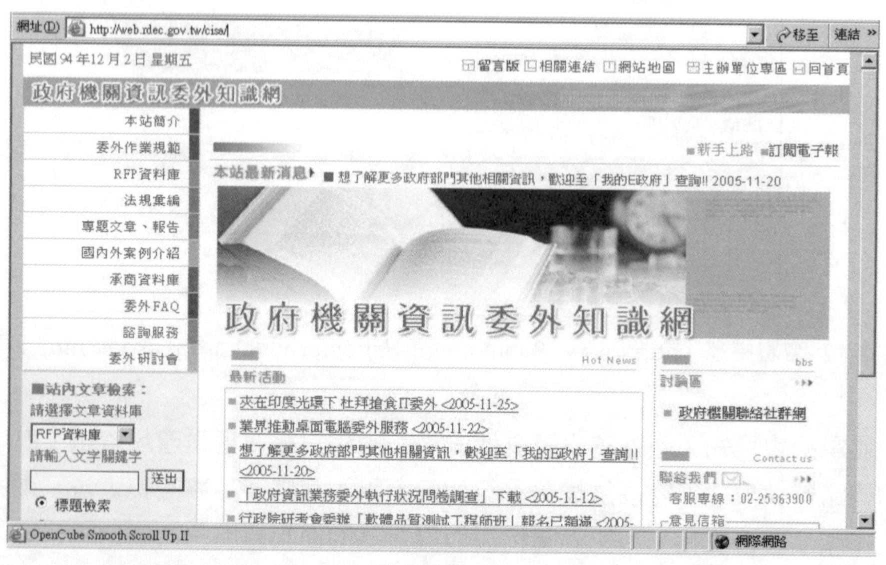

圖 2-14 資料來源：http://web.rdec.gov.tw/cisa/公開網站

案例二：國際電子化行銷平台建置與推廣可行性分析計畫

圖 2-15 資料來源：http://info.moeasmea.gov.tw/News.asp?Action=View&ID=59 公開網站

2-3 網路上市場行銷策略

2-3-1 網路上市場

企業在網路上設立網站銷售商品，可以在無時間地點的限制下，任意的進行交易活動，進而產生網路上市場。

Hamill（1997）認為在網路上市場做行銷，應有以下的重要因素考慮：實體通路的代理商結合、永續經營的目標、國際化的規劃、區隔適當市場、建立顧客關係、策略規劃及發展、快速的溝通管道、彈性的產品組合。

Roth（1998）認為在網路上市場做行銷經營應該用差異化方式來運作，差異化可從以四構面來看：

1. **內容**：了解顧客想要什麼，並要提供對的內容。
2. **商務**：企業能提供什麼價值的產品及服務給顧客？
3. **客製化**：企業所提供的產品或服務是否能做到一對一的顧客化？
4. **社群**：在網站上創造社群網站。

Wedgbury（2010）認為企業應透過網路上市場，提供經常更新內容與擁有互動性功能，進而發掘顧客需求，給予所想要且有用的資訊，以便開發新顧客及潛在客戶。

2-3-2 市場行銷策略

顧客是市場行銷策略的分析基礎，藉由分析顧客的規模、結構與分配，可以瞭解市場行銷的策略規劃，根據市場調查分析，可知失去一位顧客可能需花 5 倍以上時間才能挽回，故一位長期保有顧客較新顧客更能為企業提供更高利潤和真正獲利的來源，這就是「市場行銷策略」。

因此透過市場力量來成立網絡組織和增進顧客的附加價值，以便強化有相同需求顧客之間的行銷，是市場行銷策略的重點。在這個重點規劃下，可訂出：

顧客在市場行銷的價值 = 產品功能 + 品牌價值 + 使用效用
－ 購買費用 － 消費時間 － 機會成本

根據上述的網路上市場，則可將市場行銷策略分成下列：

1. **集中行銷**（Concentrated Marketing）：將市場行銷主力集中於焦點區隔市場。
2. **差異化行銷**（Differentiated Marketing）：將市場行銷集中在不同的焦點區隔市場，用差異化的行銷方式去滿足不同區隔市場。
3. **無差異行銷**（Undifferentiated Marketing）：將市場行銷分散在無特定的市場。
4. **利基行銷**（Niche Marketing）：針對區隔市場。
5. **及時行銷**：將市場行銷滿足顧客當時的需求。

在這樣的市場行銷策略，可利用資訊科技來建立針對顧客的市場行銷策略模式，如下：

1. **完整顧客資料庫**：將網路瀏覽與購物行為的過程建立顧客資料庫。
2. **分析顧客消費行為**：根據分析顧客消費行為，提供差異化、個人化行銷，並結合其他具有知名度與形象良好的企業。
3. **評估顧客的終身價值**：根據分析顧客交易狀況，分析其顧客的成本及效益，進而可評估顧客的終身價值。

2-3-3 市場行銷的策略互動

在網路上市場的消費者，因為網際網路具有互動性，使得網路的使用者從過去的資訊被動接受者轉變成主動搜集者。

Steuer（2009）認為互動性是指使用者可以即時參與修改媒體環境的型式與概念。

Hoffman 與 Novak（1996）認為網際網路互動模式可分為機器互動（Machine interactivity）及人機互動（Person interactivity）兩種互動模式。所謂機器互動是指透過機器學習（Machine learning）方法來產生互動性的內容；而所謂人機互動則是消費者透過人機介面系統，來進行產品交易的互動。如下圖：

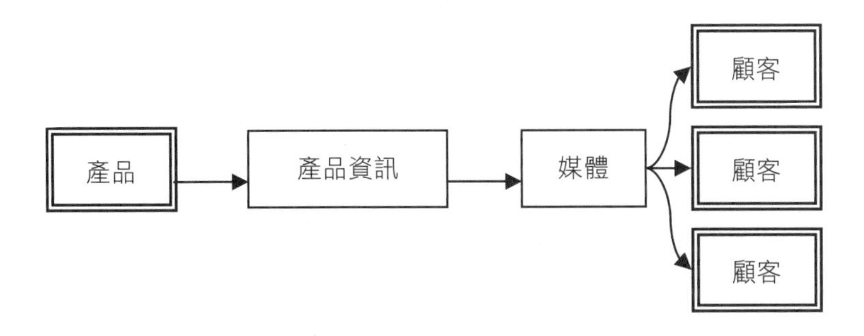

圖 2-16 傳統一對多互動（資料來源：Hoffman, Novak）

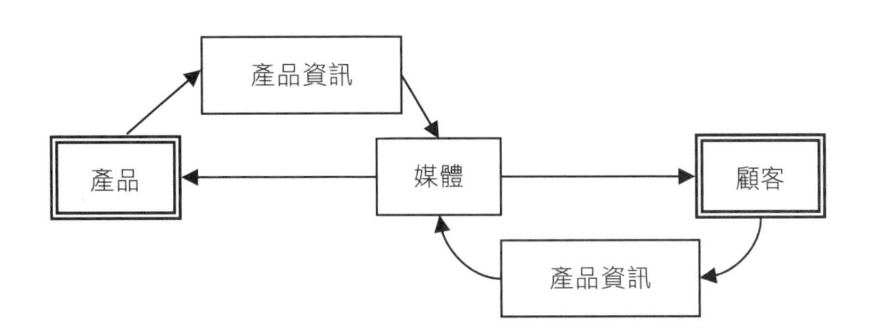

圖 2-17 人機互動（資料來源：Hoffman, Novak）

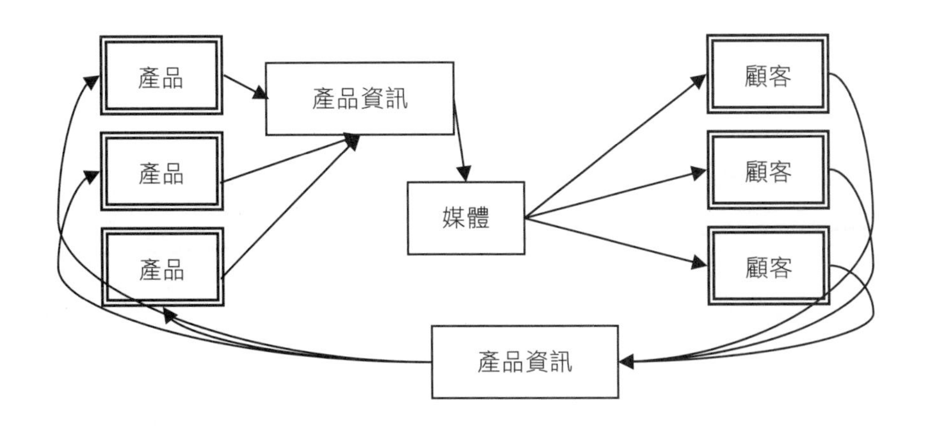

圖 2-18 市場行銷的策略互動（資料來源：Hoffman, Novak）

Deighton（1996）認為在不同顧客反應下的互動溝通，會有兩個特性，以便能辨識顧客的能力，它分別是一為認得顧客的能力，另一為收集及記得顧客的反應。

Meyer 與 Zark（1996）認為互動性是指顧客進行動態處理、整合，以便符合顧客某種特定的需求。

從上述對市場行銷的策略互動的說明，可知網路行銷不是只有產品的展示，還必須了解顧客的需要是什麼，進而發展出顧客導向的行銷活動。例如：軟體產品銀行就是透過軟體銀行服務網，來了解顧客的需求是什麼，如下圖：

圖 2-19 資料來源：http://softbank.cisanet.org.tw/front/home.asp?status=Chinese 公開網站

問題解決創新方案－以章前案例爲基礎

(一) 問題診斷

依據 PSIS（Problem-Solving Innovation Solution）方法論中的問題形成診斷手法（過程省略），可得出以下問題項目：

■ 問題 1：詢報價運算如何快速回應客戶？

客戶在下單購買時，有時除了以產品型錄查詢其價格外，會期望更能了解在不同需求條件組合下，其產品價格如何因應改變而能提出適合客戶本身需求的詢報價結果，但在客戶欲詢報不同廠商不同產品組合的複雜情況下，希望能更快速回應。

■ 問題 2：如何發展詢報價和下單購買結合的策略？

往往詢報價結果會影響到客戶是否決定下單購買，因此如何將在詢報價作業機制內，設計能促使客戶下單購買的功能，可說是一種行銷策略的運作。

■ 問題 3：詢報價格如何防止錯植？

企業的產品價格一旦公告後，其下單價格就會產生決定性的行為，因此，若一旦標錯，則對於企業營運將是一大損失，因此若利用軟體自動化技術，將價格標示公開，則須防範價格錯植，因為軟體程式是一定有準確效果，也就是你給它的價格標示若是錯誤，但軟體程式會認為是對的。

(二) 創新解決方案

■ 問題解決 1：網路行銷策略須以顧客需求為主

每位顧客都期望能受到以客為尊的個人化服務，因此，在企業運作中如何兼顧作業成本效率化和客戶客製化需求的二者目的，就變得非常重要，這時就必須依賴行銷策略的發展，若加上網際網路軟體自動化的運作，則就必須考量網路行銷的策略。

■ 問題解決 2：企業作業必須和經濟活動做策略上結合

詢報價和下單購物等企業作業，是在企業整體策略展開下一種作業活動，而這種作業活動是屬於經濟活動，因此若輔以 Internet 軟體技術，則需擬定網路行銷策略，其策略須考量上述企業整體策略的結合，如此才可使經濟活動有所效益產生。

■ 問題解決 3：防範價格錯標在於市場行銷策略和 Internet 技術結合

企業在執行網路行銷的作業時，必須先以市場行銷策略做規劃和展開，進而設計出網路行銷策略，如此才能使在網路行銷的作業執行不會有誤（例如：網站價格上架的作業執行），其中關鍵在於利用 Internet 軟體技術撰寫「防範價格錯標」程式，以便自動化執行錯誤警告，進而避免價格錯植的結果產生。

(三) 管理意涵

■ **SOHO 企業背景說明**

SOHO 企業在產品的客戶訂單，會因資源少的弱點，使得在處理客戶訂單的配送就顯得不快速。所謂配送安排，是指其如何送達到客戶中，和在貨品送達到客戶後，其客戶對產品問題的退回維修作業。

■ **網路行銷觀念**

在網路行銷策略的規劃，就必須考慮到以經銷通路送達到客戶後，客戶對產品問題的退回維修等一連串的作業。

■ **中小企業背景說明**

中小企業受限於人力有限，導致於業務訂單控管不易，這是中小企業生意無法拓展到全世界的主要因素之一。故客戶信用控制相關資料以信用額度控管的依據，來做為客戶訂單確認重點；這個會牽涉到後續收款維護的成效。

■ **網路行銷觀念**

要透過網路行銷策略的規劃來控管客戶信用，必須有二個條件須滿足，一是透過管理客戶訂單的資料，從中得出何種產品對何種客戶是有利潤的，及何種客戶對企業是忠誠的，當然，最重要的是客戶信用。二是從在客戶訂單統計表的歷史紀錄，來了解分析客戶對產品種類的偏好度，及客戶信用狀況，和客戶的營業額貢獻度。

■ 大企業背景說明

大企業在全球化的行銷管道，由於多據點的拓展，使得能拓展到全球客戶，但對於客戶而言，他並不知道企業的產能狀況，只期望他所提出的數量和交期，可如期交貨，這對於企業而言，企業必須考慮到所有客戶訂單的資料，然後再依據企業的產能狀況，來做生產的順序安排，亦即是生產排程。另外還必須考慮到實際生產狀況的回饋，它會影響到當初生產排程的結果，這時生產排程需做變更，當然就會影響到客戶訂單的交期。

■ 網路行銷觀念

在網路行銷策略的規劃，就必須考慮到在網路上客戶訂單交期的查詢。

(四) 個案問題探討：顧客需求如何和網路行銷策略結合

案例研讀
Web 創新趨勢：主動需求的數位匯流

數位匯流（Digital Convergence）是以無縫匯流和跨平台裝置為主軸，它朝向跨平台匯流（包含電腦、電信、電視數位）、跨終端匯流、內容服務匯流（包含語音、數據、視訊透過網路傳遞），也就是說，將通電話、看電視與上網整合在一起的應用服務，如此主動需求的數位匯流將重新打造整個產業的價值鏈，其數位匯流相關產業範疇涵蓋了技術標準、硬體製造、軟體內容等的產業。總而言之，將企業和消費者等利害關係人之銷售產品或使用裝置等物體，連接成物聯網，並以此網絡可快速感知和匯集物體變化的資訊，再以各利害關係人的需求，來提供主動需求的數位匯流之解決方案服務。

數位匯流在網路行銷應用的重點如下：

（1）隨選所需

就是使用者在任何時地都可隨意選擇只需要的服務即可。例如：Print on Demand 隨選列印。

（2）無縫匯流

在任何空間設備環境中，不因個別廠牌專屬限制條件的影響，可以沒有縫隙的將需求順利的作匯集和流通。例如：無論哪種廠牌印表機，只要連上網和傳真機，就可將透過 internet 擷取的某圖片或文件、訊息直接列印，並傳送給傳真機傳真出去。

（3）跨平台多面貌裝置

Thin-client 裝置可以是任何形式的設備或物體，並且能跨越不同軟體作業平台，執行雲端上的應用。例如：手機、PDA、平板電腦、冰箱、印表機、椅子等。

（4）產業基礎

以前企業、消費者都是考量單體的營運，然而在產業價值鏈的趨勢下，企業競爭和營運已轉至產業競爭和營運，所以雲端商務必須考量整個產業基礎利基來運作，例如：產業聚群行銷。

（5）數位神經

透過雲端運算架構，其在雲端的應用服務都是即時且敏銳的，就如同人體神經一般的即時感應和回應。例如：透過雲端印表機可連線上網得知碳粉即將不夠，而即時感應得知並提早通知經銷商來準備出貨。

（6）資源整合

在節能減碳的衝擊下，就是資源有限，然而以往資源都是依據企業環境來思考，所以若以產業角度而言，就會造成資源過剩、浪費或不足，難以運用資源最佳化，但在產業基礎的雲端商務就可做產業資源整合，即達到資源最佳化效益。

我國繼資通訊與半導體產業之後，數位匯流產業便是另一項前瞻性的高科技產業。其行政院推動數位匯流專案小組網站如下：

資料來源: http://dctf.nat.gov.tw/index.php

案例研讀
熱門網站個案：智能停車位撮合網站

■ 問題 1：

一般使用者會開車到處尋找適合的停車場，造成時間的浪費，其解決方案：利用智能停車位撮合網站，使用者可以在抵達目的地前透過網站預定停車位，也可由該停車站自動感知欲停車的車子，並即時將此停車站目前停車的空位資訊傳輸給車主手機，若有車位，則假設是在偌大停車場，則可利用導航方式來引導車主開駛到空的車位，而且自動儲存車牌號碼來計算後續停車費用。若車主欲取車時一時找不到車子，也可快速利用導航找到車子。當然，若有不安全的移車行為產生（偷竊），則也能即時透過手機通知車主，如此可省下找停車位的時間，有些網站甚至還提供可享有較優惠的停車價錢。

茲說明智能停車位撮合網站運作程序如下：

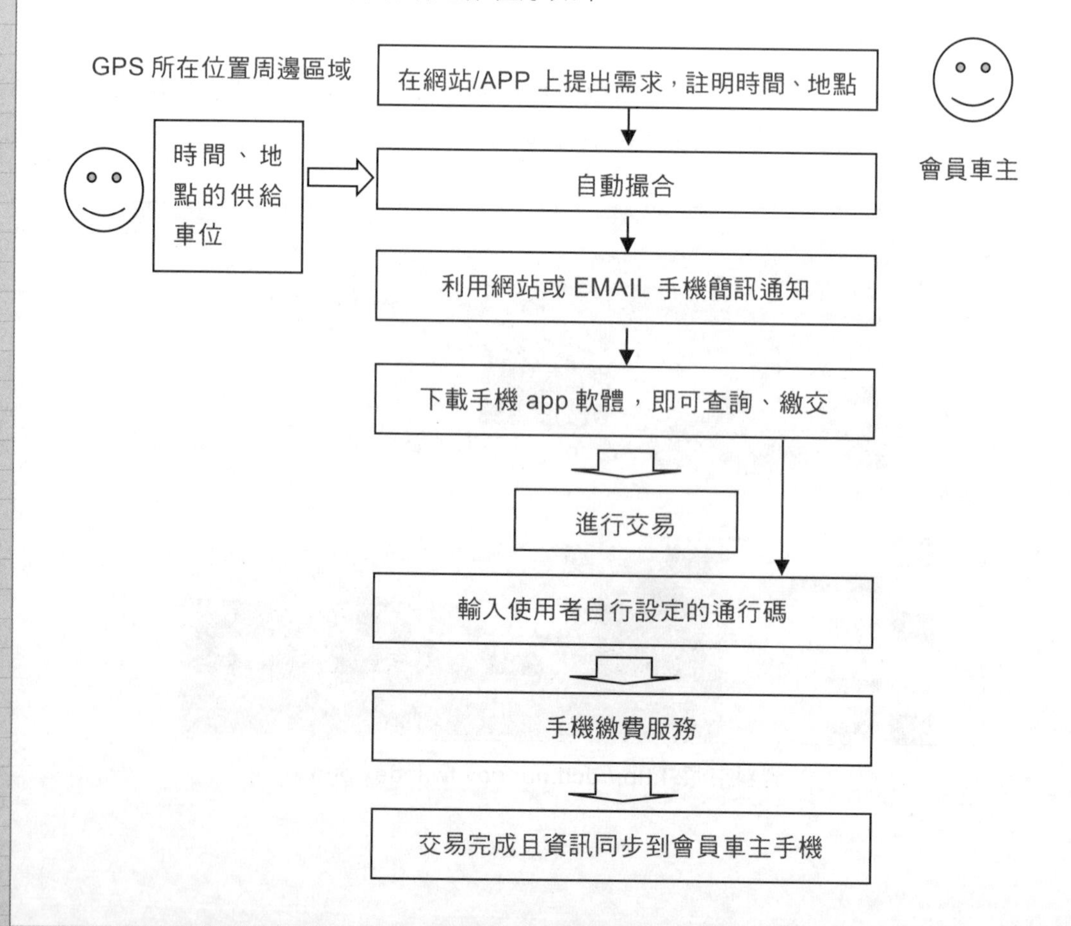

茲介紹智能停車位撮合網站以下：

1. 臺北市政府 App 行動應用服務—北市好停車

資料來源：
http://apps.taipei.gov.tw/ct.asp?mp=100091&ctNode=50155&xItem=14387488

2. 《停車王》透過雲端平台應用來提供停車資訊的 App，並且將地圖與停車資訊結合，可記錄停車地點及拍照功能，進而解決用戶停車的問題，是一項智能體驗。

資料來源：http://www.anvision.co/parkking

3. Best parking 提供智慧找車位系統

資料來源：http://www.bestparking.com/

4. ParkWhiz 創立於 2006 年，由 Aashish Dalal 和 Jon Thornton 成立，主要營運是在於車位媒合。

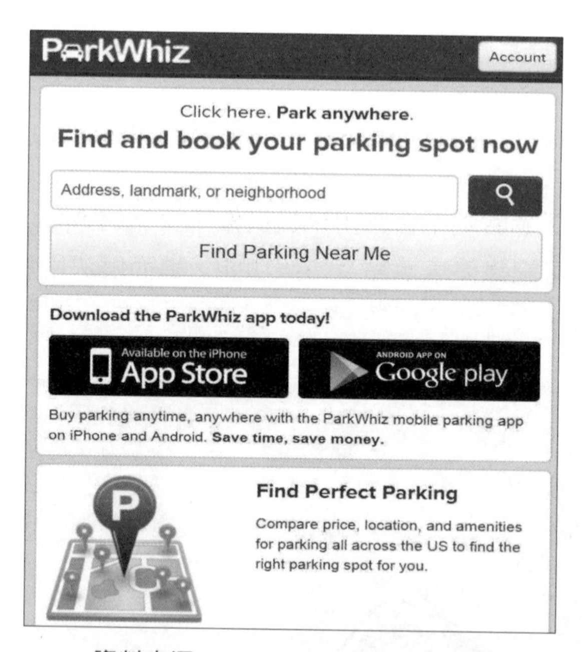

資料來源：http://m.parkwhiz.com/

■ **問題討論**

如果你是會員車主，是否會使用此網站？以及是否付費？

本章重點

1. 行銷策略基本要素主要包含顧客需求、環境、經濟活動等三種。
2. 直效行銷（direct marketing）：針對個人化的需求，直接與特定的消費者溝通，以期能獲得直接和立即的回應，直效行銷一般也會用建立品牌熟悉度方式，及進行不斷重複的廣告，來加強品牌印象，以便易於直效行銷。
3. 配銷通路（place）通常有三種型態：1. 配售通路（Distribution）；2. 交易通路（Transaction）；3. 溝通通路（Communication）。經由網路行銷來發揮其配銷通路的彈性和互動性，以使得組織之間可以快速交易。
4. 整合式行銷溝通（Integrated Marketing Communication, IMC）：重點在於「整合行銷」。顧名思義，整合式行銷溝通是利用多樣化行銷工具，來達到行銷溝通。
5. 虛擬資訊環境（Virtual Information Spaces, VIS）：企業將網際網路應用於行銷的產品與相關服務等資訊，它會公佈與存取在公司內的資訊環境中。
6. 網路行銷能在網際網路上做行銷活動，最主要是在於將行銷活動內容數位化，而數位內容就可以運用軟體技術來做更深一層的加值服務。
7. 網路行銷策略的模式，可善用資訊科技技術來擴大網路流量，讓產品訊息在網路媒體大量的傳播效果之下，使消費者能經由多管道，包括傳統傳播媒體與社群的連結，來得到該產品的相關資訊，以達到網路行銷的綜效。

關鍵詞索引

學習評量

一、問答題

1. 行銷策略基本要素？
2. 在網路上市場做行銷，應有以下的重要因素考慮？
3. 網路支援行銷活動可分為三個階段？

二、選擇題

(　　) 1. 網路行銷是指？
(a) 電子化行銷
(b) e-marketing
(c) 泛指運用任何整合性科技來達到行銷目的
(d) 以上皆是

(　　) 2. 「有意願經常性購買」的消費者對於什麼效果是非常重視的？
(a) 電子郵件　(b) 網站感覺與整合程度
(c) 展開的網站功能與互動溝通　(d) 以上皆是

(　　) 3. 直效行銷是指？
(a) indirect marketing
(b) 針對大眾化的需求
(c) 間接與特定的消費者溝通
(d) 以期能獲得直接和立即的回應

(　　) 4. 「整合式行銷溝通」是指？
(a) Integrated sale Communication
(b) 利用多樣化行銷工具，來達到行銷溝通
(c) 非系統化的過程
(d) 以上皆是

(　　) 5. 網路行銷重點？
(a) 只是在網際網路上做行銷
(b) 在企業經營模式的另一延伸
(c) 取代實體行銷
(d) 以上皆非

chapter

網路行銷規劃

章前案例：結合網路環境

案例研讀：智慧穿戴式裝置、
物聯網—智慧電冰箱和食用感測

學習目標

- 網路行銷企劃程序的階段
- 運用策略考量的網路行銷分析
- 網路行銷分析的輔導階段
- 網路行銷設計的流程
- 網路行銷的角色定位
- 網路行銷與實體行銷的差異
- 網際網路市場對消費者的特性
- 網路行銷的規劃步驟

章前案例情景故事 **結合網路環境**

身為公司行銷主管的陳協理，以往的行銷規劃對他而言，都是駕輕就熟的工作，但今年老闆不知是否迷上了網路，竟然要陳協理提出網路行銷的規劃，已在業務沙場十數年的陳協理，對新一代的網路使用，可說是不知如何是好？

經過詢問了解後，陳協理決定將以往的行銷規劃內容，全部照抄搬到網路上，他認為這樣最快，且也包含原本的行銷規劃內容，但建置設計後發現…。

行銷規劃內容無法和網路環境結合，例如：陳協理所規劃的產品行銷方式，無法以網路環境的因素（例如：網頁閱讀次數）來評估產品的銷售發展狀況，因為當初根本沒考慮到網路環境。

3-1 網路行銷規劃程序

3-1-1 網路行銷企劃

網路行銷專案計畫若以軟體開發角度來看，是一種客製化軟體開發程序專案，它是指為開發某一特定功能需求且在約定期限內應交付完成從無到有的程式設計之專案，故運用何種軟體開發流程模式、採用何種軟體程式之技術架構及如何符合客製化功能需求應用，就是該程序在計畫過程中的探討重點。網路行銷企劃程序可分為行銷概念、行銷系統、行銷執行三個階段，從這個開發程序可了解到，它和消費者的參與有很大的互動，主要考慮到有 3 點項目：

1. **購買之重要性考量**：瞭解不同設計型態的消費者在使用產品時的決策差異，此差異來自各消費者的價值觀、消費習慣及對產品的需求不同而不同。例如：對於喜愛文化類書籍的消費者，在網路購買時比較傾向於具有文化感受價值觀的網路行銷。

2. **產品之功能需求考量**：瞭解不同功能型態的消費者對創新功能的接受度，同時依不同的實際需求來提供適當符合消費需求的功能。例如：在手機產品之功能型態，有分成可照相和上網功能，它對於消費者在這二種不同需求功能的情況下，會有不同的接受程度。

3. **產品的使用方式考量**：瞭解不同介面型態的消費者對產品的操作使用模式，使產品更貼切消費者的喜好，在產品開發時將依據消費者的參與，以減少其操作上的不方便感。例如：對於喜愛在網上聽音樂的消費者，其對網上產品的操作使用模式，是期望有音樂效果和視覺搭配。

從上述說明可知，網路行銷企劃程序可分為行銷概念、行銷系統、行銷執行三個階段，在行銷概念階段有需求分析、概念形成；在行銷系統階段有企劃設計、系統分析；在行銷執行階段有擬定專案、資源分派、測試回饋等。

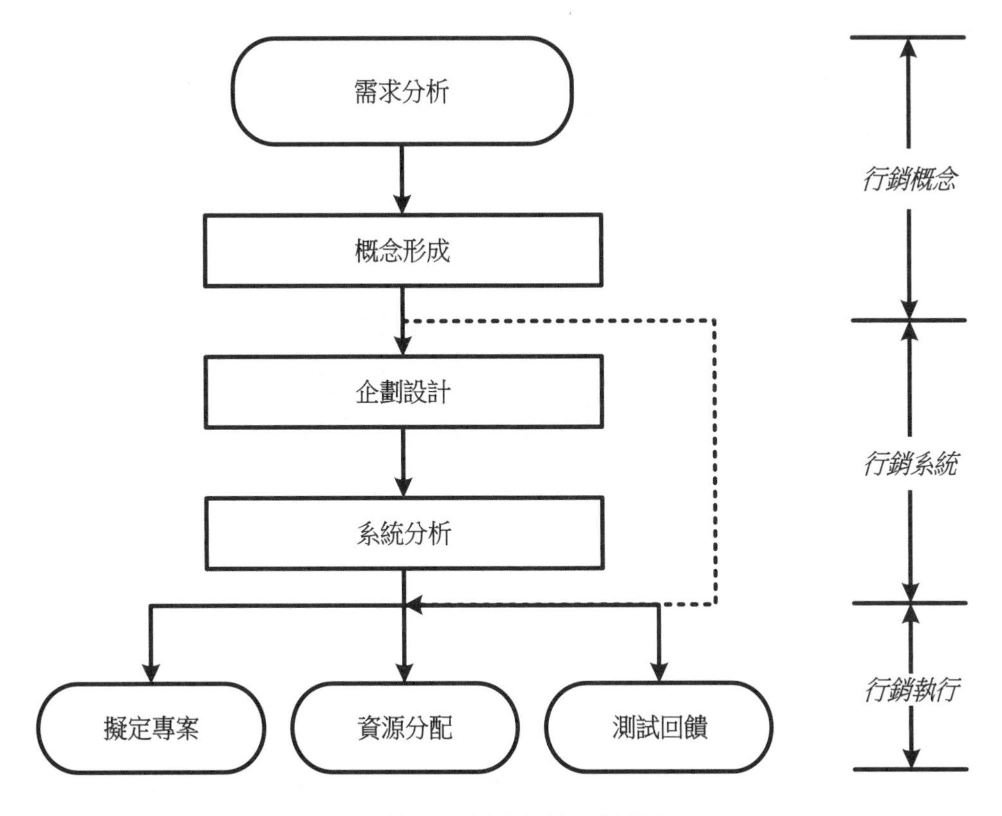

圖 3-1 網路行銷企劃程序

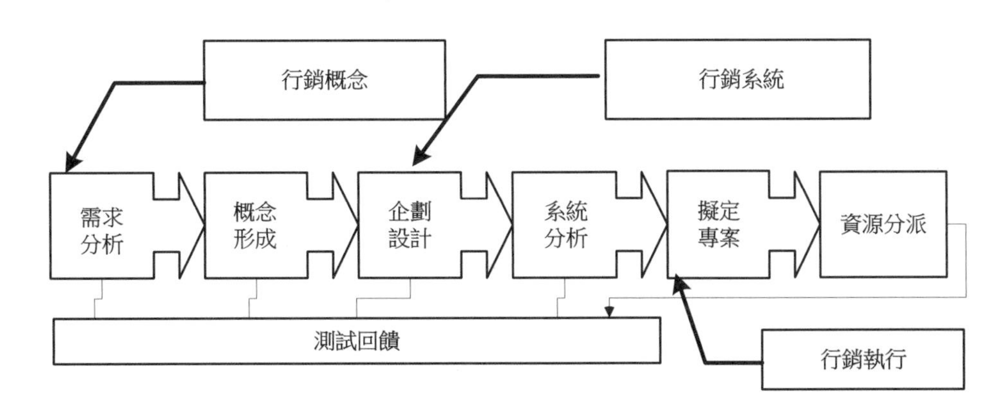

圖 3-2 網路行銷企劃程序

茲將細節說明如下：

1. **需求分析**：針對該網路行銷專案的內容和背景環境，並且同時考慮條件和目的，做可能性的評估，它包含描述計劃的範圍、選擇方案和可行性。

   例如：主題－網路行銷教學平台（e-learning）。

   目的－以網路動畫、聲光效果與大量圖片，使課程更吸引人，也讓學習者有身歷其境的感覺。

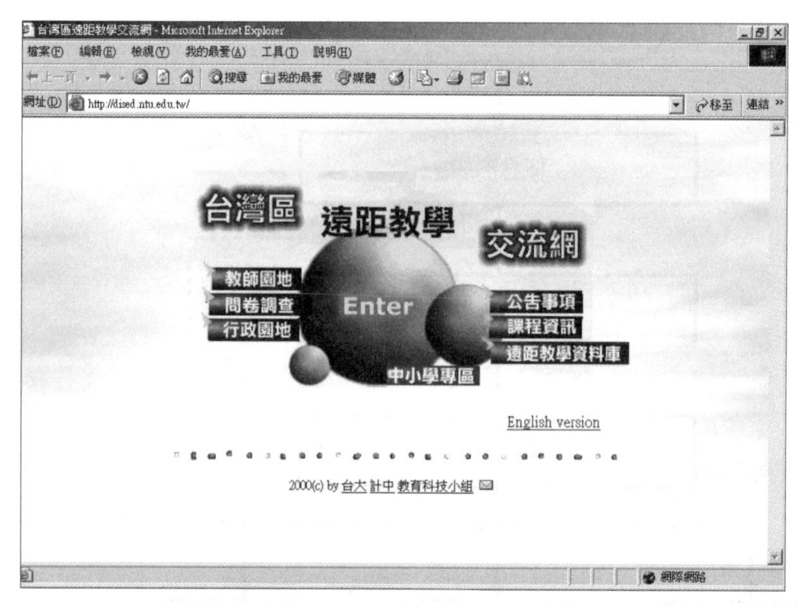

圖 3-3 資料來源：http://dised.ntu.edu.tw/公開網站

2. **概念形成**：是一種含有理解（或認知）、感覺、想像、情感等元素的複雜運作，它尚未成為可驗證的產品雛型。

   例如：網路行銷概念形成：企業形象概念 。

圖 3-4 概念形成

3. **企劃設計**：它包含定義問題、探討問題的原因、問題的環境分析、企劃案情報收集的技巧與方法。其提案程序如下：

   (1) 開發溝通計劃：提出企劃提案的需求溝通

   (2) 決定計劃標準和程序：擬訂流程標準化和執行步驟

   (3) 確認和評估風險：分析風險的種類和可能因應方法

   (4) 建立初步預算：包含人力預算和相關軟硬體的預算

   (5) 發展操作說明：執行步驟的說明

   (6) 計劃方案里程碑：在整個方案中，設計於某個或某些階段應停下來回顧展望，用以檢視的里程碑

   (7) 監督計劃過程：制定整個專案進行過程中的檢核和追蹤

   (8) 維護計劃工作：當某一個階段工作完成後應進行的維護事項

4. **系統分析**：針對網路行銷系統的人機介面定義與操作消費者定義、介面設計流程互動與介面的影響性等系統上分析，它包含：

   (1) 功能模組架構及關聯圖：它包含主功能、第一層功能、第二層功能、第三層功能。

主功能	企業首頁
第一層功能	企業文化和歷程
第二層功能	企業經營
第三層功能	營業項目

   (2) 主功能名稱：包含消費者和功能的關聯。

功能	消費者
企業經營功能	員工專業發展 經營管理之道 經營者的話

(3) 介面設計書：包含消費者介面、情境介面。

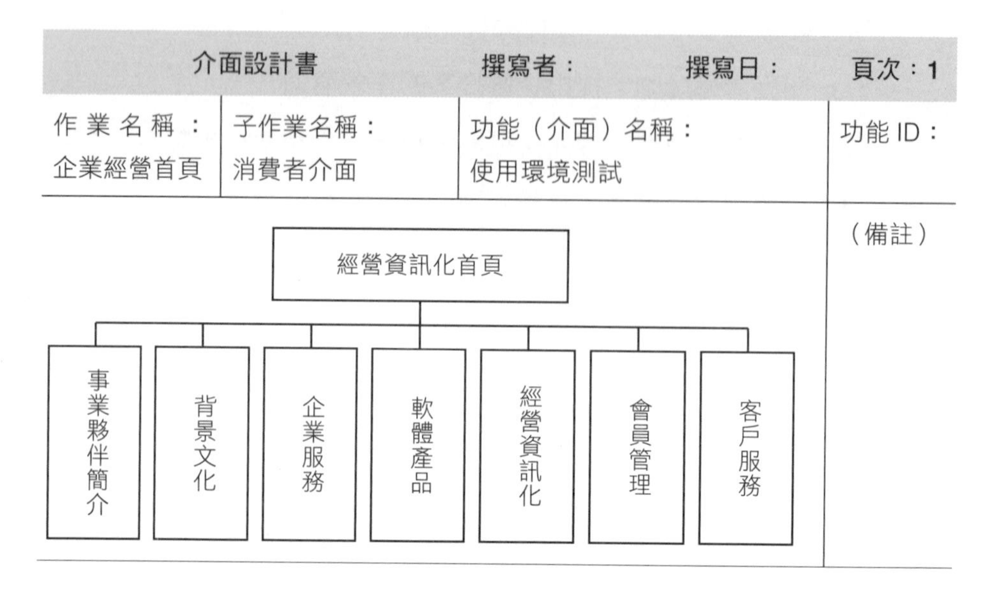

介面設計書		撰寫者： 撰寫日：	頁次：1
作業名稱：企業經營首頁	子作業名稱：消費者介面	功能（介面）名稱：使用環境測試	功能 ID：
經營資訊化首頁 事業夥伴簡介／背景文化／企業服務／軟體產品／經營資訊化／會員管理／客戶服務			（備註）

(4) 細部規格描述：包含在專案下的功能名稱，以及某功能下的流程名稱，其中最主要是要能呈現人機界面、邏輯流程、網路行銷資料庫等這三者的關聯。

PROJECT：企業經營首頁			
功能名稱	軟體產品	製作人	
流程名稱	產品內容	文件編號	
備註		日期	

人機界面	圖 3-5 資料來源：http://www.ibm.com/products/us/公開網站
邏輯流程	首頁 → 軟體產品 → 確認 → 進入產品內容介面
網路行銷資料庫	產品內容

5. **擬定專案**：擬定專案名稱、組織人力、時間、資源、目的、技術等。
6. **資源分派**：將整個專案劃分成為管理的資源項目。
7. **測試**：對整個計劃做測試，並收集消費者回饋資料，以利後續的再規劃參考。

3-1-2 網路行銷分析

對企業而言，網路行銷分析是用來分析滿足消費者需要的功能，它必須運用策略考量，例如：溝通內容的獨創性形式。在網路上，獨創性的溝通形式特色比傳統媒體更有效，在傳統的情況下，產品屬性和消費者之間是以面對面或實際環境之溝通形式來運作，它的溝通內容是藉由店員或接觸、感覺產品的消費行為所傳遞的，這樣的傳遞可能會造成不同的購買情境，以致於消費者的購買決策也不同，當然就影響到消費者購買行為，故應運用獨創性形式塑造情境影響，因為消費者行為是會受產品消費情境影響，而改變彼此之間的互動情況，故應善用網路行銷中溝通內容的獨創性形式，來減少 web 上產品品質及行銷交易的不確定性。

從上述說明可知，網路行銷分析在網路行銷規劃程序中是非常重要的。

網路行銷分析是建築在網路行銷策略上，在策略上必須考慮到行銷活動的起源和行銷在社會中的角色。行銷的起源是從了解消費者，再到消費者行為，接下來是消費者價值，最後是會帶來什麼附加價值。行銷活動的起源是來自於行銷的起源，進而產生經由相互放棄及取得一定價值的物品，來獲得需求滿足的整個活動，這就是交換過程。

在這樣的交換過程中，會產生有形商品耐久性或服務的感受性，和無形的消費者滿意度。有了這個交換行為產生後，慢慢就築成行銷與社會之關係，也就是說，行銷在企業外在環境運作及受到環境影響，而形成行銷對環境的回應。

在傳統行銷上，其行銷活動是從吸引未知消費者，進而找到可能消費者，最後和消費者完成交易。

在現代行銷上，其行銷活動是和消費者建立並維繫互利的長期關係，它是從內部行銷影響到外部行銷，例如：關係行銷（Relationship marketing）。

網路行銷分析也是建築在企業營運模式上，在營運上必須考慮到行銷活動，也就是網路行銷分析必須考慮到企業是屬於何種產業產品和何種營運模式。

企業的經營型態是屬於哪一種模式，會和網路行銷是否適用有關，其實現在套裝網路行銷系統都標榜適合於大部份不同環境運作，不過由於網路行銷系統產品競爭白熱化，故已經有一些廠商開發出專屬某產業適用的網路行銷系統，但企業客戶競爭也是白熱化，故企業有可能經營型態不只一種，這些思考都會大大影響到網路行銷成功與否？從這個觀點延伸出網路行銷系統應如何取得，亦即應採取何種方式較有利？一般約有下列三種選擇：購置套裝軟體、自行開發、委外設計開發，這些各有其優劣點。不過，由於網路行銷系統需求功能和軟體技術是非常複雜和專屬性，不是一般套裝系統可做到的，故大都採取自行開發、委外設計方式，再加上局部客製化修改。從企業的經營型態決議是屬於哪一種模式後，接下來就是作業細節的展開，而這個就牽涉到對網路行銷系統提供怎樣的功能與管理的理念。

「網路購物」只是整個「網路行銷」流程中，消費者透過網路商店來購物的 B2C 部份而已。網路行銷是以商品行銷的角度，探討如何運用產品品牌、價格訂價、配銷通路、促銷廣告策略（例如：宣傳 DM、折扣券、試聽音樂等手法）等行銷過程，吸引消費者前來購買。但在這些行銷過程會和 B2B 有關，因為必須和整個上下游廠商、通路中商間配合。例如：Amazon.com 公司是一個非常大的網路購物的電子商務，但在整個商務交易作業中，也同樣有強大的後勤配送作業。

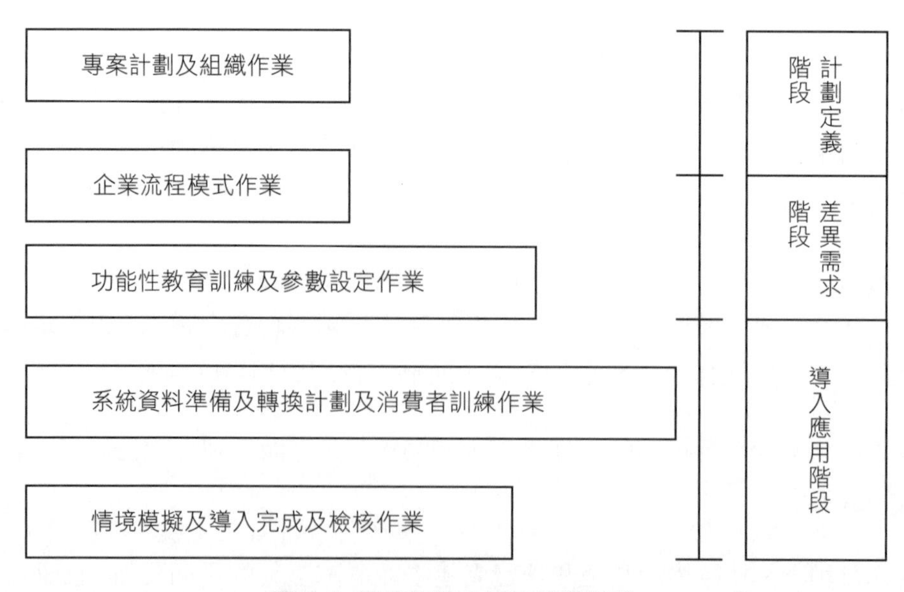

圖 3-6 網路行銷分析的輔導階段

3-1-3 網路行銷輔導

從上述的網路行銷分析說明內容，可引申出網路行銷分析的輔導階段，說明如下。它可分成五個作業和三個階段，如圖 3-6。

1. 專案計劃及組織作業

因為網路行銷系統的導入，本身就是一個專案，故在開始推導時，就必須控管訂單專案工作項目和進度，及其相關負責人員和文件化的報告。當然，需成立一個組織單位來推動和執行。其組織單位最主要有專案委員會、專案領導人、關鍵消費者、顧問、廠商、資訊人員。其專案委員會的角色定位，是積極主動地支援和協調配合專案的各項作業及專案小組的需求、擬定專案的目標及衡量方式，以及在工作權責方面適當的提供各項資源給予專案的執行，並協助解決有關專案於組織架構及經營流程所發生的重大問題作業，一般都一定要有高階主管來參與作業，其工作重點是在於定期舉行週期性之會議和追蹤考核，以及文件化整合，最後完成專案計劃之報告書。其專案領導人的角色定位，是全程參與專案之推行並協助專案小組完成專案目標，以及在工作權責方面是計劃和管理全部的專案計劃，及解決排除所有專案所遇到之問題障礙和安排指定資源分配，並撰寫整個導入專案之報告，以便追蹤評估專案導入的品質及效果，其工作重點是在於完成書面專案計劃和控制專案的進度及範圍，以及專案進度的報告。而關鍵消費者主要分成模組功能的 Key 消費者、主管和功能別的消費者（Function key user），前者重點是在於跨部門功能的流程最佳化思考，其模組功能分成生產運籌、財會人事、客戶銷售、研發工程，而具備能力條件必須有開放溝通組織能力、經理級（含）以上職等、熟悉該模組整體作業、有企業資訊化概念等，工作職掌有整體最佳化作業流程及管理機制規劃、各 Module 客製化需求確認、各部門 function 作業協調、各網路行銷第一層作業流程分析、導入進度及品質控管、導入系統功能需求確認等。另外，後者重點是在於網路行銷功能的流程效率化，工作職掌有各網路行銷作業流程及管理機制規劃、各部門網路行銷細節作業客製化需求分析、部門內網路行銷作業協調、各部門網路行銷作業流程分析、各部門網路行銷導入進度及品質控管、各部門網路行銷導入系統功能需求確認單一窗口、對 End user 系統功能教育訓練等。

2. 企業流程模式作業

企業流程模式定義是在於設計能整合各部門的流程，建立流程規範並加以控制，再則提供可供稽核之架構，但必須注意的是該企業的商業模式是如何，以便模擬企業作業流程，和整合關鍵性的企業流程，如此才可明確了解需求的流程及可行的修訂，當然這必須透過小組討論，再進而制定決策。

3. 功能性教育訓練及參數設定作業

以系統產品的標準化功能，根據上述設計出整合的網路行銷各部門的流程，來對某些功能彈性做參數設定，以便符合該企業的作業流程特性。最後，再依照這些參數設定後的功能，建立正確功能性的訓練教材和試用。

4 . 系統資料準備及轉換計劃及消費者訓練作業

當完成流程設計和規範及參數設定後，就必須於正式情境模擬測試前 收集相關正確資料，以便能驗證資料合理性、功能正確性。接下來是轉換計劃，它包含確認所需的相關資源及於某個期間資料中，設計進行資料轉換的方法，並提出經確認之轉換計劃，最後切入即時完成資料轉換程序。若以上沒有問題，則開始做消費者之教育訓練，包含製作基層消費者教育訓練的計劃及教材，檢核基層消費者的上課效率及系統使用技巧，當然必須考慮如何降低基層消費者因上課對現行工作所帶來的衝擊。

5. 情境模擬及導入完成及檢核作業

當完成流程設計和規範，及參數設定和收集資料後，就必須做正式情境模擬測試和正式的對導入專案做全盤性的考核，以便評估最終消費者的熟悉度與未解決的問題，和系統的運行效率。最後，確認並擬定專案計劃下一個階段步驟。

而三個階段的計劃定義階段包含專案計劃及組織、企業流程模式定義這二個作業，而差異需求階段包含企業流程模式定義的作業後半部、功能性教育訓練及參數設定這二個作業，而導入應用階段則包含系統資料準備及轉換計劃及消費者訓練、情境模擬及導入完成及檢核這二個作業。

3-1-4 網路行銷設計

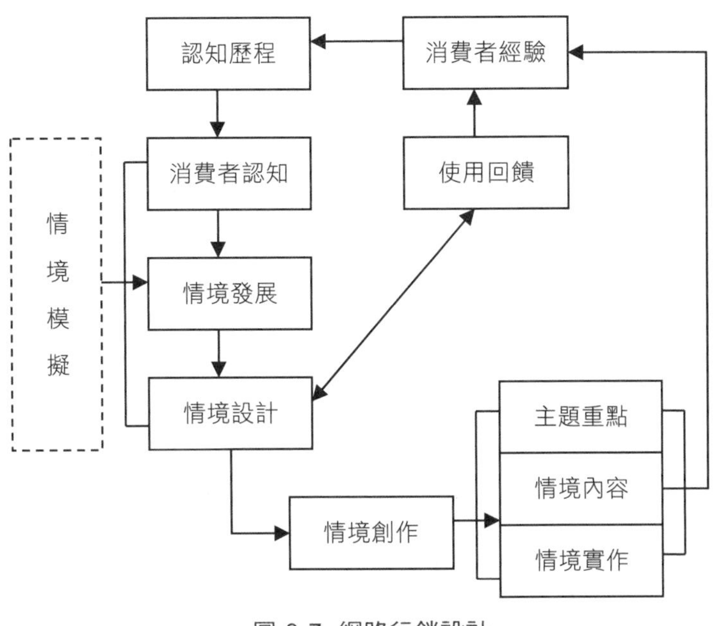

圖 3-7 網路行銷設計

從上圖中，可得知網路行銷設計的流程，它主要是以消費者的認知歷程去發展情境模擬，進而產生情境創作，在這個過程中有 4 個重點：

1. **設計的多樣性：**可從產品的觀點來思考設計的多樣性。例如：行銷、產品、功能、角色、價值、成效...等等的多樣性。
2. **設計的時潮性：**在人們的生活思考上，有追求新文化的傾向，同時也有維持及懷念舊文化的傾向，因此在設計的時潮性應掌握消費者之心理狀態，一種懷念舊文化的包裝設計，也可以產生新文化的創意，如圖 3-8。

圖 3-8 資料來源：http://www.raki-design.com/公開的網站

3. **設計的生活化：**以往的設計是強調功能性，然後要求華麗或裝飾性的設計，但今天產品設計最重要的是要開發出符合人們生活型態的設計，就如同「科技始於人性」，終究須回饋人性面。

4. **設計的技術性：**網路行銷系統所產生的影像、音樂等檔案，在傳送之前盡量將資料壓縮到最小，如此傳輸速度才會快。若在設計時，可考慮消費者不同頻寬的瀏覽路徑，如此可在適用性上選擇低頻寬與高頻寬的需求。當然在設計每一個網路行銷元件，若能以更有效率、較緊密方式設計分割這些元件，而不是全部設計在一起，則在整個網路行銷系統，就可依需求做不同的組合設計，例如：依照類型來分類設計 Flash 動畫元件。目前有所謂串流（Stream）的新技術，它是指將一連串的影像壓縮後，經過網際網路分段傳送資料，在網路上即時傳輸影音以供觀賞的一種技術與過程；例如：國內有一家廠商訊連科技所製作的「串流大師」產品，該產品可利用串流傳輸技術來傳送現場影音，當觀看者在收看這些影音檔時，影音資料在送達觀賞者的電腦後會立即由特定播放軟體播放。

圖 3-9 資料來源：http://tw.cyberlink.com/products/index_zh_TW.html 公開的網站

5. **設計的策略性：**在網路行銷系統的設計時，應有產品設計策略，它包含：

   (1) 產品的功能和消費者需求

   (2) 產品的行銷包裝

   (3) 產品的外觀造型

   (4) 產品的價格策略

   (5) 產品的簡易使用方式

3-1-5 網路行銷的角色

在網路行銷專案確定要進行後，為了讓專案順利進行，因而先成立了專案開發小組，它包含有內容顧問 1 人、系統分析者 1 人、系統設計者 1 人、程式設計者 5 人、專案經理 1 人，除了這些基本角色外，無論電影或是網路行銷製作，應用的是多麼先進的科技技術，其中最重要的部份是「 行銷腳本 」，因此有代表行銷作法的腳本設計者。另外在網路行銷專案進行時，會有技術性作業，例如：影片、動畫、音效，故相對上也必須有這些角色。

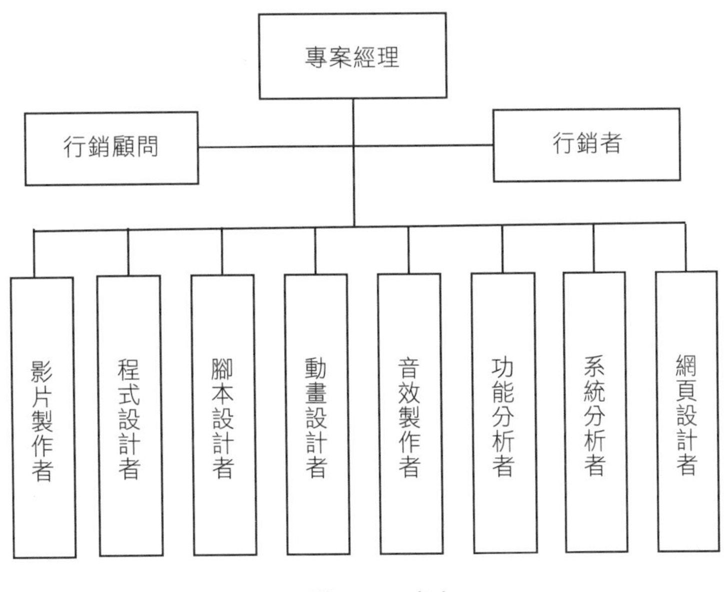

圖 3-10 角色

1. **以專案經理企劃角色**：有文書處理、文化風格、行銷製作大概、可行性分析、流程架構、媒體整合、設計流程控制。

可行性分析	成本效益可行性分析：	（%）成本/效益
	功能可行性分析：	Web 的介面
	技術可行性分析：	Flash 技術
	成本效益可行性分析：	（%）成本/效益

2. **以網頁設計者角色**：網站規劃與建立、網頁基本介紹、內外部超連結、網頁編排與設計、動態網頁設計、JavaScript 的基本語法、Web 元件插入應用、表單之設計與製作。

3. **以行銷腳本設計者角色**：行銷分鏡腳本（Storyboard）可以將網路行銷內容以視覺化的方式呈現，它包含故事結構、場景說明、角色對話、角色動作或表情註解等。

4. **以動畫設計者角色**：動畫概論及 DHTML 文件格式、Flash 動畫軟體應用、動畫檔案格式轉換技巧、2D 及 3D 特效與過場動畫運用效果、影像剪接及合成技巧。

5. **以影片、音效製作者角色**：電腦繪圖要素、點陣圖影處理基本概念及功能、向量圖影處理基本概念及功能、視訊編輯與擷取、影像剪接及特效、音效編輯及錄製、影音的結合、網路行銷轉換管理及簡報功能、動畫及影像配音與配樂製作。

在視覺介面的產品設計中，必須把情境設計的內涵轉換成可描述的元件，它包含意象、景物、意念。也就是說經過將情境設計的內涵來轉換成意象、景物、意念的元件。意象可以代表一個人對具體事物的實體形象，它具體呈現某種感官察覺不到的東西。例如：選擇某些圖案，去激發消費者感官印象或情緒上、理智上的反應。

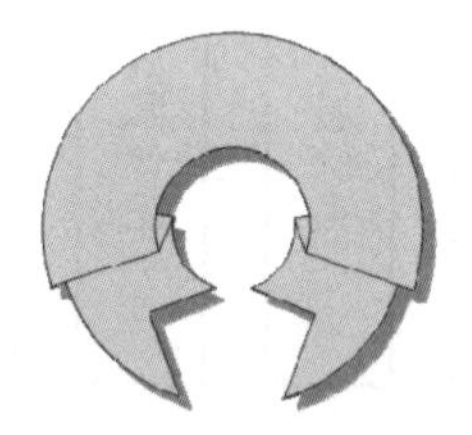

圖 3-11 意象圖案：在描繪的圓圈中有一個缺口

有了意象後，可把它轉移成景物，它是藉由想像力與聯想力，從而透過景物的媒介，間接加以陳述的表達方式。

圖 3-12 景物媒介表達：把在描繪的圓圈中有一個缺口，轉成耳機

有了景物媒介的表達後，可將該景物設計成意念具體化，它是指從零碎的意念到完整的意念時，經過了圖像思考與推理過程。

圖 3-13 意念具體化

3-2 網路行銷與實體行銷的差異

3-2-1 網路行銷與傳統行銷

Kalakota 與 Whinston（1996）認為網際網路行銷與傳統行銷有很大的差異，傳統行銷是在於大量行銷，它的觀點是在於以散播訊息來做行銷，例如廣告的方式告知或推廣。但網際網路行銷卻由於具有互動的性質，因而允許消費者瀏覽、搜尋、查詢等，並且可使顧客有客製化的功能。

網際網路是一種行銷管道：它具有自身網際網路的特性，但同時也可具有其他傳統行銷方式的特性。Kalakota 與 Whinston（1996）認為網際網路市場對消費者來說具有某些特性：

1. **消費者的極大化**：在消費者使用網際網路市場的機制時，消費者可在尋找所需產品與服務時發揮極大化的上網消費產品、數量、金額。
2. **產品購買的獨立性**：消費者在網際網路市場中具有獨立評估與互動，不只消費者可以購買與銷售產品或服務，同時亦可比較產品品質與價格合理性。
3. **協調與議價**：買者與賣者可以討論至互相滿意為止，談論內容包含優惠價格、交易方式與條件、遞送與付款方法等。
4. **新產品與服務**：網際網路市場是一互動式資訊提供的服務，如此可加速並支援創新的產品。
5. **連結無縫隙的介面（Seamless interface）**：就企業有 B2C 網路服務來完成訂單作業，相對消費者有一套標準的付款機制。
6. **消費者抱怨的管道（Recourse for disgruntled buyers）**：網路服務需要能具解決買賣雙方爭端的機制，和回應消費者抱怨的管道。

傳統行銷是建築在實體世界內，其整個價值鏈是由一連串的線性模式的活動所組成，並能定出該模式的投入與產出；實體通路成本化和效率化的方式是為垂直行銷模式（Vertical Marketing），亦即將製造商、經銷商與零售商、消費者整合。

3-2-2 網路行銷的虛擬世界

Rayport 與 Sviokla（2007）認為未來企業將面臨兩種世界的競爭：虛擬世界與實體世界。企業必須同時面臨到如何在實體與虛擬世界中取得平衡，進而創造在此二種世界中不同的價值。虛擬世界價值鏈的活動為非線性的，是由潛在投入與潛在產出組成的矩陣，並分散在各種不同的管道上。

Rayport 與 Sviokla（2010）提出五個經濟的法則：

1. **數位資產**：數位化資產可在無限次的潛在交易中，不斷創造價值和再次重新獲益。
2. **新規模經濟**：虛擬世界中能讓小公司和大公司不分其規模大小，都可提供低單位成本的產品及服務在市場中。
3. **新範疇經濟**：虛擬世界中能讓小公司和大公司不分其市場種類，都可提供多種的產品及服務在市場中。
4. **交易成本被壓縮**：在虛擬世界的交易成本是較實體世界來得低。
5. **供給與需求重新分配**：透過虛擬世界，其市場的供給與需求可重新分配。

透過虛擬世界，使得互動式的家庭購物將在 2003 年擴張至數百億美元市場，其網路零售將會在緊接著的未來減少消費者對實體店鋪的需求，也就是說有愈來愈多的超市購物透過無店鋪的網路通路來進行交易。完全虛擬的店鋪能夠充分提升後端管理效率和減低實體經營的成本。

Janal（2010）認為網路行銷的做法如下：

1. 運用 web 上資源檢了解商品市場，規劃行銷計畫。
2. 利用社群來拓展開發行銷。
3. 以電子郵件發展直銷業務。
4. 利用 web 上分類廣告，來推銷商品。

虛擬世界的網路行銷組成程序：

1. **網路促銷宣傳**：利用廣告與宣傳加強消費者對產品的深度了解。
2. **網路互動行銷**：網際網路可經由非同步的溝通方式，和消費者互動討論其產品的問題。

3. **網路議價**：消費者可和企業議價。
4. **網路交易**：付款條件與方式。
5. **網路追蹤配合實體遞送**：貨物運送給消費者的過程。

Peterson、Balasubramanian 與 Bronnenberg（1997）認為以網際網路作為行銷管道時，有以下的特性：

1. 可以在不同虛擬的空間，以免費的成本儲存大量資訊。
2. 可以快速和精準的搜尋這些資訊。
3. 可按照消費者需求，提供個人化資訊。
4. 可提供視覺化的經驗感受，並提供消費者在達成購買決策前，所需要的產品資訊之豐富程度。
5. 可以做為訂單交易的媒介和管道。但有些卻因若以交易成本的考量，消費者反而較不傾向在網路上購買諸如便利品之類的產品。
6. 可以作為數位產品的配送通路。
7. 網際網路的進入以及建置成本相對比較低。

虛擬世界的網路行銷本身是著重情境互動的介面，因此情境設計在虛擬世界中是非常重要的，設計者如果能透過情境模擬，來幫助消費者感覺出自身所欲呈現的需求認知內容。這對資訊傳播的目的而言，是具創新性且有互動性的；而對於設計者而言，將情境互動建構在設計者和消費者的共同經驗感受為平台之情境模擬，則對於實踐虛擬世界的設計理念也是會有創新性。

3-2-3 網路行銷的虛擬特性

網路行銷的虛擬特性可分成三種，說明如下：

1. **網路行銷的影響性**
   - 沒有考慮到實體市場的人為複雜性和異質性。
   - 網路對於非網路公司而言，只是行銷所使用的眾多工具之一。
   - 網路行銷對後勤作業的影響不如前端業務。

2. **網路行銷的安全性**

- 網路上的隱私、付款的安全性、商業廣告的打擾和課稅的問題。
- 網路行銷具有成效時，才能做為傳統通路的中間媒介。

3. **網路行銷的科技化**

- 生產和配送技術的改變。
- 造成市場不連續（market discontinuities）。
- 文化規範和科學上的影響。

Clemente（ 2008 ）提出在網路上行銷的五階段，分別是：

1. 建立知名度
2. 發展直效行銷
3. 聯盟合作廣告
4. web 上產品型錄
5. 客戶服務

網路行銷的方法，是會不斷因技術的突破而有更新的方法產生，例如：網路上的「隨選服務」模式，一般有以下幾種：

1. 「隨選視訊」（Video on Demand, VOD）
2. 「隨選運算」（Computing on Demand, COD）
3. 「隨選儲存」（Capacity on Demand, CUOD）
4. 「隨選影像」（Image on Demand, IOD）
5. 「隨選列印」（Print on Demand, POD）

其中 POD（Print On Demand）是希望能透過出版產業的垂直整合，推廣現行的數位出版的解決方案。如下圖：

圖 3-14 資料來源：http://www.printondemand.com/公司網站

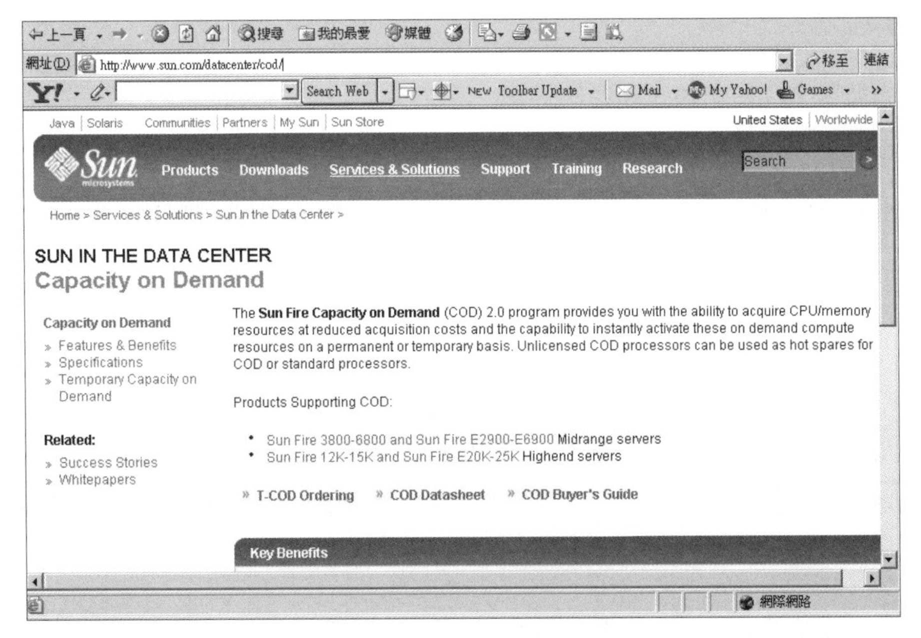

圖 3-15 資料來源：http://www.sun.com/datacenter/cod/公司網站

 問題解決創新方案－以章前案例爲基礎

(一) 問題診斷

依據 PSIS（Problem-Solving Innovation Solution）方法論中的問題形成診斷手法（過程省略），可得出以下問題項目：

■ 問題 1：網站經營並不是只有考量到企管規劃

經營網站雖就是經營一家公司，須以企管規劃來營運，但它一定也要同時考量到網站軟體特性，因為網站環境是建構在網路軟體平台上，因此，若純以企管規劃，就會造成在網站環境下無法得心應用。

■ 問題 2：行銷指標並無法落實在網路行銷上

在一般運作行銷時，會有行銷流程的指揮，例如：客戶造訪店面和查詢產品的作業情況，但若是在網路行銷上，其這些作業情況指標，就不是在於一般傳統指標內容（例如：來店數），這就會造成在運作網路行銷時的情況無法統計掌握。

■ 問題 3：行銷和網路結合的矛盾

網路行銷就是運用「行銷」和「網路」的結合發展，而在「網路」部份主要就是 Internet 軟體的執行呈現，因此若一般行銷作業無法執行呈現於網站上的落實經營，則此二者就會產生矛盾，進而互相牽制而無法產生效益。

(二) 創新解決方案

■ 問題解決 1：網站經營須以網路軟體規劃為基礎

在開發網路行銷時，首先，就是要做網路軟體規劃，這屬於軟體工程領域，但它的規劃會影響到網路行銷經營。

■ 問題解決 2：以網路軟體特性當做網路行銷指標

在做網路軟體規劃時，會設計出因應企業行銷所需的軟體指標，例如：每網頁點擊次數、網站到達率、瀏覽 e-DM 的次數等，所以，也就是欲了解行銷運作情況，則就須將一般傳統行銷指標轉換成網路軟體指標。

■ 問題解決 3：以網路軟體規劃方法來導入網站經營的基礎

在開發一套 Internet 技術軟體的網站，則會有軟體開發的專業知識方法，也就是系統化軟體規劃，因此須以網路軟體規劃方法來消除「網路」和「行銷」結合的矛盾，進而產生整合的綜效。

(三) 管理意涵

■ 中大型企業

在中大型製造業的企業裏，其本身產業鏈內是屬於龍頭型的定位，因此，整個行銷計劃是會影響到相關的中小企業，故在網路行銷的規劃應是著重在帶動整個產業的市場規模，例如：在鋼鐵業中，應由其龍頭企業建立整個市場交易平台，讓其在該鋼鐵產業相關中下游的中小企業，可在該平台建立其自己的網路行銷通路。

■ 中型服務業

在中型服務業的企業裏，其服務的客戶層面可以說是很廣泛且跨越不同的行業，因此，在做網路行銷規劃時，應是著重在服務內容行銷差異化，例如：在金融保險業中，若以對知識份子的層次，在網路上做投保的行銷，其成功率和使用率會較高。另外，例如在從事消防工作的行業中，可利用對消防協會整個成員，設立個單獨專屬的網站，以便做保險服務和行銷。

■ SOHO 型企業

在小型 SOHO 的企業裡，有其特殊的產品和客戶、人脈、通路，它們利用其專業技能的口碑，在該產業中闖出獨樹一格的定位，因此，在做網路行銷規劃時，應針對現有客戶通路來做行銷，例如：在從事軟體程式撰寫的 SOHO 工作室，應規劃 SOHO 工作室的網站，對其現有客戶服務，例如：技術支援服務，可分析現有客戶分別落在哪些不同種類的潛在消費者群中，輔以運用網路行銷方法和工具，使得這些潛在消費者成為準消費者。

(四) 個案問題探討：你覺得一般行銷績效指標和網路行銷績效指標是否有差異？

案例研讀
Web 創新趨勢：智慧穿戴式裝置

智慧穿戴式裝置是指裝置顯示器能直接讓身體感應到的產品，且更「無形」，不影響日常生活，穿戴在身上可分為手持式或固定式。若是戴在頭上可稱為「頭戴式顯示器」（head-mounted display, HMD）。若是在穿著織物材料內加入特殊的感應或感測元素，即可搭載散發光熱、感測器、顯式數位影像、通訊與生理監測等科技功能的產品。根據 IEK 分類，穿戴式裝置又可分為頭戴式、手錶式、穿著式、配戴式，以及生物電子等五大類。

智慧穿戴式裝置可塑造成商品環境。所謂商品環境是屬於資訊視覺化（info-vision）的概念，也就是能將資訊傳輸到人類視野的技術。透過這樣的商品環境，對於在做網路行銷的規劃時，便可運用「消費者參與」的方法，也就是說讓消費者的參與，成為協助網路行銷的附加價值活動，如此可降低網路上真實性和信譽的質疑，因為有消費者的參與見證，可較容易取信於其他消費者。因此，智慧穿戴式裝置更能增強網路行銷的應用。例如：Google 所研發設計的智慧眼鏡－「Google Glass」，就具備了上網、拍照、錄影等功能，使得在上網隱形眼鏡的運作下，訊息與影像能立即出現在你的眼前，這就是一種商品環境。因為這種鏡片也可用來指示方向或播放電視節目。而鏡片內的零件包括了單顆 LED 燈、可透過無線傳輸接上電力與資訊的天線和一個電路，但鏡片中的所有零件（奈米尺寸零件）是不會擋到正常視野的。

智慧穿戴式裝置技術包括人機介面操作技術（觸控、 聲音、眼球追蹤）、周邊顯示技術（LED 背光、3G/4G 通訊），以及感應技術（溫度感測、位置感應）。根據市調機構 Canalys 指出，全球智慧手環的成長幅度已高達 500%，其中又以手錶、手環兩項成長率最高，總量也最大。

目前智慧穿戴式裝置有 Intel、Sony、Pebble 等公司，均推出智慧手錶；LG、Sony、Nike 等各大廠則推出各式各樣的智慧手環，由此可見，穿戴式裝置已然成為科技業的新顯學，更被視為下一個最有可能改變科技趨勢的新品。

穿戴式科技（Wearable Technology）

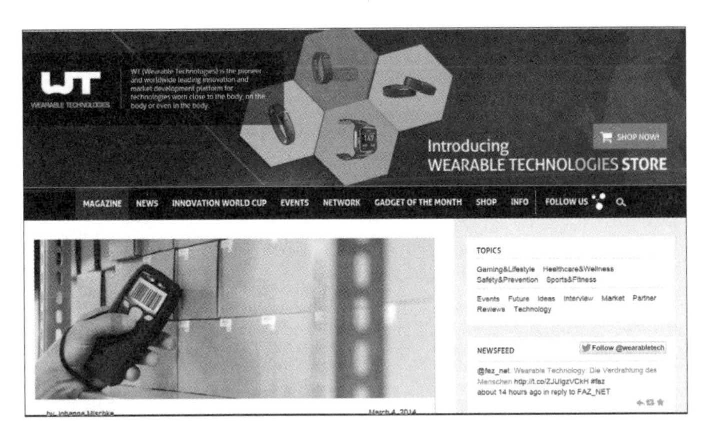

資料來源：http://www.wearable-technologies.com/

智慧穿戴式裝置技術來自於穿戴式科技（Wearable Technology），是以智慧型手機為整合平台，並結合發展出穿戴式裝置和 APP、軟體的產業應用服務，因此形成新的智慧裝置產業生態。例如：紡織產業就是積極藉由研發穿著織物材料來整合穿戴科技，進而發展創新產品的主要產業之一。

茲說明智慧穿戴式裝置應用例子如下：

英國「觸摸仿生」公司（Touch Bionics）運用在手機上的 App 控制其智慧義肢，可指揮義肢運作，例如：讓它拿相機拍照或綁鞋帶運作。

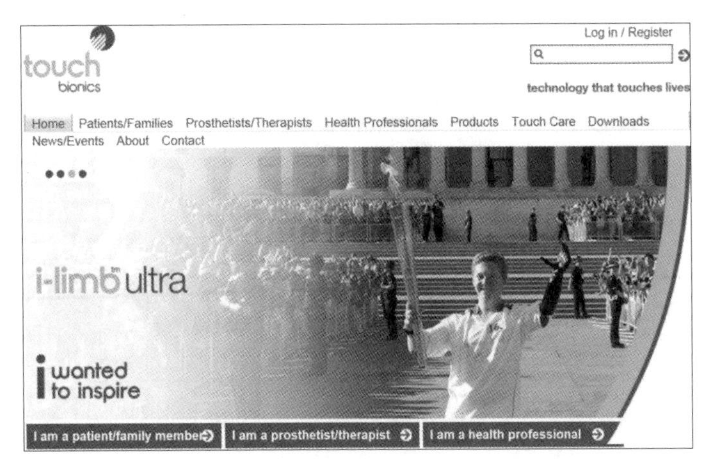

資料來源：http://www.touchbionics.com/

蘋果和運動用品大廠耐吉（Nike）合作，開發 Nike＋iPod Sport Kit 的健身監測系統，將該系統置於 Nike 運動鞋的鞋墊中，即可記錄並產生對跑步者的運動歷程。

資料來源：http://www.apple.com/ipod/nike/

Amiigo 是提供運動型態自動偵測功能的智慧型手環，它可讓使用者確實掌握各項運動狀態的細節，例如：偵測運動中的生理資訊，包括量測心律、皮膚溫度、血氧含量、卡路里消耗量等，如此就可掌握和了解各種動作對身體的影響，進而調整自己運動方式和習慣。

資料來源：https://amiigo.com/

Sensoria 智能襪，結合了傳感器和襪子，此襪子是採用特殊的纖維成份，可導電並帶有一個腳踝傳感器。如此，可自動記錄使用者的步伐、腳著地的部位、站姿、跑步時間等節奏數據，並進而傳遞上述資訊至手機，使用者即可利用手機 APP 監控自己的跑步習慣。

資料來源：http://www.heapsylon.com/welcome-to-sensoria/

HUAWEI 推出「語音及追蹤」功能的 TalkBand B1 智慧型手環，可以記錄使用者每天步行的步數、消耗的卡路里和睡眠時數等。

資料來源：http://www.huaweidevice.com.tw/article_info.php?n_id=77&n=0

案例研讀
熱門網站個案：物聯網—智慧電冰箱和食用感測

智慧電冰箱將引發超級市場或賣場的未來之智慧零售服務模式，它是以店內物聯網環境創新應用為主，結合商品供應鏈物流的 RFID/NFC 應用為輔，運用冰箱購物管理與日常採購行為，建立結合商品供應鏈整合的一種智慧型連動模式。

茲將智慧電冰箱運作程序說明如下：

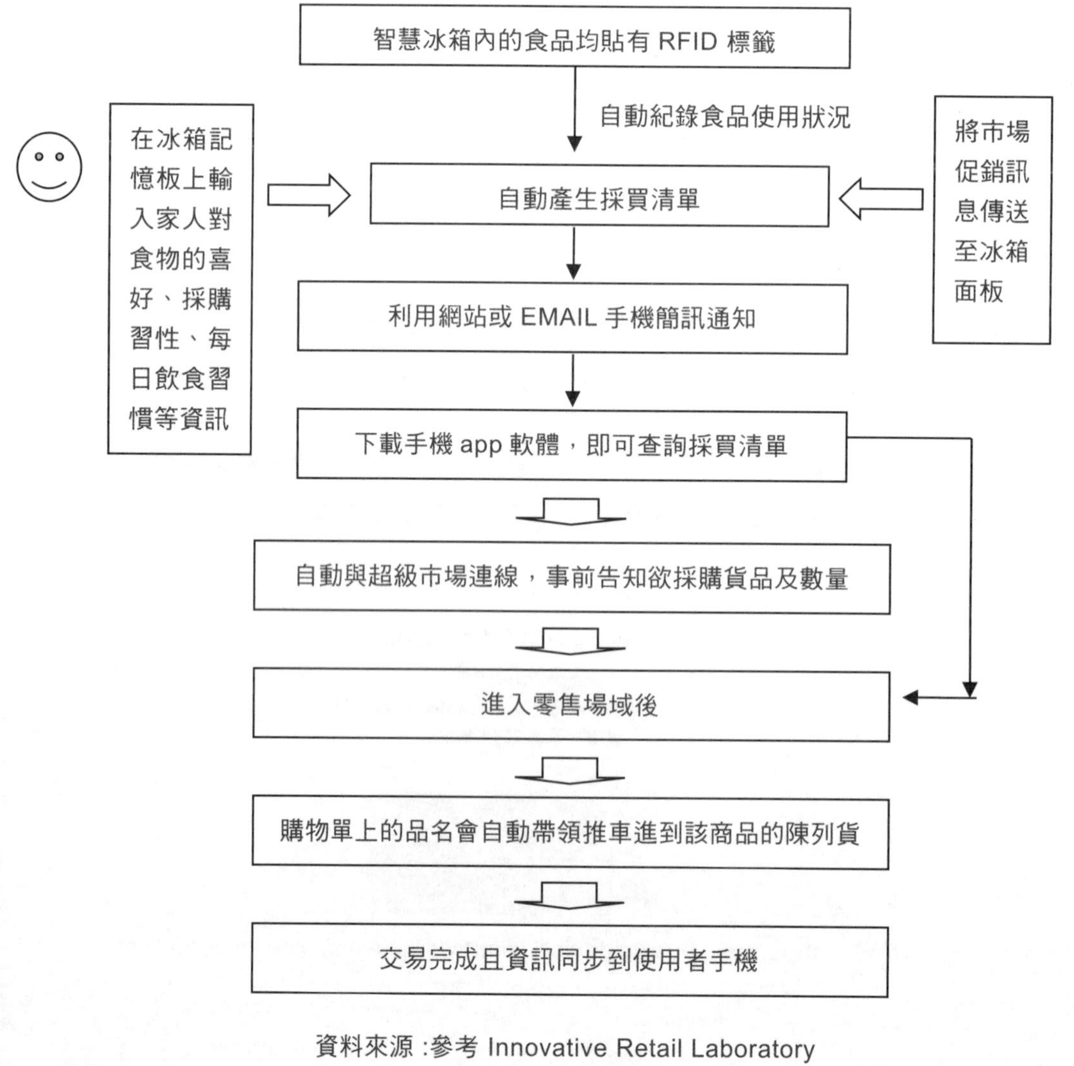

資料來源 :參考 Innovative Retail Laboratory

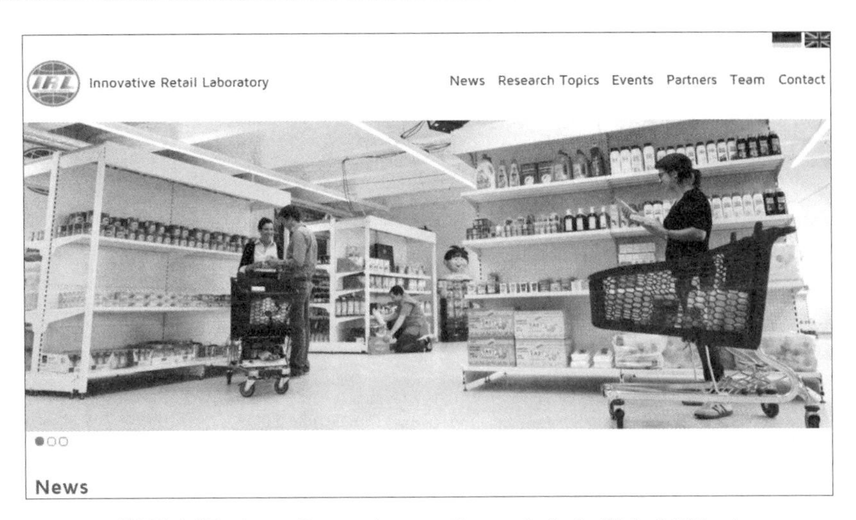

資料來源：http://www.innovative-retail.de/?id=84&L=1

智慧電冰箱

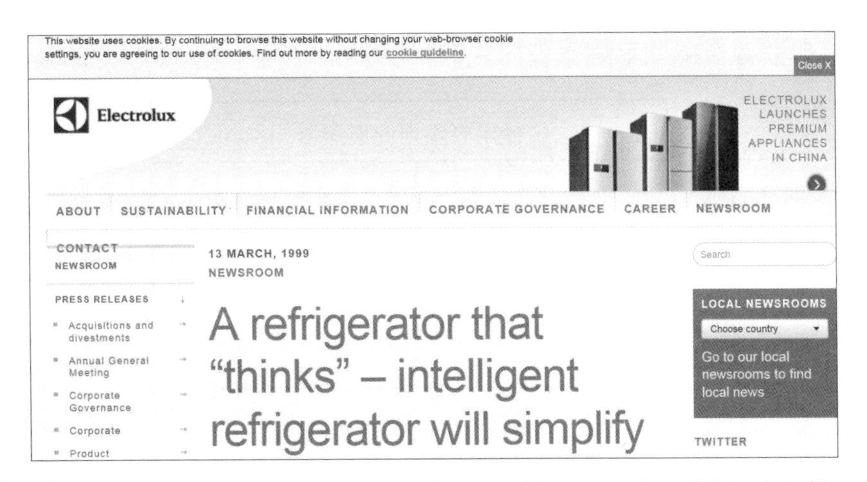

資料來源：http://group.electrolux.com/en/a-refrigerator-that-thinks-intelligent-refrigerator-will-simplify-homes-4349/

智慧食用感測

Proteus 公司發展出可食用式健康感測器，並於 2012 年 7 月通過美國 FDA 販售許可，它是一種可吞式 IC 矽元件，主要目的在於記錄患者是否準時服藥以達到藥效最大化。

資料來源：http://www.proteus.com/

茲將食用式健康感測器運作程序說明如下：

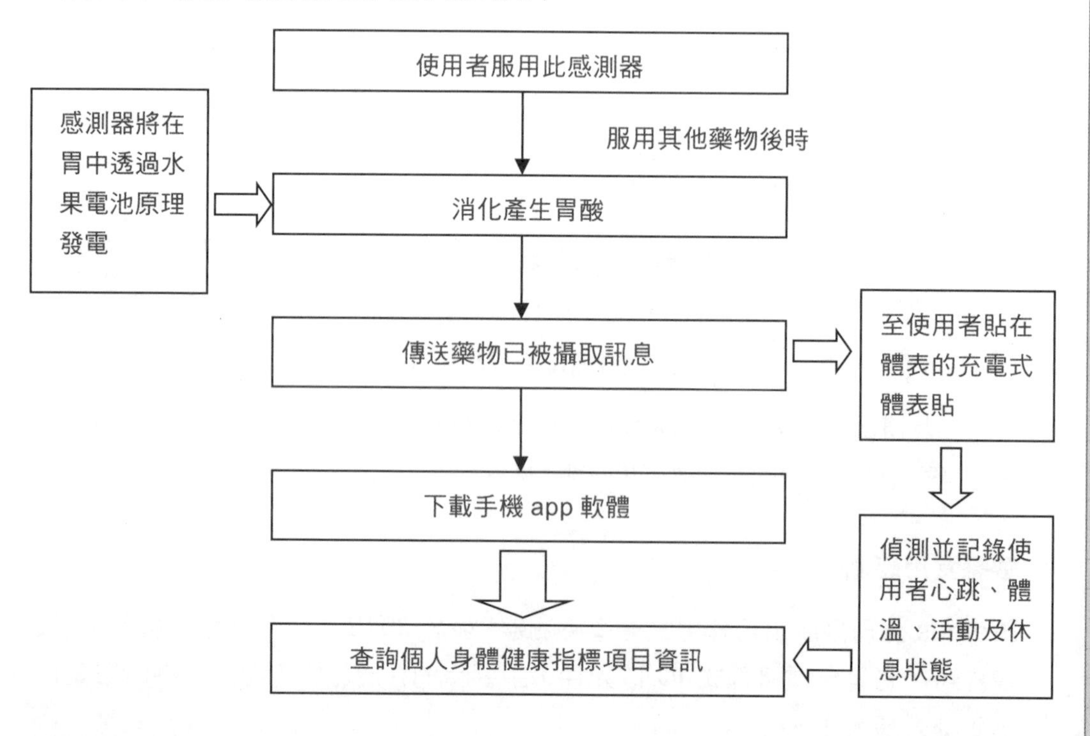

■ 問題討論

請模擬並了解智慧電冰箱購買作業後，探討你覺得對那些業者會產生哪些不同的新營運模式？

本章重點

1. 網路行銷分析是建築在網路行銷策略上，在策略上必須考慮到行銷活動的起源和行銷在社會中的角色。行銷的起源是從了解消費者，再到消費者行為，接下來是消費者價值，最後是會帶來什麼附加價值。
2. 企業流程模式定義是在於設計能整合各部門的流程，建立流程規範並加以控制，再則提供可供稽核之架構，但須注意的是該企業的商業模式是如何，以便模擬企業作業流程，和整合關鍵性的企業流程。
3. 網路行銷設計的流程，它主要是以消費者的認知歷程，去發展情境模擬，進而產生情境創作。
4. 消費者的極大化是指在消費者使用網際網路市場的機制時，消費者可在尋找所需產品與服務時發揮極大化的上網消費產品、數量、金額。
5. 網路行銷的虛擬特性可分成三種，網路行銷的影響性、網路行銷的安全性、網路行銷的科技化。

關鍵詞索引

學習評量

一、問答題

1. 網路行銷規劃程序為何？
2. 網路行銷的虛擬特性為何？
3. 網路行銷與實體行銷的差異為何？
4. 試說明網路行銷設計的流程，是如何規劃？
5. 探討消費者的特性如何影響到網際網路市場？

二、選擇題

(　　) 1. 對企業而言，網路行銷分析是用來分析什麼的功能？
(a) 滿足企業廠商需要　(b) 滿足消費者需要
(c) 滿足行銷者需要　(d) 以上皆非

(　　) 2. 網路行銷系統應如何取得有那些選擇？
(a) 購置套裝軟體　(b) 自行開發
(c) 委外設計開發　(d) 以上皆是

(　　) 3. 網際網路行銷與傳統行銷有很大的差異：
(a) 傳統行銷是在於大量行銷
(b) 傳統行銷是在於個人化行銷
(c) 傳統行銷是在於高互動行銷
(d) 傳統行銷是在於少量行銷

(　　) 4. 網際網路行銷與傳統行銷有很大的差異：
(a) 網路行銷是在於大量行銷
(b) 網路行銷是在於大眾行銷
(c) 網路行銷是在於具有互動的性質
(d) 網路行銷是在於少量行銷

(　　) 5. 網際網路市場對消費者來說具有某些特性？
(a) 極大化　(b) 無縫隙的介面
(c) 獨立性　(d) 以上皆是

chapter

網路行銷組合

章前案例：網路經營管理

案例研讀：深度媒合之社群媒體、雲端筆記服務

學習目標

- 探討行銷組合的種類和應用
- 探討行銷組合的策略
- 説明網際網路上行銷 4P 與顧客關係的轉變
- 探討產品使用週期的定義和應用
- 説明網路行銷如何和 4P 的整合
- 説明網路行銷方法及工具和行銷 4P 的結合應用
- 説明網路行銷運作模式定義與種類
- 探討電子交易市集如何從純粹買賣交易行為演化成企業經營模式？

章前案例情景故事 **網路經營管理**

在網際網路盛行之際，使得軟體業產生了很多的新型企業，而且和傳統企業不一樣的是，企業執行者不再是 40~50 歲層次，而是 25~35 歲年輕層次，小林所開的網路購物 B2C 公司就是一例。他當時只有 30 歲，但在數年的光景之後，公司因無法擴展營業額，也隨著網際網路的泡沫化而倒閉了。

這樣的歷程變遷對於當時一窩蜂成立新的網路公司的年輕執行者而言，經過數年後，也開始邁入了中高年齡層次，但最重要的是，了解到企業運作應仍回歸到專業的經營管理和整合，即使是網路公司。

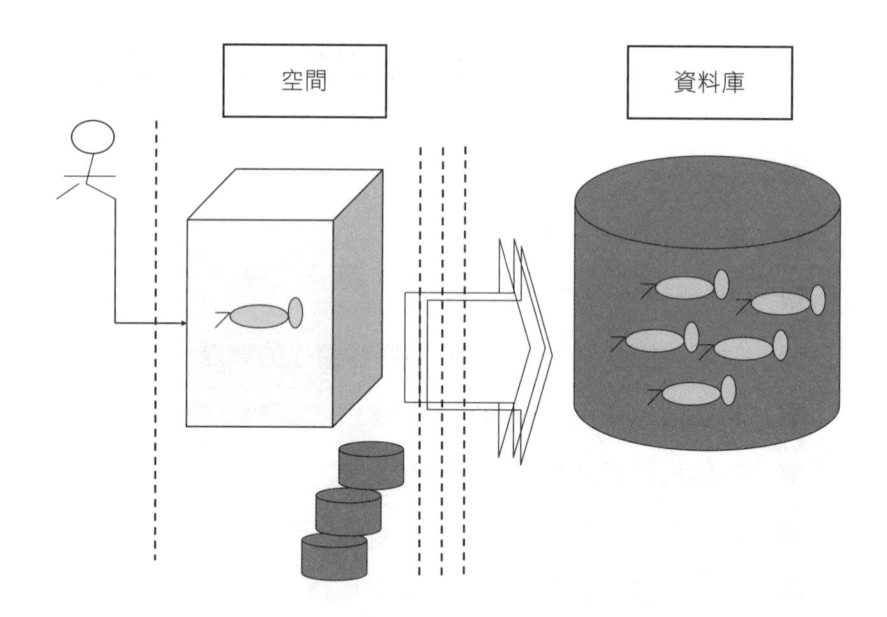

4-1 行銷組合

行銷組合（ Marketing mix ）包含：產品策略、促銷策略、通路策略、價格策略。

產品策略

商品是指一個產品（或服務）的功能（或流程），但經過包裝設計、商標加入、品牌加值、產品服務等，則就是一種商品上的解決方案，而不是只有產品（或服務）

的功能（或流程），若以消費的觀點來看，必須加上需求的滿足，它是一種使消費者達到需求滿足的實體服務及感覺的組合。

故產品策略的重點是在於滿足市場需求。其中最顯著成效方法就是建立其好品質的品牌形象。

產品品牌可抑制價格競爭、增加附加價值，進而成為網路企業運用差異化策略的重要方法。但產品品牌的建立在網際網路上是受到面臨的挑戰，因為品牌是由雙方透過實體上的互動而建立的，但網路行銷的互動性是可使產品品牌更加有價值的運用，故網路品牌是網路行銷的未來重點趨勢。

產品價格在網路行銷運用：

1. **消費性產品**：例如：成本較低的便利品、選購品、貴重商品，較不適於在網路銷售。
2. **數位化產品**：數位化的產品，因為無實際產品的外觀和使用問題，故特別適合於網路行銷。
3. **產品差異化**：當產品價格白熱化，可透過網路行銷做服務差異化，進而有效做市場區隔，以引導消費者對產品價格較不在意。

消費者交易是買賣雙方之間的銷售行為，而消費者在購買產品時，會比較價格、品質、外觀、服務、方便、品牌用途、競爭地位等因素，故如何了解並挖掘出消費者考慮因素，則有利於消費者交易成功，其中資料挖掘就是一種作法。下列是一般適合資料挖掘技術來處理的項目：交叉銷售（Cross Sell）、廣告分析、風險管理、安全行為。

促銷策略

促銷策略包含廣告、公關促銷活動、銷售點促銷工具、傳遞正確訊息給顧客等 一般方法有包含人員推銷、廣告等可以促進產品銷售的行銷活動陳列、展售會、贈品、折價券、虛擬商展、競賽、抽獎、打折等。

促銷的目的是在於提供消費者資訊，進而促進需求，以達到商品成效的創造，商品價值的提升，商品銷售的穩定（例如：夏季時銷售火鍋）。

通路策略

通路是可促進買賣雙方產品和服務的交換，包含運輸方式、倉儲、存貨控制、訂單處理、行銷通路，若欲在網路行銷做通路，則在網際網路購物環境的設計，必須能夠體現其較於傳統商店的不一樣優勢，例如：通路階層的簡化就是一例。

所謂通路階層是指一項產品從原製造一直到送達消費者手中，其間所經過的通路角色階層，故網路行銷在通路上可提供溝通平台，以促成買賣雙方之間的訊息交流。但有可能產生通路衝突，一般會有實體通路與網路行銷的衝突，和製造代工與經銷體制商的衝突。不過若能將虛擬與實體的溝通活動結合，則可有效地降低溝通成本，進而加速購買決策。

例如：amazon.com，如下圖：

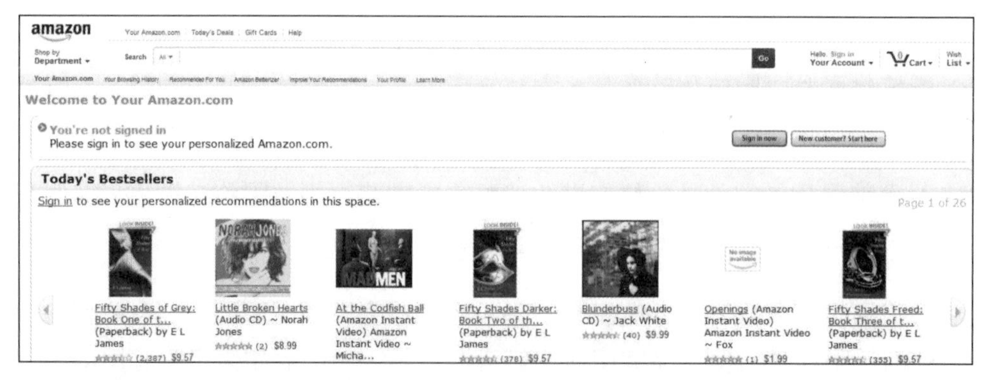

圖 4-1 資料來源：https://www.amazon.com/gp/yourstore/home?ie=UTF8&ref_=topnav_ys 公司網站

在通路上的企業應用有三個重要的名詞：行銷通路、後勤管理、物流，茲說明如下：

1. **行銷通路**（distribution channel）：由不同行銷組織及交易關係所組成之通路。
2. **後勤通路**（Logistics）：對通路成員之間產品及服務的流動和資訊管理。
3. **物流通路**（Physical distribution）：將產品運送至使用者等過程的流動，例如：第三物流。

價格策略

網路定價政策可分成下列：

1. 市場上的價格

2. 利潤價格

3. 市場佔有價格

4. 政策固定價格

5. 高品牌價格

網路定價策略可分成下列：

1. 低價的策略

2. 固定價格的策略

3. 支付較高的價格

市場特性在經濟學的分類下，會造成對價格的定價政策有所影響，例如：完全競爭市場，則廠商是價格的接受者。又例如：獨佔市場，則由該獨佔企業來決定價格。

4-2 網路行銷和 4P 的關係

Dutta 與 Segev（1999）學者利用傳統行銷模式的 4P 來發展其理論架構，在此研究中，利用網際網路中獨特的互動性與連結性，來衡量企業轉換其營運模式的程度。它分為技術能力（technological capability）與策略性經營（strategic business）2 個構面。技術能力構面是指互動性與連結性。他們將網際網路上行銷 4P 與顧客關係的轉變整理成如下圖：

產品面	促銷	訂價	通路	顧客關係
-相關資訊 -附加資訊 -選擇產品	-線上促銷 -顧客參與 -線上廣告	-產品價格 -動態價格 -協商價格	-線上下單 -即時處理 -線上付款	-顧客回饋 -顧客服務 -顧客確認

圖 4-2 網際網路上行銷 4P 與顧客關係的轉變（資料來源：Dutta, S. & Arie Segev）

網路行銷的出現和盛行，並不是代表傳統一般行銷就沒落，或者以為行銷是無用的。其實一般實體行銷也會因創新和環境變化而有新的行銷手法出現。就如同早期是談 4P：product、promotion、price、place 這四個，但後來不同學門又演變成更多

P，例如：performance 績效等。故網路行銷是和一般實體行銷應是做最佳的結合，絕不是偏廢一方或者沒有用。

若要做最佳的組合，其不論是有多少的結合變化，都是脫離不了上述的基本 4P，故以下將針對 4P 和網路行銷關係做分別介紹說明：

product 產品

產品是行銷的標的，它可因實體有形的分類，包含有形產品和無形服務。前者著重在實體產品的呈現和功效，故就消費者觀點，它著重在產品使用可靠度，在產品介面的設計中，探討可用性（usability）概念，是最常應用在產品使用介面的設計評估上及行銷的手法。

它把可用性的多樣化及複雜層面作了評估，可用性評估考量到產品、用戶、活動和環境特性方面之因素。在產品設計行銷的手法上，是讓使用者在執行績效（Performance）和形象 & 印象（Image & Impression）兩項上皆感有滿意性的程度，在執行績效上，有包含理解認知、學習記憶、控制活動等。在形象 & 印象上，又包含基本感受、形象的描述、評估感覺等。

從上述說明，可知產品介面設計是影響一個產品的可用性，而透過可用性的評估，可做為產品行銷的手法。例如：產品介面不良的引導設計、不好的螢幕和版面配置設計、不適當的回饋、缺乏連貫性等資訊內容，對於產品的可用性就很差。

從上述產品使用可靠度，可整理出產品和網路行銷關係模式：

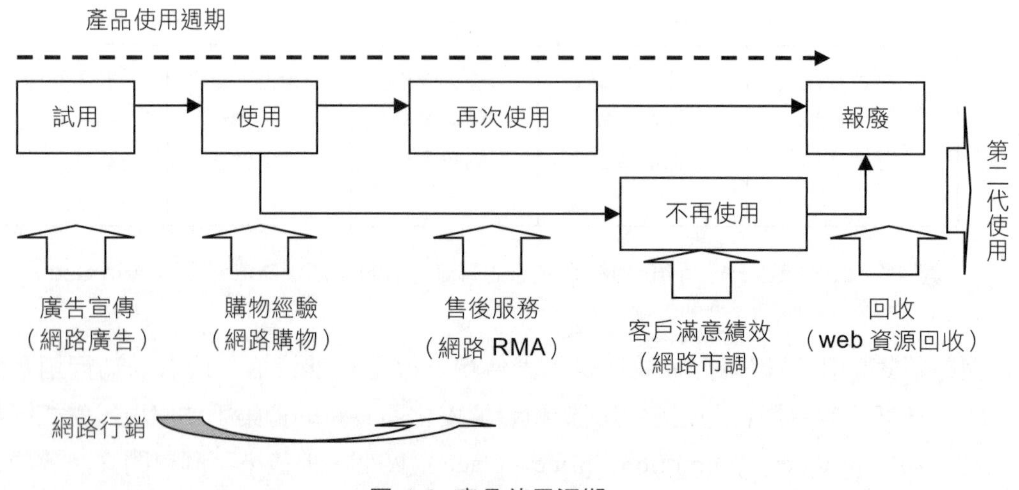

圖 4-3 產品使用週期

從上述說明，可知消費者在使用產品時，一般會有週期上使用路徑，可分成試用、使用、再使用、不用、報廢。相對於產品使用週期，有產品生命週期。產品生命週期如下：

產品生命週期	商品數量	行銷重點	市場結構	4P
萌芽期	新上市商品的需求	行銷和研發	強調新產品的新功能 →新商品市場	產品
成長期	銷售量快速增加	行銷的促銷	吸引競爭廠商加入 →建立品牌	促銷
成熟期	達到銷售最高水準	行銷的差異性	競爭廠商進入市場 →市場區隔	通路
衰退期	銷售量下降	行銷的轉換	退出市場 →下一次新上市商品	價格

price 價格上

從行銷的觀點來看，其價格可分成市價、成交價、優惠價、底價、成本價等。一般而言，市價是最高的，然其市價的訂定方式，會來自於成本價的參考，所謂成本價是來自於買賣業取得價格或製造廠生產成本，故成本價的波動是會影響到市價的訂定，進而影響到買賣雙方的成交價，故成本在行銷價格上是非常重要的。

一般成本的議題是在於成本會計，成本會計是可從部門組織和產品製造這二個觀點來看產品成本的分攤和對產品銷售利潤的計算。若自部門組織之觀點來看，對於部門將會產生成本而該成本是會轉為組織的費用支出，及亦可用以支援部門費用之規劃、預算編制、控制與歸屬，它是用來決定直接製造部門和其他間接部門的預算費用參考。若就製造業產品製造之觀點而言，成本中心所彙集的費用資料將被歸屬於產品，以決定產品成本。產品成本一般是由原料成本、人工成本及製造費用所構成的。產品成本是用來決定業務對客戶的報價參考，及製造部門的成本控管的依據。

成本計算的重點是在於合理的歸屬成本，到每一個在製品與製程成品的身上，而分攤的方式是將成本分成三大類：直接原物料、直接人工、製造費用。

從上述說明可知成本影響市價，市價影響成交價，因此在網路行銷上，必須從價格的計算訂定來運作，如下圖：

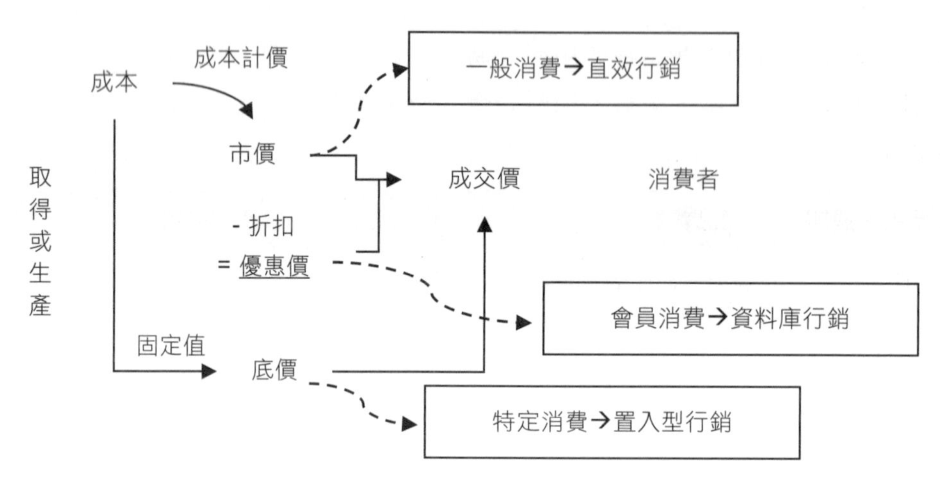

圖 4-4　網路行銷上價格的計算訂定

從上圖中可知消費者最後成交的價格可能來自於不同的價格，至於如何決定是那種價格，可由一些政策來設計，例如：以身份別來訂定，若是一般消費者身份，則以市價，若是較有忠誠度的會員消費者，則就以固定值的底價來運作。在上述不同的行銷手法，可對應不同網路行銷方法。

促銷上

促銷的目的就是在於加速消費者購買進度，進而快速產生產品流動或出貨。因此，促銷是在行銷上常用的策略，而至於促銷的方式是很多，且因事而異、因人而異等，故在規劃網路行銷時須考慮促銷的方式，一般促銷的方式是建立於促銷情勢的考量，可分成時間差異、地點優勢、市場區隔、產品等級及銷售狀況等，如下圖。

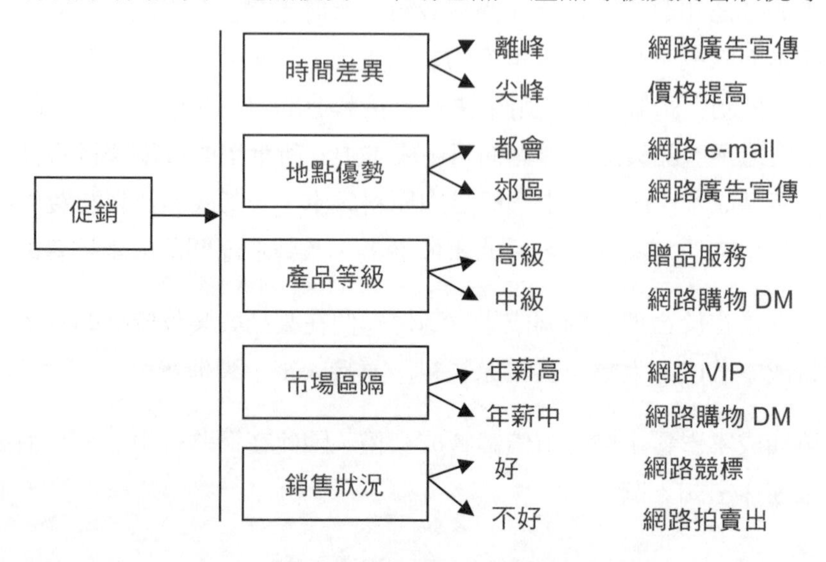

圖 4-5　網路行銷上促銷情勢的考量

從圖中可知，在不同促銷情勢下，所採取的促銷手法也不同。其重點是在於加速促銷成功，例如：若銷售狀況不好，有很多呆滯庫存，則就可採取網路拍賣出清的促銷方式。

網路行銷上在促銷的運用有以下例子：家樂福公司所提供可直接從網路列印的折價券，如下圖：

圖 4-6 資料來源：http://www.carrefour.com.tw/e-coupon-home 公開網站

例如：提供可以在網路上使用的 e-coupon 等，如下圖：

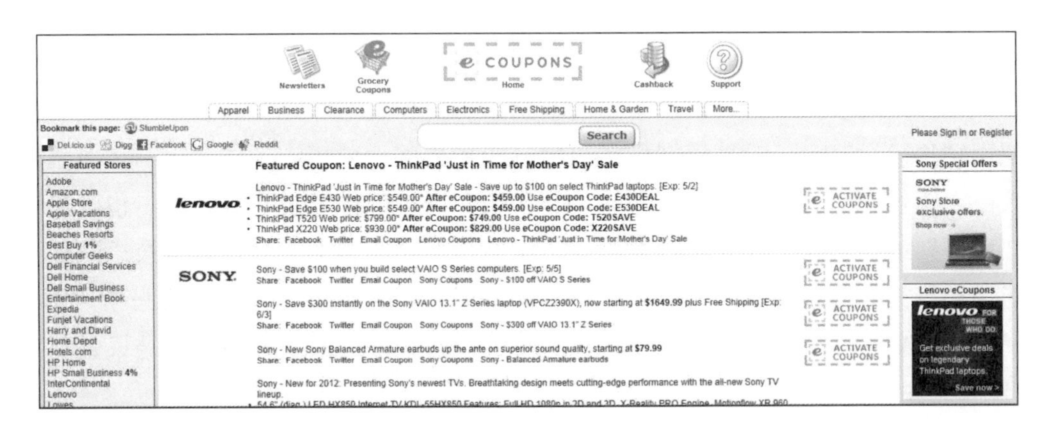

圖 4-7 資料來源：http://www.ecoupons.com/公開網站

例如：虛擬貨幣或線上遊戲的累積點數。

網路行銷的平台和工具，可使得促銷的成效更加廣泛和顯著，但同樣的如同前面幾章提到的，網路行銷的策略、管理、規劃才是重心，它們會影響促銷手法和工具是否有利於基成效的方向。

說明完前面 3P 後，可知網路行銷不是只有運用單一某個 P 的方式而已，它必須將這四個 P 一起整合運用，甚至再加上其他學者所提出的 P，故總而言之，就是整合運用的綜效，會大於任一工具或方式的成效。

通路上

以行銷的觀點來看通路，最主要是在通路過程上，如何達到行銷目的，故依此觀念，可將通路分成產品展示販賣通路、銷售出貨通路、售後服務通路等三階段，如下圖：

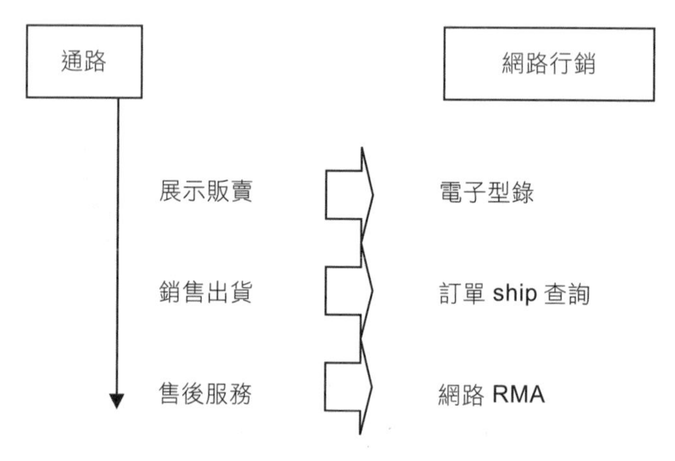

圖 4-8 網路行銷上通路程序

在網路行銷的通路中，其售後服務的通路是可再產生再次銷售的機會，也就是說可運用銷售後行為。一般銷售過程，可概分成銷售前、銷售中、銷售後，在傳統行銷較注重銷售中，也就是從推銷開始，而在現今行銷就會考慮到銷售前，也就是說在客戶不知道需求前，就先做售前服務。至於在網路行銷上，因為網路技術關係，更能往銷售後的服務發展。因此在網路行銷的通路中，應善加利用售後服務，例如：網路 RMA 資料的收集、整理分類，進而做智慧型分析，以便將分析結果做為再次吸引顧客的依據。

在現有實體的通路中，最令人不滿意的就是通路作業的效率和狀況掌控，而這二項正好是網路行銷最擅長的，故在 4P 中，其最能發揮加乘效果的就是通路的網路行銷。

在網路行銷的執行運作中，唯有整合 4P（product、price、promotion、place），才能發揮綜效。

在市場中須具有足夠購買能力，及有意願能夠合法進行交易，則才有市場可言，其中內部行銷就是一例，所謂內部行銷是指促進員工對公司目標、政策、顧客需求的了解、提高公司內部員工滿意度，它可產生目標市場，所謂目標市場是指市場中針對特定商品具有意願，其購買可能性較高的市場所組成。

Quelch（2009）認為網際網路對行銷的4P，可以提供以下的功能：

1. 滿足顧客需求的產品
2. 直接銷售的目的
3. 以多媒體達到廣告、促銷的目標
4. 進入全球化市場

4-3 網路行銷和 4P 的整合

在網路行銷的運作下，其利基行銷和微行銷的運作，更能透過網路行銷和 4P 的整合，來達到它們的成效，所謂利基行銷（ niche marketing）是指集中資源於單一市場區隔，所謂微行銷（micromarketing）是指針對較小市場區隔進行行銷概念。

行銷的 4 個 P，網路行銷絕對不可單獨運作，它必須和傳統行銷上的 4 個 P：產品品牌、價格、促銷、通路做結合，如此才能發揮網路行銷的綜效。那麼如何結合呢？以下是作者依網路行銷方法及工具為基礎，來探討和行銷 4P 的結合應用，整個結合模式如下。

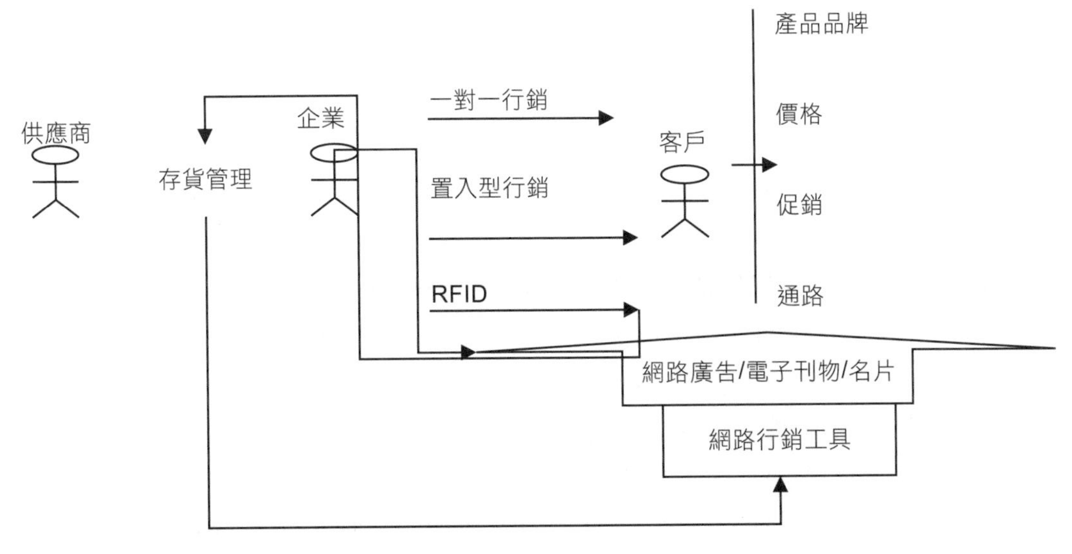

圖 4-9 網路行銷方法及工具和行銷 4P 的結合應用

網路行銷方法和工具是很多的，甚至又有創新的方法和工具產生，故在做網路行銷 4P 結合，應隨著環境條件變化而調整修改之。

在此，網路行銷方法以一對一行銷、置入型行銷及 RFID 和存貨管理結合等為例子，其在網路行銷工具以網路廣告、電子刊物、名片為例子做說明。

在上個章節已說明行銷 4P 的定義和重點，在此就僅以結合觀點來探討，而為了讓讀者易於了解，故也舉一個營運人力資源的企業例子做說明。

就一對一行銷而言，企業以網路技術規劃建置具有一對一效果的行銷網路，它能使客戶就本身產品需求，和企業做一對一的溝通，這樣的溝通，可應用在企業行銷的 4P 上，以產品品牌為例，它可結合企業本身形象和品牌優勢（例如：獲得國家品質獎或品牌獎），就這個優勢可呈現在一對一行銷內容，例如：人力資源網站設計一個針對個人求職者的一對一職場諮詢平台，個人求職者可透過該平台和專家一對一互動諮詢，而為了讓這一對一諮詢平台更有成效，該企業就運用本身形象和「人力資源知識」產品品牌及專業師資，來推銷給個人求職者，另外，在這行銷過程中，也可運用網路廣告的行銷工具，做為一對一行銷的支援和搭配，例如：將產品品牌轉換為廣告的優質設計，以做為網路廣告，來達到透過品牌做為一對一的行銷。

再則，就置入型行銷而言，企業可運用電子刊物網路工具，以達到顧客的促銷。在免費的電子刊物裏，可提供顧客所感興趣的資訊或專業性內容，這對顧客而言，當然樂意接受，這時，企業會在這刊物內放入跟產品有關的訊息，讓讀者不知不覺中也吸收到某產品訊息，這樣的作法，可將產品促銷訊息放入電子刊物內，以做為顧客促銷之用，例如：人力資源網路提供求職方面資訊的電子刊物，而在這電子刊物可放入產品訊息（例如：人力資源書籍），以及優惠價格促銷，以達到顧客促銷之用。

最後，就 RFID 存貨管理結合模式而言，企業可將實體產品貼上 RFID 標識，利用該 RFID 來記錄、追蹤其產品交易過程訊息，若以存貨管理角度來看，可透過 RFID 的資訊收集，來立即了解存貨的現況，包含目前各據點的存貨、銷售量狀況、物流運輸進度等狀況，這樣的結合模式，可應用在行銷 4P 中通路（place），它利用 RFID 技術，將產品服務的通路提供給顧客，顧客可利用這個通路來滿足交貨進度、是否有存貨、維修店面服務等需求，這時企業可運用網路名片的行銷工具，將網路名片透過 RFID 的無線讀取產品交易資訊，記錄在「個人化網路名片」上，以便傳送給顧客，讓顧客透過網路名片瀏覽產品過程需求，而對企業業務員也將業務員名片成功了給顧客，以做為後續行銷活動的展開。例如：人力資源網站所出版的相關產品書籍，可貼上 RFID 標識，利用出版通路，來得知書籍產品的銷售狀況，以利反應市場需求，及時印刷適當數，來同時降低成本和滿足客戶需求，而在推廣書籍，可運用網路名片結合 RFID 資訊，透過通路的過程，快速且立即傳送給顧客。如下圖：

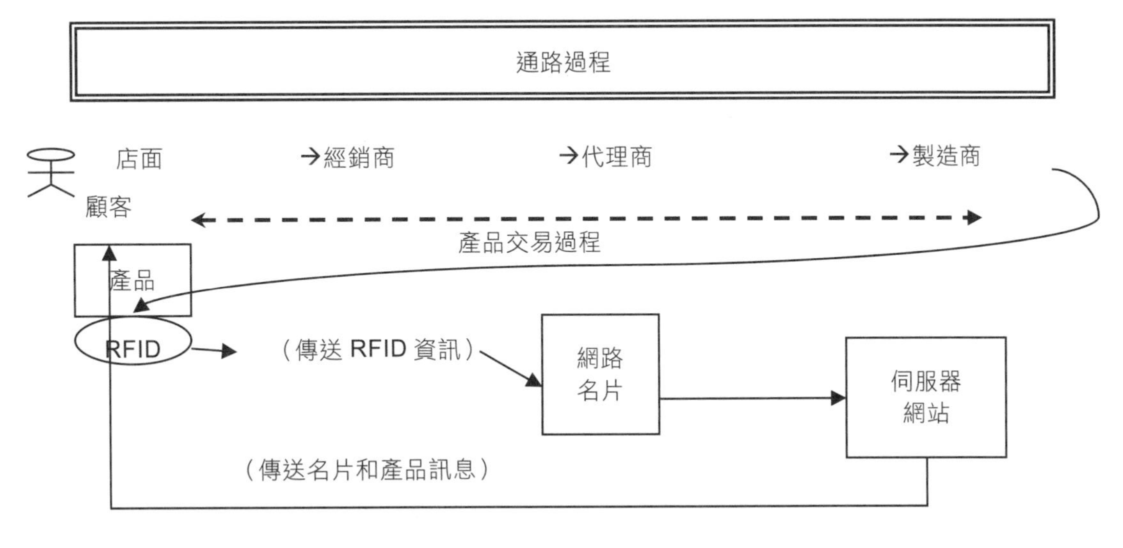

圖 4-10 RFID 存貨管理結合模式

4-4 網路行銷運作模式

網路使用者在網路上使用或購買動機，會受到網站技術、服務品質、購買成本等網路使用特性影響，進而反應在網路消費者的滿意度及忠誠度，網路使用特性包含：網站技術、網站設計、交易安全性、服務品質、購物便利性、服務可靠性、個人化服務等，這些特性的程度高，則網路消費者滿意度和忠誠度就高，若是購買成本高、商品價格高、系統反應時間長，則網路消費者滿意度和忠誠度就低，因此消費者的滿意度對於消費者的忠誠度有正向的影響。

網路使用特性會影響到網路行銷的成效，一個好的網路行銷模式必須具有下列基本單元：

- 吸引的介面
- 豐富的內容
- 主題的效益
- 收費的來源
- 網路的技術

這些單元功能無非就是要吸引買方，故要成功地做網路行銷，就必須要能聚集大量消費者，符合買賣雙方的需求。要達到這個重點，就必須善用網路使用特性，將這些特性應用在網路行銷上，以建立市場需求服務的加值解決方案。

在不同的網路行銷模式下，其網站技術、服務品質及購買成本對消費者滿意度的影響會有所差異。下列針對不同模式的網路行銷，對網路使用特性的影響做說明：包含電子目錄模式、經營模式、內容模式、情報資訊模式、電子市集模式、廣告模式、中介代理／經紀模式等。

4-4-1 電子目錄模式

採用「電子目錄（e-Category）模式」的網路行銷是藉由某一特定產業的網上目錄，將目錄資料庫化，以便於查詢、分析及交易，亦即利用大量的網上目錄資料，來整合買方與供應商交易、節省交易成本、加速作業效率，進而創造價值。買方主要是向具有商譽的大型供應商購買，買賣雙方很分散，且交易頻繁但是每次交易量卻很小，故網站技術對消費者滿意度的影響會很重要。例如：BravoSolution，它是可提供企業在搜尋物料來源的供應需求平台，如圖 4-11。

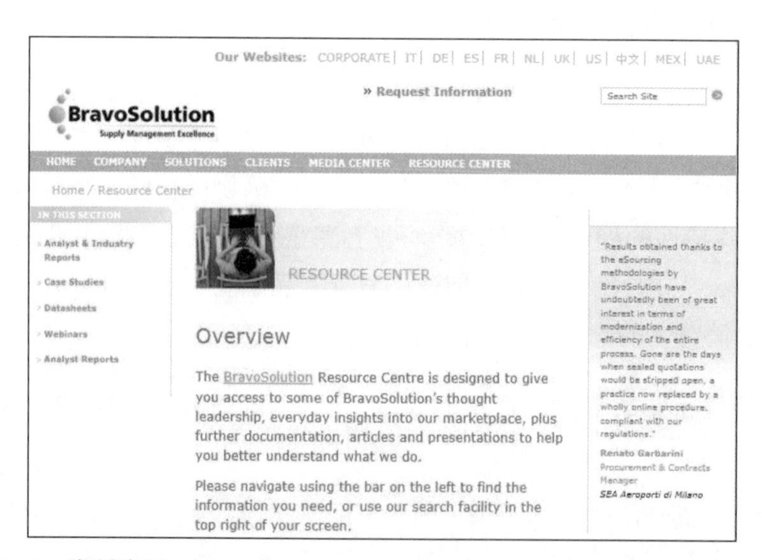

圖 4-11　資料來源：https://www.bravosolution.com/cms/resource-center

4-4-2 撮合模式

採用「撮合模式」的網路行銷是藉由替買賣雙方的需求面與供應面進行快速配對來創造價值。其產品主要是民生用品或標準化商品，故購買成本對消費者滿意度的影響很重要。例如：FreeMarkets，它是提供企業在供應買賣過程的流程平台，如圖 4-12。

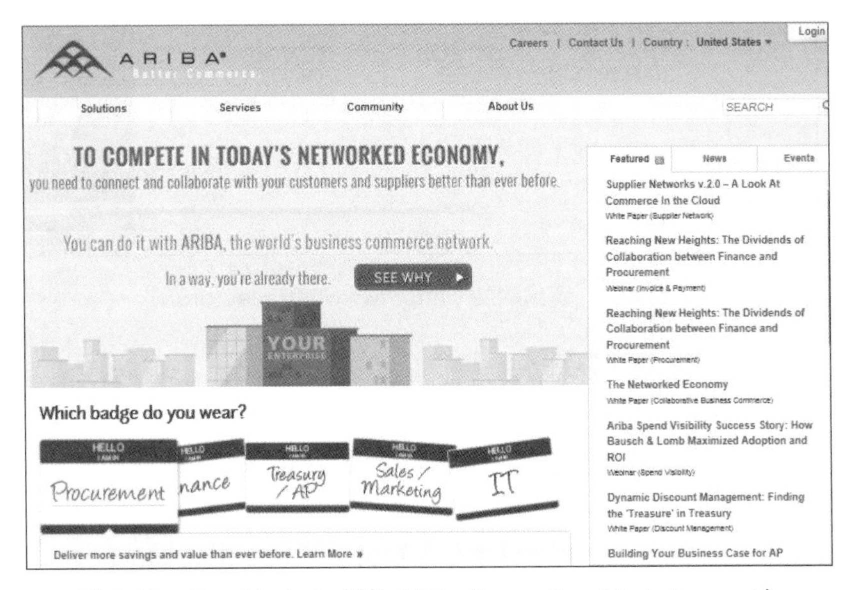

圖 4-12　FreeMarkets 網站（http://www.FreeMarkets.com/）

FreeMarkets 公司是一個提供企業在供應買賣過程的共同平台，它可讓買賣雙方在此平台中做商品交易。

4-4-3 經營模式

主要包括販賣各種商品的批發商，或提供商品、服務的零售商。採用「經營模式」的網路行銷是藉由提供產品與服務給消費者的整個價值創造過程，包括：支援性活動和主要服務活動所組成的作業，例如：提供產品與服務的推廣行銷方式。故服務品質對消費者滿意度的影響會很重要。例如：一些貿易網，它是提供企業在全球貿易市場的訊息和活動的平台，如圖 4-13。

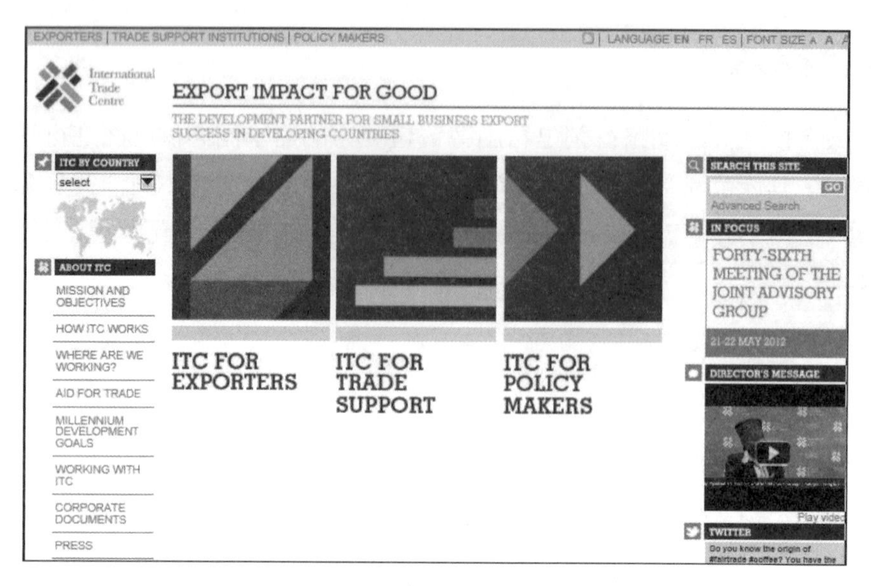

圖 4-13 貿易網站（http://www.intracen.org/）

International Trade Centre 是一個全世界貿易網，它是提供企業在全球貿易市場的訊息和活動的平台。

另外，製造商也可用直銷方式，讓消費者直接和廠商接觸，如此可省去中間商的角色而節省成本。另外，製造商也可用產品租賃方式，使用者支付租金，在特定期間交換獲得使用某產品或服務的權利。例子：E-junkie、OpenTable、DressPhile、Rent the Runway、37Signals。

4-4-4 內容模式

採用「內容模式」的網路行銷是藉由發展出內容網站，以「內容」吸引消費者，它會以各種方式來設計和編排有用或吸引人的內容主題，進而再推銷公司產品或服務，如此可以先得到消費者的信心和認同，以便在做網路行銷時，比較容易切入，不致於讓消費者產生排斥。業者提供具有高附加價值和時效價值的文字、影音內容給訂閱用戶，並藉此獲得效益。故服務品質對消費者滿意度的影響會很重要。例子：Picnik、Spotify。又例如：ebay，如圖 4-14。

圖 4-14 ebay 網站（http://www.ebay.com.tw/）

ebay 公司是針對一般消費者買賣，所提供的網路平台，透過該網路平台，可做查詢、拍賣等交易需求。

另外，在加盟夥伴計劃的網站站長或部落格內撰寫內容，來吸引客戶觀看，進而刊登廣告或擺放商品銷售的程式碼，來增加曝光機會，而且只要商品、服務順利售出，或廣告被點選，即可和廠商拆分收益。

另外，也可採取品牌內容整合方式，也就是品牌整合的內容，將產品置入的需求內，加強消費者對產品、服務產生印象。例如：Polyvore、Mint、Gala Online。

4-4-5 搜尋模式

採用「搜尋模式」的網路行銷是藉由搜尋引擎（Search Engine）技術，在資料數量龐大的網際網路世界中，讓消費者可以搜尋到自己要的資料，如此，可吸引大量消費者使用該搜尋引擎網站，進而向想要透過網路行銷的企業主收取行銷等其他的收入。需求搜尋和蒐集是為客戶的需求提供報價服務，盡力找到賣家，並滿足交易行為（如訂購機票），可從中賺取差價或處理費用。故需求搜尋和蒐集網路技術對消費者滿意度的影響會很重要。例如：DressPhile、TripAdvisor。又例如：YAHOO!

圖 4-15　YAHOO! 網站（http://www.yahoo.com/）

4-4-6 情報資訊模式

採用「情報資訊模式」的網路行銷是藉由收集整理來自於企業營運或其他方面的資料，進行彙整統計與分類等加值處理運用，包含：客戶資料、商機媒介、投資諮詢、顧問諮詢服務、有價資訊以及產品情報等，這些做法可以吸引對該主題有興趣的消費者使用該情報資訊網站，進而按照訂閱或是使用的次數來收費。故服務品質對消費者滿意度的影響會很重要。例如：infoplease 網站是提供情報資訊給企業經營或個人需求參考的平台。

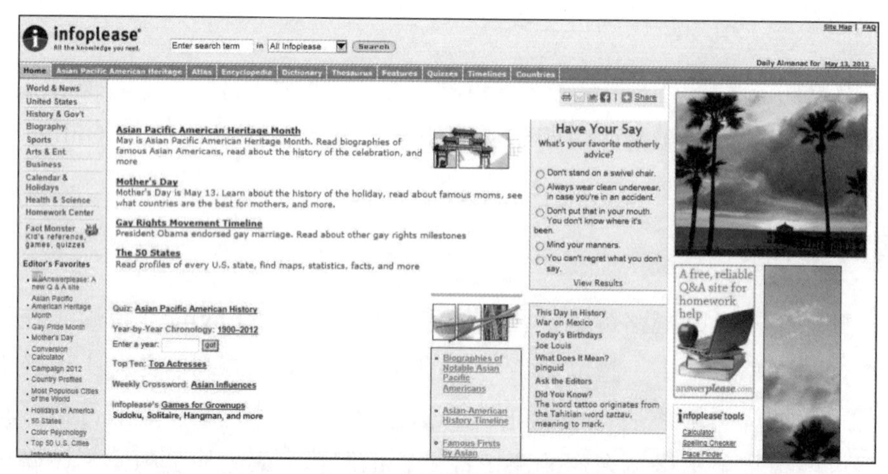

圖 4-16　infoplease 網站（http://www.infoplease.com/）

又例如：針對大眾的閱聽行為提供監測、調查分析，如收視率調查、流量調查等服務，案例：RatePoint、Get Cliky、Quantcast。

4-4-7 電子市集模式

在網際網路的技術衝擊下，企業的經營模式得以改變，並且延伸至產業的交易，其在網路使用者特性的影響下，產生了產業的網路環境，對於行銷的重點而言，就是產生了電子市集（e-Marketplace）。電子市集可分成產業別（垂直式）、功能別（水平式）。它比較偏向於產品服務複雜度高，且需具備專業知識才能提供企業所需資訊，並在複雜的市場中，快速的依企業客戶需求找到供應商或買方完成交易。

電子市集是須能解決產業供應間的問題，主要包含：採購供應、設計開發、資料資訊交換等問題的需求，如表 4-1。

表 4-1 產業供應間問題

	產業供應間問題	
採購 觀點	缺乏整合的採購供應	缺乏採購供應的支援
設計 觀點	缺乏整合的設計	缺乏新材料和替代材料的採購供應
交換 觀點	缺乏整合異質資料	缺乏整合的平台交換

在採購供應的採購挑戰（Procurement challenge）：

- 市場來源（Sourcing）決策的最佳化
- 銷售成本的控制
- 存貨需求的最佳化
- 供應商的資料庫

在設計開發設計挑戰（Design challenge）：

- 在產品生命週期中降低成本
- 產品生命週期縮短
- 生產技術快速成長
- 產品多樣化

在資料資訊交換挑戰（Data exchange challenge）：

- 企業之間的關聯檔案（Profile）建立
- 與企業內後端系統資料及流程整合
- 不同 DATA format 整合性

從這些產業供應之間的採購供應、設計開發及資料資訊交換等問題，可以建構出產業在網路行銷上的電子市集，其應用架構如圖 4-17。

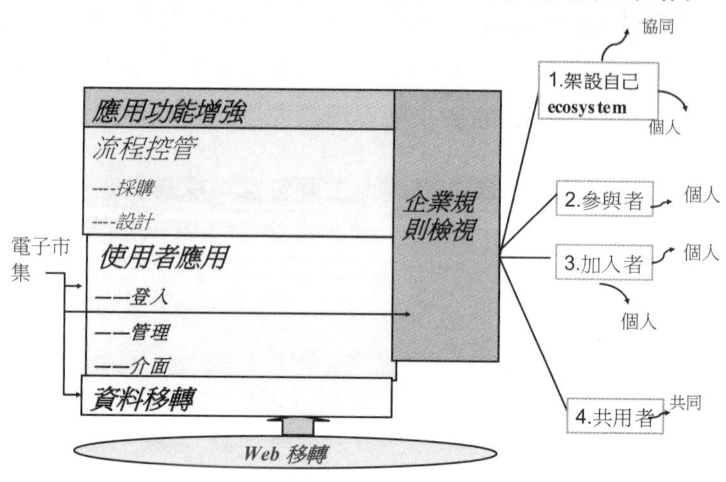

圖 4-17 電子市集系統應用架構

從圖 4-17 中可知，最低層是資料交換和對照的機制，接下來是使用者應用介面，再者是企業流程控管，最上層是加強型的應用功能。這些機制功能會針對不同使用者的程度，來執行企業規則的確認。也就是說，不同使用者進入電子市集內，會依公司本身條件程度，產生相對應的規則，進而應用那些機制功能層次。在企業欲和電子市集做自動化整合，就必須做到企業內部 ERP/SCM 系統的流程和資料，可自動連接到電子市集平台的流程和資料，這就必須運用到如同圖 4-17 的整合功能。

不同使用者可分成有架設自己 Ecosystem 的角色（指企業使用者有能力和素質來自行建立伺服端系統）、參與者 Web Server 的角色（指企業使用者有能力和素質來自行建立客戶端系統）、加入者 Turnkey 的角色（指企業使用者只有以轉資料軟體方式，來和電子市集的系統連接）、共用者 Turnkey 的角色（指企業使用者只有以 Browser 上網方式，進入電子市集的系統做資料輸入和查詢），其應用模式如表 4-2。

表 4-2 使用者應用模式

Marketplace 整合 ERP / SCM 計劃系統模式種類					
種類	資訊方法	資料庫	確認企業規則功能	客戶家數	公司規模
1. 架設自己系統 ecosystem	伺服器 Web server	在自己公司內	自己公司的規則 rule	少數	大
2. 參與者	客戶端伺服器 Client server 檔案傳輸 ftp server	在自己公司內	自己公司的規則 rule	普通	中
3.加入者	三層次 Three-tier	在電子市集內	自己公司的規則 rule	普通	中
4.共用者	瀏覽器 Browser	在電子市集內	類似公司的模組規則 rule	多數	小

產業在網路行銷上的電子市集，其系統範圍如圖 4-18。從圖中可知它包含採購循環流程：訂單循環作業、進出口作業、財務稅務應付帳款作業等，以及設計循環流程：新零件／廠商作業、專案協同作業、工程圖檔／ECN 資料作業。這些功能作業是針對直接材料的運作所規劃設計的，所謂直接材料是指企業將這些購買的材料，直接運用在產品的生產過程；也就是說，直接材料的使用是需考慮到企業製造過程中的適當時間和數量及品質，其價格因素並非是最重要的考量，而且也不是用來做消耗使用，它必須再投入生產過程。

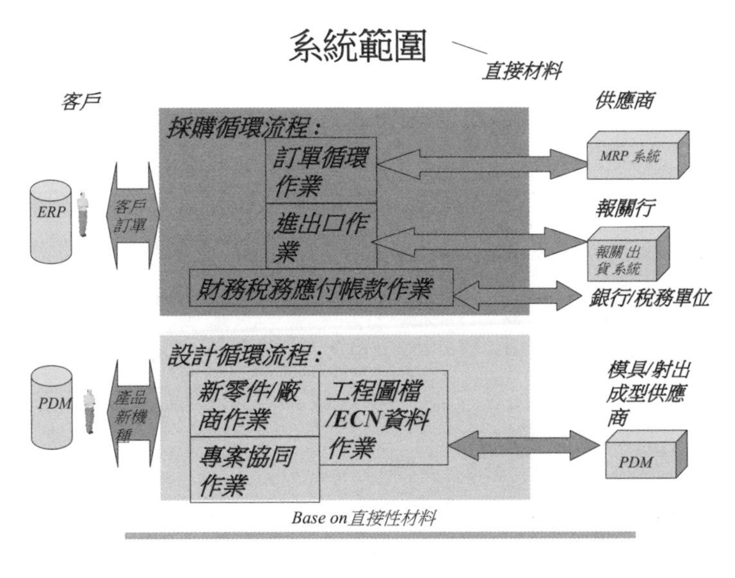

圖 4-18 系統範圍

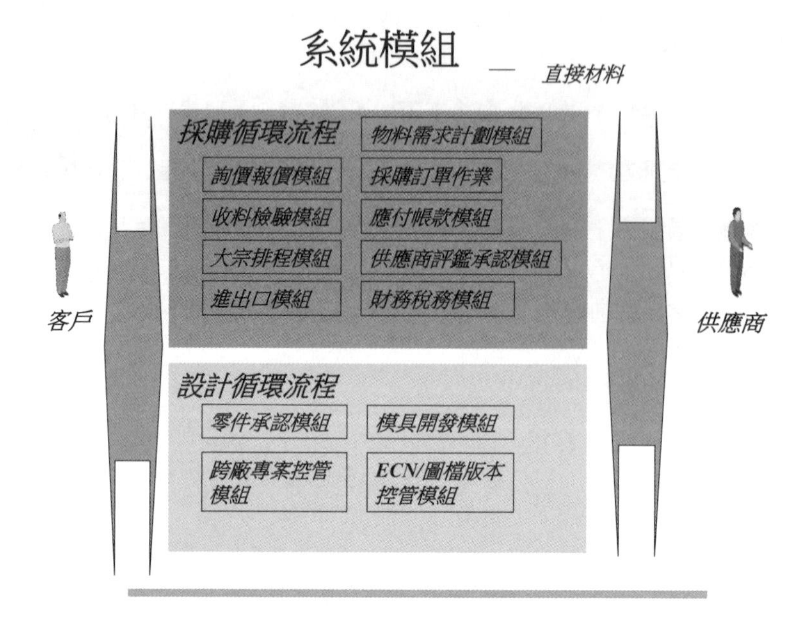

圖 4-19 系統模組

從產業在網路行銷上的電子市集系統範圍，可展開系統模組，如圖 4-19。

從上述的產業在網路行銷上的電子市集系統範圍和模組來看，若以交易專業性來看，可分為「水平產業」及「垂直產業」兩種電子交易市集，水平產業電子交易市集是藉由一個交易平台，讓所有企業對非專業的共同業務進行採買或交易。而垂直產業的交易架構是針對同一產業的上下游廠商做作業整合。

故「水平產業」電子交易市集提供這些商品或服務，是不分企業大小也不分產業別，它提供一套共同機制的平台進行交易，因此水平式產業電子市集如同一個電子社群，它偏向於是提供交易、議價、拍賣等行銷機制。

「垂直產業」電子交易市集是依據某一產業作垂直整合交易，如圖 4-20，這類市集要具有該產業領域的專業知識，其提供的服務通常先將作業自動化，再進一步垂直整合到其上、下游廠商。例如：建築承包工程的 Bidcom，如圖 4-21；金屬產業的 e-Steel Exchange；塑膠產業的 PlasticsNet，如圖 4-22…等。

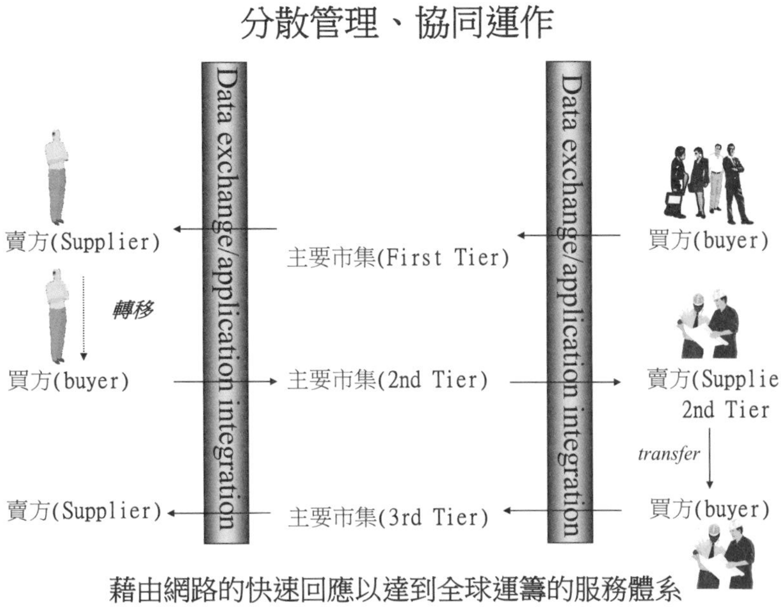

分散管理、協同運作

Data exchange/application integration

Data exchange/application integration

賣方(Supplier)

主要市集(First Tier)

買方(buyer)

轉移

買方(buyer)

主要市集(2nd Tier)

賣方(Supplier)
2nd Tier

transfer

賣方(Supplier)

主要市集(3rd Tier)

買方(buyer)

藉由網路的快速回應以達到全球運籌的服務體系

圖 4-20　上、下游廠商垂直整合

圖 4-21　Bidcom 網站（http://www.uk.bidcom.com/）

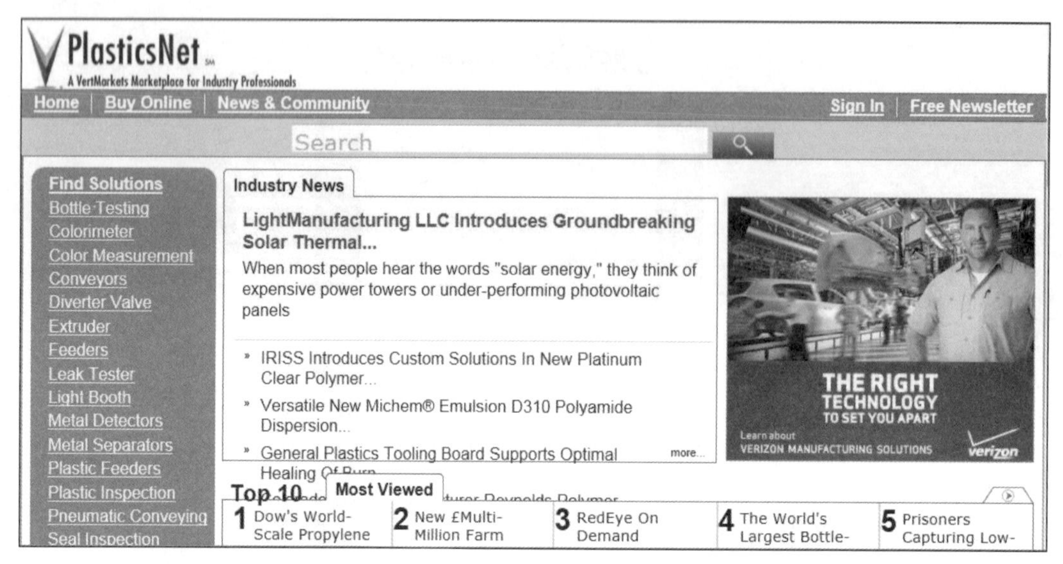

圖 4-22 PlasticsNet 網站（http://www.plasticsnet.com/）PlasticsNet 是提供塑膠產業的電子市集平台

電子交易市集從純粹買賣交易行為演化成企業經營模式，茲將發展階段過程說明如下，它主要分成三個階段（Phase）：

階段 1：自動單一連接

它是以個別企業針對客戶和供應者做單一資料的連接。

階段 2：企業資源功能單元

它是以個別企業針對客戶和供應者做功能別流程的連接。

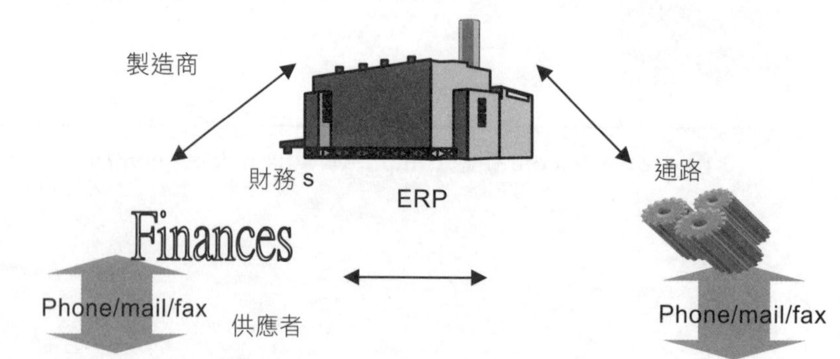

階段 3：公司之間的產業資源整合

它是以企業和其他企業在網路平台上，做買賣交易的連接。可分成四個子階段，在第 3-1 子階段是指**企業和其他企業直接做買賣交易的連接**，在第 3-2 子階段是指**企業在私有及公有電子市集平台中做買賣交易的連接**，在第 3-3 子階段是指**企業透過中央平台的電子市集做買賣交易的連接**，在第 3-4 子階段是指**企業跨越很多的電子市集做買賣交易的連接**。

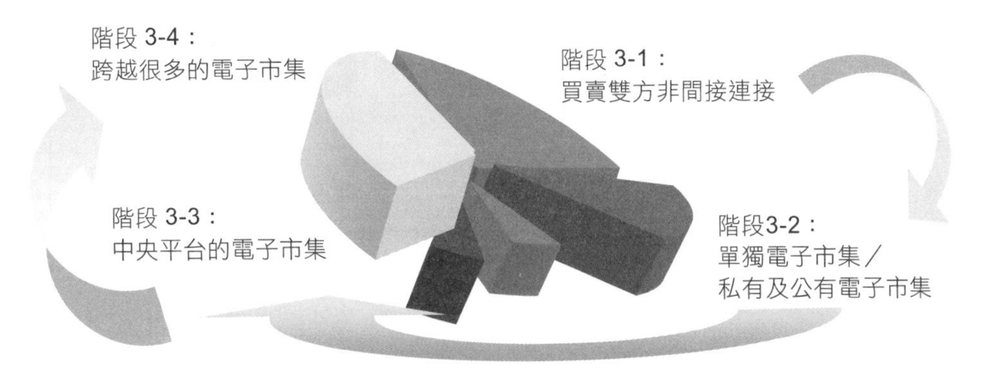

所謂跨越很多的電子市集，是指有很多單獨電子市集，會透過中央平台的電子市集，做跨越整合來延伸企業的經營鏈，如下圖。

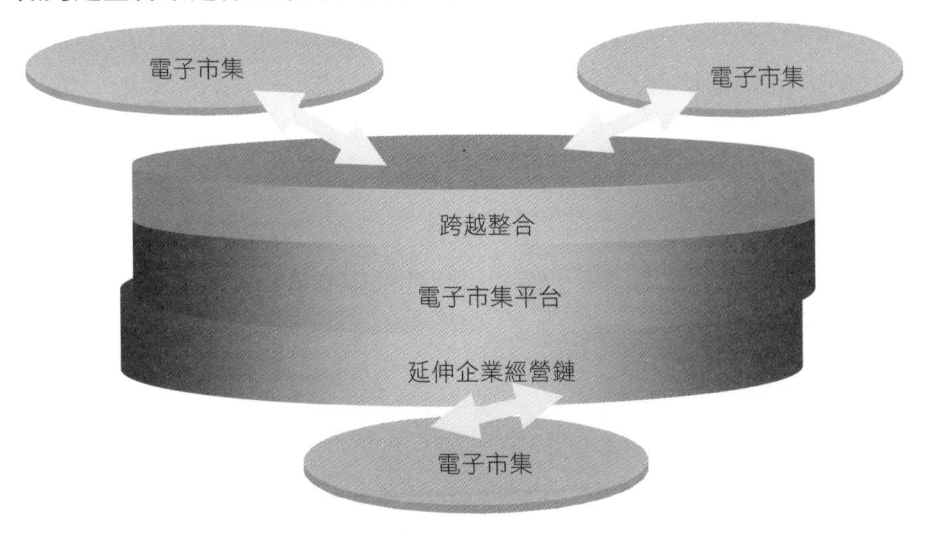

在上述不同發展階段的電子交易市集，以階段 3-3 比較有可行性和價值的實際運作，例如：以採購內容為中心的交易市集，主要集合不同產業的產品交易。例如：PurchasePro.com，如圖 4-24。一般在上述的電子交易市集內，其網路行銷內容來源，包含：來自欲刊登該公司訊息的廣告，分類維護商家和買家的產品目錄，收集有價值的市場統計資料加以分析等，再根據這些內容來源從事網路行銷。

圖 4-23　PurchasePro.com 網站（http://www.purchasepro.com/）

PurchasePro.com 公司是以採購內容為中心的交易市集，結合不同產業的產品交易。

電子交易市集預期效益：

成本類：

1. 節省網路及系統建置費。
2. 預期可降低整體營運成本 20%~30%。

時間類：

1. 大幅降低下單時間，透過與下游的零組件供應商流程整合，可快速增加庫存週轉率及庫存金額。
2. 對客戶快速且即時的回應。
3. 外包品質及交期得以適當控管。

效率類：

1. 上、下協力廠商整體流程控管，包含零組件的品質控管、主要生產流程、設計變更的事前通知及不良品的即時掌握和改善。
2. 工程變更、交期變動、品質異常等回應及溝通對需求的即時回應和解決方案，單一零組件供應商供貨之掌握，支援跨國製造工廠及全球產品售後服務之整合。
3. 新產品即時上市，共同研發及協力開發。

電子交易市集成功關鍵因素：

- 整合性強大之流程協同整合平台。
- 全年無休運轉。
- 跨國運作符合客戶全球運籌中心需求。
- 全面監控、即時反應、主動連結功能。
- 提供流程再造、網路建置等附加服務。
- 提供 e-Service platform。
- 整合 e-Marketplace 和 ERP/SCM/CRM。

4-4-8 廣告模式

網路廣告模式是網路產業最常見的獲利來源，藉由提供內容服務（如電子郵件、新聞、社群），來換取注意力的販售。它提供商品或服務的網站，透過夥伴計劃為每個有效的用戶點擊廣告而付費。包含：

1. **分類廣告：**提供具有商業價值的分類商品資訊（如商品買賣、租屋），靠刊登廣告獲利，例如：Daily Burn、yelp。
2. **入口廣告：**在入口網站打廣告容易吸引客戶，入口網站提供客戶需求的資訊，藉以吸引大量人潮，例如：騰訊、盛大、阿里巴巴。
3. **媒體廣告：**以多媒體型式所設計的互動廣告，藉此吸引用戶的關注，並達到廣告效果，例如：Gala Online。
4. **撰文行為廣告：**當用戶的滑鼠停駐在網頁的某些特定關鍵字上時，就會跳出相關的廣告和資訊視窗。它是以文字連結和觸發的方式呈現，或是在產品中將自動呈現廣告，例如：FiLife。
5. **廣告投放交換：**加盟夥伴計劃的會員網站，彼此交換橫幅廣告的刊登，可獲得獎金。例如：MyAdEngine。

4-4-9 中介代理／經紀模式

為買家和線上商家進行撮合，中間人可以從企業對企業（B2B）、企業對消費者（B2C）或是消費者對消費者（C2C）的提供交易行為和服務，例如：買賣履行服務（經紀人向買方或賣方提供服務，收取交易費用），所以它是屬於一種複合型的商業服務，並從中賺取一定比例的佣金收入。例如：OpenTable、Imshopping、kaChing、MyAdEngine、Smokin Appss。

 問題解決創新方案－以章前案例爲基礎

(一) 問題診斷

依據 PSIS（Problem-Solving Innovation Solution）方法論中的問題形成診斷手法（過程省略），可得出以下問題項目：

■ 問題 1：網站經營的 CEO 經驗是在網路技術還是領域知識？

在 Internet 早期崛起時，都是以網路技術為導向，來經營網路，而由於網路技術是屬於新興和電腦化的知識，所以，年輕人往往較普遍會接觸，因此網站經營 CEO 就促成了很多年輕 CEO，但也造成了畢竟經營公司並不是只有網路技術，更重要仍是領域知識的經營。

■ 問題 2：網站經營和年齡的相關性？

在早期網站經濟都是比較偏向 B2C 模式，所以，對於年輕人更能切入 B2C 的行銷模式，然而，行銷本質（例如：行銷組合 4P）才是 B2C 行銷的根本，這和年齡大小無關，是和對結合網路以及行銷組合的網路行銷組合有關係。

■ 問題 3：網站經營關鍵不在於網路技術

當初 2000 年後網路泡沫，其主要原因之一就是太多追求網路技術的網站如雨後春筍般的成立，但並沒有真正抓住客戶的需求，而導致失敗。

(二) 創新解決方案

■ 問題解決 1：網站經濟 CEO 須具備對企管和領域知識

經營網站其中也就是經營一家公司，所以，仍需回歸經營根本，也就是企業管理的營運，例如：行銷組合，對於產品、價格、通路、促銷的發展，而這些發展須能應用在公司本身領域的知識上，例如：經營 3C 產品網站，則必須了解 3C 產品的領域知識。

■ 問題解決 2：網站經營決定於經營行銷能力

企業經營運作中對於產品發展，其行銷組合是首要運作，也就是 CEO 和員工是否有行銷組合能力，能力和年齡並無絕對關係，有些年輕人因出道早和肯努力，其經營行銷能力和市場敏銳度比一些年長經驗更具備網站經營能力。

■ 問題解決 3：網路行銷組合的整合

經營網站須結合行銷和網路技術的運作，而不能單從行銷組合來看，因網站經營是在於 Internet 環境，因此如何將 Internet 特性和技術與行銷組合結成一整體行的網路行銷組合，就是網站經營之關鍵所在。

(三) 管理意涵

■ 中小企業背景說明

一家從事於零組件製造的中小企業，它的客戶是定位在成品製造的製造廠和通路買賣的經銷商，在這樣的企業環境中，其行銷 4P 中的產品促銷是可做為網路行銷的基礎。

■ 網路行銷觀念

中小企業在規劃網路行銷時須考慮促銷的方式，一般促銷的方式是建立於促銷情勢的考量，可分成時間差異、地點優勢、市場區隔、產品等級及銷售狀況等。

■ 大型企業背景說明

在從事傳統保險和投資業務相關金融產品已數十年的大型企業，在這樣的企業環境中，其行銷 4P 中的產品品牌是可做為網路行銷的基礎。

■ 網路行銷觀念

大型企業可利用全球化的網路行銷管道，運用產品品牌抑制價格競爭、增加附加價值，進而成為網路企業運用差異化策略的重要方法。網路行銷的互動性是可使產品品牌更加有價值的運用，故網路品牌是網路行銷的未來重點趨勢。

■ SOHO 型背景說明

在以從事各行各業的 SOHO 型服務業，在這樣的企業環境中，其行銷 4P 中的產品通路是可做為網路行銷的基礎。

■ 網路行銷觀念

該 SOHO 型企業可利用全球化的網路行銷管道，將將虛擬與實體的溝通活動結合，則可有效地降低溝通成本，進而加速購買決策。

(四) 個案問題探討

1. 請說明網路行銷組合如何應用在公司行銷計劃內。
2. 你認為網站經營到底是網站技術比較重要？還是網站營運比較重要？

案例研讀
Web 創新趨勢：深度媒合之社群媒體

社群媒體是目前很熱門的行銷平台，社群媒體的力量是非常迅速且強大的，企業可透過社群媒體來管理及回應他們的顧客。若企業能夠運用社群媒體模式，自然能夠帶來可觀的效益。其所建立的平台整合各主要的社群媒體服務，包含：Twitter、Facebook、Foursquare、Gowalla、Yelp、MyTown、Loopt、Whrrl 及 Brightkite 等。

但如何做到精確行銷和深度媒合，則是社群媒體的進化論。其中 LocalResponse 就是一例 ，它結合自身技術及社群媒體的力量來深度挖掘忠實顧客，以及能提供給企業判斷要進入哪些特定市場區隔的重要考量。例如：它提供整合資訊，列出企業客戶自身的社群討論及分析。

LocalResponse 其核心技術，是可做精準在對的時間將對的資訊傳給對的人，例如：當有顧客在 Twitter 上面打上「我想找知識型書籍」時，在短時間內他可能就會隨即看到「平衡計分卡」的廣告資訊。根據 New York Times 的統計，即有非常多的企業透過所提供的平台服務功能，直接傳遞資訊給自己顧客。

LocalResponse 讓企業用戶可以隨時登錄，並且透過簡單的操作介面，來和其他社群媒體做結合，並能提供客流量及相關討論，以及直接回應個別顧客的言論建議。

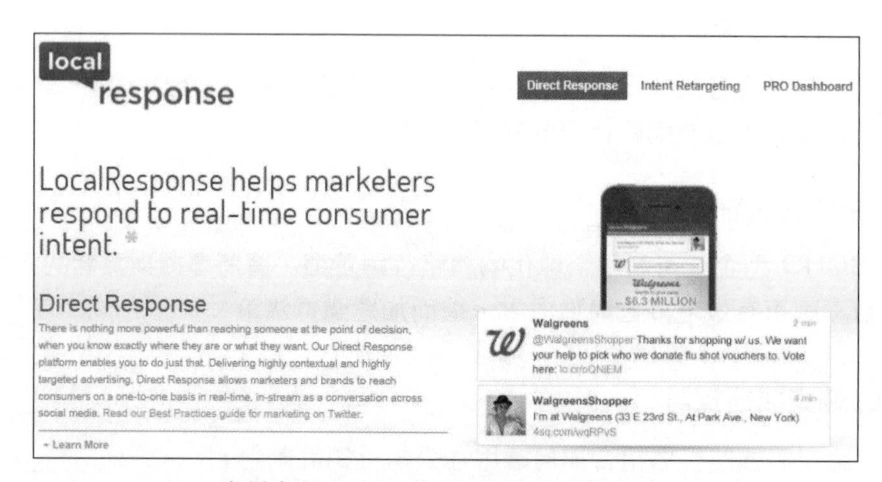

資料來源：https://localresponse.com/

案例研讀
熱門網站個案：雲端筆記服務

Evernote（http://evernote.com/）佔用的記憶體大約都在 25MB 左右，其使用模式有二種：安裝軟體 ，或者直接到網頁端都能使用，由使用者自行決定。它是以線上資料庫為中心，所有平台的筆記資料都會透過你的線上資料庫帳戶同步。Evernote 可以剪貼來自任何外部軟體的內容。因此在真正筆記尚未開始時、就要馬上累積，如此才能使專案或報告真正要開始進行時就可以有豐富的資源可擷取和整理。

資料來源：http://evernote.com

■ 雲端筆記服務

雲端筆記服務是用一個獨立的筆記工具來記錄寫下各種專案、情報、創意、靈感、各種想法、心得、點子，或記事備忘。例如：美食達人可以 Evernote 儲存食譜，管理自己工作上的專案資料

■ 網站功能

1. 建立筆記資料庫，透過軟體資料庫可在管理、存取、分類、過濾、搜尋上的功能更加自動化。
2. 設定一個「暫定」資料夾（專門放草稿、草案等尚未完成的筆記）。
3. 能利用共享功能把大量筆記和他人協同運作。
4. 可以跨多平台與裝置，也就是在不同終端電腦裝置上儲存筆記資料庫，它也用離線模式，也就是即使電腦沒有線上連結網路端的資料庫。
5. 它可應用在 Windows、Mac，到 iPhone、iPad、Android、Windows Mobile 等各種手機端。
6. 「分類記事本」功能，它包含「記事本分類」（用來分類筆記內容的「用途」）和「標籤分類」（用來辨認筆記內容的「屬性」），前者是可以快速把這則筆記歸類到某個「記事本」中，後者是拿來做為一些「主題屬性」的歸類。 例如，某則筆記記錄了一篇文化創意文章的創意 idea，那麼它的記事本分類就是文化創意這個用途，而它的標籤則可能包含了「原住民」、「道具」等屬性。
7. 輸入關鍵字就能立刻找到需要的筆記結果。
8. 利用「同步處理」來進行同步頻率，就可隨時隨地自動同步。
9. 選擇一個想要查詢的筆記本範圍，或者選擇全部資料庫。
10. 幫每個專案在 evernote 中設定一個專屬記事本資料夾。
11. My 記事本：記事本分類就好像我的一本本電子書、引導書一樣。

■ 網站營收模式

在網路資料庫帳戶使用流量上有區分免費版和付費版，一般以功能程度來決定是否免費或付費，例如：線上資料每個月上傳的流量限制和檢視修改，如果超過流量限制以及要做修改編輯，就要升級付費的專業版，另也有靠廣告營收、有價知識營收。

■ 問題討論

請實作雲端筆記服務的協同檔案。

本章重點

1. 商品是指一個產品（或服務）的功能（或流程），但經過包裝設計、商標加入、品牌加值、產品服務等，則就是一種商品上的解決方案，
2. 產品差異化：當產品價格白熱化，可透過網路行銷做服務差異化，進而有效做市場區隔，以引導消費者對產品價格較不在意。
3. 所謂通路階層是指一項產品從原製造一直到送達消費者手中，其間所經過的通路角色階層，故網路行銷在通路上可提供溝通平台，以促成買賣雙方之間的訊息交流。
4. 產品介面設計是影響一個產品的可用性，而透過可用性的評估，可做為產品行銷的手法。例如：產品介面不良的引導設計、不好的螢幕和版面配置設計、不適當的回饋、缺乏連貫性等資訊內容，對於產品的可用性就很差。
5. 網路行銷的平台和工具，可使得促銷的成效更加廣泛和顯著，但同樣的如同前面幾章所言的，網路行銷的策略、管理、規劃才是重心，它們會影響到促銷手法和工具是否有利基成效的方向。
6. 網路行銷絕對不可單獨運作，它必須和傳統行銷上的 4 個 P：產品品牌、價格、促銷、通路做結合，如此才能發揮網路行銷的綜效。

關鍵詞索引

 學習評量

一、問答題

1. 行銷組合（Marketing mix）包含哪些？
2. 網際網路對行銷的 4P，可以提供的功能為何？
3. 產品生命週期為何？

二、選擇題

( ) 1. 產品差異化有什麼重點？

(a) 有效做市場區隔
(b) 可透過網路行銷做服務差異化
(c) 引導消費者對產品價格較不在意
(d) 以上皆是

( ) 2. 行銷組合（Marketing mix）包含？

(a) 產品策略 (b) 通路策略
(c) 促銷策略 (d) 以上皆是

( ) 3. 從行銷的觀點來看，其價格可分成？

(a) 市價 (b) 二手價
(c) 普通價 (d) 以上皆是

( ) 4. 促銷的目的就是？

(a) 加速消費者購買進度
(b) 宣傳
(c) 買賣
(d) 以上皆是

( ) 5. 利基行銷（niche marketing）是指集中資源於什麼市場？

(a) 部份市場區隔 (b) 大眾市場區隔
(c) 單一市場區隔 (d) 以上皆是

chapter

網路行銷管理

章前案例：企業的管理整合網路行銷

案例研讀：巨量資料（上）、遺失物品服務

學習目標

- 網路行銷的管理涵義
- 網路行銷管理的規劃內容
- 網路行銷的專案管理
- 網路行銷的網路特性和行銷功能
- 網路行銷的管理模式架構和內容
- 如何做好網路消費者的管理
- 網路行銷的影響層面內容
- 網路行銷的影響指標種類

章前案例情景故事 **企業的管理整合網路行銷**

在政府推動企業 e 化的政策下，使得已在傳統人工作業化數年的傢俱製造廠大盤商，也邁入了企業 e 化的行銷，這對於身為公司 CEO 職位的張老闆，更是覺得光榮無比，想像以前是黒手出身，什麼是電腦都不知道，一直到建立公司的網站做直接面對消費者的行銷，因而使得公司營業額大增，而最重要的是在客戶面已從地區化擴大到全國化，當然這段過程也是很艱辛的，不過，雖然有新的成效產生，但運作了幾個月後，卻發現了一個很嚴重的問題…。

公司以前是直接面對經銷商的大盤商，但因網路行銷直接切入消費者的行銷，而使得經銷商的生存空間進而被削減了，這可從數日前經銷商的抗議就可了解，使得張老闆面臨了兩難，並且也深刻體驗到網路行銷不只是運用技術上的效益那麼簡易而已，更應該考慮到和企業的管理做整合 。

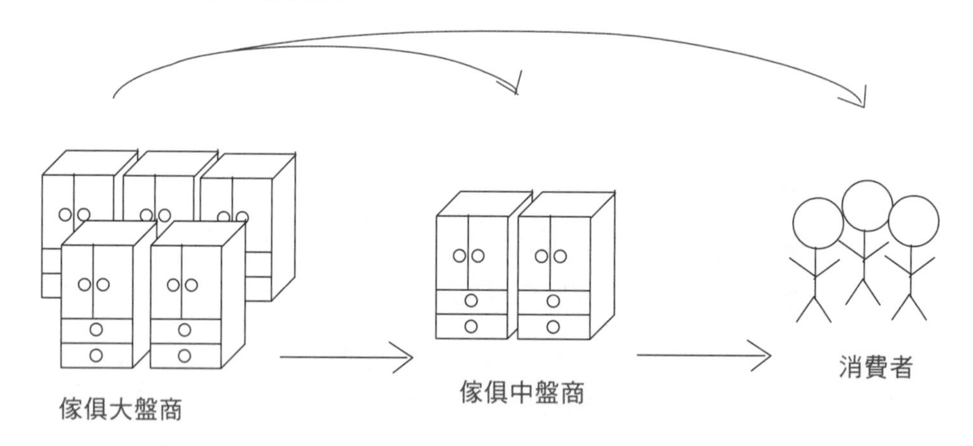

5-1 網路行銷管理程序

5-1-1 網路行銷管理定義

網路科技對商業和行銷領域造成結構性的創新改變，它是結合實體與虛擬兩種模式，發揮網路與傳統平面兩種媒體的綜效，成為現今網路行銷的重要課題。

網路行銷管理是將網路行銷和企業經營做結合，也就是說必須以經營管理來規劃、分析、執行網路行銷，並和企業其他資訊系統功能整合。這是網路行銷的精神。故在規劃建置完成網路行銷之後，接下來就是如何來管理網路行銷的議題。

網路行銷的管理，就如同一般的管理學一樣，具備管理的內涵，但唯一不同的是，它會加上科技管理和資訊系統的應用。網路行銷很重視創新和知識的運用，而有關創新和知識的議題，是會在科技管理領域內。至於資訊系統應用就更無須違論，因為網路行銷本身就是資訊技術的呈現。

網路行銷的管理，對經營者而言，是用來滿足消費者的需求策略；對消費者而言，是用來滿足購買交易的需求管道。社會的型態造就了網路行銷，網路行銷改變了社會的型態，因此在網路行銷的管理必須考慮到社會型態的改變，社會型態是指人口成員和生活方式的改變。例如：許多家庭現在都擁有兩份收入、越來越多的女性勞動人口、一家之主的平均年齡增加、出生率愈來愈低等現象，使得消費者能夠隨時隨地的購買及消費更多的產品。也就是說，消費者從傳統受制於時間和地點的購物方式，逐漸朝向不受制於時間和地點，能自由隨時隨地的購物方式。例如：超市提供網上訂貨和送貨到府服務、網路銀行、遠距教學等。

從上述說明，可知網路行銷的管理是必須建築在消費者的環境。而網路行銷管理的程序可分成三大類來說明：

- **管理控制**：又分成規劃、組織、專案、人力、控管 5 個項目。
- **科技管理**：網路行銷技術知識，網路行銷知識生命週期。
- **資訊技術**：系統規劃和控管。

以下將分別說明網路行銷管理的程序。

5-1-2 網路行銷管理的規劃

網路行銷管理的規劃是以真正的需求來進行的，一般而言，規劃需求都是由某部門某使用者，依照舊有的習慣提出使用者自己認知的工作內容，當作規劃需求來提出，但所謂真正的需求定義，不應是從使用者角度所提出來的需求來分析，應是有一個機制管道來產生和確認需求定義的過程。也就是說，以需求來做為規劃的內容。其規劃內容如下：它分成六個階段。

第一階段是由懂得行銷功能和資訊軟體的單位，了解使用者角度所提出來的需求後，依對行銷 Know-how 的專業和整體作業最佳化，來整理出需求問題形成及提出。

第二階段是分析確認需求及設計作業流程機制（包含軟體系統）。

第三階段是和其他部門使用者確認該作業流程機制。

第四階段是該作業流程機制簽核及宣告，對象是所有相關部門，此階段後，須經高級主管審核通過，才可往後發展，並同時評估分析是否軟體系統須新增或修改？

若「是」則進入第五階段，做軟體系統修改。

若「不是」則進入第六階段上線運作。

網路行銷管理在做規劃時，必須考慮下列三個問題：

1. 某部門某使用者所提出來的需求，通常只針對該部門的成效，但企業整體最佳化之價值觀，才是真正的需求。
2. 使用者所提出來的需求，是以他認知的工作內容來表達，不會轉為軟體呈現的表達，這時候，就會造成程式開發內容和當初需求分析內容有所差距。
3. 規劃需求並不是為了軟體而軟體。

5-1-3 網路行銷管理的組織

網路行銷的組織訂定，不能以古典派的組織架構來訂定，因為就如同上述提及的網路行銷是需創新的，故應以創新組織來訂定。

在創新組織中，最主要就是人和資料對組織的互動結果，也就是說它會透過組織部門的運作，來實施落實人的執行力和資料整合。

首先，先來看人在組織部門的執行力落實，對於員工而言，會以個別實務上的習慣作業觀念，來一再重複以前經驗上的做事方法，這和以嚴謹的講究系統方法論的理論而言，是完全不同的做事思考方法，對前者而言，是可比較接近務實面，但失去了整體觀和改善的可能性，但對後者而言，剛好可彌補這個缺點，不過，若只是單從理論著手，可能會流於太理想化，因此，應該是結合上述兩種的平衡點，亦即理論和實務的整合。透過這個整合，來產生企業經營管理和資訊系統功能，其企業經營管理方面產生管理機制辦法，然後員工依照此辦法直接管理使用，以便相關作業落實和資料轉移成合理性的資訊，由於作業複雜和資料繁瑣，故須依賴軟體應用系統來整合，這三個彼此之間運用，缺一不可，最後會透過內聚力觀念，分割成為企業模組功能，以便能快速回應市場詭譎多變的環境，但這些模組化的企業功能，其之間的關係耦合性需很低，如此才可依照企業環境的變化和規模的成長，更快速改革回應。當然，雖然是切分成各個模組化企業功能，但最後必須部門協同作業，以達到企業的成功目標，如下圖：

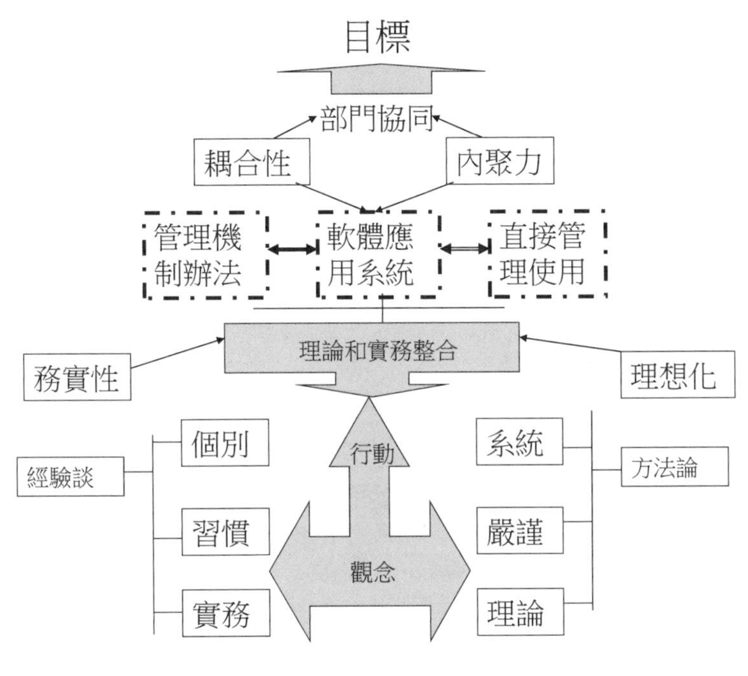

圖 5-1 創新組織架構

從上述說明可知：所謂創新組織是和古典組織是不同的，它強調由下而上溝通互動、扁平化組織、開放氣氛、重視結果、績效導向等方法，期許以創新率、市場佔有率、產品研發率等指標來量化其創新組織的成效。

再者，資料在組織部門的整合，若以組織在企業環境中的展開，可知道有企業外部和企業內部的層次，而在企業內部層次的再展開，就會有工作群組層次，當然工作群組層次是由個人所組合的，因此，從企業外部→企業內部→工作群組→個人的過程，就會產生對資料不同的演變。若就資料的主體本身而言，有所謂的資料層次，亦即是沒有經過整理分類的原始資料，若經過整理分類且呈現某方面的意義，則就是資訊層次，若把資訊經過過濾、分享、萃取、累積、再使用後，就會成為知識層次，它具有結構化的型態，對於企業是最有幫助的。

總而言之，創新組織是期望能開創更大的格局，而不是在既有市場範圍和規模內，來探討最小成本化、最大效率化，進而限制其企業成長。

表 5-1 創新組織和一般組織差異

創新組織	一般組織
由下而上	由上而下
績效導向	例行作業
結果	程序
創意互動	分工切割
扁平化	垂直化

5-1-4 網路行銷管理的專案

網路行銷的專案管理，和一般的專案管理是不太一樣的，最主要不一樣的地方，是來自於網路媒體的製作特性，和強調行銷介面的產品設計。

網路媒體的製作特性包含：聲音（Audio）、影像（Image）、圖形（Graph）、視訊（Video）、動畫（Animation）等，因此這些製作是否完成，會影響整個專案進度。若可先把各種網路媒體製作成樣板（template），儲存在共同資料庫中，再根據該專案所需的媒體元素，找出類似樣板，進而製作出實際所需的媒體元素，這時就可預料每種媒體樣板，若要製作出實際媒體元素，必須花費多少人力時間，以便控制專案進度。

專案管理的三個主要目標為時程、成本與品質，亦即專案應在預定的時間內、預算的金額內，達到產品規格的要求，以滿足消費者的需求。專案管理流程包含規劃、監督和控制專案等專案管理活動。

其如何做時程、成本的專案管理將在下列的控管部份內容會說明之，其品質的專案管理現說明如下：

CMMI（Capability Maturity Model Integration），它是可用來控管網路行銷軟體的專案開發過程品質。

在 1986 年 11 月美國卡內基美隆大學（Carnegie Mellon University, CMU）的軟體工程研究學院（Software Engineering Institute, SEI），進行軟體流程改善的量化研究，而於 1987 年九月首度發表軟體流程成熟度架構的研究成果，後來經過不斷的研究與改善，終於在 1991 年正式發表目前頗為盛行的軟體能力成熟度模式 CMM（Capability Maturity Model）v1.0 版，在 1997 年 10 月整合原有與即將發展的各種能力成熟度模式成為一種整體架構，即所謂的能力成熟度整合模式（Capability Maturity Model Integration）。

在專案管理的時程包含需求分析、系統設計、程式開發、驗收、系統運作等五大階段步驟，在需求分析方面包含專案控管（文件／工作項目是專案進度及內容、協調）、功能架構（功能模組架構）、系統需求分析（流程關聯圖）。系統設計包含介面設計、情境設計。程式開發包含程式分析（媒體元素定義）、程式 coding & test（程式編碼文件和程式測試文件）。驗收包含模擬情境、功能 test、客戶 test（模擬情境測試文件）。在系統運作包含系統導入、教育訓練（使用手冊文件和系統導入的問題回饋）。

	需求分析			系統設計		程式開發		驗收	系統運作及維護
工作重點項目	專案控管	功能架構	系統分析	介面設計	情境設計	程式分析	程式 coding & test	模擬情境 功能 test 客戶 test	系統導入 教育訓練
文件化	1 專案進度及內容和協調	1 功能分析 2 作業流程分析及改善	1 功能模組架構和流程及關聯圖	1 介面模組架構及關聯圖	1 訊息傳達 2 情境傳達 3 傳達效果	1 程式流程 2 媒體元素 3 程式架構圖	1 程式文件 2 系統測試文件	1 模擬情境測試文件	1 使用手冊文件 2 維護手冊文件

圖 5-2 專案管理的時程

5-1-5 網路行銷的人力管理

在網路行銷專案確定要進行後，為了讓專案順利進行，因而成立了專案開發小組，它包含行銷顧問 1 人、系統分析者 1 人、系統設計者 1 人、程式設計者 5 人、專案經理 1 人，除了這些基本角色外，無論網路或是媒體製作，都會應用到科技技術，其中最重要的部份是「網路行銷功能」，因此還要有行銷功能的設計者。另外在網路媒體製作進行時，會有技術性作業，例如：影片、動畫、音效，故相對上也必須要有這些角色的工作人員。

上述的人力角色於專案運作時，必須評估人力資源和分派，進而擬定一些資源方案，來達到人力平準化，所謂人力平準化是指在專案運作時，每日用人數量的平均程度。

網路行銷的人力都是比較偏向於創意性人才，故專業技能和不斷學習就變得非常重要。如下圖：數位內容學院。

圖 5-3 資料來源：http://www.dci.org.tw 公開網站

網路行銷的人力管理，和目前很重視的人力資源一樣，要如何管理這些創意性人才是非常重要的，故必須以專業人力資源來做好人力管理，其人力管理與服務方式及內容，應朝著人性、效率、優質的目標邁進。也就是說除了人事的管理之外，更應該朝著積極發掘人才、著重教育訓練、累積公司重要人力資產等目標。

例如：群組化人才控管，它採用嚴密而具彈性的管理功能，可依角色或人員權限查詢資料。

人力資源網站：

圖 5-4 資料來源：http://www.ejob.gov.tw/公開網站

5-1-6 網路行銷管理的控管

控管模式

網路行銷的控管模式，必須考慮到網路特性和行銷功能，如此才可做好控管。在這裡僅以下內容來舉例說明，網路特性有任意遨遊、跨不同系統或裝置、實體和虛擬使用者這三項，茲說明如下：

任意遨遊特性是指使用者可利用網際網路任意的超連結（Ref）。

跨異質系統或裝置是指在網路行銷的運作可利用網路、PDA、iPOD 等不同裝置。

實體和虛擬使用者是指在網路行銷的使用者，因為是在 client 端使用，使得企業主並不知道這位使用者到底是誰？當然可用 ID 和密碼來確認真正實體使用者，但若被盜用的話，就不是本人了，況且很多上網情況是沒有 ID 確認的，故在網路 client 端使用的人，是虛擬使用人，若確定該虛擬使用人就是本人，則是實體使用者。

其行銷功能有目標客戶、促銷廣告、產品查詢這三項。由這些考慮的內容，來控制其網路行銷的規劃、建置、執行整個過程，其控管過程是以進度、成本、功能這三方面為控管的標的，整個模式如下：

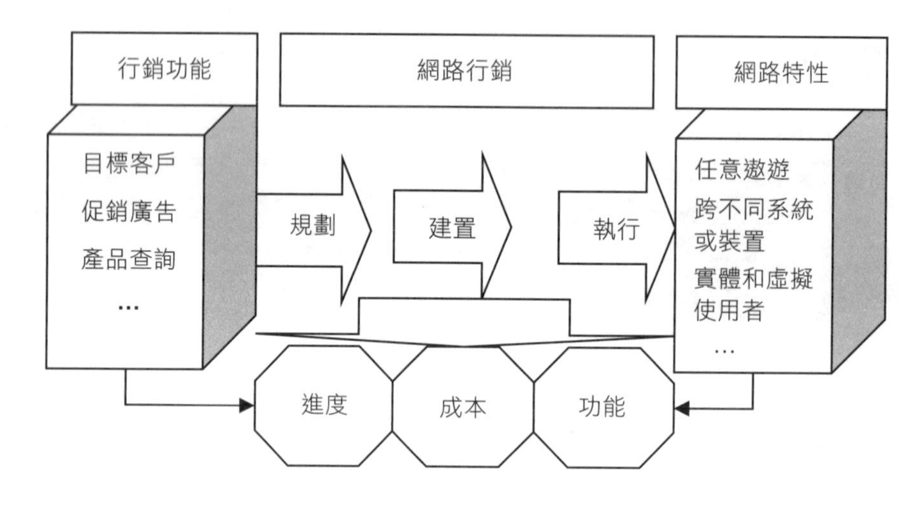

圖 5-5 網路行銷的控管模式

茲以進度、成本、功能這三方面控管的目標項目上，來做為說明：

1. **進度的控管**

就如同上述所言，網路行銷的過程主要可分成規劃、建置、執行三個大步驟，前兩大步驟必然比較有進度上需要控管的重點。故茲將在進度控管於上述模式下，就規劃、建置的過程運作，說明整理如下表：

規劃的方面：

行銷功能	任意遨遊	跨不同系統或裝置	實體和虛擬使用者
目標客戶	目標內容	客戶可用裝置技術	鎖定實體使用者
促銷廣告	焦點廣告	廣告流通	廣告需求
產品查詢	交叉查詢	查詢介面	查詢層級

- **目標客戶在任意遨遊特性方面：**必須控管其任意遨遊的網頁內容，是針對真正目標客戶的需求設計，也就是說以真正目標客戶需求來規劃網頁內容範圍，不可漫無關聯的設計，使得內容進度太長。
- **目標客戶在跨不同裝置的特性方面：**跨不同裝置在規劃時，應針對目前使用者較普遍使用網路行銷的裝置技術，以便不影響到進度。
- **目標客戶在實體虛擬使用者方面：**實體虛擬使用者的使用過程，在網路行銷規劃上必須以實體使用者為主，因為真正購物交易的是實體使用者，以便不影響進度。

- **促銷廣告在任意遨遊特性方面：**在規劃時，應針對目標客戶的焦點，來做廣告，勿為廣告而廣告，否則就會影響到進度。
- **促銷廣告在跨不同裝置的特性方面：**廣告的流通性是須能展示在不同裝置的介面中，如此才可達到打通廣告的成效。
- **促銷廣告在實體虛擬使用者方面：**實體使用者的需求才是廣告的有效指標，故規劃時必須以廣告需求來設計廣告內容，以達 80/20%效用，不致於影響進度。
- **產品查詢在任意遨遊特性方面：**在規劃時，應以各個不同關鍵字或主題來做交叉查詢，以便達到精準查詢，不要做太多查詢內容而影響到進度。
- **產品查詢在跨不同裝置特性方面：**在不同裝置上規劃，會因裝置設備特性，使得查詢介面會不一樣，或是介面人性化程度不同，故應就介面技術性可行性來規劃，不可一概論之，否則會影響進度。
- **產品查詢在實體虛擬使用者方面：**在針對查詢層級方面，應以虛擬使用者角度來設計產品查詢層級，所謂層級是指查詢功能應以多層維度範圍，如此才可適用不同實體使用者不同查詢需求，否則每次遇到不同實體使用者需求差異時再回來修改，就會影響進度。

建置的方面：

網路特性	任意遨遊	跨不同系統或裝置	實體和虛擬使用者
目標客戶	指標客戶	常用裝置	角色使用者
促銷廣告	情境廣告	模擬裝置	常用廣告型式
產品查詢	查詢主題	模擬裝置	常用查詢型式

指標客戶是針對找比較有指標性或代表性客戶，來做目標客戶的建置，而不要隨意選擇客戶資料來建置，否則會影響進度。

常用裝置是指市面上普遍且價格大眾化的裝置，來做為建置，勿找較冷門或高價格的裝置，否則會影響進度。

角色使用者是針對角色來設定使用者，例如：業務員角色，勿以某特定人員來做建置，因為特定人員會變，而且網路行銷的使用者其實就是扮演某個角色。

情境廣告是指以某種需求情境來引導建置過程，如此可使建置具有成效，進而縮短進度。

模擬裝置是以一套軟體來模擬裝置上的運作，如此可加速進度。

常用廣告（查詢）型式是指就廣告（查詢）分成常用型式樣板（style）來作建置，如此可加速進度，查詢主題是針對某些是有意義需求性的來做建置，以取得需求成效，進而加速進度。

2. 成本的控管

同樣的，在網路行銷的成本控管，也是以規劃、建置、執行步驟階段說明。但在成本計算方向可簡單分為二類：單次成本（One-Time Costs）和後續成本（Recurring Costs）。單次成本是指系統啟用相關成本：

- 系統發展（System Development）
- 新的硬／軟體（New hardware and software purchases）
- 使用者訓練（User training）
- 場所準備（Site preparation）
- 資料圖片／系統轉換（Data/Image or system conversion）

後續成本是指系統運作維護成本：

- 系統維護（Application software maintenance）
- 逐步增加資料圖片儲存成本（Incremental data storage expense）
- 新的硬／軟體（New software and hardware releases）
- 消耗品（Consumable supplies）

茲以這二種成本類別，來說明在網路行銷的成本控管。

	規劃	建置	執行
初始成本	功能多、特性強→成本高	應用在特性上功能多，使用人多→成本高	
後續成本			功能特性不完整和有問題→成本高

初始成本的發生在於規劃和建置上，當網路行銷功能很多，或是應用網路特性程度很強（例如：可以跨很多異質裝置），則相對上規劃成本就高。另外，若很多行銷功能在網路特性整合很多，或是使用人和後台管理者多，則在建置上就比較複雜，而使建置成本提高。

後續成本的發生主要是在執行階段上，若當初功能特性規劃或建置不完整，或是有問題，則須後續的再規劃建置和補救，使得執行成本高。

3. **功能的控管**

網路行銷的功能就是在解決消費者的需求。而這個功能是涵蓋行銷功能和網路應用功能。因此，功能控管是強調功能成效性和使用度，前者是指設計出來的功能是否能達到需求功效及其成效程度如何。後者是指有多少使用者在使用這個功能的頻率次數。茲以此二個構面來說明如下：

	規劃	建置	執行
成效性	需求分析和系統分析的差異化	功能特性測試	網路特性帶來使用成效
使用度		功能特性的再次使用	行銷功能帶來的利潤

在規劃上的功能成效控管，應降低需求分析和系統分析的差異，如此可使得功能符合需求。

在建置上的功能成效控管，應以網路功能特性來測試，以控管網路行銷功能和特性。

在執行上的功能成效控管，應評估網路特性可帶來使用的成效。

在建置上的功能使用控管，應以網路特性的再次使用狀況來了解使用效用。

在執行上的功能使用控管，應以使用者在使用行銷功能後，可帶來多少利潤，來控管功能項目和程度。

5-1-7 科技管理

網路行銷管理會運用到科技性產品和知識，故有關科技管理和知識管理的內容，會影響到網路行銷管理。

「科技管理」（Technology Management）是一種運用技術科學的管理性方法論 它的基礎觀念是結合學術理論與應用的綜合領域，包含將科學、技術與管理結合在一起，其內容重點是在於如何將科技創造轉換為價值商品化、如何研發新技術、藉由技術替代提昇競爭力、如何利用科技取得競爭優勢與如何整合企業技術策略等。

網路行銷技術知識，是指企業經營行銷，在同時考慮內部和外界環境變動時必須面對的重要關鍵變數，技術性改變會影響到產品需求的彈性。例如：功能表現的改善（functional change）時，產品需求的彈性就會跟著改變。這些產品需求的彈性延伸出技術需求的彈性。技術的需求彈性，會影響到技術能力的發展效益，需求彈性愈大，則技術能力的發展空間就愈好。

網路行銷知識生命週期，是指知識的生命週期管理的循環過程，將以創新性知識管理載具為平台運作，它分為知識創造與形成、知識儲存與蓄積、知識加值與流通等三個階段。

5-2 網路行銷管理模式

網路行銷管理會因不同角色的認知和需求觀點不同，而使得其網路行銷管理的服務模式不一樣，一般角色可分成客戶面、企業面、員工面。

企業擬定網路行銷策略，選擇將非屬企業核心能力的網路資訊技術外包（outsourcing）給企業外部的專業廠商，則會影響到網路行銷的管理 。

企業雖可將網路資訊技術外包 但主導和了解網路資訊技術，是網路行銷溝通成功的必要條件，因為網站技術和服務品質、滿意度與忠誠度等構面是有很大的關係。茲分別說明如下：

客戶面

又分成現有客戶、準客戶、潛在客戶、未知客戶等客戶階段，若再加上不同「產品」、「時間」維度，則在同一個客戶可能因時間和產品不一樣，會產生在客戶階段中做轉換。

企業面

又分成使用工具、應用方法、經營整合三階段的企業在網路行銷發展階段，若加上「規模」、「目的」維度，則在同一企業可能因規模發展大小和目的變化過程不一樣，會產生在企業於網路行銷發展階段移轉。

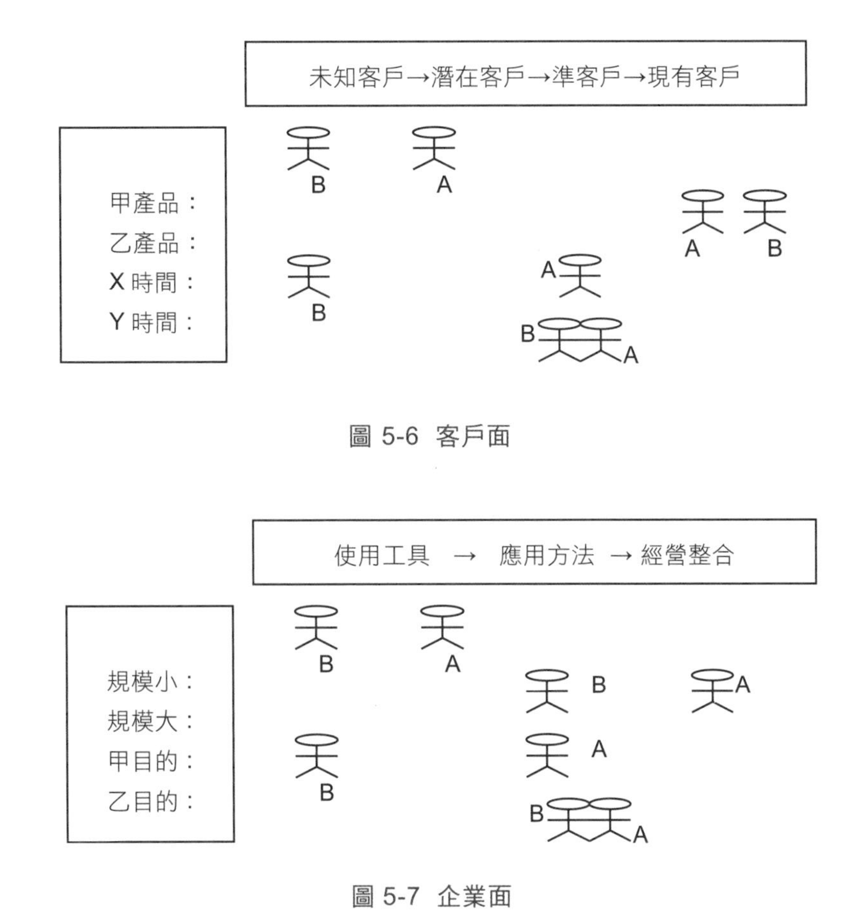

圖 5-6 客戶面

圖 5-7 企業面

員工面

又分成操作性、管理性、決策性的員工職能階段，若加上「技能高低」、「主要工作關聯高低」等維度，則同一員工可能因技能高低和網路行銷與本身員工主要工作關聯性高低不一樣，會產生在員工職能階段轉移。

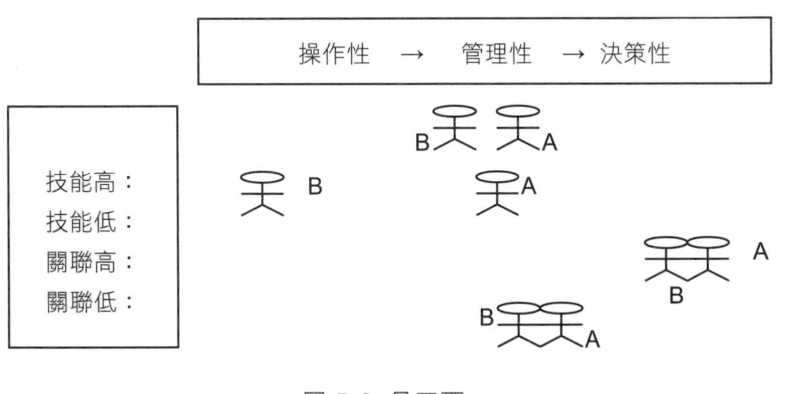

圖 5-8 員工面

5-3 網路消費者管理

5-3-1 網路消費者型式

網路消費者型式可分為：「老顧客」的消費者、「偶而性」的消費者、「第一次」的消費者。

而在不同的網路消費者下，其影響消費者之購物決策的因素，可分為下列三大類：個人因素、心理因素、社會因素 。

在這樣的因素下會影響到消費者的購買行為，故在這樣狀況下，若欲使消費者的購買行為可對產品交易有正面的效果，則須對消費者做好網路行銷的管理，也就是說把網路消費者做好管理，對消費者目前的行為會有示範性及系統化的效果。在個人因素下，會考慮到個人的方便性，例如：個人送達方式。

一般網路消費者藉由郵局寄交服務，也就是說網路系統將訂購資訊送至特約商店，並經廠商的付款管道確認後，就可透過郵局送達。在心理因素下，會考慮到消費的感受性，例如：可立即的滿足需求。

一般網路消費者為特定需求的目的上網時，通常消費者希望能立即得到答案或產品。在社會因素下，會考慮到社會的消費環境，例如：消費的資訊。網路消費者在網路上的消費，就如同在實體通路上，也會有一些消費狀況，例如：如何消費？小心詐騙等。故目前有二個在和網路消費上的相關組織，如下：

網路消費協會：

圖 5-9 資料來源：http://www.nca.org.tw/公開網站

台北市消費者電子商務協會：

圖 5-10 資料來源：http://www.sosa.org.tw/index.asp 公開網站

5-3-2 網路消費者特性的管理

何謂網路消費者管理？

透過消費者之購物決策過程，來對於不同消費者型式的購買行為內容。做好網路上的消費者管理，以便使消費者覺得提昇產品與服務的使用價值。網路消費者管理最主要是必須考慮到適合性、意願性和衡量性。

在適合性上，有一些因時因地的外在因素，會造成網路的應用不適合，以下三種是不適合在網路銷售：

1. 可以很方便地購買到
2. 希望在購買前想體驗商品的消費者
3. 只是在需要時才去購買、事先幾乎不需要尋找購買資訊

在意願性上，以下六種情況是會影響到消費者使用網路的意願：有網路連線品質、線上購物操作難易度、產品品質不確定性、線上購物公司信譽、網路交易安全性、網路交易隱密性等。

在衡量性上：網路行銷不只是架設一個網站，也就是說雖然不適合在網路銷售，但請注意，並不是不能用網路行銷，網路行銷和網路銷售是不一樣的，故網路行銷不是單純看流量或網站設計的美觀與獨特性，而是如何設定行銷溝通的目標與效果衡量，來做為網路消費者管理的成效，並且與公司的價值、信念、經營一致，如此才是真正的網路行銷。

其中消費者態度可做為網路行銷管理的有效衡量。要了解消費者態度，其評量的技術相當複雜，且變異性是相當大。在此以視覺體驗作為一種溝通方式的消費者態度，因為網際網路提供的視覺體驗是越來越超過對商品的傳統描述，從網際網路的視覺體驗來顯示其對該網路行銷的偏好程度，進而做為消費者管理的有效衡量。例如：以停留時間情況及消費者態度之間的關聯，來評估網路消費者行為是否能成為網路行銷的衡量因素。以下是在網際網路的視覺體驗下可做為衡量的因素：

例如廣告曝光率、接觸率、到達率、累積率、瀏覽時間、購買率、下載數、曝光度（Exposure）、點選率（Click Through）、停留時間（Visit Duration）、瀏覽深度（Browsing Depth）、購買結果等。這些因素又可總計分析成網路月統計、個人月統計等統計性因素。

以上除了在網路消費者管理必須考慮到適合性、意願性和衡量性之外，其技術上的管理也是非常重要的。技術上的管理主要是指 cookie/session/application。

以往傳統的網頁程式處理完資料後，結果是存在 Server 內，雖然這些結果可以用網頁的方式呈現在 client 端，或是以 ftp 或 email 的方式來傳送，但是在 client 端，無法立即使用這些資料且須花費很大的時間來重建資料，雖然後者可以省去重新鍵入的時間，但是交易頻繁時，這種非即時處理和沒有資料結構化的模式，會嚴重影響到作業流程的效率和正確性。

Cookie 是指使用者在瀏覽網站伺服器時，其個人資訊儲存在使用者瀏覽器中的紀錄。也就是說當你瀏覽網站時，一些 cookie 將被設定於瀏覽器內，使瀏覽器記下一些曾經瀏覽過的特定資訊。

Session 是指使用者在瀏覽網站伺服器時，其個人資訊儲存在伺服器使用者瀏覽的紀錄。也就是說當你瀏覽網站時，一些 session 將被設定於伺服器內，使伺服器記錄一些個人各別的特定資訊。

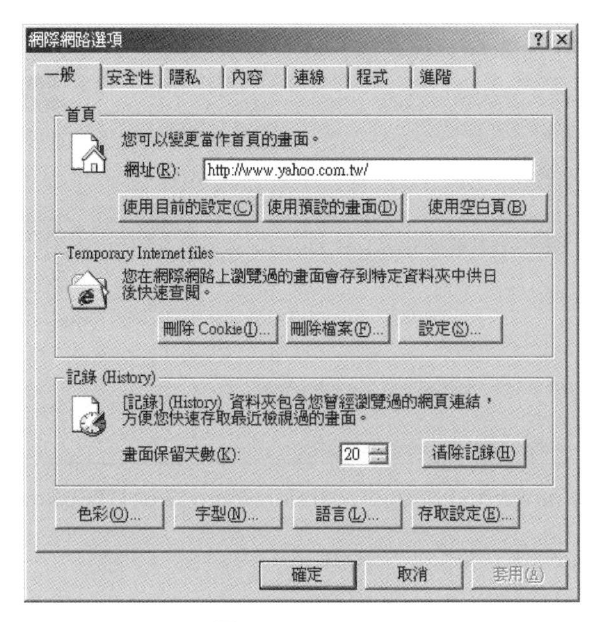

圖 5-11 Cookie

Application 是網站伺服器儲存在應用軟體伺服器中的共同資訊。也就是說當你瀏覽網站時，一些 application 將被設定於伺服器內，使伺服器記錄一些共同的特定資訊。

5-4 網路行銷環境管理

5-4-1 網路行銷環境

Kotha（1998）認為成功的網路經營者應建立網路行銷的環境，例如：社群環境，經營社群環境不僅可以達到吸引大量消費者的聚集優勢，也可以建立消費者的忠誠度，進而提高消費者再次消費。例如：Amazon.com，如圖 5-12。

Hagel Ⅲ 與 Armstrong（1997）認為虛擬社群裡面聚集了許多興趣和性質類似的消費者，故在這個虛擬社群環境中，行銷人員可以接觸到同類的消費者，如此使產品的行銷易於推展。

Rheingold（1993）認為虛擬社群是一種社會的集合體，它的運作來自於網路行銷環境的人、事、物。

就資訊科技而言，目前網路行銷環境有以下重點項目：動畫環境和虛擬實景、無障礙導覽、串流媒體等環境。

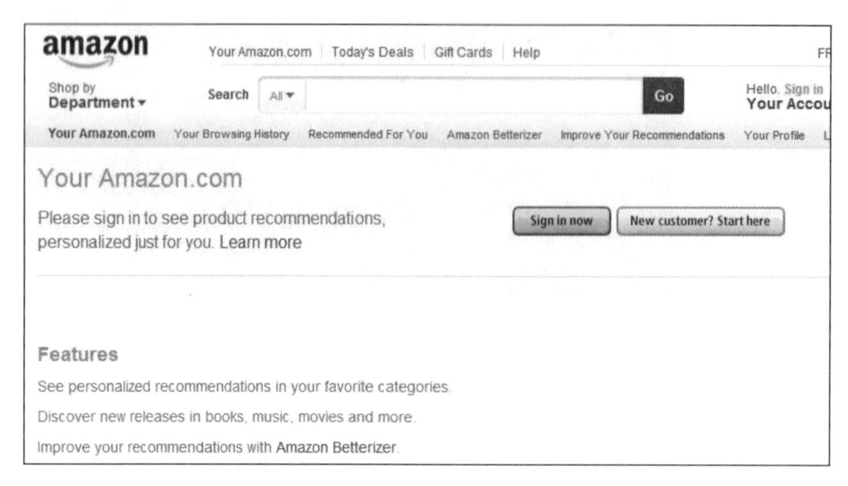

圖 5-12 https：//www.amazon.com/gp/yourstore/home?ie=UTF8&ref_=topnav_ys 公開網站

就動畫環境

目前網頁設計的型態上分為動態網頁與靜態網頁兩種，唯有動態網頁的機制才能與瀏覽者產生互動。

網際網路發展從單純的文字演進到多風貌圖像的訊息表達，可以了解人類對於動態視覺傳達的需求，故 Flash 所設計的網頁動態圖像在未來的寬頻網路市場上越來越受到重視，如下圖 Flash 網頁網站。

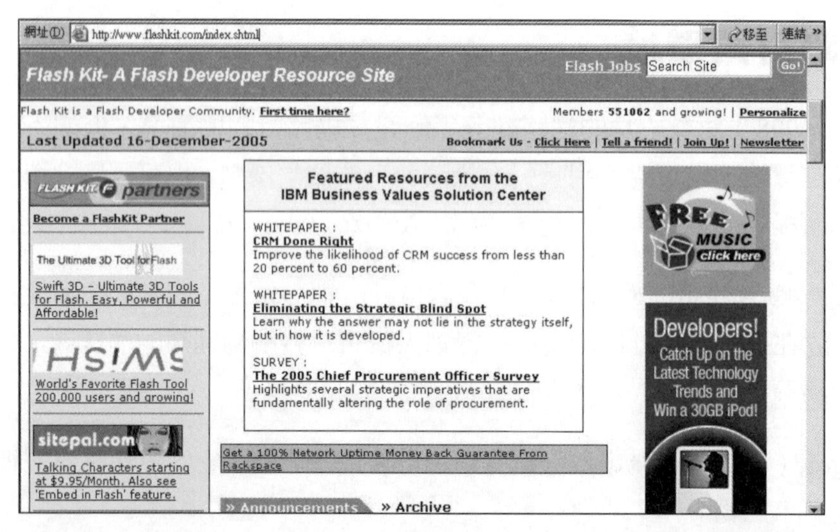

圖 5-13 資料來源：http://www.flashkit.com/index.shtml 公開網站

就虛擬實景（Virtual Reality）環境

需要強大計算能力的電腦計算，產生 3D 幾何物件，如電腦動畫、侏儸紀公園等。在 WWW 上使用 VRML(Virtual Reality Modeling Language)來撰寫虛擬實景應用。

無障礙導覽環境

網站設計之規範提供網頁導盲磚（：：：）、網站導覽（Site Navigator）、鍵盤快速鍵（Access Key）等設計方式。網頁導盲磚是指三個連續的半型冒號，它可以分別快速地跳到上方選單區、左方選單區及主要內容區三個區域的左上角，增加身心障礙者瀏覽網頁之便利性與提升閱讀效率，如下圖。

圖 5-14 資料來源：http://www.dotweb.com.tw/onweb.jsp?webno=33333333;: 公開網站

串流媒體環境

可分成 3 種：

1. **串流儲存式（streaming stored）：**先從網路下載媒體檔案再播放，也就是事先儲存在伺服器端的網路媒體檔案，使用者可透過網路來控制網路媒體檔案的播放。
2. **串流即時式（streaming live）：**直接透過網路播放網路媒體檔案，使用者不能控制網路媒體播放，只能即時播放。
3. **即時交談式（real-time interactive）：**依照當時需求來播放網路媒體檔案。

媒體播放程式常用的有以下軟體：

1. Windows 所附的 media player
2. Realnetworks 所附的 RealPlayer

串流媒體環境：

圖 5-15 資料來源：http://www.streamingmedia.com/公開網站

5-4-2 網路行銷環境的管理

從上述說明可知網路行銷環境，對網路消費者來說是購物的平台，故它的好壞會影響到網路消費者的決策，因此，做好網路行銷環境的管理是非常重要的。

在網路行銷環境中，會影響到使用者的環境之一就是相關軟體搭配，在很多網路系統介面中會有：Watch Free：Video news hourly updates，使用者點選進去後，卻可能發現在使用者的電腦中沒有適當的 WINDOWS MEDIA 軟體來播放，這時就應該考慮須能引導使用者點選 WINDOWS MEDIA 下載的地方，例如在圖中有 GET THE PLAYER 就是引導使用者來點選。如此的環境管理就是有考慮到能和使用者相關軟體搭配。

例如：新竹市門牌位置查詢系統（如下圖），使用者能以門牌地址查詢相關地圖，以便可了解金融、醫療機構、大賣場及觀光景點等資訊，但必須先有看圖程式環境，否則就無法查詢相關地圖。

圖 5-16 資料來源：http://address.hccg.gov.tw/Main94_800.aspx 公開網站

5-5 網路行銷影響

5-5-1 網路行銷的影響層面

Ouelch 與 Klein（1996）認為網際網路的影響層面有三方面：對市場的影響、企業內部影響與企業外部影響，說明如下：

1. **對市場的影響**：主要是指影響到市場的效率

   (1) 標準訂價：網路行銷的功能可很快速的且隨時的調整價格。並且價格亦可隨消費者做到個人化 使得消費者在每次購物時會有不同的優惠價格。

   (2) 改變中介者的角色：消除中介商的費用成本後，企業可以較低的價格在市場上交易。但也就有可能出現新的中介商角色，例如：資訊中介商的出現為網路行銷的特色。

   (3) 創造市場：電子拍賣的實行，使得大部分的產品均可能經由網際網路來交易，它創造了網際網路的市場。但當消費者習慣於電子交易時，則網際網路的市場才會存在。

   (4) 有效的資本流動：因為網際網路的市場盛行，使得資本流動與國外的直接投資，也可能因而增加。

2. **企業內部**：指企業內網路

企業內網路可促進企業內部的作業互動和資訊安全，其方式不僅包含了一對一，更包含了多對多與一對多等溝通方式。

3. **企業外部** ：指企業外網路

(1) 新產品往企業外部發展：公司可同時注意且測試多樣新產品。

(2) 融入當地消費者：在網際網路的溝通模式，採取開放和人性化介面的溝通。使得網路行銷能融入當地消費者，如此才能與當地消費者做生意。

(3) 有利基性的產品：透過特有利基（Niche）的產品較能達到關鍵多數的消費者群。

(4) 克服進口限制：數位的產品，可透過網際網路，來達到跨國界交易，也就是說企業可以經網際網路直接銷售數位產品給消費者，而省卻許多運輸、稅率等成本，如 CD、音樂或視訊、影片等。

5-5-2 網路行銷的影響指標

網路行銷的影響指標可以對消費者滿意度與忠誠度的影響，來做重要性的分析。

對消費者滿意度最重要的影響因素為「購物方便性」、「購物時效性」、「產品品質性」、「產品的價格」、「產品的售後服務」。

對消費者忠誠度重要的影響因素為「個人化服務」、「購物方便性」、「網站功能」、「產品多樣化」、「產品的價格」。

在「購物方便性」內容：進行人性化介面的消費行為、提供客戶 web 上付款機制，最重要是與實體通路搭配整合，以達到方便快速。

「網站功能」內容：企業直接架設網站，建構電子商店的系統功能，例如：下訂單、電子產品型號等，提供企業主要的商品或服務在網路上交易。

「產品的售後服務」內容：可塑造企業形象、及透過售後服務來做促銷服務。

「產品的價格」內容：其利潤來源可來自於銷售利潤、廣告收入等。

「產品多樣化」內容：影響消費者對特定網站內容的偏好。

「個人化服務」內容：在網路消費者與網路行銷之網站內容溝通效果之間的個人化程度。

關於上述對網路行銷的影響因素，可以一些指標來衡量，例如：消費者停留時間。而「產品多樣化」及「個人化服務」的網路媒體效果會影響到消費者停留時間。透過消費者停留時間，可來了解分析網路消費者行為和消費者對網站內容的偏好程度。如下圖：

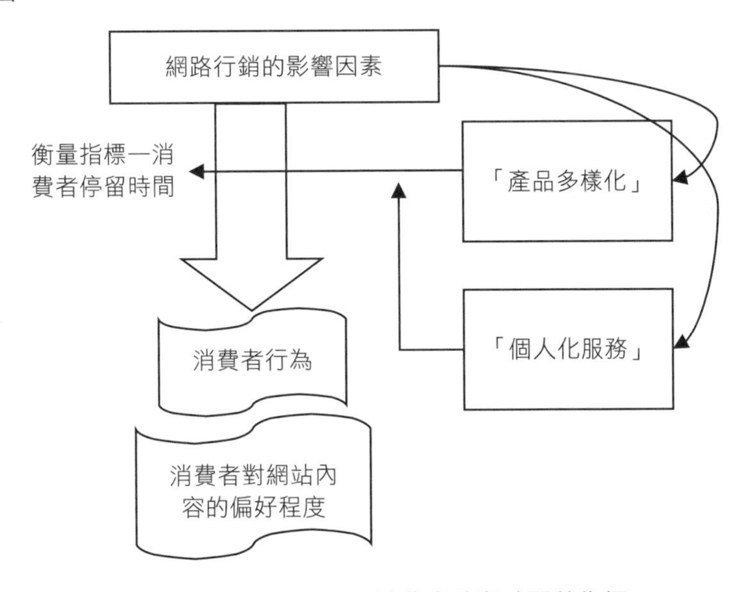

圖 5-17 消費者停留時間的指標

例如：連結相同網站次數。「購物方便性」及「產品的售後服務」的網路服務目的，會影響到消費者再次連結相同網站的次數。而透過連結相同網站次數，可來了解分析網路消費者對網站吸引力和消費者對網站內容的有效性程度。如下圖：

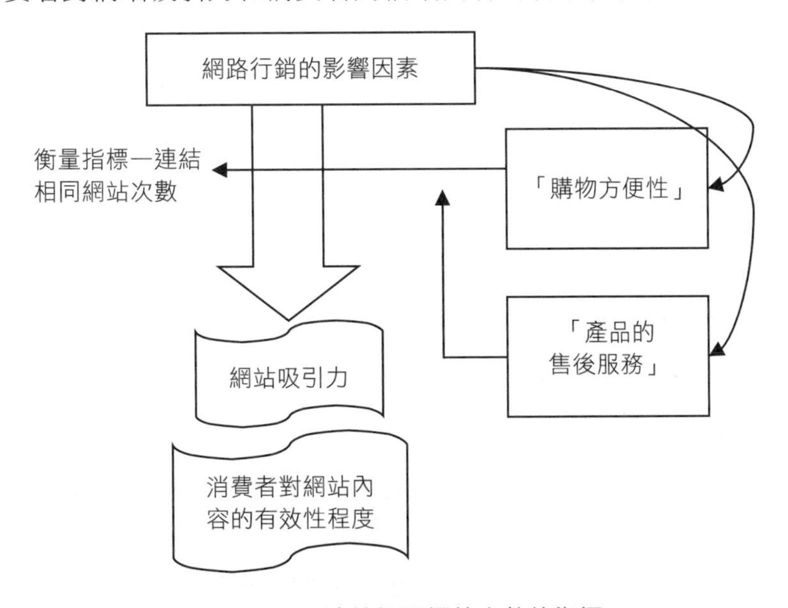

圖 5-18 連結相同網站次數的指標

5-5-3 網路行銷和規劃程序的結合影響

網路行銷管理常是影響下一次網路行銷規劃的關鍵，若管理不當，會對企業造成負面影響，進而使得產生對網路行銷不信任感和不知如何運用。故在運作網路行銷管理時，應必須和網路行銷規劃程序結合。一般有下列 2 個考慮項目：

第 1：文件化輔助

在做網路行銷規劃程序時，會產生很多文件化的內容，這些內容的文件應做好文件檔案管理，如此在管理時，可運用這些文件做控管作業。

例如：瞭解不同介面型態的使用者對產品的操作使用模式，使產品更貼切使用者的喜好，在產品開發時將依據使用者的參與，以減輕其操作上的不方便感。

第 2：即時回應、彈性修改、經營整合

在網路行銷控管過程中，應對有問題的行銷功能或消費者使用後的重大意見時，必須能即時回應，並且在網路行銷系統或作法，立即的有彈性做適當的調整和修改。至於能否做彈性的修改，須視當初在規劃建置網路行銷系統時，是否以模組化、元件化方法來建構之。

例如：瞭解不同設計型態的使用者在使用產品時的決策差異，此差異來自各消費者的價值觀，消費習慣及對產品的需求性不同而不同。

其實，行銷環境是瞬息萬變的，故整個策略、規劃、建置應都能因應變化而彈性修改。另外，最重要的是，網路行銷不只是企業行銷，而是企業經營，以及整合其他企業功能或系統，故連結的方便性也是在管理時須考慮的重點。

第 3：落實於日常作業機制

網路行銷是須經營的，故它的整個功能應能落實於員工的日常工作，而不是臨時專案或單一事件處理，如此才能使網路行銷效益真正發揮，而不是為了網路行銷而網路行銷。例如：瞭解不同功能型態的使用者對創新功能的接受度，同時依不同的實際需求來提供適當符合消費需求的功能。

若能落實於日常工作範圍內，則其網路行銷也比較容易控管，因為透過日常作業的會議、表單、考績等，會使員工重視，員工其實也是一種消費者，若員工都很注重品質，也很滿意的話，自然而然真正的消費者也會感受到那股有 power 的熱忱。

 問題解決創新方案－以章前案例爲基礎

(一) 問題診斷

依據 PSIS（Problem-Solving Innovation Solution）方法論中的問題形成診斷手法（過程省略），可得出以下問題項目：

■ 問題 1：對同公司的各網購平台沒有整合

因為各網購平台來自不同利益的各 B2C 廠商，因此，各網購平台和公司本身 B2C 平台的客戶及其訂單相關資料無法即時效率的整合。這樣會造成相關於網購的訂單、客戶資料無法統一控管和一致性，並且導致消費者須在不同網購平台上重複登錄的無效益動作。

■ 問題 2：資訊策略沒有和企業策略結合

以為資訊策略只要能輔助企業策略所展開的作業即可，這是沒有達到結合的綜效，因此，各網購平台的策略，並沒辦法解決消費者市場行銷策略，因為消費者在使用此 IT 策略的網購平台時，該企業並沒有得到五力分析中的顧客價值和經銷商夥伴價值（從案例的抱怨事件可得知），這就是企業和資訊策略沒有結合，因此所影響的就是在消費者市場營業狀況不佳。

(二) 創新解決方案

■ 問題 1：整合各自不同來源網購平台

以往，整合不同企業應用資訊系統，都是用資料轉換（XML）、流程介面程式（API）、流程連接（EAI）這三種不同層次效用的方式來解決整合性問題，但這些都是仍以各自企業資源規劃最佳化方式來發展各自系統的連接。但在雲端運算下的產業資源規劃構面下，在各網購平台的下單系統功能都統一在公用雲環境下發展，則訂單資料就可統一且消費者只需登錄一次即可，以達到產業資源規劃最佳化效益。

■ 問題 2：從企業策略展開來分析 IT 策略的價值所在

以各網購平台當作拓展消費者市場的此種 IT 策略，就是沒有考慮到和企業策略結合，因為企業在行銷策略上是要從消費者市場上擴大營收來源，和直接面對消費者，以便了解需求喜好來做為產品設計的重要依據。但只是以輔助性工具平台來做為 IT 策略，則就無法達到企業策略效益，因此，解決之道就是以企業策略的內外在環境分析，一直展開至 IT 策略的五力分析

(三) 管理意涵

■ 中小企業背景說明

中小企業的優勢是在於敏捷和快速，它對於市場的環境變遷，是比較大型企業更容易快速因應而改變，因此在網路行銷的管理應注重在如何掌控產品精準搜尋的行銷功能，以便能快速因應市場需求，而推展出新的商品。

■ 網路行銷觀念

該中小企業在做網路行銷的管理時須強化產品搜尋的方式，也就是應以各個不同關鍵字或主題來做交叉搜尋，以便達到精準查詢，不要產生過多的無意義查詢內容，而影響到客戶對中小企業的產品搜尋意願。

■ 大型企業背景說明

大型企業的優勢是在於有豐富的資源，它對於市場的環境變遷，是以領導市場方向來因應環境變遷，因此在網路行銷的管理應注重在如何掌控目標客戶的行銷功能，以便能使相關資源運用在目標客戶的需求內容上，進而獲取貢獻率最高的目標客戶。

■ 網路行銷觀念

該大型企業可利用全球化的網路行銷資源管道，集中控管真正目標客戶的需求內容設計，也就是說以真正目標客戶需求來規劃網頁內容範圍，不可漫無關聯的設計

■ **SOHO 型背景說明**

SOHO 型服務業的優勢是在於有獨特差異化的服務，它對於市場的環境變遷，是隨著市場方向來因應環境變遷，因此在網路行銷的管理應注重在如何掌控促銷廣告的行銷功能，以便能使本身獨特差異化的服務，可讓客戶了解和進而產生商機。

■ **網路行銷觀念**

該 SOHO 型企業可利用情境廣告來展現其本身獨特差異化的服務，也就是說以某種需求情境來引導吸引客戶的過程，如此可使獨特差異化的服務更具有成效。

(四) 個案問題探討：請討論如何整合各自不同來源網購平台

案例研讀 Web 創新趨勢：巨量資料（上）

在資料不斷膨脹的現今社會，巨量資料的發展已經成為影響產業發展的趨勢，根據研究諮詢公司 IDC 的統計，預計到 2020 年的總量將會是現在的 44 倍，其巨量資料包括：社交網路和網路使用者的分享資訊、行動上網設備、網路上的電子商務交易、各地的感測器、電子郵件、分享照片、影音視訊等，將造成全球數位訊息在未來幾年呈現驚人的成長。

而這些大量資訊若不能萃取出有用的訊息，資料量再多，都會變成垃圾。所以說企業本來競爭成也是 Big data，敗也是 Big data，那麼巨量資料可為企業創造什麼商機？例如：分析每一筆信用卡交易資料，從中找出可疑交易；警政單位運用即時分析犯罪模式，以決定最佳警力派遣規劃；交通主管機關運用感測器蒐集最新路況資料，並立即予以分析，進而發展出最有效率之行車路線。又例如：做促銷網頁或頻發電子報，因而會耗費多餘人力、時間與金錢。因此利用巨量資料分析，可得出精準行銷。

以上應用例子，都可顯現巨量資料具有 3V 特性，也就是 Velocity、Volume、Variety。Velocity 是指在串流及批次利用中執行高速的處理。Volume 是指提供能夠對大量資料部署處理的延伸服務架構，而 Variety 是指處理一個種類以上的多元類型。當然，這樣的 3R 處理，所分析出來的並不僅是傳統上的資訊分析，而是意圖分析，也就是「意義建構」（sense-making）的分析，它的意義是在於可即時從巨量資料中獲取創新的見解，這就是一種智慧。Sense-making 藉由把組織化目標應用到資料的方式，將傳統分析過程轉化，利用持續性的回饋及界定相互依賴關係，來創造整個關於意圖及意圖分析的認知運算（cognitive）。

例如：來店者分析服務使用者偏好或使用者行為的預測，而這些預測就是一種意圖分析，它可決定哪些類型的客製化內容來顯現使用者需求，例如：結合 NEC 卓越的臉部辨識技術，提供一套完整的來店者分析雲端服務解決方案。又例如：車載通訊服務整合於車輛中的各種感應裝置所收集的各項情報，包括：車輛速度資料或 GPS 位置情報等各種系統的運作狀況。

以下說明知名公司在巨量資料分析的解決方案產品如下：

1. 精誠資訊發展出一個 Etu，提供服務企業客戶的 Hadoop-based 顧問與解決方案品牌。

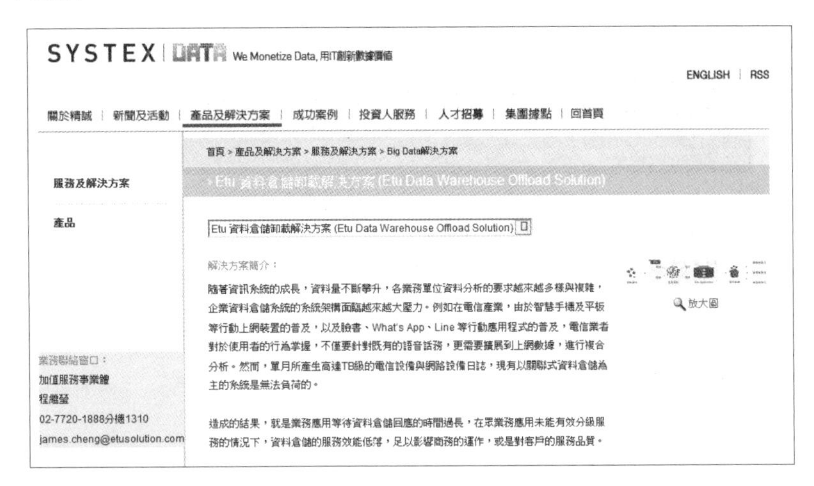

資料來源： 精誠資訊 http://www.systex.com.tw/solution/solution_1_2.asp?Bkey=1814

2. EMC 公司推出用於支援巨量資料分析的新一代平台—EMC Greenplum 統一分析平台（Unified Analytics Platform，UAP）。它結合 SAS 的高效能運算分析（High Performance Analytics，HPA）技術，讓用戶可以透過大量平行資料的處理與分析，將複雜的商業分析作快速決策。

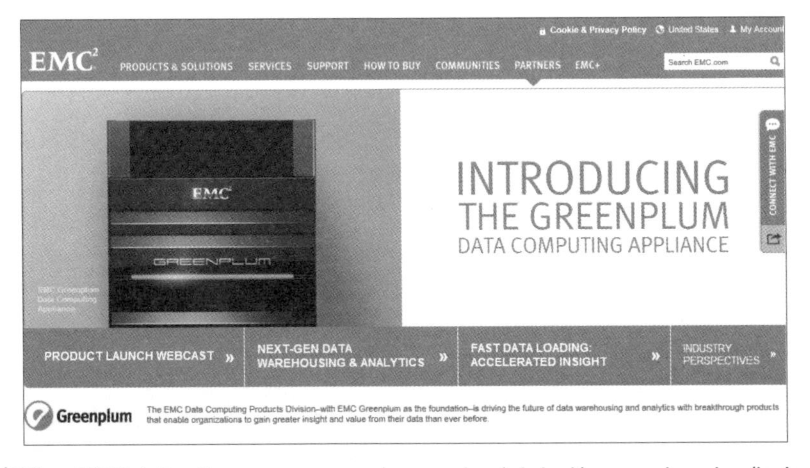

資料來源： EMC http://www.emc.com/campaign/global/greenplumdca/index.htm

3. 全球即時營運智慧軟體領導供應商 Splunk Inc。其中 Enterprise Security 的 Splunk App 提供了隨開即用（out of the box）的 Splunk 引擎安全內容，此產品是提供次世代安全智慧解決方案。

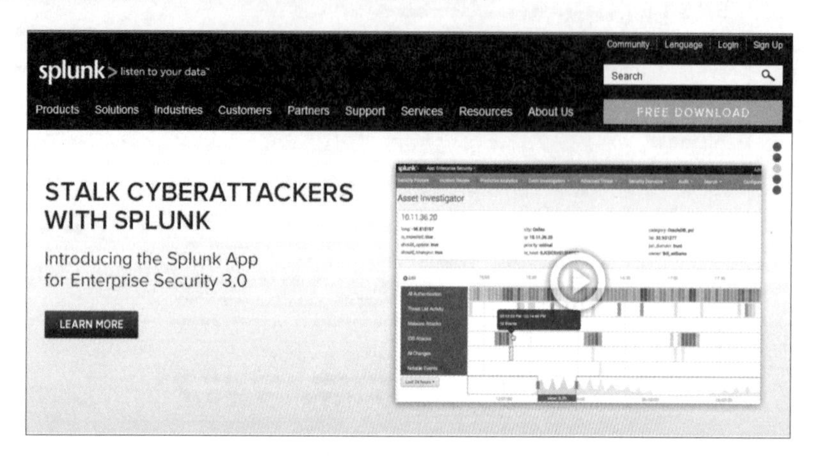

資料來源：http://www.splunk.com/view/big-data/SP-CAAAGFH。

案例研讀
熱門網站個案：物聯網（上）遺失物品服務

Tile 服務運用物聯網技術和巨量分析來發展快速尋找失物服務的 system。

其應用程序如下：

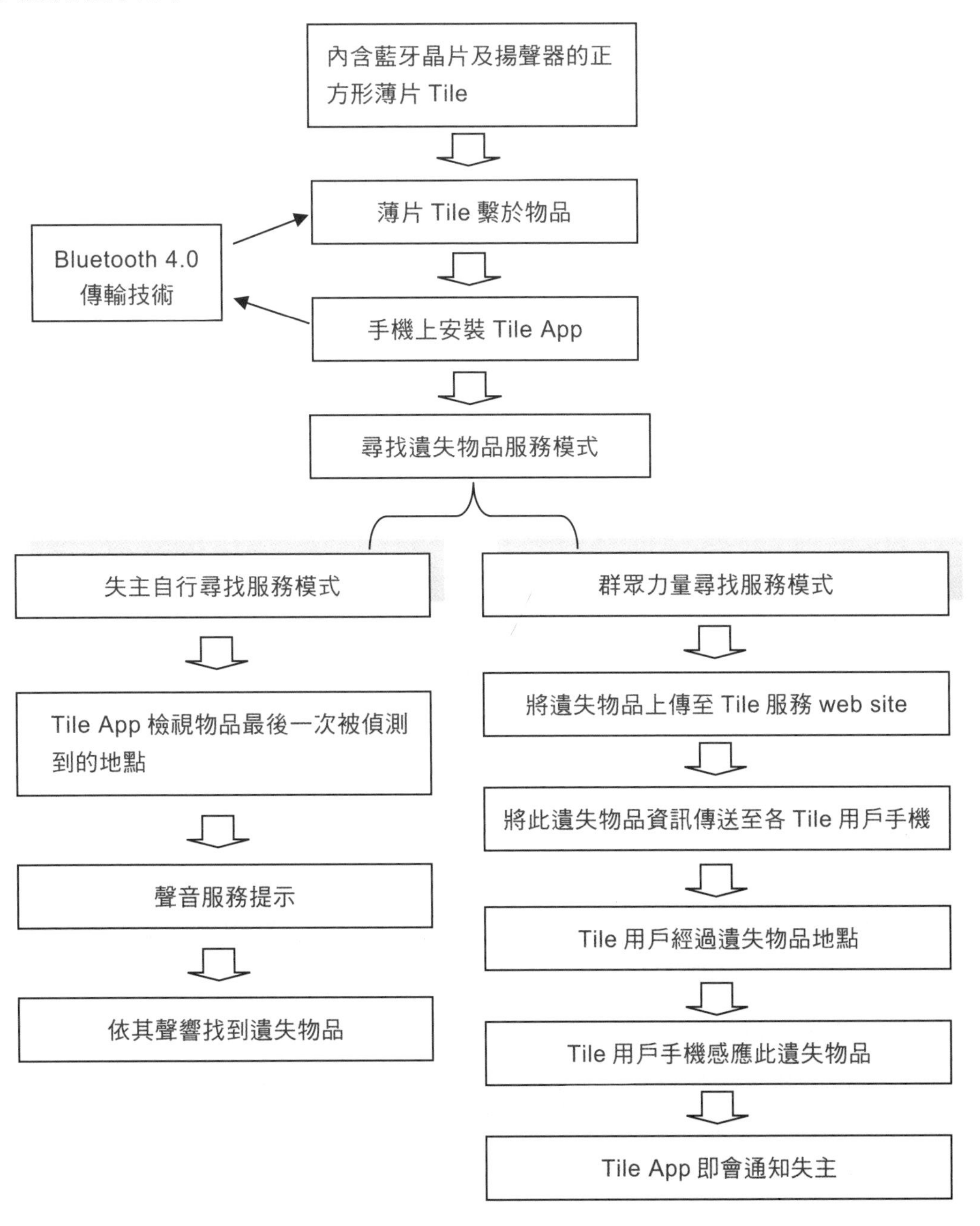

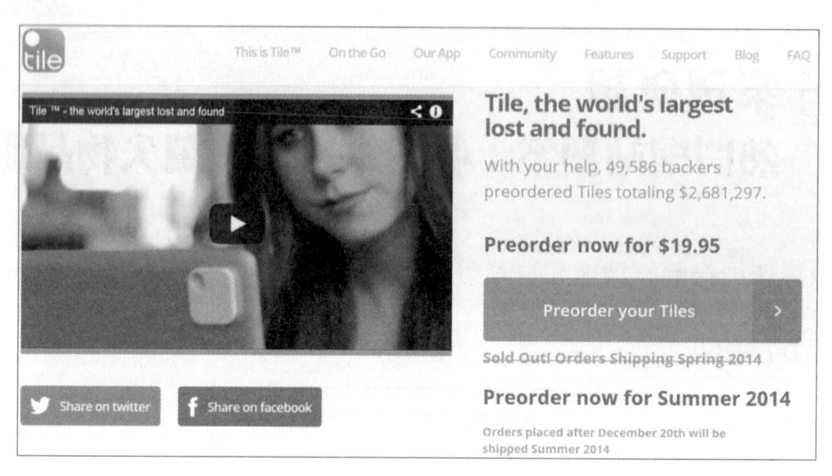

資料來源：http://www.thetileapp.com/

■ **問題討論**

請探討巨量資料功能對於企業作業流程有何影響？

本章重點

1. 網路行銷管理是將網路行銷和企業經營做結合，也就是說必須以經營管理來規劃、分析、執行網路行銷，並和企業其他資訊系統功能整合。這是網路行銷的精神。
2. 在創新組織中，最主要就是人和資料對組織的互動結果，也就是說它會透過組織部門的運作，來實施落實人的執行力和資料整合。
3. 網路行銷的專案管理，和一般的專案管理是不太一樣的，最主要不一樣的地方，是來自於網路媒體的製作特性，和強調行銷介面的產品設計。
4. 網路行銷的控管模式，必須考慮到網路特性和行銷功能，如此才可做好控管。在這裡僅以下內容來舉例說明，網路特性有任意遨遊、跨不同系統或裝置、實體和虛擬使用者這三項。
5. 網路行銷管理會因不同角色的認知和需求觀點不同，而使得其網路行銷管理的服務模式不一樣，一般角色可分成客戶面、企業面、員工面。企業擬定網路行銷策略，選擇將非屬企業核心能力的網路資訊技術外包（outsourcing） 給企業外部的專業廠商，則會影響到網路行銷的管理 。

關鍵詞索引

學習評量

一、問答題

1. 試說明網路行銷管理模式。
2. 何謂網路行銷的控管模式？
3. 何謂實體和虛擬使用者？
4. 試探討網路行銷的影響指標，是如何對消費者滿意度與忠誠度的影響。
5. 試說明網路行銷的影響層面。

二、選擇題

(　) 1. 網路行銷管理是什麼？
(a) 將網路行銷和企業經營做結合
(b) 以經營管理來規劃、分析、執行網路行銷
(c) 和企業其他資訊系統功能整合
(d) 以上皆是

(　　) 2. 網路行銷的管理，對經營者而言，是用來滿足什麼？

(a) 行銷者的需求策略

(b) 經營者的需求策略

(c) 消費者的需求策略

(d) 以上皆是

(　　) 3. 網路行銷的管理，對消費者而言，是用來滿足什麼？

(a) 行銷者的需求策略

(b) 購買交易的需求管道

(c) 消費者的需求策略

(d) 以上皆是

(　　) 4. 創新組織是和古典組織不同的，它期許什麼以指標來量化其創新組織的成效？

(a) 成本最小化

(b) 創新率

(c) 效率最大化

(d) 以上皆是

(　　) 5. 若能確定該使用人就是本人，則是？

(a) 虛擬使用人

(b) 實體使用者

(c) 都可

(d) 以上皆是

個人化之網路行銷

章前案例：消費者客製化

案例研讀：個性化適地性服務（LBS）、虛實整合

學習目標

- 探討個人化網路行銷定義和種類
- 說明個人化網路行銷模式
- 說明直效行銷定義和模式
- 探討消費者和產業科技的一對一行銷
- 說明情境式行銷

章前案例情景故事 消費者客製化

大量訂製化（mass customization）是指將產品的需求依照客戶個人化來訂製，也就是說在大量生產的產品中置入個人化因素，以得取消費者的個人化需求，而不是只有將客戶產品的需求視為相同或少數幾種，如此可在大眾與個人化之間找到中間點，而且可符合大量效率且低成本。

例如：消費者訂製個人肖像郵票。

例如：工研院光電科技技術應用──智慧型的 3D 影像模組技術，它利用先進的物體取像和 3D 模型化技術，來呈現高度擬真的 3D 化物體模型，如此可達到大量客製化作業。

6-1 個人化網路行銷概論

6-1-1 個人化網路行銷定義

在 1900 初期，是大眾行銷（Mass Marketing）的時代；所謂大眾行銷，是指運用大量生產、大量配銷及大量促銷一項產品的大眾化銷售行為，給所有的購買者。大眾行銷能夠將生產配銷、成本大幅壓低，以薄利多銷的方式創造利潤，進而創造最大的潛在市場。

Kinnear（1990）認為大眾行銷是利用規模經濟極大化的方式，大量生產、大量配銷與大眾傳播，將諸多市場合併為一個大而單一的整合市場，因此也稱之為市場聚集（Market Aggregation）。

Berry 與 Parasuraman（2008）認為在探討企業應如何面對現有顧客行銷時，可將顧客行銷服務定義為三個層次：

- 第一個層次：企業以價格誘因方式，來鼓勵顧客他們多消費公司的產品。
- 第二個層次：企業除了運用價格誘因之外，還更進一步了解學習顧客的需求。在這個層次，行銷者和顧客保持密切的關連，嘗試發展顧客化的服務。
- 第三個層次：企業除了運用價格誘因和解學習顧客的需求之外，企業更進一步嘗試鞏固和顧客之間的關係，也就是說如何保持顧客，使得不易流失顧客。

- Daniel（2009）在所撰寫 Online Marketing Handbook 一書中所定義的網路行銷如下：針對使用網際網路（Internet）和 web 上服務的特定客戶，建立銷售產品和服務的線上系統。

Peppers 與 Rogers（1993）提出了一個將重點從市場佔有率轉換到客戶佔有率的新的行銷思維，其將配合公司的整體行銷規劃，促使客戶可利用 web 上工具和服務，獲取所需的資訊和購買產品。也就是說 Peppers 與 Rogers 認為除了將行銷的重點投資在整個市場，以期提昇經營績效之外，企業經營者也應該思考如何增加和保有每一位客戶的貢獻度。

Peppers 與 Rogers（1993）也指出大眾行銷與一對一行銷的差異如下：

表 6-1 一對一行銷與大眾行銷之差異

內容屬性	一對一行銷	大眾行銷
目標顧客	個人化的顧客	大眾化的顧客
了解顧客	建立顧客個人化資料	顧客簡單資料
產品	顧客化的產品	標準化的產品
生產模式	客製化	大量生產
廣告內容	個別化的廣告	大眾廣告
促銷手法	顧客化促銷	大眾促銷
經濟模式	範疇經濟	規模經濟
配銷模式	客製化	大量配銷
行銷訴求	顧客佔有率	市場佔有率
行銷手段	一對一維繫顧客	吸引顧客
客群來源	可獲利的顧客	所有的顧客

（資料來源：Peppers D., & Rogers M）

6-1-2 個人化網路行銷模式

個人化行銷，顧名思義，就是指針對某個個人的特點需求來做行銷，但一般都會指該個人化，就是某一個消費者個體，然而若將行銷範圍依企業者、個人者來做分類，則個人化的意義就不是如此，當然行銷手法也不一樣。

茲將買賣雙方型態做分類如下：

	買者→賣者	賣者→買者	
企業	第 I 象限: 企業→企業	第 II 象限: 企業→個人	個人
個人	第 III 象限: 個人→企業	第IV象限: 個人→企業	企業

圖 6-1 買賣雙方型態

從上圖，吾人可知在第 I 、II 、III 象限的類型是最常見的，但第 II ，III 象限雖然都是買者是個人和賣者是企業，不過主動性卻不一樣，前者是個人主動向企業購物，後者是企業主動推銷給個人，當然前者的購物成功率較高。

至於第IV象限的企業向個人購買行為是較少見的，但並不是沒有。例如：某家企業看中某個藝術家的藝術品，則就有可能產生購買結果。

在本文中，以第 I 、II 、III 象限的型態，來說明個人化行銷的方法和不同之處。

第 I 型態：企業買者→企業賣者

企業和企業的行銷行為，和對個人的行銷行為是不一樣的，主要差異是在於企業買者在購物後，可能不是做消費用，而是會再投入和其他物品做其他用途，如下表：

表 6-2 企業和個人的行銷行為差異

	企業的行銷行為	個人的行銷行為
產品種類	Raw materials, components	Office and computer、MRO
產品需求	Scheduled by production runs（MRP/BOM）	Ad hoc, not scheduled
產品運作	專業運作	行政運作
產品投入	No Arrival required 再投入	Arrival required 消費用
自動化	高自動化	無自動化
產品屬性	Design-specification Driven	Catalog driven

企業買者→企業賣者的網站例子，如下圖：

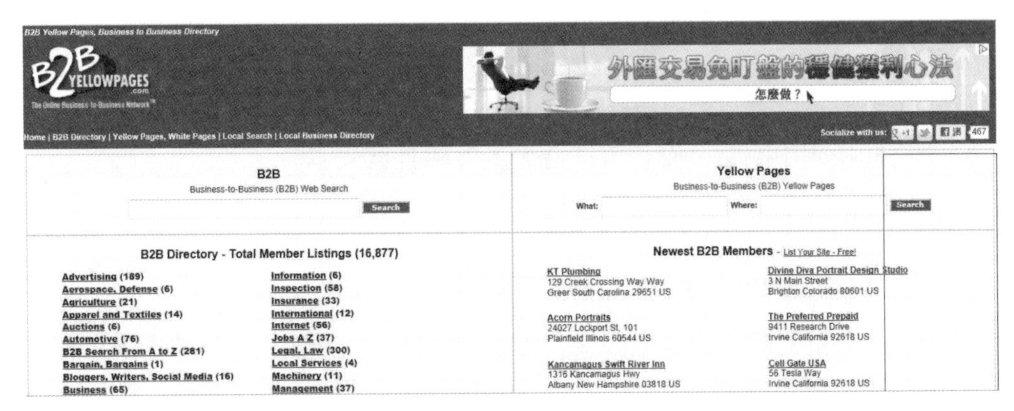

圖 6-2 資料來源：http://www.b2byellowpages.com/公開網站

根據這樣的特性差異，若欲在企業買者的顧客，做「個人化」行銷，就不再只是指某個個人的消費者個體，而是組織型式的虛擬個人化，這樣的個人化行銷是和前述的不一樣，它是重視某單一組織的需求，它針對的是組織應用特性，而不是個人消費特性。故應針對組織特性做個人化行銷。

茲將組織特性整理如下：

組織的好處，在於組織可藉由這些團體持續性的交流互動，使組織成員對於原本個人不一樣知識的認知，能逐步達成共識，進而對於組織的目的有一致性的完全，如此的組織交流互動，可做為組織不同部門之間員工的相互溝通基礎。

在知識型組織中，想要達到組織突破的目標，組織知識的持續創造是首要的條件。當組織無法取得新的知識，而既有知識亦難以因應既有環境需求和未來變化時，組織就必須克服當前所處格局與困境，這時創造新知識的創造就變得非常重要，組織知識本身在知識管理的運作下，就會產生組織知識的創造。

在競爭激烈的多變環境下，組織知識創造已經成為組織競爭優勢的來源。將組織內隱性知識以重現原來意義的方式將知識記錄起來，這就是一種組織知識蓄積。知識做儲存蓄積，就變成知識存量，它是擁有組織專屬且獨特的知識。

在組織的個人化行銷，是以企業應用需求為主軸來規劃網路行銷方法，一般最常用的有下列三種：

1. **大量客製化**

所謂大量訂製化（mass customization）是指將產品的需求依照客戶個人化來訂製，也就是說在大量生產的產品中置入個人化因素，以得取消費者的個人化需求，而不是只有將客戶產品的需求視為相同或少數幾種，如此可在大眾與個人化之間找到中間點，而且可符合大量效率且低成本。

例如：消費者訂製個人肖像郵票。

2. CTO（configure to order）**組合式訂單**

組合式設計訂單生產是指在接到顧客訂單後，依顧客指定規格，由工程師開始設計產品的生產環境。每一張訂單都會產生專屬的材料編號、材料表與途程表。客戶在競爭者出現更強的更有彈性的產品時則會很容易選擇新的產品。它可透過 Web 上的產品型號和零組件，依自已喜好和需求來做不同搭配組合，進而產生組合式訂單。如下圖：

圖 6-3 資料來源: http://www.superinfoinc.com 公開網站

3. **接單式組裝**（ATO, Assemble-to-Order）

在接到顧客訂單後依顧客指示的規格提領組件開始組裝最終產品的生產環境，吾人稱為這樣的環境是接單組裝。接單組裝的作業模式為提供快速、滿足不同客戶訂單特殊需求、高品質、具競爭性價格、能在客戶要求交期時間內即可生產完成的最終產品。客戶期望有訂單特殊需求的好處，也可以有要求交期時間內的交貨滿足。會有這樣的效果，是因為主要組件在事前就已經做好生產工作，甚至已經建立半成品庫存如此才可反應出客戶的合理時間，這個合理時間會使顧客得到滿意，進而提昇企業競爭力。

在接單組裝的環境裡，其產品 BOM 內的零組件、半成品可以自製，也可以向外採購 ，若要達到接單組裝的效果，則和決定何種半成品是自製， 還是外包是有關係的。另外這和工程設計的產品組合可行性也是有關係的，因為只要倉庫裡有少量的零組件與半成品，製造商可以依不同客戶訂單特殊需求組裝出符合客戶產品需求的組合。如下圖：

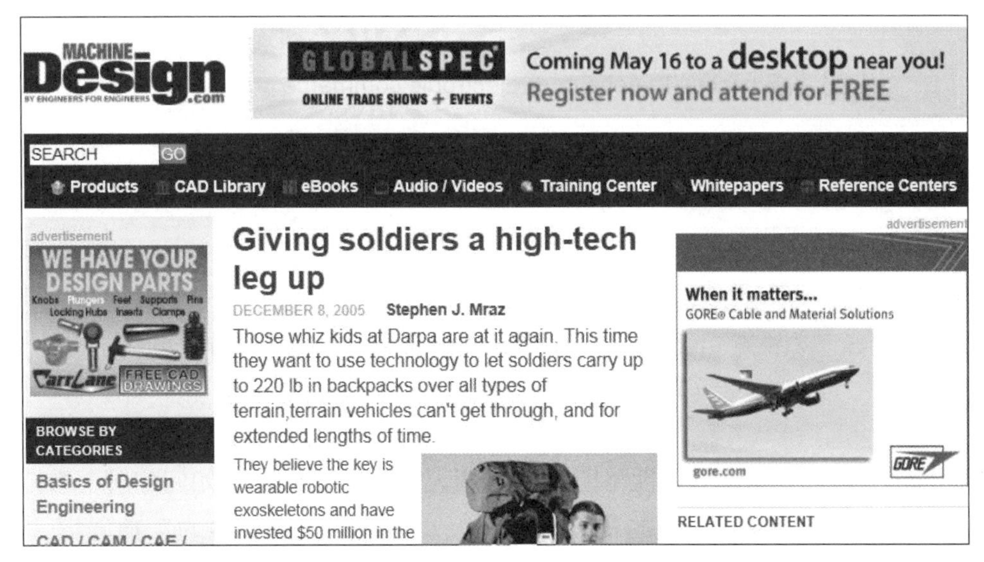

圖 6-4 資料來源：http://machinedesign.com//article/giving-soldiers-a-high-tech-leg-up-1208 公開網站

第 II 型態：企業賣者→個人買者

這種個人化型態，是目前較常見的網路行銷模式，因為是針對個人消費者特性，故銷售商品大部分都是消費性、民生性商品，因此在規劃這種個人化行銷時，就必須針對個人特性來設計。

茲整理個人特性如下：個人知識的獲取是因有個人知識來源的存在，而在企業中知識的來源是很多的且分散，有來自於公司員工、客戶、供應廠商等，若以成為集中式和電子檔案來源，則公司的個人電腦就隱含著許多待獲取的知識，因此如何從個人電腦檔案中利用有效的方法將資料間有用的知識提取出來，是知識獲取的方向。

個人在管理知識時，除了知識創造的能力與效率外，其知識並不一定是在個人內部自行創造出來，而是由外部引進的。而欲外部引進，則須有知識的流通，也就是知識必須經由在個人之間分享，才能在知識管理流程中，彰顯出知識的能力與價值，並在這相互溝通與轉換的過程中創造出更多元化的知識，因此知識的創造和知識的流通是互為關係的。

企業賣者→個人買者的站例子，如下圖：

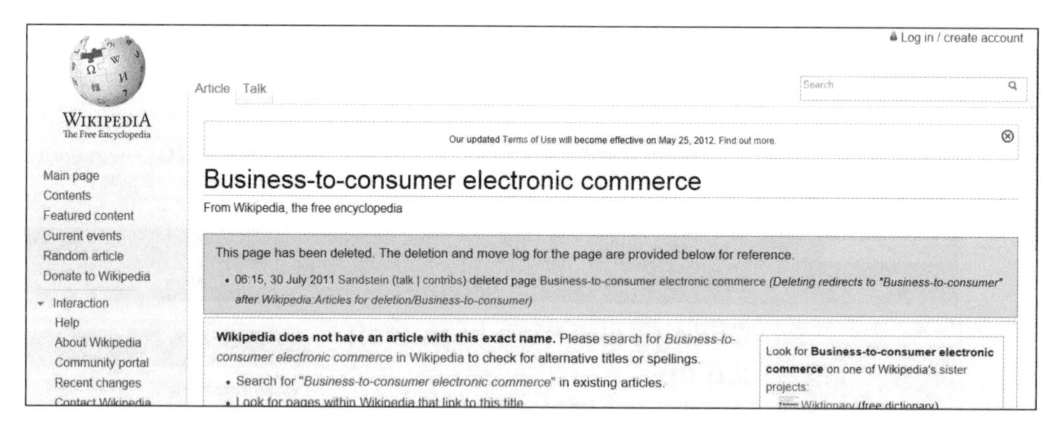

圖 6-5 資料來源：http://en.wikipedia.org/wiki/Business-to-consumer_electronic_commerce 公開網站

Luthans（1992）認為個人性格所指的是個人如何影響他人及如何瞭解、看待自己，而形成內在及外在可衡量的特質類型，以及不同的人與情境的互動過程。因此，Luthans 認為個人性格包含以下內容：

1. **自我觀念（self-concept）**：是指個人在人生中對自己瞭解和思考的發展。
2. **影響他人（affect others）**：個人影響他人的因素，包含外表部份，例如：身高、體重、面貌…等，及內在部份，例如:智慧、友善的、談吐…等。
3. **個人情境的互動（person-situation interaction）**：同一情境對個人而言，會因每個人當初的認知和情緒，而產生不同的行為互動。

在個人型態的個人化網路行銷，是以個人人性為出發點，也就是說「科技始於人性」，故在設計時必須考慮個人感受和喜好，一般主要分成三種：

1. **一對一行銷**：所謂一對一行銷是指以消費者為中心，注重個人化差異，以個人需求為行銷組合。

2. **客製化行銷：**客製化行銷必須能提供一個相當彈性且方便的系統，來管理數以千計產品型式，以及產品型式之間的組合，如此才能讓企業快速地達到使用者的客製化目的。Peppers 與 Rogers（2008）認為客製化的概念具備以下三種方式：

   (1) 以資料庫行銷方式，建立客戶資料庫系統來紀錄、追蹤、分析每一位消費者。

   (2) 運用互動式介面和顧客溝通，包括：CTI 的 call center、互動式介面網站、自動銷售系統等。

   (3) 大量客製化（Mass Customization）技術能夠使企業大量且低成本的針對不同顧客提供個別化產品。

3. **直效行銷：**在個人化行銷中，若結合各種可利用的媒體，來和消費者或企業進行溝通的一種互動式行銷方式，這就是直效行銷，其目的在於消費者能對企業所提供的產品或服務產生直接的回應。

第 III 型態：個人買者→企業賣者

這種個人化行銷，也是目前較常見的網路行銷模式，它和第 II 型態的最大差異是，前者是由個人主動去購買，後者是由企業推銷產品給個人消費者，這樣的差異當然也影響到在設計個人化行銷方法會有所不同，不過它們的共同點都是必須考慮個人感受和喜好，一般主要分成三種：

1. **「我的網站」的入口網站（my web）**

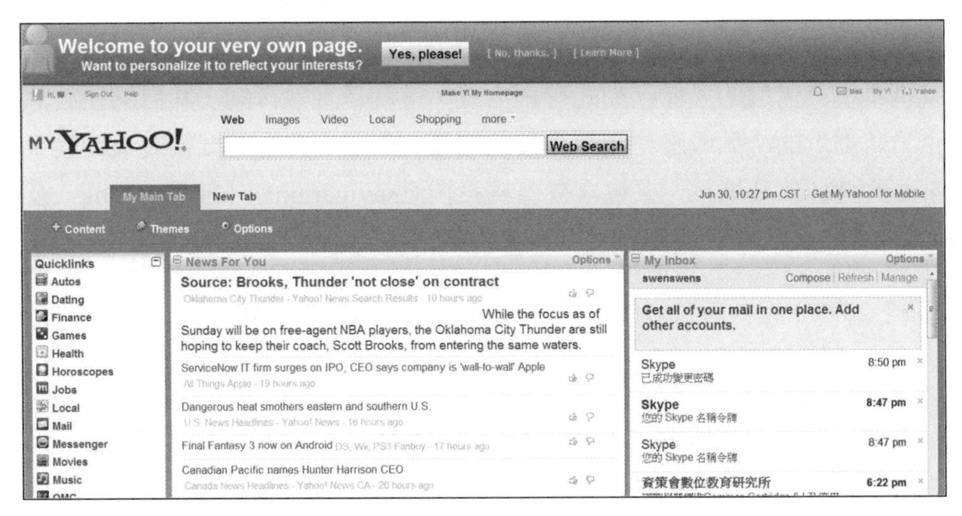

圖 6-6 資料來源 http://my.yahoo.com/?rd=nux

2. **入口搜尋網站**

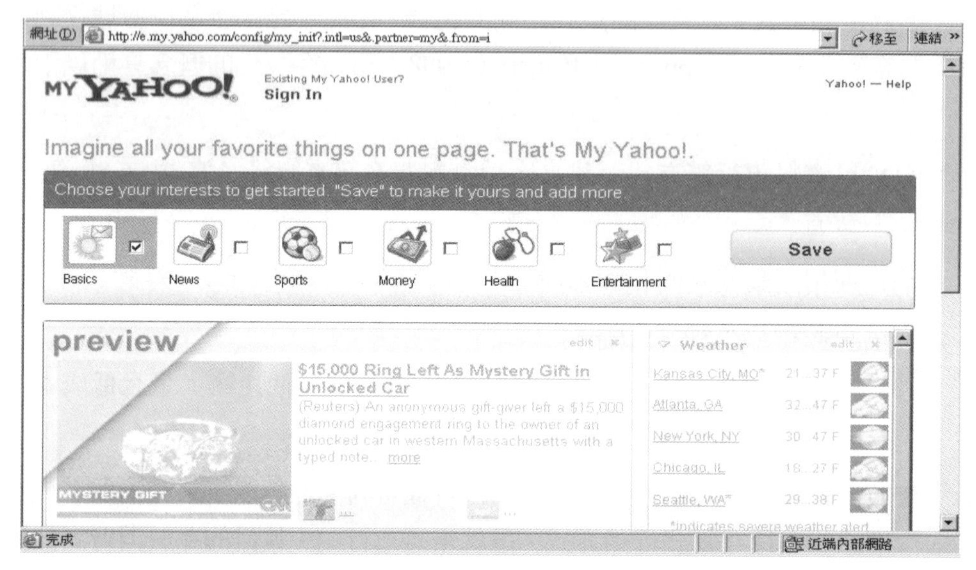

圖 6-7 資料來源 http://mysearch.yahoo.com/公開網站

6-2 直效行銷

6-2-1 直效行銷定義

個人化行銷對於個人消費者而言是有益的，可以依照自己個人喜好和需求來購買，但並不代表個人化行銷就無往不利，因為有時候個人並不是很清楚自己的喜好和需求。故個人化行銷應和其他行銷方法搭配（例如：資料庫行銷），來控管個人的需求，進而製作個人化行銷。在個人化行銷中，若結合各種可利用的媒體，來和消費者或企業進行溝通的一種互動式行銷方式，這就是直效行銷，其目的在於消費者能對企業所提供的產品或服務產生直接的回應。例如：其中網頁在直效行銷中就佔了很重要的角色以及地位，它包含有導航系統（navigation）、連結（Link）及網站結構（Site Structure），視覺識別系統等方式來達到直效行銷的直接回應。

Kotler（2009）認為直效行銷大致上皆具有 4 種獨特的特徵：

1. **直效行銷是私人性的（nonpublic）**：通常只是呈現給某特定的人員。
2. **直效行銷具有立即性（immediate）與顧客化（customized）**：訊息針對特定的消費者，以快速地方式來回應。

3. **直效行銷具有互動性（interactive）**：企業與消費者之間進行互動溝通，且可改變消費者的回應。
4. 利用各式各樣的電子型錄在網路上進行產品的銷售與服務的提供。

美國直效行銷協會（Direct Marketing Association, DMA）在其網站上的 定義直效行銷為：任何與消費者或企業直接進行溝通，期望能直接產生回應之方式。

圖 6-8 資料來源 http://www.the-dma.org/ 公開網站

Kotler 與 Armstrong（1997）認為直效行銷（direct marketing）是有目標的選定個別顧客，並與其進行直接一對一的溝通，並獲得顧客的立即回應。因此，企業可依據客戶個別需求提供互動模式，在精準區隔市場中做顧客行銷。

Thedens（2001）認為直效行銷發展的方向有：

1. 直銷行銷應結合產品顧問、經銷商以及資訊科技等多元管道。
2. 直效行銷應廣泛運用在跨產業。
3. 直銷行銷可使企業與目標客戶之間的溝通更直接、更具影響力。故在做行銷時，可直接針對目標客戶，做而直接性的行銷。
4. 應具有訊息傳達功能，和達成產品品牌的建立，以便得到更多的經濟效益。
5. 直效行銷方向可針對一對一的顧客，也可針對分眾的顧客，來做為溝通對象。
6. 目標客戶一對一的行銷手法是直效行銷的工具，其廣告只是建立品牌的其中之一工具，故直效行銷結合大量傳播於大眾媒體廣告內，可成為企業直銷行銷的方式。

6-2-2 直效行銷的個人化

Surprenant 與 Solomon（1987）將服務業個人化方式分成兩大項，第一種是選擇式個人化，它是服務的結果；第二種是程式式個人化和顧客化個人化，它是服務的過程。

1. **選擇式個人化（Option personalization）**：是指允許顧客從一些可能提供的服務中，選擇符合自己個人化需求的服務。此種方式，當使用者選擇愈能符合自己需求時，其滿意度相對的也愈高。

2. **程式式個人化（Programmed personalization）**：是指個人化需求在企業行銷例行性的工作中，能讓每個顧客都覺得企業行銷是為自己所特別設計的，而不是只是又是一個顧客而已。例如：在消費者上網消費時，可自動產生該顧客相關的訊息。

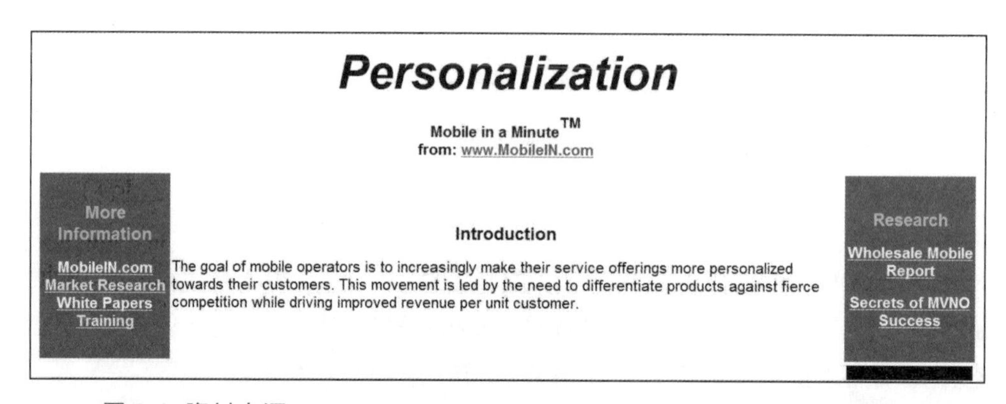

圖 6-9 資料來源 http://www.mobilein.com/personalization.htm 公開網站

3. **顧客化個人化（Customized personalization）**：藉由分析顧客個別的需求，以便提供有用的建議，希望他們可以得到最符合其需求的服務方式。

直效行銷的個人化的運作，可使得購物便利性、服務親切性與個人化服務更能滿足顧客的滿意度，進而提昇忠誠度。

直效行銷的個人化的運作，也使得每一個客戶消費的更多，則就能享有更長期的利潤收益，這就是重複購買的成效，因為在每一個舊有忠誠顧客身上所花費的行銷成本會相對少了很多，而促使了開銷大幅降低。如此可在直效行銷的個人化的基礎下提昇每一位顧客的佔有率。

在網頁上應用直效行銷的個人化，必須考慮到網頁介面（Web Interface）的個人化特性。網頁介面是引導使用者操作的方式和管道，透過介面的回饋（feedback），使用者可得到網站上瀏覽的結果。故網頁介面不僅提供操作直效行銷的介面，它也可增進使用者直效行銷的效果，因為流暢人性化的頁面組織架構可增加直效行銷的效率，和期望表達的功能。

Grnroos（1983）曾提出消費者關係生命週期模型（Customer Relationship Life Cycle Model），它可用來涵蓋及評估企業與顧客之間的關係，它區分為初始階段、購買過程及消費過程三個階段。

透過顧客關係生命週期模型 可來強化直效行銷的成效。

直效行銷的企業個人化應用，可有以下 5 種分類：

- **地區資料庫型**：擁有區域性的連線網路和資料庫，提供用戶各方面的查詢，例如：戶政事務所。
- **傳播廣告型**：以傳播為主，例如：新聞媒體、電視台。
- **專業技術型**：特定領域的專業，例如：生物科技。
- **論文文獻型**：情報論文文獻的分類和檢索，例如：報社文獻。
- **政府公告型**：提供查詢政府相關辦法和公佈訊息，例如：市政府。

6-3 一對一行銷

大眾行銷通常都會以標準化和單一產品的大量特性，透過大眾媒體的傳播來接觸數以百萬計的購買者。大眾行銷的溝通僅為接觸傳達訊息給顧客的單向溝通方式，無法與顧客進行雙向互動溝通。

所謂一對一行銷是指以消費者為中心，注重個人化差異，以個人需求為行銷組合。其中在 B2C 的營運模式 就是涉及企業與最終消費者的一對一互動，因此這種模式的重點在於商品及服務，能與個人做一對一的行銷。如圖 6-10。

另外，直效行銷是直接與顧客溝通，故它也是一對一及互動式的溝通模式。

另外，資料庫行銷的雙向溝通與資料分析能力，有助於企業更瞭解客戶個人化需求，提高對消費者的個別重視程度，故它也是一對一行銷。

總而言之，一對一行銷是期望能提昇客戶占有率、客戶保有率、客戶開發率、重複購買率等功效，它是網際網路行銷的主要趨勢。

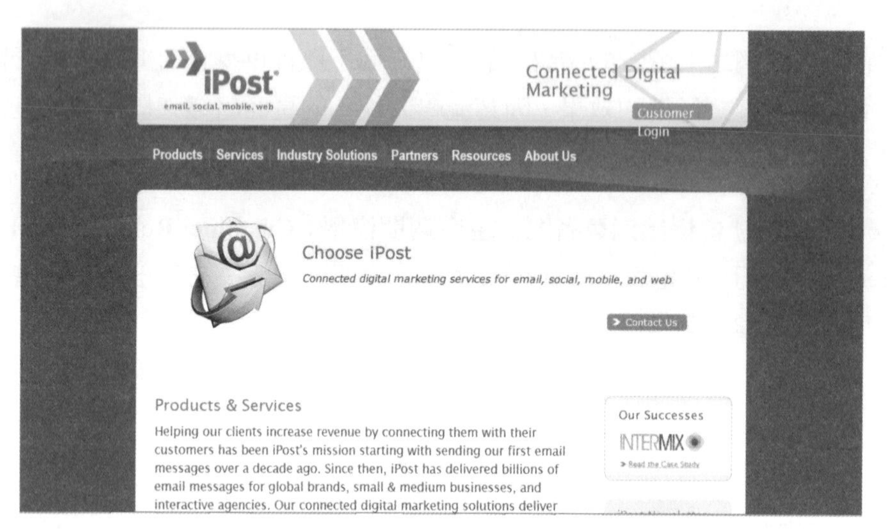

圖 6-10 資料來源 http://www.ipost.com/公開網站

Peppers 與 Rogers（1999）認為一對一行銷，必須有下列四個重要的步驟：

1. **辨識顧客**：分辨瞭解顧客的需求。
2. **區隔顧客**：針對每位顧客分析其個別需求，以及差異化，進而篩選具有可獲利的顧客，為企業創造最大的利益。
3. **顧客互動**：增強顧客互動的介面效益，它是一對一行銷的重要關鍵。藉由自動化及低成本的互動介面，將可獲得多顧客需求及提昇顧客價值。
4. **顧客需求**：產品與服務個人化能符合顧客需求，並且企業必須能調適作業以符合顧客需求。

一對一的行銷概念，和個人化（personalization）及客製化（customization）是息息相關的。Allen、Kania 與 Yaeckel（1998）認為一對一行銷重要成功關鍵因素是來自於與顧客良好互動介面，因此一對一行銷必須建立在與顧客溝通的互動，進建立顧客良好關係，其網路科技只是企業與顧客建立一對一行銷的工具而已。

Pine III 與 Peppers（1995）則認為一對一行銷的概念乃是利用企業最有價值的產品或服務與每一位顧客建立一種學習型關係。所謂學習型關係是指企業和顧客相互間，以更良好和精密的互動關係，來瞭解顧客之需求後，企業能針對顧客需求，提供改善個人化的產品或服務。而在學習型關係運作中，使得每一次互動過程中，企業能逐漸改善顧客一對一的能力，進而讓顧客產生信心。

Blattberg 與 Deighton（1991）則認為一對一互動性是在個人和企業能夠直接溝通，不受時空限制。

Deighton（1996）認為一對一互動性是能在不同顧客的獨特反應下，可辨識顧客個人化的能力。故它有具有兩個能力特質，一為認得顧客的能力，另一為回應顧客的能力。

Seybold（2000）在其著作 Customers.com 中提到，個人化的服務絕對是吸引顧客的重要關鍵，她並提出個人化的六點原則：

1. **顧客個人化的主體：**企業應將每位顧客視為獨立、單一的主體，而且在每次做行銷時，應讓顧客覺得特別。
2. **顧客個人化的私密和正確：**企業必須採取互動式的方法來建立顧客資料，而且自動化得取顧客在交易中所提供的行為資料，例如：下載那些軟體、瀏覽那些網頁、搜尋那些內容等動作。但這些資料必須正確變更資料，以及不可洩漏。
3. **顧客個人化的量身訂做資訊：**企業必須在做行銷時，能自動調出顧客相關資料，讓顧客自己選擇個人化的專屬資訊。
4. **顧客個人化的適當服務：**企業即使掌握了顧客的相關資料，但仍有可能不清楚顧客的需求。因此，企業必須把握住每一次和顧客的互動，再次請提供一些相關資料，進而藉由資料庫分析，來推測顧客其他可能的需要。
5. **顧客個人化的自行檢視：**企業應讓顧客自行追蹤訂單，和管理曾買過的消費資訊，如此會使顧客有感到自己很特別。
6. **顧客個人化的空間：**企業應讓顧客有自己專屬的個人化空間，例如：個人首頁、個人理財工具等。

從上述說明可知一對一行銷內涵須具有以下特性：

- 具備雙向溝通的高度互動性
- 不受到地理限制的便利
- 具便利與效率的優勢
- 企業本身直接規劃一對一行銷經營
- 在行銷作業的中間過程減少
- 可發生在任何時間的效率
- 不影響隱私權

6-3-1 產業科技的一對一行銷

產業科技的不僅突破，使得同一產品能整合更多使用的功能與強大性能及快速產品功能更新，這樣的創新也衝擊著個人化行銷模式。而在產業科技中跟個人化行銷有關的是：產業上邊際效益，和產業上群聚效應。

網路行銷的個人化必須應用在產業上邊際效益的觀點，才可使個人化行銷有更大的成效。

網路行銷必須考慮到在產業上的邊際效益，也就是說網路行銷是否有很大成效，必須以產業趨勢的客戶環境來規劃，若該產業是新興行業，則網路行銷應用在此產業，其邊際效益會大於其他產業。目前在資訊科技產業，已從個人電腦進入微利化的成熟期後，就朝向整合式消費型電子產品。

所謂整合式消費型電子產品，是指強調產業間相關企業和供應商和客戶的協同作業與整合所有企業外部內部的資源，並隨著知識經濟盛行和奈米、生技、微機電等高科技發展，客戶這時不僅不再滿足於多產品多功能變化的產品，這時網際網路的軟體技術也已是結合無線行動方案的層次，因此資訊系統的應用是以產業資源整合系統（e-business solution），面對產業鏈緊密生存及影響，其有效結合外部資源已是必備作業模式，但產業鏈生命共同體，才是競爭永續經濟關鍵之處，故如何使產業鏈所有資源在所有企業下達到最佳化，則是產業資源整合系統可使產業獲利的挑戰。

在傳統行銷時，很難大量做到個人化行銷，因為成本很高，及可行性技術也高。而在網路行銷時，因為網路技術突破，使得成本和可行性技術都相對降低和成熟。不過，雖然如此，但在不同消費者的貢獻度和忠誠度不一樣情況，其個人化行銷深度也應有所差異不同。也就是說個人化行銷深度必須依照消費者種類做不同程度的個人化服務，其消費者有「門當戶對」滿意感受，而且也不會因而感覺到個人化功能太複雜或不需要這麼多功能，當然最重要的是企業因邊際效益提高而大幅獲利。例如：個人化搜尋工具，可分成一般資訊搜尋和智慧型知識搜尋。

群聚效應也是企業在運作網路行銷時，對於產業上須考慮的重點之一。

所謂群聚效應，是指在某產業的上、下游是聚集在同一地緣的形成區域，如此在這上、下游的供應皆可快速且完整，而且最重要的是在這產業群聚的各別企業，可因為如此而使得企業經營更穩固，並且以產業群聚綜效，來成立產業聯盟，進而擴大該產業的市場。

從上述說明，可知網路行銷若能發揮群聚效應，則對產業的應用和經營是更加有用。群聚現象是把產業上下游連結成有機式的綜合體，故網路行銷可利用此現象，以策略、方法、工具來規劃。

此群聚現象可增加「企業個人化」的行銷，上述所提及的邊際效益是指對「消費者個人化」。

群聚效應的重點是企業和企業有某種關係，而造成生命共同體的組合，例如：半導體的 IC 測試封裝，和晶圓代工就有上下游製程關係，故若產生群聚效應，可使這兩個企業有魚幫水，水幫魚的效果。故這樣某種關係可使面對企業型的客戶時，將此關係放入個人化行銷上。就上述例子，可將這個上下游製程關係，建立針對這兩個企業之間專屬的跨製程生產進度平台，該平台可做為封裝測試在尋找晶圓代工客戶時，可提供客戶在生產製程進度控管的個人化服務。

上述對邊際效益和群聚效應的說明中，可了解到，網路行銷是和企業經營連結的，也就是說，網路行銷必須以經營方式來運作，而不是只有行銷工具。這個觀點在第一章已說明過，而且也是本書的精髓所在。如下圖：

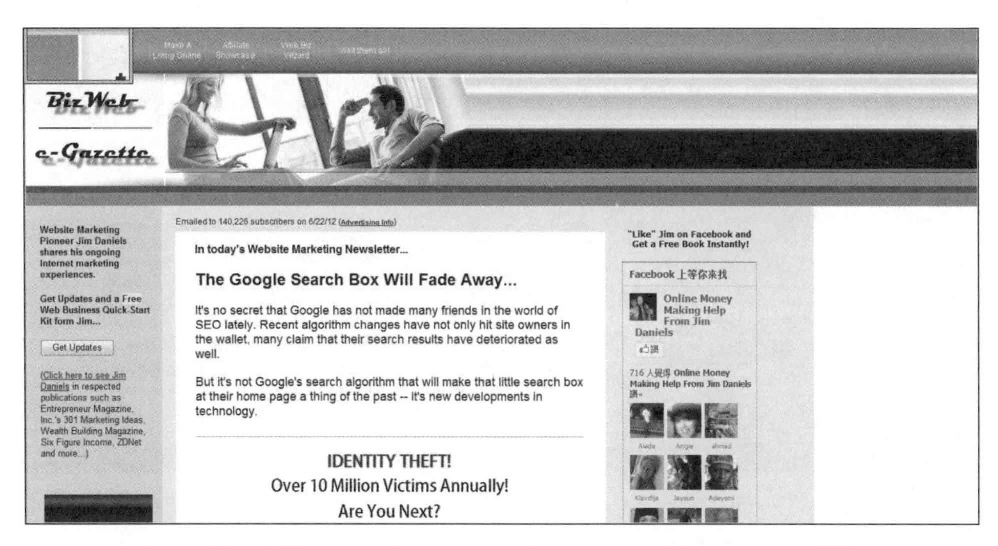

圖 6-11 資料來源：http://www.bizweb2000.com/index.html 公開網站

「個人化行銷」從單純消費者個體的個人化，到複雜企業主體的個人化，可說明網路行銷是從行銷工具到行銷經營，這個轉變的觀念，使得企業對企業的型態，可真正運用到網路行銷。

筆者在輔導顧客時，曾聽過很多企業說，網路行銷不適合他，或網路行銷的成效不大，這其實是認知上的誤解，故企業應多安排有關網路行銷的系統化學習，而不是隻言片語的帶過，企業應是以如何活用網路行銷來看待網路行銷的效用，而不是網路行銷本身有沒有用，也就是說由企業來決定網路行銷的效益。

再舉產業科技的一對一行銷例子，例如：網路電視。

網路電視是近來愈來愈重要的市場，它具有雙向互動及個人化特性，這樣的特性會產生「網路個人媒體」，「網路個人媒體」是以往個人化行銷的延伸和擴大，在傳統行銷上，個人化是不容易，而在之前網路行銷上，個人化行銷就變得有可能，但要做到個人化媒體，就不是那麼容易。但網路電視的興起，則每個人都有可能建立自己專屬的個人媒體，例如：個人電視劇、個人主播、個人秀等。這樣的新科技興起，也產生了新的網路行銷模式和方法。

何謂個人媒體：從網路個人媒體的趨勢，可以了解到網路行銷和高科技產業是有很大的關聯度。

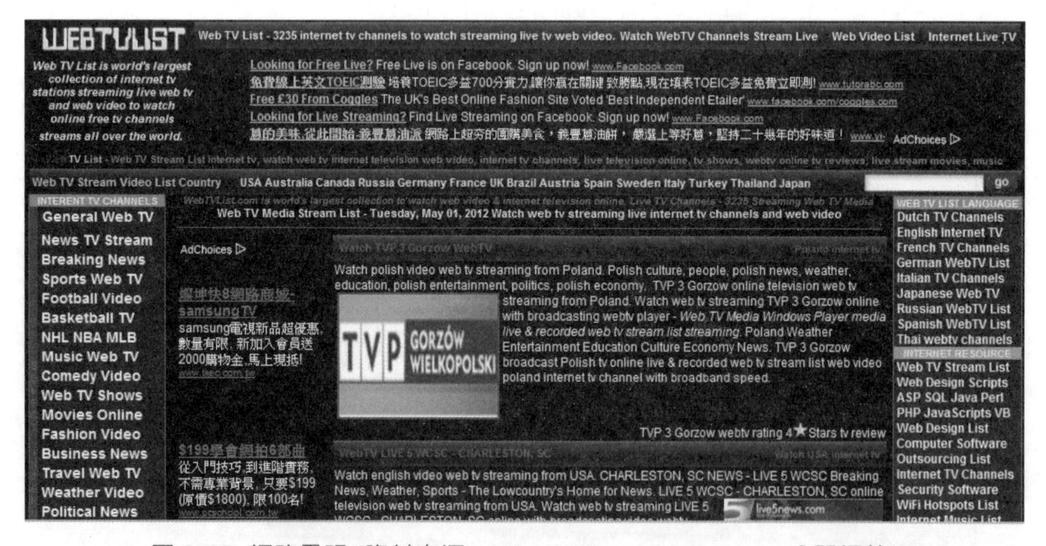

圖 6-12 網路電視 (資料來源：http://www.webtvlist.com/公開網站)

6-3-2 情境式行銷（體驗式行銷）

在網路行銷上，因為網路技術、行動。無線、RFID、多媒體技術等不斷突破創新，使得在網路上的行銷手法和模式也隨之突破和創新，其中情境式行銷就是一例。

透過情境式行銷，使得個人化的行銷更加有體驗感和個人化。例如：SonyEricsson 相關產品就是運用情境式行銷手法，它將產品功能訴求情境，融入新世代的生活型態中，來提高新世代人類的品牌價值認同，進而促使接受，如下圖：

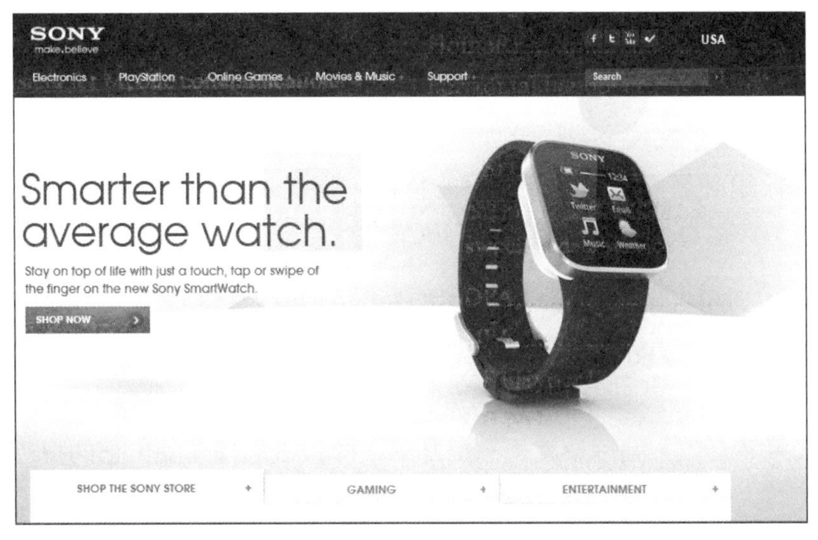

圖 6-13 資料來源：http://www.SONY.com 公開網站

所謂情境式行銷是指利用模擬人類情境過程，將消費者所喜好的感受和事物，呈現於網路上，進而塑造從情境發展過程中來引導消費者購物，這種做法，就好像消費者在百貨公司購物一樣，若百貨公司實體環境塑造成某情境的主題佈置，則消費者就會受到當時情境主題的感受影響，進而促使消費者購買，例如：在聖誕節季節時，百貨公司塑造成聖誕情境氣氛，或是 Hello Kitty 專賣店，塑造 Hello Kitty 情境佈置等。不過以上是在實體環境中可做得到，而且更容易達到實際情境的感受效果。但在網路虛擬環境，是比較難以有實際情境，但就如同上述所言的，各項網路技術的突破創新使得網路行銷愈來愈有實際感，然而這個實際感還是比不上實體環境，而且最重要的是網路上情境感受重點不在於實際感，而是在於多媒體震撼人心的視覺化。這是傳統實體通路無法達到的。

不過，高感度的視覺化效果，只是情境式行銷的必要過程之一，但必須和情境式感受的設計結合，才可真正達到情境式行銷，也就是說不是只運用一大堆多媒體效果的堆砌，而是要以消費者喜好的主體情境，來讓消費者感受，進而促使購買的欲望。

情境式行銷的行銷效益就是讓消費者透過網路情境式的感受引導，來快速即時達到購物交易的目的，但它的更強大威力是在於讓消費者肯再次回來購物。企業在獲取第一次顧客時，需花費很多的成本，故在獲取後，應讓顧客肯第二次上門，如此才能降低分攤先前成本，進而保有長期利潤。

情境式行銷是主要針對個人化行銷而來的，它可達成個人客製化和一對一的行銷效果，以及再次購買行銷的成效。不過要達到上述的效益，其情境式行銷的規劃設計，就很重要，它絕不是網路技術和工具的拼湊，而是消費者情境感受的心靈互動過程形成。

在個人化行銷必須再加上個人消費的特色，那就是個人消費一般都是喜歡佔小便宜，故「免費俗賣」的行銷模式已因應而生。

「免費俗賣」的網路行銷是建構於某種個人化程度來規劃的。也就是說在某種產品特性下，其個人會偏好那種內容程度，例如：以往報紙都是幾個大張組合成每天日報，但後來就有報社，以俗而大碗方式，提供更多張組合的日報，讓讀者看個夠本，這種方式果然奏效，發行量就逐漸提升了。像報紙這種產品，它的特色是閱讀量多寡，故就個人偏好程度是喜好多的內容，故若能打破成本限制，一次提供夠本的閱讀量，則會使得讀者有值回票價的感受，雖然成本提升，但營業額卻相對提高了。個人化行銷必須依賴資訊科技的輔助，才能使個人化行銷。

免費的策略在個人化行銷運作是具有關鍵性的。一般消費者都是希望能免費使用；因此免費使用可做為初期客戶的門磚，但並不代表免費使用就一定可吸引消費者。

從上述在情境式行銷的應用說明，可以了解到企業可在時空的控制需求下，呈現不同的情境式互動，和使用不同的多媒體應用。若以時空的互動性來看，一般可分成四種情境式行銷在多媒體的應用：

1. **同一時間同一空間**：指面對面的互動，例如：電子白板會議室。
2. **同一時間不同空間**：指同步的分散不同地點的互動，例如：多媒體視訊會議。
3. **不同時間同一空間**：指非同步式、集中同一地點的互動，例如：多媒體百貨購物。
4. **不同時間不同空間**：指非同步的分散不同地點的互動，例如：電子書。

問題解決創新方案－以章前案例爲基礎

(一) 問題診斷

依據 PSIS（Problem-Solving Innovation Solution）方法論中的問題形成診斷手法（過程省略），可得出以下問題項目：

■ 問題 1：在網路行銷普遍下其如何追求差異化競爭

當早期在 Internet 世界中，其網站建立數量是不多的，因此建立獨特 web site 就是一種競爭力，也在現今時代中，網路行銷就如同江中小魚般太多了，因此，如何發展其差異化競爭是目前當下的重要課題。

■ 問題 2：個人化行銷如何面對客製和快速大量的特性矛盾

在網路行銷技術和環境下，相較於傳統實體環境運作，是更能且更須達到個人化的行銷需求，然而如何在個人客製化的多元化產品，以及因在客製化下其成本是否會變得比較高？或是製作速度時間較長？這都影響到客戶接受的意願，以及廠商營收利潤的合理。

(二) 創新解決方案

■ 問題解決 1：建構個人客製化行銷模式

差異化競爭就是提出每位客戶都不一樣的感覺，這就需要建構個人化行銷，包含：一對一行銷、客製化行銷、直效行銷等。

■ 問題解決 2：建構可產生個人化產品造型的技術

要兼顧客製化和大量化的綜效，就是要做到「大量客製化」的精神，其關鍵在於高科技技術，這須結合網路技術和高科技的發展，例如：快速 3D 產品模型製作器，並結合諸如配置式組合（CTO）作業，以達到兼顧以上二者的綜效。

(三) 管理意涵

■ 中小企業背景說明

中小企業受限於人力有限，故要實施個人化之網路行銷是不容易的，這是中小企業生意無法應用網路行銷成功的主要因素之一。

■ 網路行銷觀念

在個人化行銷中，若結合各種可利用的媒體，來和消費者或企業進行溝通的一種互動式行銷方式，這就是直效行銷，其目的在於消費者能對企業所提供的產品或服務產生直接的回應。例如：其中網頁在直效行銷中就佔了很重要的角色以及地位，它包含有導航系統（navigation）、連結（Link）及網站結構（Site Structure），視覺識別系統等方式來達到直效行銷的直接回應。

■ 大企業背景說明

大企業的網路行銷管道，是可做到某個規模的運作，而且顧客是大量眾多的。故在網路效應下，大企業更須要做到個人化行銷。

■ 網路行銷觀念

將重點從市場佔有率轉換到客戶佔有率的新的行銷思維，其將配合公司的整體行銷規劃，促使客戶可利用 web 上工具和服務，獲取所需的資訊和購買產品。也就是說除了將行銷的重點投資在整個市場，以期提昇經營績效之外，企業經營者也應該思考如何增加和保有每一位客戶的貢獻度。（參考資料來源：Peppers & Rogers（1993））

■ SOHO 企業背景說明

SOHO 企業在產業的定位較小型，故「群聚效應」應是 SOHO 企業在運作網路行銷時，對於產業上須考慮的重點之一。

■ 網路行銷觀念

群聚現象是把產業上下游連結成有機式的綜合體，故網路行銷可利用此現象，以策略、方法、工具來規劃。此群聚現象可增加「企業個人化」的行銷。

（四）個案問題探討：請就消費者客製化對於企業作業有何影響

案例研讀
Web 創新趨勢：個性化適地性服務（LBS）

企業在面對客製化的多樣少量訂單，往往會被其龐大數量和多種組合變化的複雜現況所混淆，例如： 將訂單的組合混淆在產品料號中，以鞋子為例，它會以客戶訂單不同，而有顏色和尺碼的不同，若有 100 個顏色和尺碼組合的訂單筆數，則就會有 100 個產品料號的定義，如此造成原本是基本主檔性質的產品料號，變成如同訂單般的交易主檔性質，這樣不但使作業繁瑣無效率，而且也使得產品料號主檔，失去產品的主體性，因為它混淆了訂單行為，也就是說受到訂單因素而影響到產品料號的定義，故當產品料號若和另外其他採購行為有關聯時，就無法運作。例如：同樣以上述例子，該產品料號會有顏色和尺碼的訂單行為因子在編碼裏，但在採購作業時，其經 MRP 所展開的 BOM 採購零組件，是不需考慮到顏色和尺碼的訂單行為因子，它只需以產品主體性的 BOM 展開需要哪些零組件，並不需牽涉到客戶訂單需要的顏色和尺碼，因為那是到訂單時才須考慮，畢竟訂單和採購作業是不一樣的。所以可知基本主檔性質的產品料號，和訂單般的交易主檔性質是不一樣的，它們必須考量到主體適地性，也就是說須能自動偵測到適合在那個實體位置上（基本主檔實體位置或是交易主檔實體位置）。

從上述說明後，可知企業在面對客製化的多樣少量模式下，須結合便利的個性化服務和適地性服務（LBS）的概念，行動定位行銷（location-based marketing）就是根據使用者所在的地點發送至其行動裝置的促銷資訊。茲以送禮服務做為個性化適地性服務（LBS）的模式設計如下。

以 GiftRocket 的送禮服務為例子：

- **網站營收模式：**GiftRocket 會對送禮者收取額外的服務費（禮品預付費用），扣掉支付策劃、物流和禮品冊製作等成本，其中的價差就是獲利的利潤。
- **對收禮者：**可從多種精美清單中，挑選自己喜歡的禮品。不用帶著實體卡片，又能讓收禮者在消費過程中充滿彈性和便利，從而保有了送禮的意義。
- **送禮者：**只要付出一點點的費用就可以取得 GiftRocket 所提供的便利服務，並可按照預算致贈不同價位禮品的禮品冊。

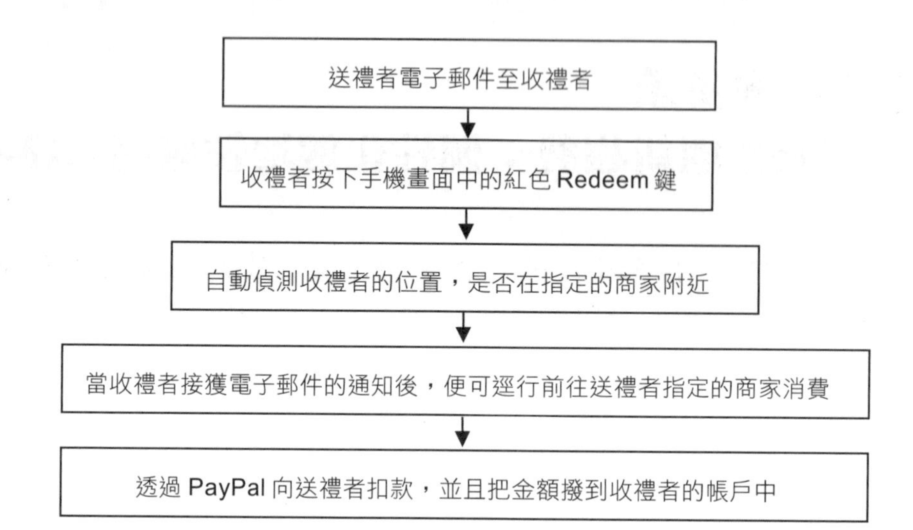

■ **中小型商家效益：**不必建置銷售通路和花錢打廣告做行銷或是支出大筆費用來推廣自家的禮品卡，不需建置費。

資料來源：網址 http://www.GiftRocket.com.

資料來源：網址 http://basha.com.cn

案例研讀
熱門網站個案：虛實整合

虛實整合能優化購物體驗，實體導流到虛擬，虛擬也導流到實體，當消費者走進實體商店中，只要掃瞄條碼，手機便會自動搜尋眾多購物網站進行比價，或提供更多資訊。商品就在你的身便時，實體商店就不再只是一站購足的目的地，而是搜尋的起點。當廠商刊登商品時，也可以直接掃瞄條碼，它就會自動出現商品細節，減少刊登步驟。

虛實整合特色是以消費者導向的設計平台，它是用更直接的視覺化，來符合符合消費者的語言及使用習慣。

虛實整合最佳流程可透過應用程式來達到「瀏覽大於購買」體驗。茲説明如下：

一、 虛擬的下單模式到店家出貨的流程：

從網站上搜尋，比價，選購商品加入購物車，填寫基本資料，選擇付款方式，訂單成立，店家出貨，消費者收到商品之流程。

二、 從實體到虛擬下單出貨的流程：

消費者可先至實體店面查看商品資訊，到網站上搜尋，比價，選購商品加入購物車，填寫基本資料，選擇付款方式，訂單成立，店家出貨，消費者收到商品之流程。

三、 虛擬查詢當期優惠資訊流程：

消費者可先至店家網站上瀏覽商品資訊及當期優惠，至實體店家購買商品，付費，拿取商品，完成購買之流程。

另外，虛實整合可針對分眾族群推出垂直化應用程式，例如：eBay Fashion：

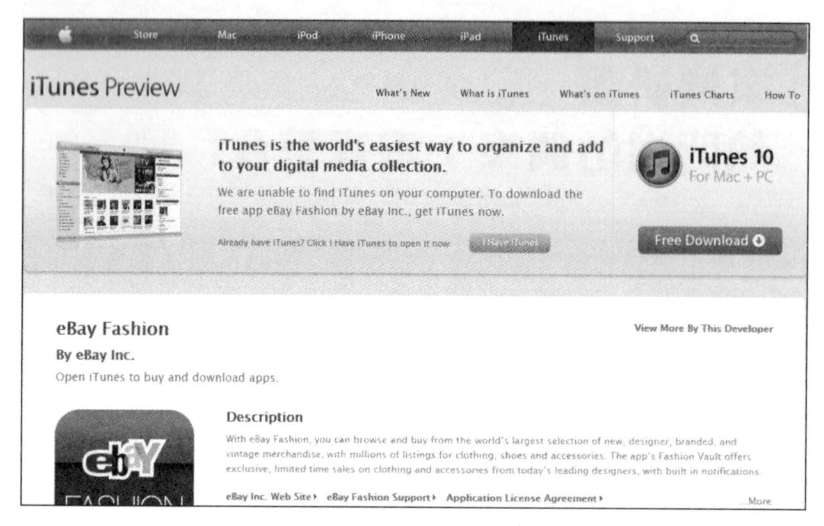

http://itunes.apple.com/us/app/ebay-fashion/id378358380?mt=8

虛實商店整合，以網路商店的型態，建立實體和虛擬結合的商品零售模式。例如：DressPhile、Blurb。

虛實整合如何影響到企業經營作業。茲說明如下：

1. **實體店面的活動與網站的作業結合，這樣一個運作方式是否可以增加顧客的滿意度？如何增加？**

   依企業的角度：可以在實體的店面看到實際的商品後用網站購買商品，先看實際的商品也可以減少消費者收到商品的不滿意，而有些網站的商品會較便宜且可提供便利的服務。或者顧客也可先經由網站搜尋欲買的商品資訊再到實體的店面購買，也可以先至網上列印贈品兌換卷再至門市兌換。

   依消費者的角度：會去店家試用一下產品適不適合自己及看一下實際的東西，再回家去網路上搜尋有沒有在更便宜的價格，在網路上做消費。有時也會先去網上搜尋商品的資訊和店家最近的促銷活動及優惠方式，再至門市去消費。

2. **消費者透過並運用這樣的虛實整合作業，在查詢與購買等方面是否能夠有效率且確實地完成？**

   依企業的角度：商品陳列的方式也都會依同樣性質的商品排列，排列的標示也都會標示清楚。因為消費者可先在實體的店面確實地看到商品及先試用適不適合，避免在網路上買了不喜歡的商品後，降低消費者滿意度及要求退貨等。

依消費者的角度：可在網站上快速搜尋商品的資訊及購買下單，省去再跑一趟實體店的時間。亦可在實體的店面能有效及清楚地找到我要買的商品及試用和看到實體，

3. **在虛實整合的作業模式之下，實體店的客服人員在與顧客作互動時，是否能夠清楚顧客需要什麼、並快速回應需求？**

   依企業的角度：在門市有服務一段時間的人員幾乎都可以，但新進人員就不太能保證，但是我們都會對新進人員做專業的員工訓練和回應訓練，加強補足員工的不足之處。

   依消費者的角度：如果我們做詢問商品時，人員都會清楚地回應告知我們商品的資訊。

4. **在虛實整合的作業模式之下，消費者在購買時，是否能夠享受到商品及客服人員的品質、隱私權與被信任的感覺？**

   依企業的角度：若顧客不需要服務，我們服務人員也不會跟隨在旁，以免讓顧客有壓力。但是我們會看如果顧客看起來是在尋找商品或是對商品有疑問，我們會主動上前詢問有沒有地方要幫忙介紹的。

   依消費者的角度：門市的人員，也不會採緊迫盯人和強迫推銷商品的方式打擾，只有在我有疑問時會幫忙協助我。在挑選商品或是在試用商品的時候，都可以感到自在。

5. **透過虛實整合的作業模式下，消費者是否覺得更加便利、並獲得廠商立即直接性的服務？**

   依企業的角度：網站和實體結合後，不但可以有多種購買的方式選擇，也可從多方面更直接且方便地知道商品的資訊和服務，業績也有所成長。在像只有網站購物或是只有提供實體店面單一服務的時候，顧客在網站購物的時候看不到實際的商品或者在實體店面的時候不能先搜尋到優惠和價格等等。

   依消費者的角度：可以直接透過 e-mail 與客服人員連繫，更方便也迅速。不需再跑到實體店面找客服人員。

   （上述資料來源：指導學生專題計劃）

■ **問題討論**

請提出虛實整合的作業模式例子。

本章重點

1. 個人化行銷，顧名思義，就是指針對某個個人的特點需求來做行銷，但一般都會指該個人化，就是某一個消費者個體，然而若將行銷範圍依企業者、個人者來做分類，則個人化的意義就不是如此，當然行銷手法也不一樣。
2. 在組織的個人化行銷，是以企業應用需求為主軸來規劃網路行銷方法，一般最常用的有下列三種：大量客製化、組合式訂單、接單式組裝。
3. 客製化（customization）的概念具備以下三種方式：
   (1) 資料庫行銷方式，建立客戶資料庫系統來紀錄、追蹤、分析每一位消費者。
   (2) 運用互動式介面和顧客溝通，包括：CTI 的 call center、互動式介面網站、自動銷售系統等。
   (3) 大量客製化（Mass Customization）技術能夠使企業大量且低成本的針對不同顧客提供個別化產品。
4. 所謂一對一行銷是指以消費者為中心，注重個人化差異，以個人需求為行銷組合。其中在 B2C 的營運模式 就是涉及企業與最終消費者的一對一互動，因此這種模式的重點在於商品及服務，能與個人做一對一的行銷。
5. 網路行銷若能發揮群聚效應，則對產業的應用和經營是更加有用。群聚現象是把產業上下游連結成有機式的綜合體，故網路行銷可利用此現象，以策略、方法、工具來規劃。
6. 所謂情境式行銷是指利用模擬人類情境過程，將消費者所喜好的感受和事物，呈現於網路上，進而塑造從情境發展過程中來引導消費者購物，這種做法，就好像消費者在百貨公司購物一樣。

 關鍵詞索引

學習評量

一、問答題

1. 何謂大量訂製化（mass customization）？
2. 情境式行銷？
3. 一對一行銷，必須有哪些重要的步驟？

二、選擇題

（　　）1. 企業面對現有顧客行銷有：

（a） 價格誘因

（b） 學習顧客的需求

（c） 如何保持顧客

（d） 以上皆是

(　　) 2. 所謂大量訂製化（mass customization）是指？

(a) 將產品的需求依照客戶個人化來訂製

(b) 將產品的需求依照大眾化來訂製

(c) 將產品的需求依照客戶大量化來生產

(d) 以上皆是

(　　) 3. 一對一行銷與大眾行銷之差異，就一對一行銷是：

(a) 規模經濟

(b) 顧客簡單資料

(c) 個別化的廣告

(d) 以上皆是

(　　) 4. 一對一行銷與大眾行銷之差異，就大眾行銷是：

(a) 規模經濟

(b) 範疇經濟

(c) 個別化的廣告

(d) 以上皆是

(　　) 5. 個人化行銷的延伸和擴大的例子是：

(a)「網路個人媒體」

(b)「網路媒體」

(c)「網路電視」

(d) 以上皆是

chapter

7 企業網路行銷工具

章前案例：網路行銷工具

案例研讀：擴增實境行銷、智慧型通訊應用、巨量資料(下)、物聯網—智慧家管

學習目標

- 探討網路行銷工具種類和內容
- 網路廣告的種類和應用
- 部落格的應用
- 網路上的電子商務種類和內容
- 網路上的購買交易過程探討
- 網路行銷工具的執行模式和方法

章前案例情景故事 網路行銷工具

從事於飾品網路交易的王老闆，已在飾品行業做了大半生，因為網路的興起，王老闆和其他企業同樣架設網路交易平台，但後來發現網路交易的競爭激烈，為了吸引更多的消費者上網交易，故決定刊登網路廣告。因為網路廣告的點選動作是一種互動式介面，期望能打出知名度。

經過一些時日後，發現廣告費用大增，表示應有很多消費者看過網路廣告，但然而營收仍沒有太大起色，這是怎麼回事呢？原來企業在運用網路廣告的工具來加強網路行銷的作業時，就可能會產生點選欺騙行為發生，如企業向提供搜尋平台的公司做廣告登錄，其收費模式是消費者每點選該企業的網路廣告時，就會有一筆費用，但因為搜尋平台目前無法判斷點選的人，是否真的是消費者，還是有人惡意大量的點選，使得該企業的付費可能並不是用在真正的消費者身上，這就是點閱詐欺（Click Fraud）。

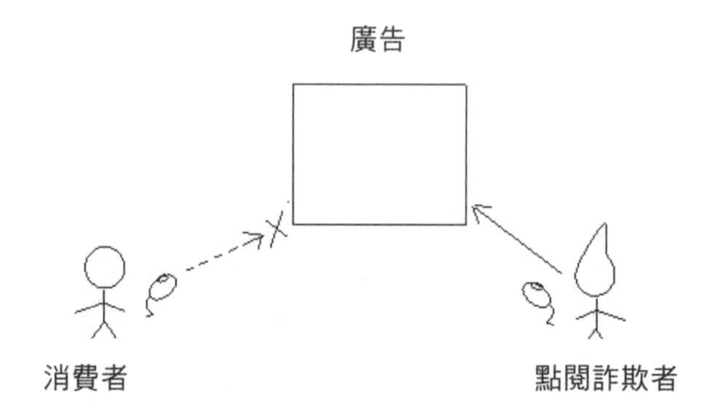

7-1 網路行銷工具種類

7-1-1 網路行銷工具內容

在網際網路採用 TCP/IP（Transmission Control Protocol / Internet Protocol）作為通訊協定上，企業可透過網路應用軟體，來提供網路上服務。一般主要的功能可分為：

1. 終端機模擬／遠端登錄（Talent / Remote）
2. 電子郵件（Electronic Mail）
3. 檔案傳送（FTP / File Transfer Protocol）
4. 資訊地鼠系統（Gopher）

5. 檔案搜尋系統（Archie）
6. 校園 BBS
7. 書目檢索查詢系統（OPAC）
8. 網路論壇（Net news）
9. 全球資訊網（WWW / World Wide Web）

網路行銷之所以能盛行，是因為上述的網路應用軟體使然，而同時在這些應用軟體環境，也產生了相對的網路工具，這些網路工具可應用在行銷上，眾所周知行銷是一個社會交易行為的程序，在這程序中，個人及組織透過創造與和別人交換產品和價值來滿足社會人們的需求與需要。在這個個人及組織的社會行為，其行銷重點就在於如何 exchange？交換什麼 product 和 value？達到什麼 needs？符合什麼 wants？

同樣的，網路行銷也是如此。

在網路應用軟體上，其企業行銷的方式勢必會由傳統的「推播式」行銷（push broadcast）轉變成「拉動式」行銷（pull interactive）。這樣的轉變關鍵在於網路行銷的工具。

網路拉動式行銷包含廣告管理、人員推銷、網路促銷與網路名片等。若運用這些網路工具進行產品行銷，是可達到最大效益。一般網路行銷的工具種類如下：e-mail 行銷、網路廣告行銷、網路名片行銷、網路動畫行銷、網路市調行銷、網路 DM 行銷、電子刊物行銷、電子型錄。

運用網路行銷工具進行拉動式行銷，其重點在於拉（pull）和互動（interactive），透過這樣的方式可以聯盟方式來吸引消費者使用網站，目的在於加強消費者主動的動機，它是利用拉動式，來主動地引導客戶服務，及給顧客親切與信賴的感覺。這個觀念很重要，也就是說在規劃網路行銷時，應有達到這樣的模式。

產品利用網路工具進行行銷，可確實衡量推廣的效果，例如：運用網路中的 cookies 紀錄，可觀察使用者的點選 web 路徑，同時也可利用網路中的 application 連結，來瞭解在何處內容效益是最大的，此優勢效益可明確瞭解消費者的動向與需求。

以下將針對上述的網路行銷工具分別做說明。

7-1-2 網路廣告

傳統廣告是以「推進」顧客，讓顧客被動知道產品的存在，進而「推銷」產品。但在上述的網路應用軟體環境，是以「拉動」顧客方式，讓顧客主動「超連結」到有興趣的網站，進而引導其購買產品。因此，傳統廣告是以廣告數量為基礎來達成增加愈多的曝光比率，但網路廣告是深入每位顧客的需求交易行為上。

Kalakota 與 Whinston(2006)認為網際網路行銷與廣告的方法種類，可以分成四類，包含有：與價格有關的方法、與促銷有關的方法、與市場研究方式與工具有關的方法、與搜尋有關的方法等。行銷與廣告的方法種類：

1. **與價格有關的方法**

   1.1 消費性產品的價格

   1.2 產品的組合價格

   1.3 訂價的不同次序

2. **與促銷有關的方法**

   2.1 市場區隔

   2.2 品牌的廣告

   2.3 廣播式廣告

   2.4 新產品廣告

   2.5 產品定位

3. **市場研究方式與工具**

   3.1 使用 WWW 進行市調

   3.2 使用資料庫進行市場研究

4. **與搜尋有關的方法**

   4.1 互動式電子型錄

   4.2 搜尋的網站

   4.3 軟體搜尋中介

（資料來源：Kalakota & Whinston）

茲將常見的網路廣告類型，整理如下：橫幅廣告、按鈕廣告、電子郵件廣告、彈出式廣告、浮水印廣告、捲軸廣告、富有媒體（rich media）廣告、分類廣告。

1. **橫幅廣告**：是以橫幅式的版面，在網路瀏覽器的介面裏，來呈現其廣告內容，一般通常會放在最上方的位置，其廣告內容會以圖像方式來製作。

   圖像依照數位元件的組成方式，可分為兩大類，一種是點陣式影像（Raster Image），另一種是向量式影像（Vector Image）。

   這二類的檔案格式是各有不同的，茲整理如下：

   (1) 點陣圖檔案格式

   BMP：（Bitmap files）利用 Windows 小畫家繪製的圖像，此檔案格式幾乎不壓縮，佔用磁碟空間較大。

   PSD：Photoshop 專用的檔案格式，此檔案格式可將不同的物件以圖層分離儲存，便於修改和製作各種特效。

   TIFF：（Tagged-Image File Format）是圖形交換率最好的檔案格式，多種程序都可以識別它，對於影像品質沒有影響，是屬於無損失品質的壓縮格式。

   Adobe Photoshop 是一套使用於 Macintosh 和 Windows 平台上的影像處理軟體，也是目前功能最強大、使用者最多的影像編輯軟體。

   (2) 向量圖檔案格式

   DXF：（Document Exchange Format）是 AutoCAD 的文件格式，能被許多電腦輔助設計程式支持。

   WMF：（windows metafiles），Word 中的許多剪貼圖片就是這個格式，能被 Windows 平台使用，用於保存圖形文件。

   GIF：（Graphics Interchange），無失真壓縮技術，一個 GIF 檔可以有多幅彩色影像。

   CorelDraw 是向量圖形繪製及圖像處理軟體，也是一個專業的編排軟體。

2. **按鈕廣告**：它運用小的圖形按鈕來做超連結，並將廣告內容呈現一些字樣，例如：運用在品牌形象字樣的行銷效果。

3. **電子郵件廣告**：利用 e-mail 發送廣告內容。

4. **彈出式廣告**：一般會和贊助行銷方法搭配，它是運用在使用者瀏覽網頁介面時，會依不同狀況而自動再彈跳出來的小視窗介面，其廣告內容是和使用者瀏覽不同狀況有關的。如下圖：

圖 7-1 資料來源：http://cpro.com.tw/infopage/ad/index/Pop-Up.htm 公開網站

5. **浮水印廣告**：它運用浮水印方式來呈現廣告內容，一般放置在網頁主畫面的下層，不會佔用到使用者瀏覽介面的視野。如下圖：

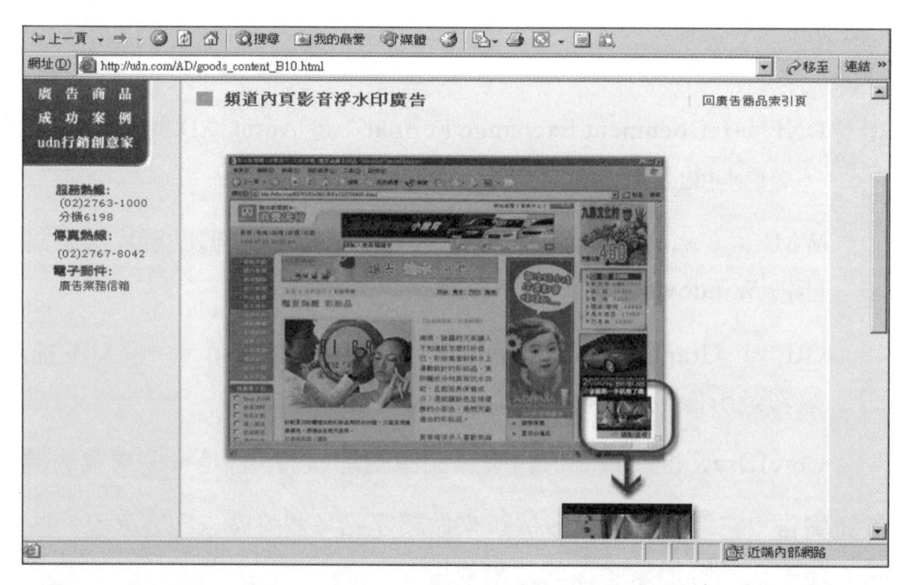

圖 7-2 資料來源：http://udn.com/AD/goods_content_B10.html 公開網站

6. **捲軸廣告**：它運用網頁的整個版面，讓廣告內容位置會隨著網頁的捲軸不斷上下移動，故使用者一定都會看到該捲軸廣告。如下圖：

圖 7-3 資料來源：http://www.104.com.tw 公開網站

7. **富有媒體（Rich Media）廣告**：它運用多媒體的視覺化效果，來將廣告內容可提供更富有的多媒體影音感受。

8. **分類廣告**：它運用分類目錄與搜尋功能，讓使用者可以查詢到想找的分類廠商。

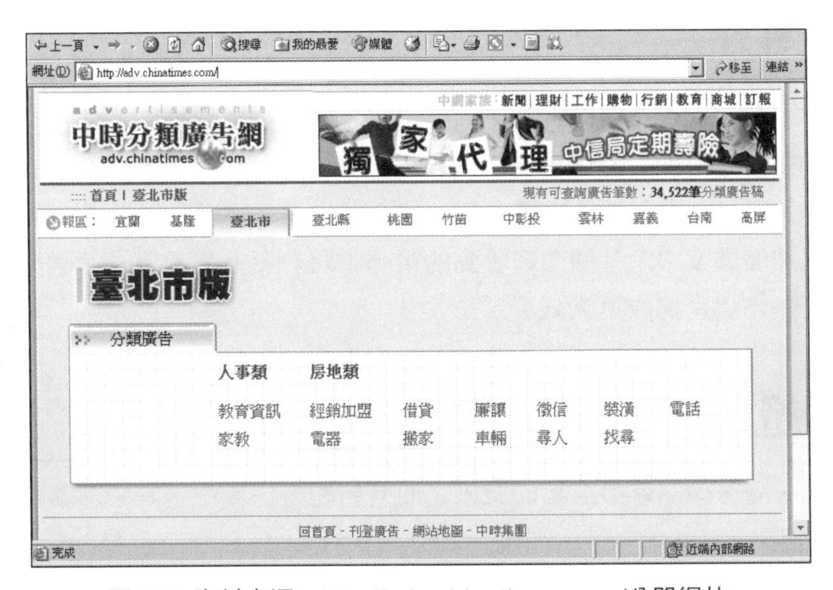

圖 7-4 資料來源：http://adv.chinatimes.com/公開網站

網路行銷的工具計費方式，是會影響到網路行銷的執行效果。在網路廣告的網路行銷工具之計費方式，一般有下列三種方式：

1. **網路廣告閱讀方式**

   當使用者閱讀到網路廣告時，即表示成功地完成了一次「廣告有效閱讀」，但所謂廣告閱讀，是指系統確認到有點選（Click）該廣告，至於是否停留多久時間，或是有真正去看內容，則就無法控制了。

2. **網路廣告刊登期間**

   它是以網路廣告刊登多久的時間，來計算費用，這種方式比較容易理解計算，而且比較不會有爭議，但其閱讀狀況無法量化，不過，就算上述的網路廣告閱讀方式，雖可量化閱讀次數，但仍無法確認廣告成效。

3. **購買產品金額（Outcome）**

   它是以根據因為廣告的產品，就實際的購買產品金額來計算多少%的廣告費用，不過有可能其顧客會購買該產品，並不是因為看了這則廣告，才去購買的。

   在網路廣告中，其品牌導向的廣告是比傳統行銷多很多，因為網路廣告技術容易為品牌創造視覺和設計。

7-1-3 電子郵件

電子郵件行銷（e-Mail Marketing），幾乎可說是全世界最被廣泛使用的網路行銷方式了。因為幾乎每個人都會有自己的電子郵件，而且也會去看，甚至有 2 個以上電子郵件，其電子郵件行銷比實體郵寄更快、更省錢且更有效。市場上預測，到 2005 年，在已開發國家中，各個家庭收到的電郵中將有更多都是電子行銷郵件，它對郵寄廣告行銷市場將構成莫大威脅。

7-1-4 部落格

網路行銷，隨著網路軟體技術的突破，而有新的方法產生，其中部落格（Blog）行銷就是一例。

部落格它一開始只是提供一個個人寫日誌的地方，透過寫日誌的方式來表達分享內心世界的空間，讓每個人都能當個人作者出版，也正因為如此，使得部落格使用者更願意投注時間和金錢在網路虛擬空間上。

在部落格裡，有一些特性：

1. 不知彼此的真實身份
2. 彼此之間沒有利益衝突
3. 社交互動
4. 沒有申請資格限制
5. 感人化的口碑言傳
6. 活動結束之後的不斷回應和傳播

在傳統行銷方法中，行銷生命週期往往有限，一旦過了一段時間後，就可能被人們所淡忘。部落格的行為模式可應用於商業活動中，充分運用部落格的特性，較傳統行銷方法更能延伸行銷活動的深度與廣度。部落格行銷是一種新的行銷方法，可為活動帶來快速而大量的曝光，但仍需做好縝密的行銷計劃。

根據 comScore Media Metrix（如下圖）曾於所發表的最新調查「Behaviors of the Blogosphere：Understanding the Scale, Composition and Activities of Weblog Audiences」說明：在 2005 年第一季，美國就有接近 5 仟萬的網路用戶瀏覽過 Blog，這驚人的數字，相當於六分之一的美國總人口。

圖 7-5 資料來源：http://www.comscore.com/metrix/default.asp 公開網站

部落格行銷可用於商業行銷，例如：出版社作家可成立出版社部落格，內容有新書資訊，及作家和讀者的聊天對談。也可用於文化的宣導和教育。例如：蘭嶼山海文化保育協會讓使用者得以深入神遊蘭嶼的原鄉文化。如下圖：

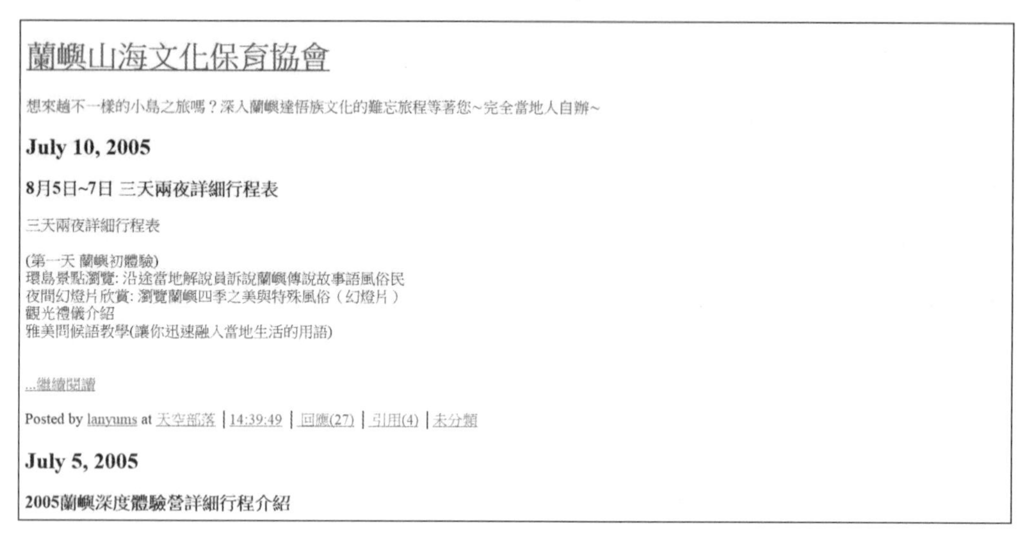

圖 7-6 資料來源：http://blog.yam.com/lanyums 公開網站

蕃薯藤部落格網站目前提供一個部落格空間，如下圖：

圖 7-7 資料來源：http://blog.yam.com/公開網站

7-1-5 其他工具

以下再說明其他網路行銷工具：

網路名片行銷工具，是因應網路興起，而產生創新的網路行銷工具。網路名片和一般名片在名片製作和內容意涵是一樣的，但因前者有網路技術加持，以致於網路名片可增加許多一般平面名片沒有功能，例如：透過網路名片超連結到企業網站，故它運用在許可行銷上，更能使許可行銷轉換為真正的購物交易行為。如下圖：（以下虛擬的工作室名稱和圖案，只是舉例單純參考用，並無做為其他商業之意）。

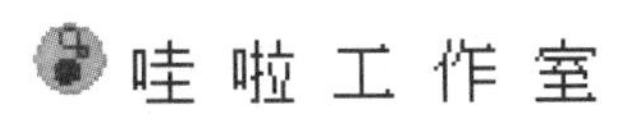

圖 7-8 虛擬網路名片

網路動畫行銷工具是指在使用者不知情或適當氣氛下，呈現彈跳式或立體式的動畫，目的是要加強顧客的特別印象，以便拉攏和顧客之間的關係，若動畫內容有顧客需要的實質內容，則就可成為網路夥伴關係。網路動畫技術可用 Flash 軟體和 PhotoImpact 軟體結合製作。

網路市調行銷工具是利用網路設計一個市場調查表，讓使用者填入一些資料，以利後續行銷和分析之用。

主題桌布行銷工具是指透過有包含行銷內容的圖片，顯示在電腦的螢幕桌面上。

網路視訊會議行銷工具：為了縮短彼此距離、讓雙方能夠面對面地在網路世界裡交談，可應用於網路遠距教學、視訊會議、網路電話、網上直播、保全及監視裝置等用途。它可整合音訊擷取卡、影像擷取卡、PC Camera 等週邊裝置。茲以 Microsoft Net-meeting 為例：

Net-Meeting 是 Microsoft 的產品，容易安裝和使用，但 2 有個限制：

1. 不支援 DVI 介面，電腦系統如有 DVI 介面會造成視訊影像無法順利接收。
2. 參與會議人員在簡報完成前不要要求檔案分享控制，以免因互動協調不良造成當機。

其使用步驟如下：

step 1 啟動 Microsoft NetMeeting

step 2 開始主持會議

step 3 選擇會議工具

step 4 呼叫會議對像

step 5 會議對像接受呼叫

step 6 啟動欲分享檔案

step 7 開放檔案分享

step 8 簡報結束，啟動視訊及電子白板進行討論

通訊網路在會議的應用如下：電視會議系統，可應用在企業群組的會議系統，主要在於互通影像和語音溝通，若須要用到資料的表達溝通，則可連接到電腦 powerpoint 和電子白板工具，若要達到面對面溝效果，則可使用視覺電話，它是利用模擬電話網傳輸靜止圖形。它也可利用視覺圖文（videotext）內容，也就是在公用電話網或公用資訊網，以用戶和資料庫互動對話方式提供文字、圖形等資訊，進而提供檢索、計算處理等服務。要使用電視會議系統，須有以下這些基本功能：

- 多點之間的傳遞控制
- 影像、音訊、資訊的即時輸入、壓縮、還原、輸出作業
- 數位和類比通訊網路的轉換介面

通訊網路在個人終端的行銷工具應用如下：

1. **桌面用多媒體終端：**透過公用介面及多媒體伺服器來整合 E-mail、傳真、聲音、視訊等多媒體資料。
2. **攜帶式多媒體終端：**使用行動電話、無線電話、PDA(Personal digital assistance)。
3. **VOD 視訊伺服器（Video On Demand）：**一般翻譯為「隨選視訊」系統。隨選視訊系統是一項互動式的影音播放，它可大容量視訊儲存、節目檢索和服務、快速的傳輸通道，目的是要達到「即時播放」而不需要下載影像檔案，並且可以依照個人喜好「隨時選隨時看」，不受播放內容、時間的限制。VOD 在電腦裡是一個資料檔，可方便的索引和搜尋。

7-2 購物過程的工具使用

7-2-1 網路上的電子商務

在網際網路(Internet)上的電子商務可分為企業對企業(Business-to-Business, B2B)的商業行為、企業對一般消費者（ Business-to-Consumer, B2C ）、政府對一般消費者（ Government-to-Consumer, B2C ）、消費者對企業（ Consumer-to-Business, C2B ）及消費者對消費者（ Consumer-to-Consumer, C2C ）的商業行為五大類。

Business-to-Business	Consumer-to-Business	Business-to-Consumer	Consumer-to-Consumer	Government-to-consumer
企業之間的作業整合	消費者過網際網路對企業產生商業行為	企業透過網際網路對消費者所提供的商業行為或服務	政府透過網際網路對消費者所提供的商業行為或服務	消費者之間的商品交易行為
電子訂單採購、客戶服務、技術支援	合購	線上購物、證券下單	稅務服務	二手跳蚤市場

網路行銷下所產生的行銷商品有非常多，其網路書店是一個例子，因書籍類商品銷售，可使得實體書店擴大到網路的行銷，並延伸至出版與物流作業資訊系統上，是目前網路行銷下具有規模性的 B2C 案例之一。

圖 7-9 資料來源：http://www.gotop.com.tw 公開網站

Duboff 與 Spaeth（2000）認為網路消費者在網路上電子商務的特性有以下三種：

1. **進入障礙**（cost of entry）：在企業的產品欲進入此市場時，其如何讓在目前網路購物的眾多產品項目中，成為顧客的購物重點，是其產品進入障礙。
2. **獨特性**（relevant differentiators）：當某一個網路市場成為寡佔市場時，消費者在產品或品質上沒有替代品的考慮，則品牌的獨特性可增加附加價值，為輔助網路企業運用差異化策略的重要因素。
3. **使用網路的問題**：一般消費者使用網路的最大問題是網路塞車，對交易安全不信任、交易標準未定等問題。

7-2-2 網路上的購買交易過程

企業可運用網路行銷工具，在客戶購買交易過程中扮演關鍵的行銷，要達到這樣成效，則就必須把行銷工具和購買交易過程做適切的連接，以利用該工具來促使客戶交易。例如：網頁畫面下載時多半由上而下呈現，故應在畫面上方讓客戶率先看到產品型錄。又例如：使用者在等待網頁讀取的時間之際，正好可以利用此短暫時間做訊息告知。又例如：在網路廣告運作時，必須處理廣告主、代理商和使用者之間的互動關係。

何謂客戶購買交易過程？它是指從吸引顧客注意，到顧客產生購買欲望，一直到交易完成為止的過程。如下圖：

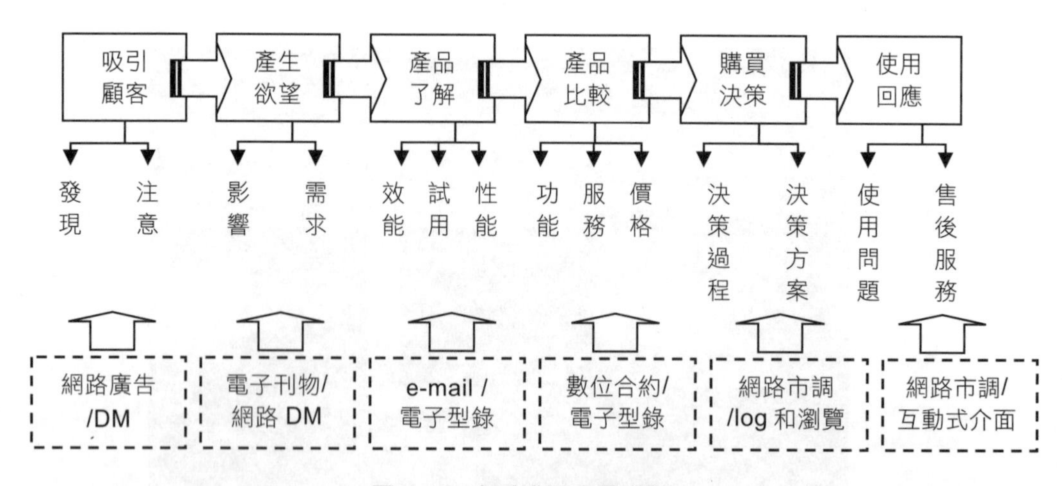

圖 7-10 客戶購買交易過程

從上圖可知，在客戶購買交易過程中每一步驟，都會對應到網路行銷工具，利用這些工具來驅動每一步驟產生，以俾到最後交易完成。

吸引顧客是指讓顧客發現到產品需求，並且引起顧客注意，這是購買的起步，也是整個交易過程中的關鍵。它可利用網路廣告來吸引顧客，廣告的視覺化設計，是可塑造成購買欲望氣氛，另外，也可利用網路 DM，將產品訊息用圖文呈現，DM 的說明是可讓客戶更了解，進而引起顧客注意。

產生欲望是從顧客注意到某種產品後，開始在心中產生想要更多的了解，這樣的了解會對顧客產生影響力，當影響力超越顧客的期望，就會產生需求（need），若影響力更強到超越顧客的基本需求，定時就會變成需要（want），若能發展到需要，則後續購買交易過程就會縮短時間，而且交易完成機率很大。

需要和需求是不一樣的，前者的決策性強過後者，若以商品角度來看，前者是必需品，後者是選購品。要使顧客產生深層的欲望，則必須加強產品的說明，故利用網路 DM 和電子刊物可讓顧客在潛移默化之下，漸漸產生購買欲望。

有了購買欲望後，表示顧客愈來愈想要擁有產品，這時顧客會深入去了解產品，包含產品本身效用以及試用產品，來了解產品性能，以便做為進一步購買的依據和動機。要使顧客真正了解產品，則可從電子型錄（e-category）著手，而這時，e-mail 行銷就更重要，因為它可扮演催化劑，若能結合第七章所說明的資料庫行銷來做 e-mail，則更能發揮使顧客往下一步驟前進。

當客戶決定了解產品後，這時已經有要開始購買了，故會開始挑剔做產品比較，該產品比較包含（1）產品本身比較（2）和別的產品比較（3）和舊產品比較。 其比較項目有價格、功能及服務。若差異化成為重點，就會產生差異化行銷，故可用數位化合約來引導顧客做產品比較的保證，以便促使顧客早做決定。

差異化行銷是指利用能提供的不同之處，如：產品功能、價格、服務。差異化行銷指較重視消費者特性，其具備不同產品屬性的同質產品，例如不同顏色但相同樣式的服裝。相對於差異化行銷而言，其集中化行銷是指可經市場研究歸納為數種市場區隔，選擇目標市場區隔，設計集中式的行銷組合。

舉差異化行銷的模式例子，例如：需求預測，一般可分為三種類別：

第一類別：平準化需求，是指在某段時間內的較平均的需求狀態，它包含正常需求，是指在一般情況下的產品需求量。另外有循環週期需求，是指超過一年以上的循環，像曲線式的資料值變化，大多是固定政治選舉日、經濟景氣循環所引起的。尤其是某產業經濟景氣循環影響該產業相關公司的產品需求量。

第二類別：影響性需求，是指在因其他因素或需求，在某段時間內的會受到影響的需求狀態，它包含趨勢需求，是指在某一範圍內，資料值逐漸且緩慢的有跡可尋上升或下降，例如：人口逐年增加，導致對醫療器材產品有趨勢需求量。另外有季節性需求，是指由於氣候或人為因素，使得資料值在短期內十分規則且有跡可尋的變化。例如：冷氣機的產品需求量在較熱夏季裡比在其他季節還多。

第三類別：偶發性需求，是指在偶發因素所引起的，它沒有一個有跡可尋的現象，也不會產生較平均的需求狀態，它包含隨機變異需求，是指在未知因素下的其他變動所造成的偶發性需求，例如：偶發的大水患因素 導致對發電機在抽水需求的產品需求量。另外有非經驗性需求，是指由不是經驗歷史的需求，引發和以往的需求量都不一樣，例如：因偶發的蛋塔點心流行因素，導致對蛋塔點心在以往的需求量是產生更高的產品需求量。

購買決策是整個交易過程中最重要的步驟，它可決定後續步驟的發展，也決定了前面步驟是否白白浪費了。購買決策包含決策過程和決策方案，前者是指如何產生決策的過程，它是一種人類決定的簡單模式，也可牽涉到複雜的決策分析，也就是說可能立即就決定，也可能是醞釀一段很長期間。而在決策過程中，會因條件、限制、目的不同情況下、可產生不同決策方案，當然顧客最後必須決定採用何種決策方案。在這個步驟中，可採用網路市調、log 及瀏覽的工具，前者利用市調的精心設計，來提供並引導顧客選擇某一個決策方案，因為唯有做決策選擇，才能產生真正下單。至於後者，是利用顧客在購買過程中記錄 log 和曾經瀏覽過網站，搭配資料挖掘技術，進而設計分析出顧客最可能選擇何種決策方案，故前者是由顧客來推（push）進決策方案，後者是由企業來拉（pull）往決策方案。

經過決策方案選擇後，就是真正下單了，一旦顧客使用產品後，就會產生使用後問題回應，及售後服務，雖然這個步驟已是在顧客下單後的行為，但它影響著是否再次購買的可能性，故企業應重視它，並且它也是使顧客成為忠誠顧客的重要手法，其在網路行銷工具上，可運用網路市調、互動式介面等工具，來做使用回應的管道。

7-3 網路行銷工具的執行模式

7-3-1 執行模式

網路行銷工具和網路行銷環境結合，而成為網路行銷的執行模式。如圖 7-11。整個網路行銷的執行模式，可分成後端、介面、前端三個程序，其前端包含：網路廣告行銷、網路名片行銷、網路動畫行銷、網路市調行銷、網路 DM 行銷、電子刊物行銷。介面包含：互動式介面、留言版介面、型錄介面。後端包含：瀏覽管理、log 管理、路徑管理。

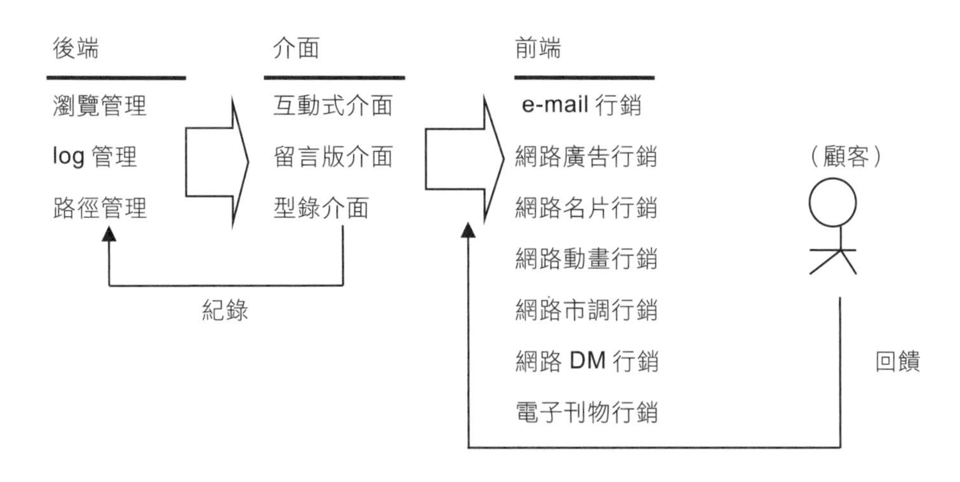

圖 7-11　網路行銷工具的執行模式

在這個程序中，透過前端網路行銷工具，來推銷產品給客戶，而顧客在得知這些產品訊息後，會透過介面網路行銷工具，來表達或呈現，然後經過這些介面的互動溝通，會產生互動過程 log 及經過網站路徑，和瀏覽過內容的過程紀錄。

例如：透過 e-mail 行銷工具，顧客可得到分類產品 DM 訊息，經過了解和閱讀後，再進入介面網路工具，例如：型錄介面，透過該介面做選擇，或超連結到更詳細的說明，如此的介面互動，會產生且記錄曾經瀏覽過、上網路徑、及溝通 log 過程。

互動式介面，在網路行銷的工具對於顧客滿意是扮演關鍵的工具。因為透過前端網路行銷工具的運作後，其所產生的行銷訊息，是否能吸引顧客，以及顧客若因此而有興趣想再進一步了解時，就可利用該互動式介面，來做再次的吸引顧客，故它具有「臨門一腳」的效用，另外，尚有另一效用，就是將顧客的整個運用經過紀錄和儲存，以方便後續的資料挖掘分析等應用。

茲舉一個網路行銷執行模式的情境例子如下：

情境步驟 1：e-mail 行銷工具→顧客收到 e-mail 筆記型電腦產品訊息。

圖 7-12 資料來源 http://webmail.hinet.net 公開網站

情境步驟 2：型錄介面→顧客就筆記型電腦產品訊息，到企業網站的型錄介面內。

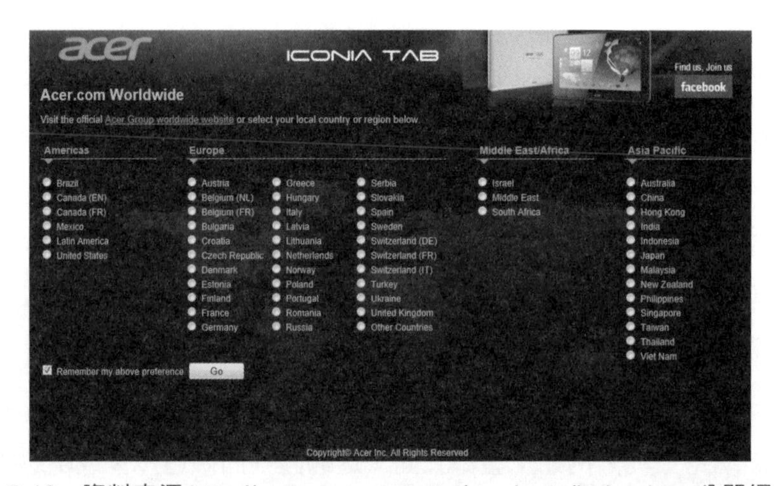

圖 7-13 資料來源 http://www.acer.com.tw/products/index.htm 公開網站

情境步驟 3：互動式介面→顧客透過企業網站的型錄，超連接到產品的互動式介面。

圖 7-14 資料來源 http://www.acer.com.tw/products/notebook/index.htm 公開網站

從上述說明，可知互動式介面設計非常重要，甚至它可將一些行銷比較複雜邏輯，封裝成軟體元件，放入互動式介面中來運作。例如：設計一個可針對個人化的瀏覽紀錄自動化分類邏輯，放入互動式介面中，當顧客再次進入這個介面時，就可依該顧客分類喜好，自動呈現給顧客，如此可幫顧客快速記錄之前喜好，以便得到顧客需求，使得顧客感到滿意和窩心。

企業在運作網路行銷工具時，必須和上述前幾章所說的行銷策略方法做結合，不可為了工具而工具，否則工具使用成效是枉費的。

7-3-2 網路行銷工具的方法

網路行銷在行銷工具的搭配下，可產生在網路上一些更有效用的行銷，有直接行銷、許可行銷、贊助行銷、夥伴行銷、交叉行銷等 5 種。

分別說明如下：直接行銷是指企業和顧客之間，沒有透過中間商，而直接推銷給顧客。在網路行銷工具上，運用在直接行銷的工具有 e-mail 行銷和電子刊物行銷工具。

e-mail 行銷，可直接針對個人的電子信箱傳送相關行銷和產品訊息，而利用 e-mail 行銷，其成本很低，並可馬上傳送到目標客戶，並透過 e-mail 的系統設定，可達到直接回覆的效果。e-mail 行銷在直接行銷中雖然有其優點，但仍需考慮到 2 個重點：

1. e-mail 內容來源
2. e-mail 傳送時機和頻率

在第一項就是要設計 e-mail 內容符合客戶當時的需求，而面對這個需求，在 e-mail 內容可依客戶接受產品程度大小，而分成「直接內容」和「間接內容」。「直接內容」是指其傳送內容就是顧客所直接需要的內容，故若顧客已經明確就需要那些產品訊息時，就可將產品訊息內容 e-mail 給顧客，否則，應該採取「間接內容」，也就是先不談產品內容，先就客戶喜好事物內容，如此可先建立良好關係，或者是在一些季節中，例如：在聖誕節 e-mail 聖誕電子賀卡，使顧客覺得窩心。

在第二項就是何時發送該 e-mail，和 e-mail 數量如何？一般顧客很討厭不斷被打擾，故若發 e-mail 太多次，則會引起顧客反感，因此，針對不同顧客，在不同時間，設定不同的傳送時機和頻率，但這個設定動作卻很難做到適當化，因為一般發送 e-mail 都是自動化，或沒有篩選就大量 e-mail。

許可行銷是指在顧客同意許可下，做產品行銷。上述的 e-mail 其實就是已經過顧客告知 e-mail address，才會發送，但也有一些情況不是，也就是說企業不知從何處得到顧客 e-mail，但沒經過同意，就發送 e-mail。在網路行銷工具上，運用許可行銷的工具可有網路 DM、電子刊物、網路名片等工具。

網路名片工具可達到個人化網路名片，和豐富（rich）媒體化網路名片，和資料庫化網路名片。所謂個人化網路名片是指某名片就是針對某顧客所發展的個人化行銷，其中自動記錄著該個人的本身行銷內容，例如：何時發送名片，何時看過，何時回應等。這是一般平面名片做不到的，一般在發送平面名片後，都是被動的等待，或漫無所知的主動 call in，這會造成名片傳遞的功效僅在告知訊息而已，無法做到自動的許可行銷。

許可行銷若加以善用，會發揮很大的成效，因為許可行銷已經過顧客同意認可。而網路名片就是在許可行銷最佳的「催化劑」。

網路廣告源自於一般網路廣告的形式，包含了富有媒體（rich media）、橫幅廣告、大型方塊廣告等。富有媒體化網路名片就是一例。所謂富有媒體（rich media）就是運用多個媒體的視覺化效果，來吸引和加強內容訊息多樣化和變化性。故網路名片若能加入多媒體效果，會更有創意和效用。例如：網路名片可隨著季節不同，呈現不同顏色。要達到這樣技術效果，可用 Flash 軟體技術和串流媒體技術。

資料庫化網路名片，是業務員的最佳利器之一。因為它能利用資料庫軟體效用，來達到行銷目的。它是運用業務員和客戶，透過網路互動時，自動記錄一些資料，並將這些資料轉換為資料庫格式，一旦下一次和客戶互動時，就可依之前所儲存資料，快速搜尋和分類，以便擷取適當的該客戶資料，要達到這樣技術，須用 Flash 軟體內 action script 撰寫，及 access 資料庫軟體的結合。例如：顧客喜好分類資料可建立在網路名片內。

以上三種效用，是可整合一起運作的。

企業識別系統（Corporate Identity System）是以統一標準性的標誌表示企業的理念、文化以及經營的任務。網站識別是可達到建立公司內在意識（Conscious）、外在形象（Image）之認同性與識別性之前後一貫之觀念的活動。網站識別是建立網路企業識別最佳的策略，其網站識別的標準化包含有；網頁設計、動線流程、網頁內容、版面視覺與功能服務。

贊助行銷是指在一些廠商免費贊助金額或禮品等，對目標客戶做行銷。在網路行銷工具上，可運用於贊助行銷的工具有網路廣告、網路市調行銷。

在傳統媒體中，大部分的商業廣告須依賴紙筆方式的問卷調查，網路市調是利用網路設計一個市場調查表，讓使用者填入一些資料，以利後續行銷和分析之用。一般使用者不會主動去 key in 調查表，除非有利誘，例如：贈送禮品。故在做贊助行銷時，企業一定要顧客有些回饋，才可反應在贊助成本的投資，而得到顧客調查資料就是一例。但網路市調，因為是在非業務員現場監督下，故其資料完整性和可行性是有待商確的，因此網路市調的介面設計就很重要，它主要是需做引導式欄位和驗證式欄位，前者是指利用介面欄位來引導顧客 key in 適當內容，例如：用下拉式選單欄位，來鎖定只能 key in 哪些內容。後者是指利用介面欄位來驗證顧客 key in 正確內容，例如：用數字範圍界限設定，來鎖定顧客在這區間數字才可輸入。

夥伴行銷是利用成為夥伴關係來達到行銷目的。一旦成為夥伴（partner），其關係當然必一般顧客好，但也未必一定能達成訂單交易。這必須視該夥伴關係和該產品交易的涉入程度。若涉入程度高，則訂單交易機率高，反之，則機率低。

所謂涉入程度，是指夥伴關係內涵和產品使用程度的深度是如何。例如：保險業務員和某位顧客，因為都喜好實質賽車活動，而有了良好夥伴關係，這時賽車活動成為夥伴關係的內涵，若該內涵和賽車車險的實質深度高，即代表涉入程度高，如此訂單交易機率就高。或許有人會說，因為和朋友很熟，故不管有沒有實質效用，仍會購買，這不是夥伴行銷，這是人情行銷。從這個說明可知，其實夥伴行銷是須運用在網路上，例如：同樣以前面例子做說明，該保險業務員和這位顧客都是某賽車網站的老顧客。也就是說透過網路環境，使顧客和某些網站，因某些喜好、需求、互動而產生網路夥伴關係，使得顧客在產品沒有差異化情況下，可選擇有夥伴關係的企業網站做訂單交易。

在網路行銷工具上，運用夥伴行銷的工具可有電子刊物、網路動畫等工具。利用電子刊物來呈現網路夥伴關係的內涵。

交叉行銷是指同時運用不同行銷活動，以便可使顧客可能同時產生購買多種產品的行為。會運用交叉行銷，最主要是要在現有資源內運用，而不額外再增加行銷費用。例如：奶粉產品的廠商和兒童汽車座椅可聯盟搭配成為交叉行銷。在網路行銷工具上，運用交叉行銷的工具可有網路廣告工具。

網路廣告是一個非常強大的網路行銷工具，它有一般平面廣告沒有的效果。透過網路廣告，可同時呈現不同行銷活動的內容，例如：奶粉和兒童汽車座椅的行銷廣告，如此可達到交叉行銷。

交叉行銷若運用得當，可達到成本最小化、多種行銷目的，其關鍵點是在於多種產品的關聯性，若該關聯性可達到顧客需求的綜效，則交叉行銷的成功機率就很大。要得出產品關聯性，須用一些邏輯方法論，例如：購物籃分析就是一例。從這個說明，也再次說明網路行銷工具必須和網路行銷規劃、策略、內容做連結性的整合，才是真正的網路行銷。

7-4 網路新興工具

網路新興社群工具包括**關鍵字廣告**、**維基**、**語意網**、**自動推薦**、**搜尋引擎最佳化**、**插件**、**標籤**、**混搭**、**數位匯流等工具**。網路社群：必須依賴網路行銷方法來增強社群互動的黏著度和關聯度。茲說明如下：

Google 關鍵字廣告

圖 7-15 資料來源：http://www.google-adwords.tw/

關鍵字廣告（Pay Per Click, PPC）

它是一種免費廣告展示，有人點閱才需付費。作法是由廠商提出想要購買的關鍵字，再透過競標的方式來決定每個關鍵字的網站排名與每次被點閱的費用，關鍵字廣告會出現在關鍵字搜尋結果的頁面中，也就是說會出現在有關聯的文章內容中，並且讓您以最簡單而直接的方式，就可**搜尋到你的需求**。它必須瞭解關鍵字應該在網站何處做佈局，包含：哪些標籤應該佈局關鍵字。

維基（wiki）

維基的本質通常比較偏百科全書般的編輯與定義它。因此它是一種編輯文件、文章或網頁的網站。它是在網路伺服器上執行的軟體，它是一種開放、動態、自主改變內容與互動的百科全書，目前網路上最佳範例就是規模最大的維基網站，也就是維基百科（www.wikipedia.org）。

搜尋引擎最佳化（Search engine optimization, SEO）

好的網頁設計可增加網頁在搜尋引擎結果頁的曝光率，所以 SEO 使用網頁抓取程式，它根據網頁本身的內容在全球資訊網上發現進行資料探勘和語意分析，其內容包括文字（text）、超連結等，讓搜尋引擎使你的網頁資料是有用的，並且分析你的網頁並建立一些索引值，以檢視您的所有的網頁，SEO 使得在搜尋引擎時更容易提升網路使用者對網站的到訪率，搜尋引擎如今變成聲譽引擎，它是出現在自然搜尋結果中，對消費者而言，是搜尋引擎的自然搜尋結果。

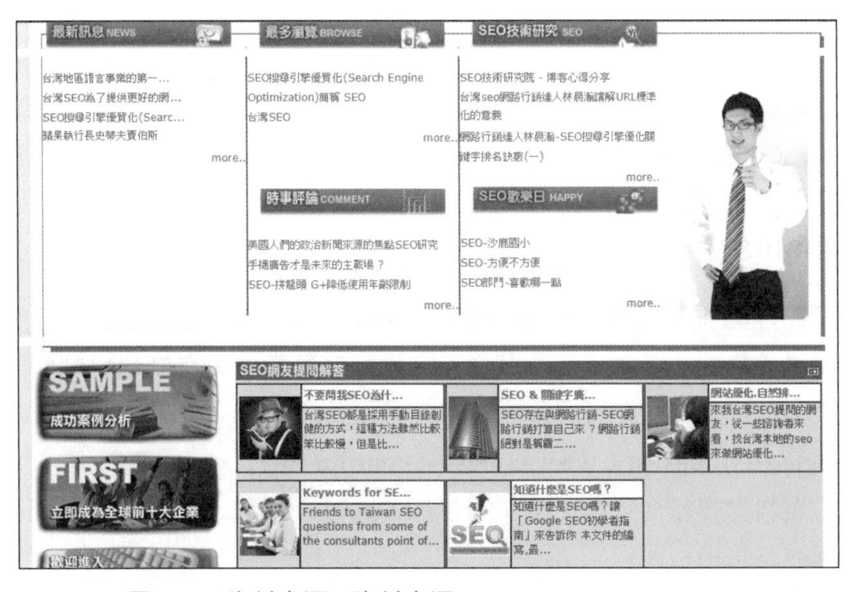

圖 7-16 資料來源：資料來源:http://www.seo.com.tw/

數位匯流（Digital Convergence）

是指朝向跨平台應用與多型式媒體連結的績效，它會重新打造整個產業的價值鏈。它包含：

1. **隨選所需**：就是使用者在任何時地都可隨意選擇只需要的服務即可。例如：Print on Demand 隨選列印。
2. **無縫匯流**：在任何空間設備環境中不因個別廠牌專屬限制條件影響，可以沒有縫隙的將需求平順的匯集和流通。例如：不管哪種廠牌印表機，只要連上網和傳真機，就可將透過 internet 擷取的某圖片或文件、訊息直接列印，並傳送給傳真機傳真出去。
3. **跨平台多面貌裝置**：Thin-client 裝置可以是任何型式風貌的設備或物體，並且能跨越不同軟體作業平台，來執行雲端上的應用。例如：手機、PDA、平板電腦、冰箱、印表機、椅子等。
4. **數位神經**：透過雲端運算架構，其在雲端的應用服務都是即時和敏銳的，就如同人體神經一般的即時感應和回應。例如：透過雲端印表機可連線上網得知碳粉即將不夠，而即時感應得知並提早通知經銷商來準備出貨。

插件（widgets）

插件（widgets）是指可嵌入網頁的小程式、內嵌連結的圖案、金曲、程式碼或 HTML 片段，如此可傳送文件訊息、結合新聞訂閱頻道等應用。插件如同病毒行銷一般，網站訪客可以擷取自己的插件到自己的社群網站上使用，例如：系統會建立一個名為「王朝」的新類別（標籤）。這時所有定義「王朝」的相片或圖檔都會被歸到那個標籤下，如此造成上網站以關鍵字「王朝」搜尋系統的訪客都會看到所有內容連結。

混搭（Mashup）

混搭是可從互動者不同的格式運用程式介面（API）來整合數位資料，然後創造種新的呈現風貌格式。這就是一種創意。它**讓社群互動者更有創意和創新**，所以它的行銷方式，也將主導權從賣方移向買方。例如：Craigslist 是專做分類廣告的網路社群，Google 和 Craigslist（www.craigslist.com）的結合。它們運用程式介面（API）把各自的資料內容結合，所以網友可以用 Google 地圖取得通往 Craigslist 上特定鄰里的地圖或路線指引。

標籤（tags）

搜尋引擎用關鍵字分類為網頁編制索引（bookmark）。但標籤和關鍵字很像，是網路上幫搜尋資訊分類的工具，最主要是可讓網友自行定義內容，也就是說隨意自建關鍵字並放在網站上，例如：上傳相片，並任選關鍵字在相片上加標籤，如此可使多少人使用同樣的標籤來搜尋，如此可方便有效找到資訊到集結資訊的另一種方法。網頁標籤是網頁上的一個 cookie 檔，網友並不知道它在何處，但它可以根據訪客上次造訪時，擷取訪客行為資料。

圖 7-17 資料來源：www.Flickr.com

語意網（semantic Web）

概念是適切符合人類思考邏輯的意義。它是**下一代的網路世界**。語意網的價值在於真正做到隨選資訊（information on demand），它比搜尋引擎更精準符合人類意義。例如當一個使用者輸入「玉山」兩字，因為電腦缺少使用者人類思考邏輯和相關背景，因此搜尋答案，有可能指的是銀行的「玉山」，也會出現山區的「玉山」。語意網則是提供標準定義的協定，讓使用者可以根據類型，輕易找到資訊。

自動推薦

利用自動收集顧客及其活動資訊，包含每頁的訪客數、來訪之前去的前一個網站、使用者在網站點選什麼等，來主動追蹤使用者在網站上的動態，然後馬上彙整與提報資料，如此可分析消費者的線上行為，以便進一步採取精準行動方案。例如：可幫助公司改善行銷策略、銷售廣告，以達到網路社群行銷效益。例如：利用協同過濾（collaborative filtering）軟體，追蹤顧客買書的情況，並根據資料庫中顧客購物趨勢提出購買建議。

7-5 企業行銷網站

7-5-1 企業行銷網站的效益和考量

企業網站在網路行銷的效益：

1. 作為潛在客戶、投資者、廠商、銀行、協會等組織的企業簡介和說明。
2. 可作為現有客戶互相的作業流程管理，例如：下訂單，詢報價，下載產品使用手冊，售後維修作業等。
3. 可作為經銷代理商溝通、訓練的平台。
4. 可作為企業在行銷活動的平台。
5. 可和實體行銷環境搭配結合，以加強企業行銷的綜效。
6. 作為企業和該產業鏈中的組織互動的平台。
7. 可作為企業員工的入口網站管理，例如：行政表單作業，學習平台、工作平台等。
8. 可作為企業的產品試用和解決方案的平台。

企業在運用網路行銷時，必須考慮以下重點：

1. 不能以網路工具而工具，來規劃。
2. 虛擬網路行銷必須結合實體行銷。
3. 不是只要架設一個企業網站，就可做網路行銷。
4. 網路行銷不是行銷、推銷，而是一種經營。
5. 網路行銷必須和企業其他系統整合，不可成為孤立的系統。
6. 網路行銷不是只有行銷部或業務部、資訊部的事情，應是全公司的員工事情。
7. 網路行銷必須融入日常工作機制中，不可是臨時性。
8. 網路行銷需要有資訊科技和企業需求整合的人才。

企業在規劃行銷網站時，必須要考慮到下列因素：

1. 行銷功能須能分成前端和後端功能，尤其是後端功能，它是管理前端的平台。
2. 行銷功能必須和企業的內部流程連接，不可各做各的。
3. 行銷網站規劃，不能只以行銷角度來思考。

4. 在推導網路行銷功能時，必須先以企業流程再造方式來建置。
5. 網路行銷不是只在推銷、廣告、或行銷企劃，而更在於整合一連串 的完整行銷過程，它還包含售後服務的回應和追蹤，及售前服務的醞釀、培養，更重要的是在企業新產品計劃必須搭配。
6. 網路行銷的內容和相關資訊，必須能適時的更正和調整，尤其是 News 類內容。
7. 互動式的介面，一定要考慮人性化友善：方便，及流暢的 flow（流覽過程）。
8. 瀏覽器不支援網路上標準的檔案格式，故應為瀏覽器加入了該檔案的外掛程式（Plug-in），就可以支援該種檔案格式了。例如：Real Player。
9. 在網路行銷中，一定要加入一些行銷方法，例如：置入型行銷、情境式行銷、資料庫行銷…等，不要只是建置一個網站而已。
10. 高階主管和非業務行銷部門的其他部門也必須一起運作及重視網路行銷。
11. 網路行銷各系統須和企業原有系統做連結整合，例如：ERP、CRM、PDM（product data management 產品資料管理）…等。
12. 在規劃網路行銷時，必須和企業本身的產業特性結合，例如：半導體製造業和信用卡金額業的功能特性是不一樣的。
13. 在面對顧客分析時，應將顧客依角色、種類、型式、消費模式、等級、貢獻度等因素，來區隔顧客，進而做不同的行銷手法。
14. 必須隨時注意新科技產品的問世，將科技產品應用於網路行銷方法，甚至改變其網路行銷策略。
15. 在執行網路行銷運作時，應成立跨部門的專案組織，但是常例性的組織，而且是創新型組織，講究創新、知識、執行力等。
16. 網路行銷必須和傳統行銷，及實體環境搭配，切不可以為只要上網，就 OK 了。
17. 透過網路行銷系統運作後的資料，必須加以更新儲存，和做精確分析，不可只是一堆 data。

網路行銷已是現在企業經營的必要功能，它對於企業或員工個人生存都是非常重要的關鍵。雖然如此，但目前使用的成效仍不是很大，其可能的原因如下：

1. 對電腦有恐懼感，覺得網路行銷很難。
2. 只是把網路行銷當作工具。
3. 網路行銷系統只有資訊部在做。

4. 網路行銷功能僅在網路簡介而已。
5. 不知如何運用網路行銷在企業需求上。
6. 沒有把網路行銷融入在日常工作機制中。
7. 因為不了解，進而不重視網路行銷。
8. 害怕新的事物，不容易彈性改變。

7-5-2 企業網路行銷和其他系統整合

企業在網路行銷上，和其他系統及功能的整合如圖 7-18：

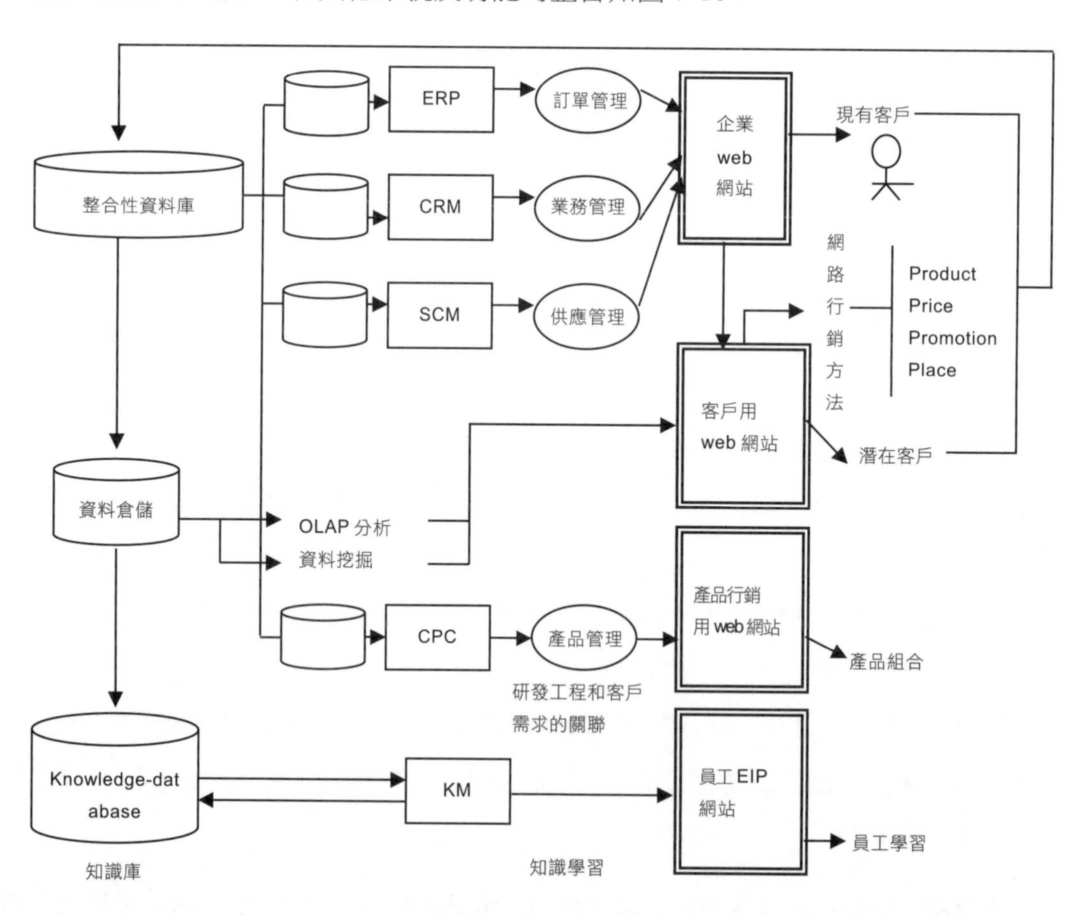

圖 7-18 企業網路行銷和其他系統整合

其中企業 web 網站是指企業本身的簡介、產品型錄、據點等公司資料呈現。而客戶用 web 網站是指企業對消費者之間的作業，包含線上下單、詢報價等業務交易流程。而產品行銷用 web 網站是指企業如何利用 web 網站來行銷公司產品和服務。而員工 EIP（enterprise information portal）企業入口網站是指員工可透過這個入口網站來執行企業的作業功能。

網路行銷是涵蓋所有系統，在 ERP 系統訂單管理，它會和企業 web 網站和客戶用 web 網站結合，例如：前者的產品型錄和後者的企業 to 消費者下訂單作業，都和 ERP 的訂單管理有關。這些相關作業是面對現有顧客，而在潛在顧客，是運用客戶用 web 網站所產生資料，並和 CRM 系統的業務管理結合，再加上從資料倉儲產生的 OLAP 分析、資料挖掘等方法，進而得出潛在客戶的消費狀況。

在圖 7-18 中有四個網站，其中企業 web 網站是指企業本身的簡介、產品型錄、據點等公司資料呈現。而客戶用 web 網站是指企業對消費者之間的作業，包含線上下單、詢報價等業務交易流程。而產品行銷用 web 網站是指企業如何利用 web 網站來行銷公司產品和服務。而員工 EIP（enterprise information portal）企業入口網站是指員工可透過這個入口網站來執行企業的作業功能。

從圖 7-18 可知網路行銷是涵蓋所有系統，在 ERP 系統訂單管理，它會和企業 web 網站和客戶用 web 網站結合，例如：前者的產品型錄和後者的企業 to 消費者下訂單作業，都和 ERP 的訂單管理有關。這些相關作業是面對現有顧客，而在潛在顧客，是運用客戶用 web 網站所產生資料，並和 CRM 系統的業務管理結合，再加上從資料倉儲產生的 OLAP 分析、資料挖掘等方法，進而得出潛在客戶的消費狀況。其中資料倉儲是從整合性資料庫而來，而整合性資料庫是彙總從 ERP、CRM、SCM 等各系統資料庫而來。另外，資料倉儲經過知識管理、運作，會成為知識庫，該知識庫可透過員工用 EIP（enterprise information portal）企業入口網站，來做為知識學習之用，這樣的運作，可使得員工在網路行銷運作，更能發揮其綜效。

至於在 SCM（supply chain management）系統中供應管理功能，也會影響到現有客戶在訂單運作進度。另外在 CPC（collaboration product commerce）系統中產品管理和產品行銷用 web 網站是有關係的，也就是說可利用這二者的運作再加上 CRM 系統，得出工程研發規格和客戶功能需求描述的關聯性，進而使新產品功能符合客戶的需求。企業 web 網站需和客戶用 web 網站結合，進而和產品行銷用 web 網站結合，以達到網路行銷的整合。

從上述說明可知，網路行銷若是有效的整合，則對於企業經營會產生非常顯著的效益。

企業的網路行銷重視客戶的參與，則在傳統的行銷，因為限於和顧客互動的不方便性，使得企業和客戶的互動成效及深度都只是表面性。但網路科技使得客戶參與方便性和可行性愈來愈好，如此在獲取客戶交易行為就更加精準。

7-5-3 企業網站行銷的方式

企業網站行銷，除了可利用公司本身架設一個網路，再利用網路行銷方法和工具，來達成網路行銷目的之外，還可以聯盟方式來達到。

聯盟方式是指有一些專門做網路行銷的共同平台，它建立其不斷向各企業客戶推廣的需求共同平台，其中有企業所需的產品，如此只要在這共同平台登錄，就很容易讓其他企業得知，進而做行銷，或者透過授權或品牌延伸方式，協助業者共同行銷，提高品牌知名度。如下圖：

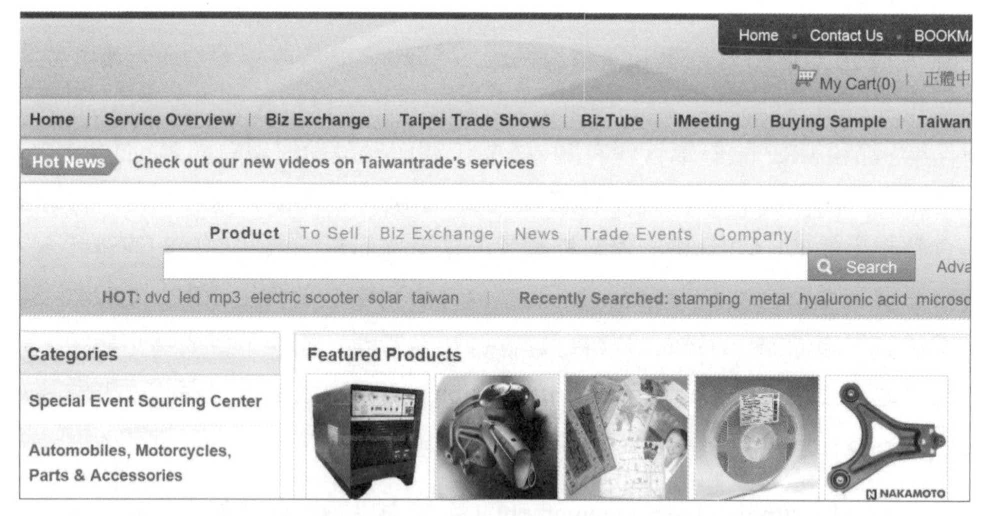

圖 7-19 資料來源：http://www.taiwantrade.com.tw/ 公開網站
taiwantrade.com.tw 是提供台灣在經貿的各種產品市場的搜尋

另外一種是運用電子市集，例如：台灣區製鞋工業同業公會，如下圖：

圖 7-20 資料來源：http://www.footwear-assn.org.tw/book/login_inquire.asp 公開網站
footwear-assn.org.tw 是提供市場資訊、行銷推廣的服務網

另外一種讓企業網站很快被其他企業得知方式，就是在人潮數眾多的入口網站登錄，例如：google、yahoo!，如下圖：

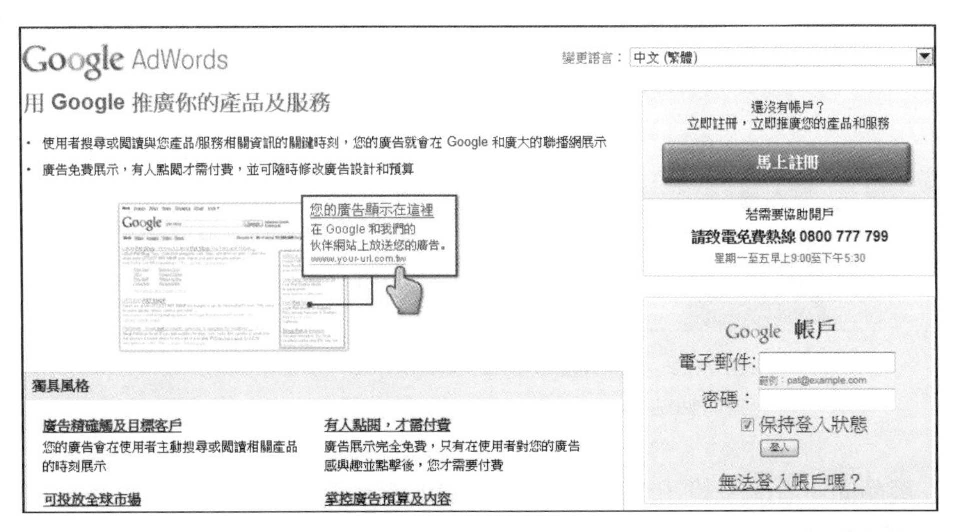

圖 7-21 資料來源：https://adwords.google.com/select/?hl=zh_TW 公開網站

google.com 是提供企業入口網站登錄的搜尋平台。

面對消費者使用不同的行動裝置上網，例如：手機、PDA 等，故其企業在這樣各種裝置介面中，其網路行銷就更多元化，例如：提供免費圖片或鈴聲，供其下載，但其中卻有企業欲行銷的內涵。

不只是在行動裝置上，在資訊家電的設備中，也同樣可達到網路行銷成效。故從上述說明，可知企業網站行銷是多面貌的，它不是只有以瀏覽的（Browser）方式呈現而已。

7-5-4 企業網站和後端系統的連接

企業本身就有一些基本系統，例如：ERP 系統、CRM 系統等，而這些系統若能整合起來，則對企業更有經營上的綜效，同樣的，企業網站系統也不例外。有關企業網站和後端系統的連接，一般可分成五種：

1. **客戶面**：詢報價、下單訂房等，它對應 ERP 訂單資料，如下圖：

圖 7-22 資料來源：http://www.rma-taiwan.com.tw/
公開網站 rma-taiwan.com.tw 是提供住宿旅遊的服務

2. **產品面**：產品型錄、查詢等，它對應 ERP 產品主檔。
3. **經銷商**：技術支援、訓練 e-learning，它對應 PDM 技術資料，如下圖：

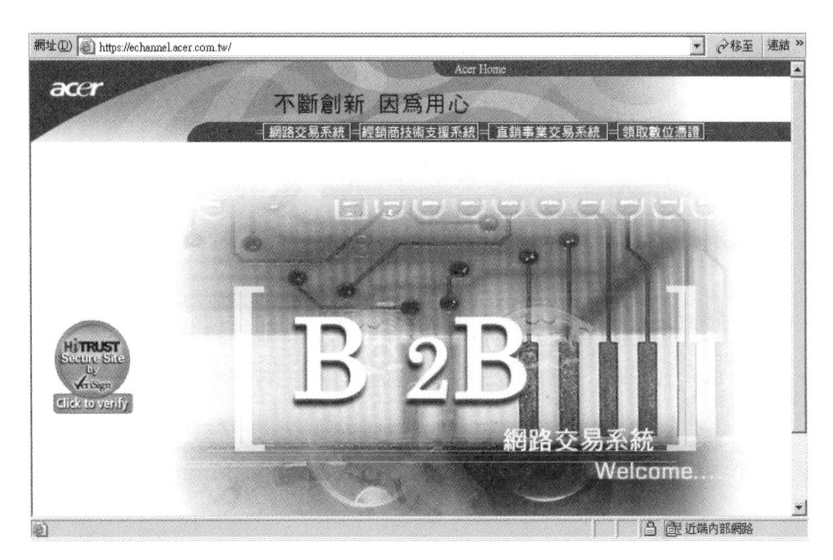

圖 7-23 資料來源：https://echannel.acer.com.tw/ 公開網站
echannel.acer.com.tw 是 acer 公司在和經銷商產品技術的 B2B 平台

4. **供應商**：出貨查詢、線上對帳等，它對應 ERP 出貨資料。

5. **服務面**：售後服務、RMA 等，它對應 ERP 維修資料，如下圖：

圖 7-24 資料來源：http://support.hp.com.tw/program/OnlineQuery/index.aspx 公開網站
support.hp.com.tw 是 hp 公司在消費者提出產品維修的進度查詢平台

企業網站和後端系統的連接，最主要是會產生交易性資料，交易性資料在目前網際網路盛行下，它影響到以下 2 個重點：企業主如何從現有的交易性資料來做決策，及企業和企業之間的溝通效率。但在網路經濟下，各企業資源是散落在異質資訊平台中的，而過去資訊系統由於技術上的瓶頸或因成本上的考量，有很多的可簡化及強化企業、企業之間的資訊整合作業，並無法有效在資訊平台上實作出來。故現今企業面臨交易性資訊散落於各地，不同系統不但有不同的資料存取與作業方式外，資訊的整合困難、資訊的搜尋與分析不易皆是一大問題。這對於企業做決策，及企業和企業之間的溝通效率將是一個很大的問題。

從上述影響的說明層面來看，若以資訊技術而言，則企業的交易性資訊就須整合，亦即所謂的企業資訊整合，目前企業資訊整合的發展歷程是它的歷程可分成三大階段。從以往經由 EDI（電子資料交換 Electronic Data Interchange）網路來執行，轉換為在網際網路上的 EAI（enterprise application integration）和 B2BI（B2B integration）。

首先，是 VAN（Value Added Network）加值網路之 EDI（Electronic Data Interchange）系統，該系統在歐美大企業已運作十幾年了，但由於所使用之技術及格式是用於呆板標準化的方式，缺乏彈性，且每家軟體廠商有各自軟體規格，若要應用普及化或客戶化都較困難，而且維護費高，傳送媒介只適用於特殊規格之加值網路系統，而網路使用費亦高，因此一直無法普遍，是一種封閉性系統，而且參與廠商必須遵循一套各自新的資料定義方式及轉換過程複雜，因此公司需整合由不同程式設計師、不同時間、不同技術及不同平台所開發出的應用程式。

接著就有企業應用系統整合（Enterprise Application Integration, EAI）的市場應運而生，EAI 的 middleware tools，正好可解決上述 VAN 的缺點，來幫助企業快速整合應用程式。但在 EAI 架構中，它是屬於中心發射狀的企業互動，通常是建構在供應商為了配合中心大廠商的需求下，而來進行訊息的交換，故它主要是以大型企業為運作的核心，因為一套 EAI 系統成本也不便宜。所以它的特性是除了與中心廠的互動之外，和其它廠商的資訊並不會有任何的流通。另外，隨著時間增加，其資訊系統中少說也有上千個程式及龐大資料庫，並且各個應用系統的設計及撰寫基礎不同，因此一般均使用各個應用系統所提供的 API（Application Programming Interface）作為整合的介面。然而，在建置系統整合的過程中，由於須先就各系統的 API 進行分析，並做資料再處理後方能撰寫整合程式，因此常會耗費企業大量的人力及資源，反而陷企業於困境。

故最後就有 B2Bi 就是 B2B Integration 技術產生，也就是企業之間的資訊整合，它整合了各系統不同的 API。它不僅僅是企業內部的整合，更要能夠達到企業之間的整合，以便達到企業延伸及協同作業的目的，不再只限於大型企業為運作的核心，更擴充到所有企業，這就是各企業之間的網狀模型，其互動的重心更傾向於上中下游的整合，並連結出更大更多的網路。

7-5-5 企業網站和網路行銷方法的連接

企業網站行銷可和上述章節所說明的方法和工具做結合，例如：情境式行銷、資料庫行銷、網路廣告等。

透過各種功能性的企業網站方法，可使企業各種資源運用更加方便性。例如：銀行提供線上換匯，線上轉帳，網路 ATM 等，如下圖，其金融功能網站，可使企業直接上該網站就可運用金錢（money）資源。

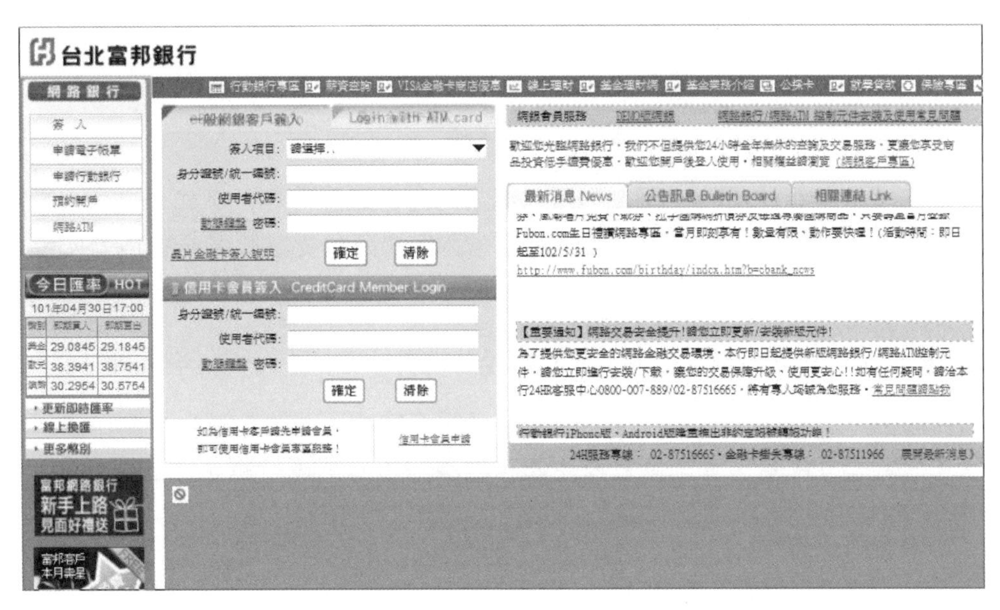

圖 7-25 資料來源：https://ebank.taipeifubon.com.tw/ibank/html/pages/jsp/home.jsp
公開網站 ebank.taipeifubon.com.tw 是提供銀行服務的公司

網路銀行交易正快速成長，近年來將可能會有更多之零售金融服務會建構於網路上，銀行將通路移轉至虛擬通路上，使得網路銀行之交易成本低，如此銀行可使人力資源更精簡有效率，對銀行本身有利，並且可讓客戶於網路上進行交易，對客戶有利。

又例如：人力資源公司提供人力線上招募，其招募功能網站，可使企業直接上該網站就可運用人力（human）資源。

 問題解決創新方案－以章前案例爲基礎

(一) 問題診斷

依據 PSIS（Problem-Solving Innovation Solution）方法論中的問題形成診斷手法（過程省略），可得出以下問題項目：

■ 問題 1：網路廣告沒有效果

在眾多網路行銷運作上，如何善用網路行銷工具，對於網路行銷運作績效是非常重要，其中網路廣告就是一種常用工具，然而在執行網路廣告時，若只為廣告而廣告，並沒有考量到廣告對象、市場需求、產品搭配等因素，就會造成花了一筆廣告費用，卻沒有效果。

■ 問題 2：網路廣告的工具不當使用行為

在網路廣告工具使用時，因人為操作不當，包含故意行為，例如：故意不斷點選網路廣告，但卻不是真正要了解其廣告內容，而是要讓此廣告造成熱門點選的假象，這可能是一種商業攻擊行為。

■ 問題 3：網路廣告沒有和企業行銷作業結合

廣告產生，是源自於企業的行銷企劃所展開而來的，也就是行銷企劃作業須和廣告做關聯性結合，否則就會產生廣告效果並沒有對應行銷企劃的成效。

(二) 創新解決方案

■ 問題解決 1：目標型網路廣告

企業在執行網路行銷工具時，其工具運用須能朝目標型範圍去發展，也就是要先分析此工具運用的客戶市場目標在哪裡？而且其需求是什麼？

■ 問題解決 2：預防避免網路廣告不當行為的機制

當仲介網路廣告的廠商，推出網路廣告刊登的商業行為時，就須以 Internet 技術來做一些預防不當行為，例如：偵測在同一 IP 位址下不斷對某個廣告的短時間內的重複多次點擊情況，可視為無效或假象廣告點閱。

■ 問題解決 3：使用網路工具應在行銷企劃的設計內

企業不要為網路工具而做網路工具，它應在規劃企業的行銷活動時，才去設計應用何種網路工具，使此網路工具才能彰顯出行銷效益。

(三) 管理意涵

■「SOHO 企業」

情境導引：SOHO 的資訊常識通常較靈活，大都可以獨當一面，但也因為員工太少，而無法全面性的運用網路行銷，故應強調在運用上的深度，而非廣泛。

創新策略：在網路行銷的工具中，部落格（Blog）行銷就是可達到運用上的深度，如透過部落格寫日誌的方式可讓消費者表達及分享內心世界的空間，也因為如此，部落格使用者更願意投注時間和金錢在網路虛擬空間上。

■「中小企業」

情境導引：中小企業的員工資訊常識普遍是不足，故要實施網路行銷是不容易的，這也是中小企業在網路行銷的運用無法成功的主要因素之一。

創新策略：中小企業的員工應多加強學習和應用網路行銷的工具，尤其是 e-mail 行銷和網路名片行銷的運用，可使員工更加了解和習慣網路資訊化的作業。

■「大企業」

情境導引：大企業員工資訊常識普遍是足夠，但也因運用很多網路行銷的工具，而使得網路行銷的整合綜效無法發揮，這是大企業交易時無法應用網路行銷成功的主要因素之一。

創新策略：大企業員工應擬定網路行銷的整體執行模式，也就是說，網路行銷工具須和網路行銷環境結合，如此才可發揮出網路行銷的整合綜效。

(四) 個案問題探討：請探討何種行銷企劃應使用何種網路工具

案例研讀
Web 創新趨勢：擴增實境行銷

擴增實境（Augmented Reality）是介於「真實世界」與「虛擬世界」的概念，它是將現實世界取得的影像與擴增實境內容加以重疊，也就是說它會把虛擬資訊加到使用者感官知覺上的一種多媒體顯示，因此擴增實境是一個高度整合數位合成、視覺模擬、追蹤技術、行動運算與人機介面等之複雜系統。

AR 系統採用某些和虛擬實境（virtual reality，VR）一樣的硬體技術，將真實世界的景象、地圖、造型等，運用軟體技術所產生在電腦裡的虛擬世界加以結合，進而產生出複合式的影像，讓整個呈現更加能增強真實世界裡的多元化資訊呈現與深化互動體驗。

VR 是無中生有，從頭創造出一個不存在的世界；AR 則是著重在虛擬 3D 與真實世界的結合， 這二者根本的差異是：AR 是在實境上擴增資訊，而 VR 企圖取代真實的世界。

■ 3D 立體祝福卡

Kickstarter 發展出的 3D 立體卡，將結合擴增實境（Augmented Reality）的 Gizmo 祝福卡，它可以用來傳遞生日、節日，或特殊客製化需求等不同祝福的應用。

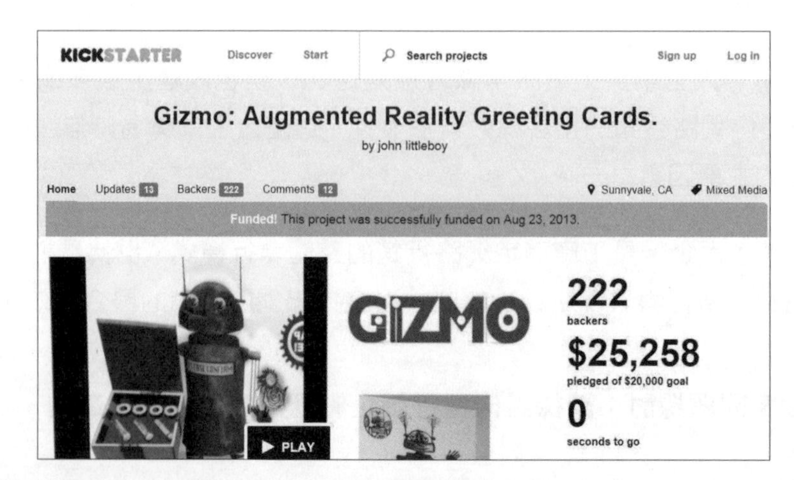

資料來源：https://www.kickstarter.com/projects/artiphany/gizmo-augmented-reality-greeting-cards

■ MREAL System for Mixed Reality

Canon 發表 MREAL System for Mixed Reality，它以 3D 方式結合擴增實境技術，讓使用者可根據設計需要看見虛擬產品內容，如此可使眼前所見的感覺更加真實。MREAL System 技術的特色在於當使用者移動時，所見角度亦會跟著改變方向。

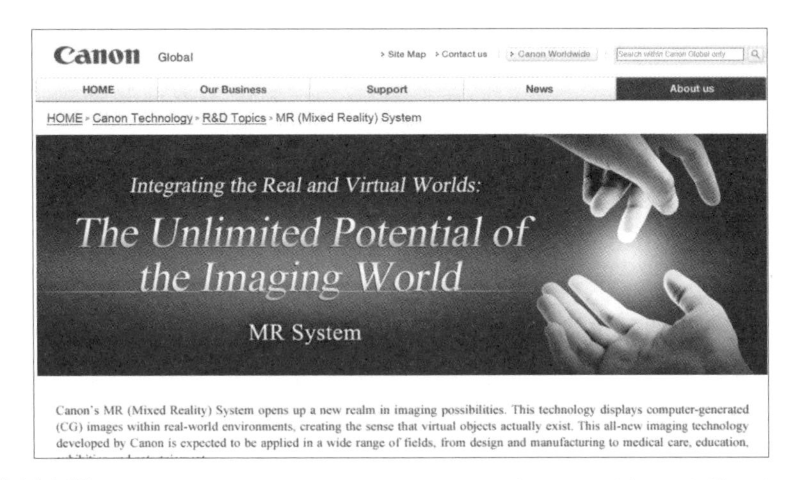

資料來源：http://www.canon.com/technology/approach/special/mr.html

■ Reality Editor

Reality Editor 是一種直覺化操作智慧物件，它可透過虛擬介面操作智慧物件之間的識別溝通，來發展一個新的功能模組，並藉由擴增實境與智慧物件兩者技術結合的功能模組，將數位技術轉化到實體科技，創造更直覺化的人機操作介面，此智慧物件指的是，包含嵌入式處理器且具有溝通功能的物件或裝置。

資料來源：http://fluid.media.mit.edu/projects/reality-editor-programming-smarter-objects

案例研讀
Web 創新趨勢：巨量資料（下）

在巨量資料來臨下，若結合雲端運算，就能發展出「智慧運算」。透過智慧運算，企業可發展出洞察力資料平台，它會成為未來實現競爭優勢的智能科技。巨量資料以一種即時、直觀的方式揭露具有價值性的洞察力，並透過大量資料的意圖分析，則能使企業掌握、回應客戶的行為與策略經營趨勢。

巨量資料和物聯網結合是在於其將各類裝置間的互通有無形成更加巨大可觀的資料，而這些資料需要藉助感測器傳送到後端主機，然後再透過雲端運算的演算邏輯，即產生商業智慧，這樣智慧便可透過多元化分析來完成需求的服務，這就是分析作為服務（Analytics as a Service）的觀念。而也唯有深度分析才能創造出與其他企業區隔的獨特之處。例如：在社群媒體觀點分析中發覺趨勢及流行的議題，進而優化廣告活動，來達成精準行銷。

國際研究暨顧問機構 Gartner 認為，巨量資訊（Big Data）是這幾年十大技術與趨勢之一。他們估計每個巨量資料相關的 IT 工作，將為全球增加 600 萬個非 IT 相關工作。國際知名調查機構 Ovum 研究也顯示，有將近半數的企業 IT 部門，計畫投資巨量資訊分析。

■ 巨量資訊技術

企業需要 IT 系統能快速回應、彈性擴充、簡易管理、降低成本與風險。

Hadoop-MapReduce 處理半結構化與非結構化資料的，遂成為巨量資料分析架構當中的重要環節，Hadoop 就是一套實現 Google Map & Reduce 的工具，而 HBase 則用以實現 Big Table 設計概念，兩者皆屬於 Apache 的內容。

Google 自行研發的 BigTable，其 MapReduce 是 Google 用來分析龐大網路服務資料的關鍵技術，巨量資料大多是非結構性資料，不容易以傳統關聯式資料庫的作法，所以 BigTable 就利用透過資料欄位架構，將資料儲存到關聯式資料庫中來進行處理。

IBM 的 GPFS（General Parallel File System），可容許多系統同時存取檔案建置成本較低的分散式開源資料庫，也就是所謂的 NoSQL 資料庫。

MapReduce 技術的開發平臺 Hadoop：

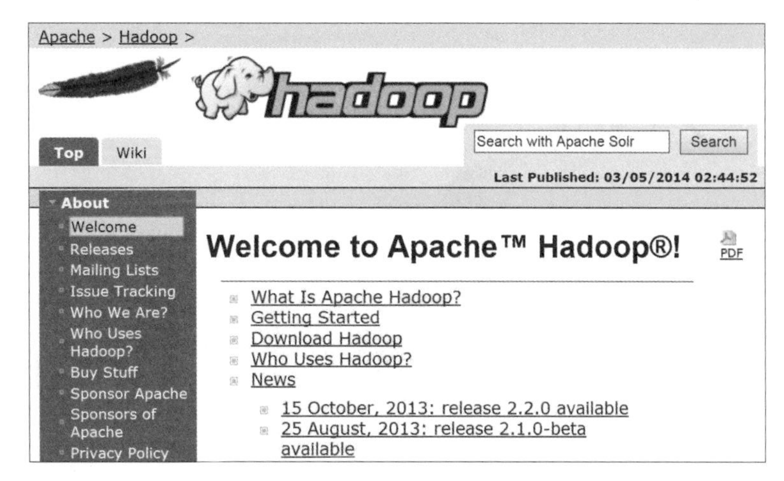

資料來源：http://hadoop.apache.org.

■ 產業應用案例

運用巨量資料分析輔助經營決策的典範。

1. Wal-Mart 以巨量資料來主動分析顧客搜尋商品的行為，以及搜尋引擎尋找關鍵字（Wal-Mart），利用這些關鍵詞的分析結果發掘顧客需求，以規劃下一季商品的計畫策略。

2. 中華電信建置了一個以 Hadoop 技術為核心的平臺，稱為「大資料運算平臺」，用來分析一些通訊資料、MOD 每日收視率分析等。

資料來源：http://hicloud.hinet.net/caas/products.html

3. ZARA 透過全球資訊網路，蒐集巨量顧客對產品反應的資訊，並運用自動化程式分析顧客行為模式，進而執行產品的生產銷售決策。

資料來源：http://www.zara.com/tw/

4. P&G 運用上百萬零售商及大量的消費者等交易，即時掌握分析數以兆計的交易資訊，並據此來快速調整公司產品的生產決策，如此則可調整製造結構，重新考慮價格策略和產品區隔，更進一步發掘新的商業模式契機。

案例研讀
熱門網站個案：智慧型通訊應用

即時通訊（Instant Messaging，IM）是一個立即通訊系統，一般會運用行動手機，因為手機具備行動性與即時性等傳播優勢，它的運作方式是讓兩人或多人使用網路即時的傳遞文字訊息、檔案、語音與視訊交流。

行動通訊還可結合位置 APP，其做法是使用者進入位置 APP 查詢頁面，程式就會以自動尋找定位方式發現使用者的位置，進而找出最接近使用者場地位置。如此使用者就可用系統導航來確認想要前往的場地地點。

行動即時通訊軟體本身應用會考慮的 3 個重點：

1. **檔案格式內容**：檔案格式多樣化和應用範圍廣，包含：多媒體，例如：聲音、視訊、照片、以及使用者行為資訊，而這些格式來源都不一樣，因此它必須能適用這些格式內容。
2. **行動通訊資源效用**：資源效能包括儲存空間和記憶體使用量，所以行動通訊軟體必須善用資源，否則就會耗用資源。
3. **應用客製化需求**：可讓用戶自行訂製和分享內容，以及可發展出遊戲、B2C、行銷等各種商機。

目前以 LINE 和 Whatsapp 兩個軟體最多人使用。

■ 即時通訊 Line

即時通訊程式的 Line（2011 年），是由 NHN Japan（韓國最大的互聯網公司 NHN 的日本法人）及時通訊軟件，其中 LINE 不只有即時通訊，更運用貼圖功能，也就是它將日常生活中的樂趣轉化成豐富的想像，好讓通訊更加有情境效果。

LINE 是以簡訊為基礎的免費溝通工具，它是屬於韓國 NHK 集團（包含搜尋引擎 NAVER、遊戲入口網站 Hangame、個人化訊息網頁 matome、社交照片平台 pick、社群平台 Café 等），它期望成為「行動載具的網路入口」，以及各項服務與服務之間串聯的中心。

資料來源：http://line.me/zh-hant/

■ WhatsApp

依據 wikipedia.定義：“WhatsApp Messenger 是利用網路傳送簡訊的一種智慧型手機行動應用程式，能夠利用智慧型手機中的聯絡人資訊，尋找也有使用這個軟體的聯絡人”（資料來源：WiKipedia）。WhatsApp 是一種智慧型手機即時通訊。

資料來源：http://www.whatsapp.com/

■ 問題討論

請探討企業如何利用智慧型通訊應用來做網路行銷？

案例研讀
熱門網站個案：物聯網—智慧家管

藉由網路與感測器將物品連結而成的物聯網，是一個重大發展趨勢，例如：把家中用品放上雲端。Ninja Block 智慧生活是將家中用品組成物聯網放上雲端，其目的可成為智慧家管系統，而此系統可讓使用者能更方便的瞭解家中情況。智慧家管是注重在遠距操控、監測，並且可透過使用者行為過程來記憶使用習慣。

其運作程序如下：

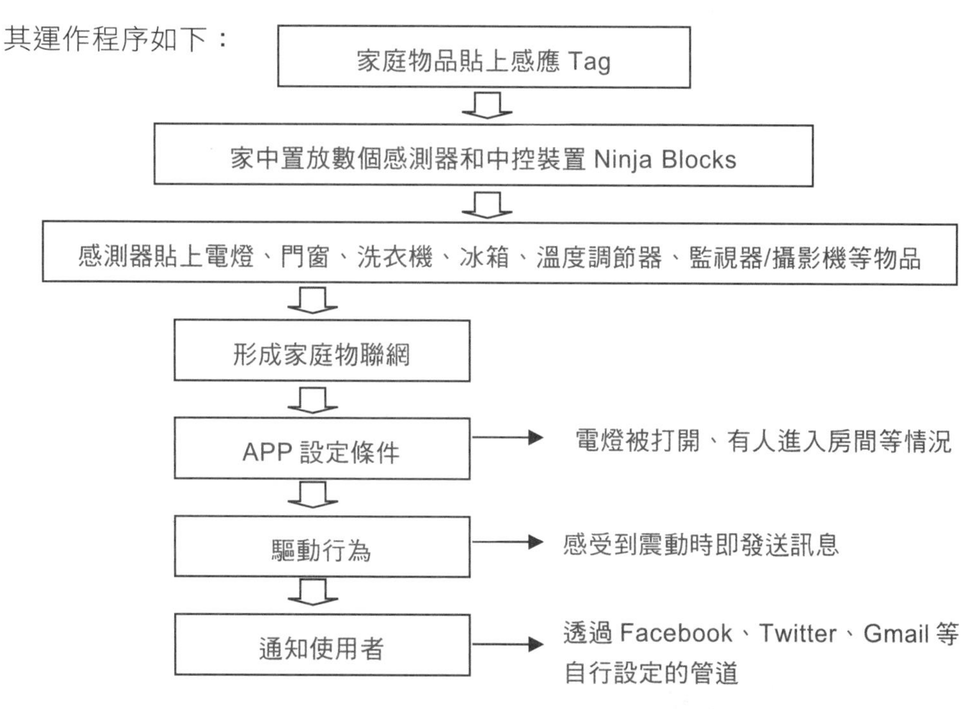

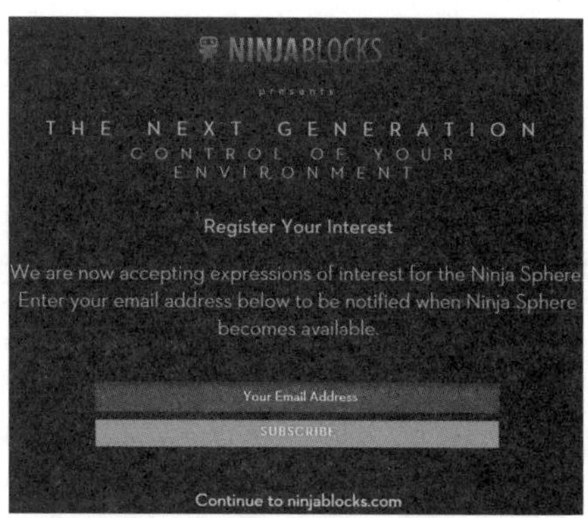

資料來源：http://ninjablocks.com/

■ **問題討論：**請探討零售公司如何應用智慧家管來做行銷和客戶關係？

本章重點

1. 傳統廣告是以「推進」顧客，讓顧客被動知道產品的存在，進而「推銷」產品。但在上述的網路應用軟體環境，是以「拉動」顧客方式，讓顧客主動「超連結」到有興趣的網站，進而引導其購買產品。
2. 部落格它一開始只是提供一個個人寫日誌的地方，透過寫日誌的方式來表達分享內心世界的空間，讓每個人都能當個人作者出版，也正因為如此，使得部落格使用者更願意投注時間和金錢在網路虛擬空間上。
3. 在網際網路（Internet）上的電子商務可分為企業對企業（Business-to-Business, B2B）的商業行為、企業對一般消費者（Business-to-Consumer, B2C）、政府對一般消費者（Government-to Consumer, B2C）、消費者對企業（Consumer-to-Business, C2B）及消費者對消費者（Consumer-to-Consumer, C2C）的商業行為五大類。
4. 企業可運用網路行銷工具，在客戶購買交易過程中扮演關鍵的行銷，要達到這樣成效，則就必須把行銷工具和購買交易過程做適切的連接，以利用該工具來促使客戶交易。
5. 差異化行銷是指利用產品或服務和其他相同（類似）產品或服務有所不同，不同之處可能是功能、價格、服務。差異化行銷指較重視消費者特性，其具備不同產品屬性的同質產品，例如不同顏色但相同樣式的服裝。
6. 網路新興社群工具包括、關鍵字廣告、維基、語意網、網路分析、SEO、插件、標籤、混搭、數位匯流等工具。網路社群：必須依賴網路行銷方法來增強社群互動的黏著度和關聯度。

關鍵詞索引

學習評量

一、問答題

1. 網路行銷工具種類為何？
2. 網路行銷工具的執行模式為何？
3. 請說明贊助行銷的定義。

二、選擇題

(　) 1. 傳統廣告和網路廣告之差異，就其網路廣告的差別為何？

(a) 以廣告數量為基礎來達成

(b) 深入每位顧客的需求交易行為上

(c) 增加愈多的曝光比率

(d) 以上皆是

(　) 2. 何者為網路廣告類型？

(a) 平面廣告

(b) 按鈕廣告

(c) DM 廣告

(d) 以上皆是

(　) 3. 何謂浮水印廣告？

(a) 運用刻印方式來呈現廣告內容

(b) 一般放置在網頁主畫面的下層

(c) 會佔用到使用者瀏覽介面的視野

(d) 以上皆是

(　) 4. 從吸引顧客注意到產生購買欲望，一直到交易完成為止的過程，指何種過程？

(a) 客戶購買交易過程

(b) 客戶交易過程

(c) 客戶促銷過程

(d) 以上皆是

(　) 5. 集中化行銷和差異化行銷之差異，就差異化行銷而言為何？

(a) 目標市場區隔

(b) 數種市場區隔

(c) 較重視消費者特性

(d) 以上皆是

chapter

資料庫行銷和資料挖掘

章前案例：問題回饋的資料庫行銷

案例研讀：行動 App、行動 App 網站

學習目標

- 資料庫行銷的定義和內涵
- 以資料倉儲為基礎的資料庫行銷模式
- 網路行銷和決策支援系統的關係
- 網路行銷的網路服務技術
- 網路行銷代理人的定義和內涵
- 資料挖掘整體架構

章前案例情景故事 問題回饋的資料庫行銷

從事手機買賣店面已有 1 年多的時間，老闆小王發現，消費者會來店面購買手機，除了時尚造型和最新功能以外，就是手機維護的服務品質和速度，其中維護速度是愈快愈好，並且要能追蹤維護的進度查詢。但因在店面買賣的手機廠牌不只一家，故送修的企業作業也就不同，並且每家的維護的進度查詢功能也不一樣，使得小王要回覆不同的消費者有關維護的進度狀況時，往往要進入不同的網路介面，這造成需要花費時間和成本就相對的無效率。試想若能將這些服務整合到一致性的網站中，則店面、經銷商、製造廠等角色就不需要再花費時間和成本，個別去維護一個包含了客訴下游問題回饋的資料庫，更不需要再自行建立和各角色之間的聯繫與進度追蹤機制等等。

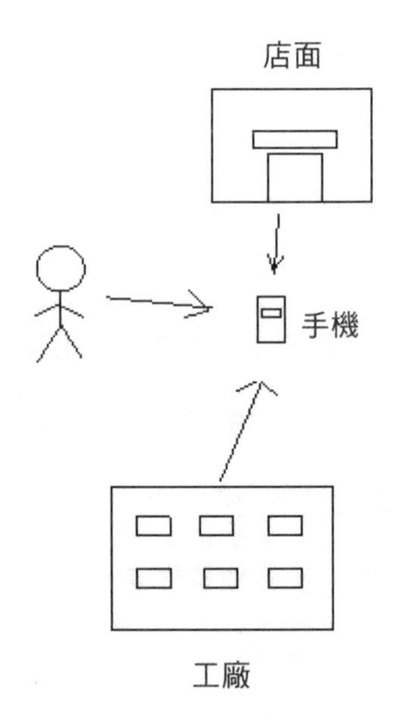

8-1 資料庫行銷

8-1-1 資料庫行銷的定義

資料庫行銷就是運用訂單和產品等的資料庫系統來進行行銷活動的方式，它透過資料庫中客戶的基本資料、交易過程與及購買紀錄，分析消費者資料，並執行行銷策略的過程，而其重點就是希望能透過資料庫系統，使顧客願意再度購買相關的產品與服務，進而建立關係忠誠度，資料庫行銷是未來重要的行銷趨勢，但它的實施並不是一個快速的運作，而是需要持續的進行。

McCorkell（2007）認為資料庫行銷有四項重要內涵：目標客戶群（Target）、互動式（Interaction）、控制（Control）、持續性（Continue）。

Kotler（2000）認為資料庫行銷是使用顧客及其他和銷售有關的資料庫，來建立並維持顧客關係的過程，進而達到與顧客交易的目的。認為資料庫行銷具有挖掘潛在顧客，和提供個人化產品給區隔市場的目標顧客，來維繫良好的客戶關係，進而提高顧客忠誠度的功能。

Hughes（1996）認為資料庫行銷是從直效行銷過程而來，它藉由大量現有及潛在顧客資料庫和顧客的互動，並運用和分析資料庫，進而從資料庫中萃取出發展行銷策略所需之資訊。例如：零售業可應用資料庫行銷，來瞭解現有及潛在的顧客，精確的區隔出目標顧客（Targeting Customers）。

Shaw 與 Stone（2010）認為資料庫行銷的實施須經歷四個階段性的過程：

1. 初步的顧客（Mystery list）
2. 購買者為主的資料庫（Buyer database）
3. 顧客互動為主的資料庫（Coordinated customer communication）
4. 整合性行銷（Integrated marketing）

資料庫行銷的網站如下：

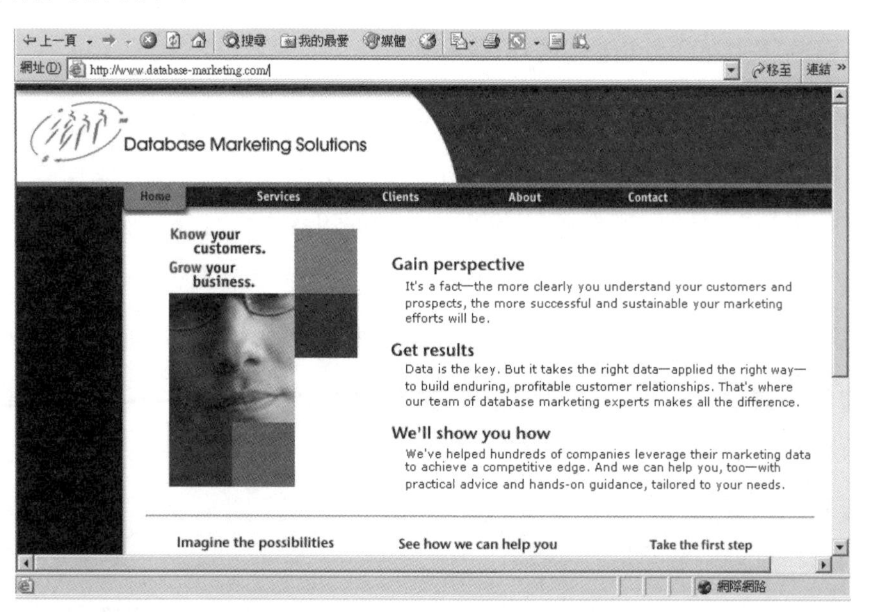

圖 8-1 資料來源：http://www.database-marketing.com/公開網站

Swift（2000）認為行銷方式的演進過程主要分為四個階段，可由下表說明：

表 8-1 行銷方式演進過程

階段	第一階段	第二階段	第三階段	第四階段
種類	大量行銷	目標行銷	顧客行銷	一對一行銷
重點	以大量產品為主	區隔市場和精準目標	以顧客為主	顧客互動和客製化

（資料來源：Swift, R. S.,）

從上述的行銷方式演進過程可知傳統大量行銷是以產品為中心，而資料庫行銷則是以電腦技術，來建立顧客資料庫為中心，它是從顧客面的資料來分析，以了解市場的目標客戶和幫助行銷者區分消費者，其目標客戶的重點是以客戶價值或貢獻來區分，進而了解目標客戶會買那些產品，和產品適合那些目標客戶，並針對特定消費者進行有效行銷，如此運作才能擬定創造 80/20%原則利潤的行銷策略。

資料庫行銷的目的是找到更好的顧客，和以顧客的終身價值來追求企業長期利益，它和傳統行銷，最大的不同點是在於前者是企業行銷給消費者，而後者是消費者在消費過程中可反過來扮演更為主動的角色。也就是在網路行銷上的資料庫行銷內，其消費者是網路行銷的共同運作者，它可從事一些通常是由技術支援和客服人員所做的事。

資料庫行銷是經過分析消費者資料的過程，其運用的是知識發現，透過知識發現可從大量資料庫中深入分析與了解消費者習性。

知識發現的成效是在於能透過一連串的資訊處理流程，可建構出一套邏輯化法則和模式，以支援判斷決策的分析基礎，而最重要的是決策者是在一個經過智慧型技術處理過的累積經驗與專業知識（Domain Knowledge）環境內，如此評估和解譯，才有其真正的知識成效。

在知識發現的流程步驟，它可對應到知識管理和資料倉儲的功能上，說明如下：

1. **資料的選取**：如同知識管理生命週期的知識來源，和如同資料倉儲中的基本資料庫的下載。
2. **資料的前置處理**：這個作業重點是如同知識管理生命週期的知識獲取，和如同資料倉儲中的萃取作業。
3. **資料轉換**：這個作業重點是如同知識管理生命週期的知識獲取，和如同資料倉儲中的移轉作業。

4. **資料採擷**：這個作業重點是如同知識管理生命週期的知識創造，和如同資料倉儲中的分析挖掘作業。

5. **解譯評估**：這個作業重點是如同知識管理生命週期的知識分享和應用，和如同資料倉儲中的分析報表作業。

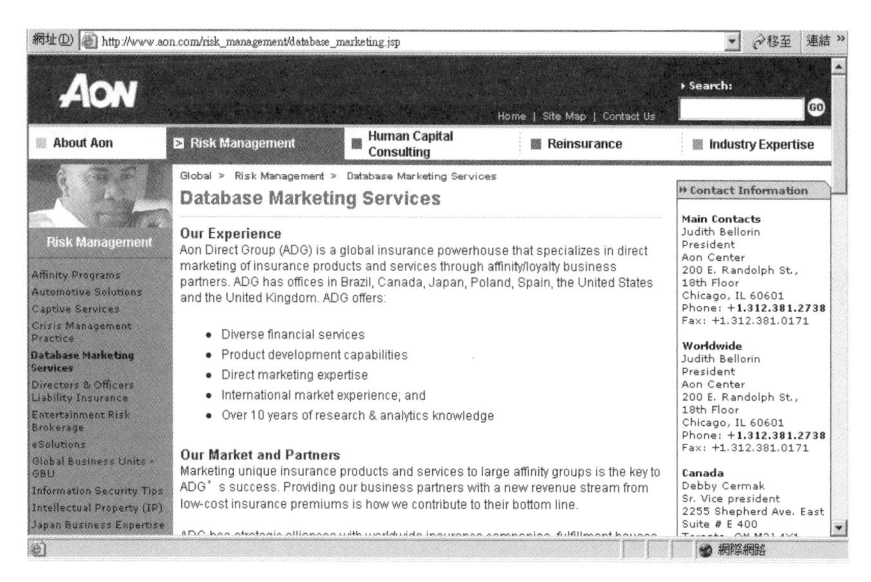

圖 8-2 資料來源：http://www.aon.com/risk_management/database_marketing.jsp 公開網站

資料庫行銷是可從大量資料庫中深入分析與了解消費者習性，一般會運用 RFM 方法，所謂 RFM 表示近期（Recent）、頻率（Frequency）及金額（Monetary），也就是說顧客最近一次的購買行為是何時、顧客消費的頻率、在此時間內顧客購買金額。

Kahan（2008）認為 RFM 這個分析技術，不僅可以來分析公司的顧客的價值，也更可以深入分析與了解消費者習性。利用 RFM 可來擬定行銷策略。RFM 的執行步驟：

step 1 Recent 最近一次的購買日期

1.1 每次更新購買日期欄位資料

1.2 購買日期從日期愈近來排序

1.3 區分不同等級顧客

1.4 不同等級顧客有不同行銷手法

step 2 Frequency 購買頻率

2.1 根據上述的購買日期時段內，總計客戶的購買

2.2 將總計客戶的購買次數計算出購買頻率

step 3 Monetary 購買金額

3.1 每次更新客戶的購買金額欄位資料

3.2 根據上述計算出購買頻率 來計算在購買日期時段內的購買總金額

3.3 購買金額從金額愈多者來排序

每位顧客都有自己的 RFM 量化數據，企業可以根據顧客 RFM 來訂定對這位顧客的商品價格，它可呈現對於顧客滿意度與忠誠度影響，並且知道不用將費用花在根本不可能購買的客戶身上。

8-1-2 資料倉儲的資料庫行銷

資料庫行銷可用關聯資料庫系統來運作，但它還會牽涉到不同維度的資料分析時，就必須用資料倉儲的技術。

所謂的資料倉儲（data warehouse），是一群儲存歷史性和現狀的資料，它是以有主體性為導向（subject-oriented），具有整合性的資料庫，用以支援決策者之資訊需求，專供管理性報告和決策分析之用，即資料倉儲是決策支援的資料庫。所有資料倉儲不是一個資料庫而已，它是一種決策資訊過程。資料倉儲為一主題導向、整合性、隨時間序列變動、唯讀的大量歷史資料庫。資料庫是著重在各種日常訂單交易資料的處理及相關資料的更新，它必須是致力於處理事情的正確方法，但對於資料庫行銷，在制定企業行銷策略時，著重的是如何決定處理事情的正確方法，因此時有賴於資料倉儲和行銷的結合應用，才能幫助行銷主管，得到所需的資訊來做決策，也才能提高公司的行銷競爭力。

在談到資訊基礎應用於決策上時，就必須來探討應用功能如何運用資料，在所謂資料庫系統裡，一般可分成收集維護資料（又分成新增資料、計算出資料二種）、過帳交易資料處理、邏輯作業資料處理、單據報表和交叉查詢等五類，這就是一種 OLTP（線上交易處理）的應用功能，而對於這種資料運用需求，使用者的需求永遠是多變化的，而資訊人力永遠是無法滿足使用者的需求，使用者總是認為資訊人員的效率，跟不上需求提出，而資訊人員也總認為使用者需求不明確且變動太快，造成資訊人員認為只是在應付使用者一些臨時性或實際上沒有用的需求，而非在於公司整體性和可行性的行銷需求。

資料倉儲的主要目的在提供企業一個決策分析用的環境，提供企業一個簡單快速的存取業務資訊，協助達成正確判斷的分析，讓決策人員制定更好的作戰策略，或找出企業的潛在問題，以改善企業體質並提高競爭力。有了 ERP 系統的資料，資料倉儲才能發揮功效，兩者是相輔相成，企業如能充分發揮資料倉儲和行銷的各自特點，結合應用，必能提高企業的競爭力。故建置資料倉儲的各種技術，其著眼點均在於如何支援使用者從龐大的資料中快速地找出其想要的答案，這和 OLTP 系統是截然不同的。一般用到的技術有存取效率且擴充性高的資料庫系統、異質資料庫的整合、資料萃取轉換與載入、多維度資料庫設計、大容量分散式資料儲存系統、簡易和方便的前端介面等。因此 OLAP 通常和單據報表和交叉查詢有密不可分的關係，經由複雜的查詢能力、資料交叉比對等功能來提供不同層次的分析。

8-1-3 顧客資料庫

顧客資料庫主要可分成二大類：顧客產品資料和顧客訂單資料顧客產品資料在資料庫行銷中是最重要的，它是存在於一般 ERP 資料庫系統中，它是一種基礎主檔。

所謂的基礎主檔是指在 ERP 系統開始運作前，就必須先把資料建立完成，且資料內容不會經常變動，它是屬於企業基礎型的資料，例如：客戶基礎主檔、料件基礎主檔（Item Master）等。而這樣的基礎型資料，會因為在企業營運的流程管理是否有須跨越不同部門的因素，必須決定是否做資料產生的管理機制，在有須跨越不同部門時，就必須做資料產生的管理機制，若無，則就不需要。這樣的營運的流程管理會產生很多的資料，而這些資料對於企業而言，是非常重要的，它包含了所有營運的交易紀錄資料，例如：訂單，也包含了公司重要機密資料，例如：研發設計規格資料，故吾人可知 ERP 系統中資料，其實就是企業辛辛苦苦所累積的經驗資產。

顧客產品基礎主檔是會跨越研發部門、製造部門、成本部門、業務部門等，故當產生一個新產品時，就會相對的管理機制程序辦法，以便管理新產品主檔欄位建立的合理上的設定，例如：新產品主檔的來源碼欄位，主要是為了區分產品的用途欄位，因此它會依該管理機制的程序辦法來合理設定是屬於採購料件。

顧客訂單資料在資料庫行銷中是最重要的，它是存在於一般 ERP 資料庫系統中，它是一種交易主檔。

所謂的交易主檔是指在 ERP 系統開始運作後，就有可能產生紀錄性資料，且其資料內容會經常變動和資料量會一直隨著時間而增加，它是屬於企業交易型的資料，例如：訂單交易主檔、工單交易主檔等。而這樣的交易型資料，也會因為在企業營運的流程管理是否有須跨越不同部門的因素，必須決定是否做資料協調審核的管理機制，在有須跨越不同部門時，就必須做資料產生的管理機制，若無，則就不需要，例如：訂單交易主檔是會跨越製造部門、會計部門、業務部門等，故當產生一個新訂單時，就必須有新訂單協調審核的管理機制的程序計劃出來，以便管理該新訂單主檔欄位建立的合理上的設定，例如：新訂單主檔的訂單可交貨日期欄位，主要是為了答覆客戶交貨日期和生產製造日期安排依據的欄位，因此它會依該管理機制的程序計劃來合理設定是屬於何時交貨日期。

8-1-4 知識庫的網路行銷

知識的存在是如同產品一樣，會有生命週期的運作，因此知識具有更新和刪除作業，故它可被規劃成資訊系統的資料庫系統，然而它又和一般的資料庫系統是不同的，不同的地方是它要能處理內在性的問題，做隱性知識的轉換、溝通。經過資料庫行銷運作出來的就是知識，是一種顧客行銷知識，它可被儲存成行銷知識資料庫。

Davenport 與 Prusak 認為知識資料庫有三種基本的型態：

1. **外部知識資料庫：**從外部將不同議題的知識，分別或是有優先權限傳送給有相關的人員，使資料庫的資訊與知識更有效用和活用，以及可依適合性來容易取得。例如：外部情報、廠商知識。
2. **內部知識資料庫：**在內部運作體系內，有結構的可以提供技術產品資訊、業務說明會支援、行銷技巧、以及客戶資訊等，使得內部人員的工作效益大獲提昇。例如：研究報告。
3. **非正式的知識資料庫：**不論內外部的運作體系 只要是專門處理蘊含在人們腦袋裡、隱性的、未經結構化、亦無文化可循的知識。例如：技術討論 。

顧客行銷知識須能轉換成一套符合邏輯的機制或處理程序，一般說來，利用知識庫方式可整合各種不同類型與媒介的資料也就是說知識的呈現，不是只用文字、圖案等，它可能也是多媒體檔案，這在知識庫透過邏輯推論的方式來處理資料轉換成電腦所能判斷之知識，是非常重要的，因為適切的知識的呈現，可有助於知識轉換的過程，它可將許多繁瑣工作程序予以正規化，變成條理分明之規則。從這段說明，可知知識原本是具有更新和刪除作業，故它可被規劃成資訊系統的資料庫系統，然而它又和一般的資料庫系統是不同的，不同的地方是它要能處理內在性的問題做隱性知識的轉換、溝通。如下圖：

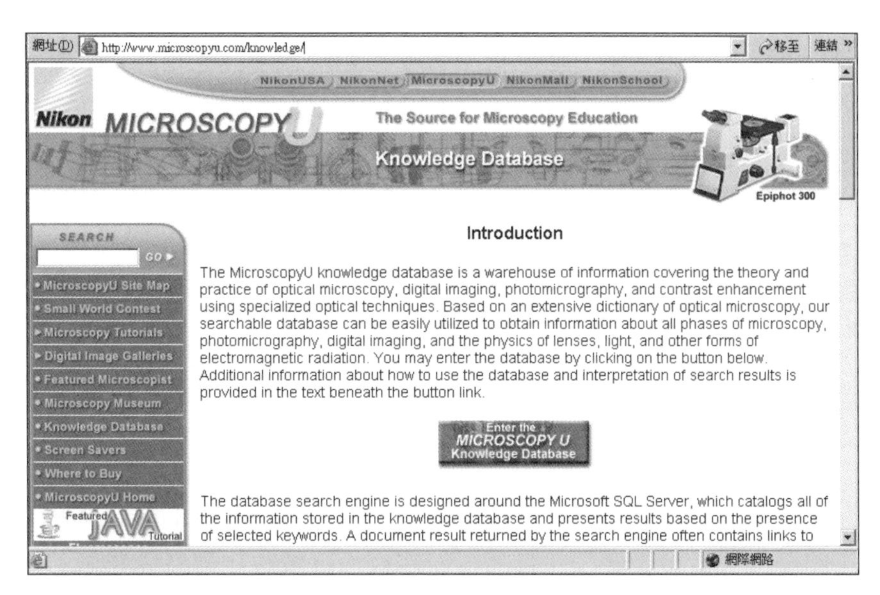

圖 8-3 資料來源：http://www.microscopyu.com/knowledge/公開網站

8-1-5 知識倉儲的資料庫行銷

結合上述說明的資料倉儲和知識庫，可整合成知識倉儲的資料庫行銷。知識倉儲並不是只是關聯資料庫，它還會牽涉到不同維度的資料庫，而這種方式一般會以資料倉儲技術來運用。從資料倉儲技術來看，可知道它必須做資料萃取、淨化和轉換，在知識倉儲存取使用的成效，是在於是否能建立一個能夠分享知識的組織文化，促使知識由不斷的產生、編譯、轉換、到應用能循環不已，達到行銷知識創新的目的。如此的循環，就會產生行銷知識資產，它是能成為公司的行銷能力。

在 Hamid（2002）提出資料倉儲模型的知識倉儲庫（Knowledge Warehouse），來發展產生知識庫所需要的過程和提出作為資料倉儲模型的延伸擴展，知識倉儲庫（KW）的首要目標是提供知識型工作（例如：新產品開發）有一智慧分析平台以提升知識創新在企業流程所有階段。

在 Chaua（2010）運用資料倉儲連接 OLAP 技術整合的決策形成的資訊建構。這樣的整合系統能幫助經理人在做決策時可改善資訊建構基礎建置的績效。因此在透過該資訊建構基礎，可使企業所有使用者用多維度不同觀點來檢視在新產品開發中不同結果及快速回應，進而產生知識創新。

知識倉儲的資料庫行銷，是將顧客和訂單資料為構面的角度，透過資料倉儲（Data Warehouse）概念加以整合，而成為星狀結構維度，接著是將企業功能類別屬性做其整合資料庫，並運用行銷方法分析出各顧客和訂單屬性的相關性，來做其整合資料庫儲存知識的空間，以俾塑造為一個資料庫行銷過程開發的資訊基礎，並運用 web 上分析資料程序（OLAP）技術擷取有意義的資料集，去呈現資訊、分享資訊與再使用資訊。

這樣的知識倉儲的資料庫行銷，可做為網路行銷應用在商業智慧（Business Intelligence）系統的模式。

White（1999）提出商業智慧是以一組技術及產品來提供使用者解決商業問題所需的資訊，以支援戰略性和策略性之商業決策。

商業智慧是一種以提供決策分析性的營運資料為目的而建置的資訊系統，它利用資訊科技，將現今分散於企業內、外部各種資料加以彙整和轉換成知識，並依據某些特定的主題需求，進行決策分析與運算；在使用者介面，則透過報表、圖表、多維度分析（Multidimensional）的方式，提供使用者解決商業問題所需資訊的方案，並將這些結果呈報給決策者，以支援策略性之商業決策和協助其管理組織績效，或是智慧型知識庫的重要標竿。

商業智慧之應用分析係利用資料倉儲技術，使企業可以蒐集萃取所有相關資料，加以大量轉換、載入、過濾，將這些資料加以預測和分析，進而提供一個企業績效決策架構，使得具備充分智慧資訊與分析機制，也就是將資料分析轉變為商業行動，衡量企業績效，進而達到提高利潤及降低成本的目的。如下圖：

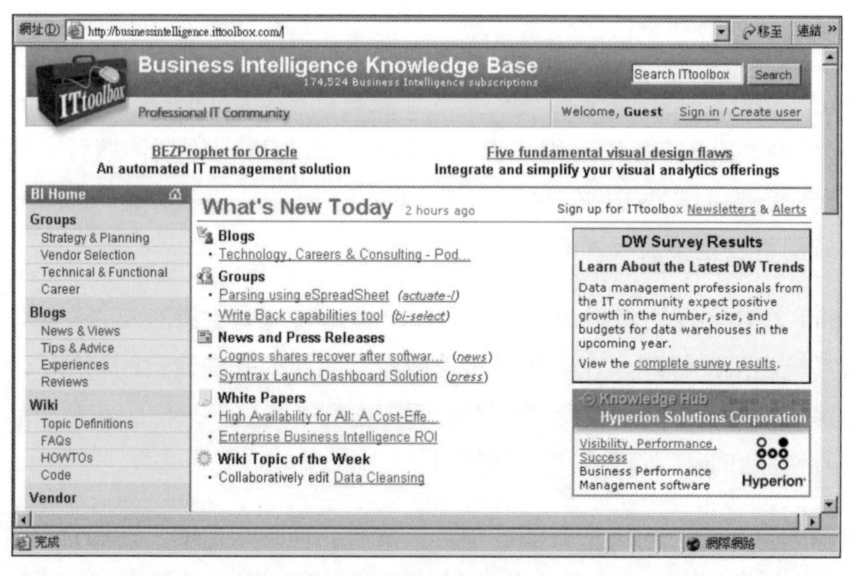

圖 8-4 資料來源：http://businessintelligence.ittoolbox.com/公開網站

8-2 決策型的資料庫行銷

8-2-1 決策支援系統

在資訊處理演進過程中，從早期年代開始，人們開始使用來處理有關管理的問題，其大略可分為三個階段：第一是電子數據處理階段（Electronic Data Processing），重點是在資料利用計算機電腦快速計算效益，來做資料處理、第二是管理資訊系統（Management of Information System），重點是在資料經過整理後，可做為管理上的運用，亦即是管理資訊，而非是資料處理、第三是決策支援系統（Decision Support System），重點是在資料經過處理和管理後，對於資料結果期望能在做決策判斷時有所輔助之用，亦即是決策資訊。一般而言，其決策支援系統是利用資訊科技針對企業組織中每日營運資料，做結構化的分類儲存，然後依照企業目標所擬定的計劃，就此結構化的資料中收集、分析，並提出某些可行性方案，最後在這些方案中，經過條件考量和標的設定，例如：外在環境限制條件，和最低成本標的等，決策出所謂相對最佳的方案。若和管理資訊系統比較，以 MIS 觀點來看，MIS 是將重點擺放在提升資訊活用的活動，特別強調資訊系統內應用功能的整合與規劃。而決策支援系統則不然，它是強調對企業的組織結構和各層次管理人員的決策行為進行深入研究，所以資訊活用的活動並不是重點，反而是在資訊基礎上，如何依高級主管的不同維度，來分析資料，以做為決策之用，才是決策支援系統欲設計的核心。不過這二者資訊系統，對於資料結構化依賴程度，都是一樣很注重，亦即仍然相當依賴資訊的流動及資料檔案結構。但不同點在於 MIS 設計系統時總是從最原始的數據、資料出發，而不是從管理人員決策的需求出發，DSS 設計系統時則是從輔助決策的功能出發。決策支援系統與 MIS 最大的不同點在於決策支援系統更著眼於組織的更高階層，強調高階管理者與決策者的決策，而 MIS 是著眼於一般使用者的彈性與快速反應和調適性的功能應用。從這段話，吾人可了解決策支援系統和 MIS 系統的資料有很大的關係，這也就是決策支援系統和網路行銷系統必須整合，亦即是以網路行銷系統的資訊為基礎，來發展決策支援系統應用。

8-2-2 網路行銷和決策支援系統的關係

網路行銷系統每天所產生的大量交易資料如果只是存放在資料庫中，那麼這些資料就僅只是單純的數據而已，因為決策支援系統和網路行銷必須整合，亦即是以網路行銷系統的資訊為基礎，來發展決策支援系統應用。所以須能將這些資料加以分析與運用，那麼這些資料都能夠幫助企業的經營者做經營決策的輔助。在目前網路行銷系統中已有某功能的報表，但以企業層次來看，最主要是以透過資料庫中客戶的基本資料、交易過程與及購買紀錄，分析消費者資料，並執行行銷策略的過程，而其重點就是希望能透過決策支援系統，來決策顧客願意再度購買的產品與服務。

但這些網路行銷系統的資訊，並不是只是指供給決策支援系統用而已，它須以企業問題為引導，來整合這些資訊，給決策分析用。尤其是企業整體行銷之間的決策，必須能分析出企業之間的問題挑戰，唯有從企業之間的問題挑戰，引導出企業行銷決策方向，如此才有決策支援系統的效益。而這也是企業決策支援系統和網路行銷的關係重點之一，因為網路行銷就是要來解決企業之間的問題挑戰，一般而言，企業都必須努力經營以下三個主要層面：作業層面，即企業日常作業之運轉；管理層面，即公司政策，用以監控日常作業；策略層面，即公司願景、目標。而網路行銷是注重在作業層面和管理層面，而網路行銷的決策支援系統是注重在策略層面，但策略層面是從作業層面和管理層面而來的。

8-2-3 決策型的資料庫行銷例子

決策型的資料庫行銷例子非常多，例如：購物籃分析就是一例。所謂購物籃分析是藉由資料庫行銷系統來分析消費者購物時的購物籃內容，分析那些訂定產品之間的高度相關性，進而得出消費者可能下次購買產品。如下圖：

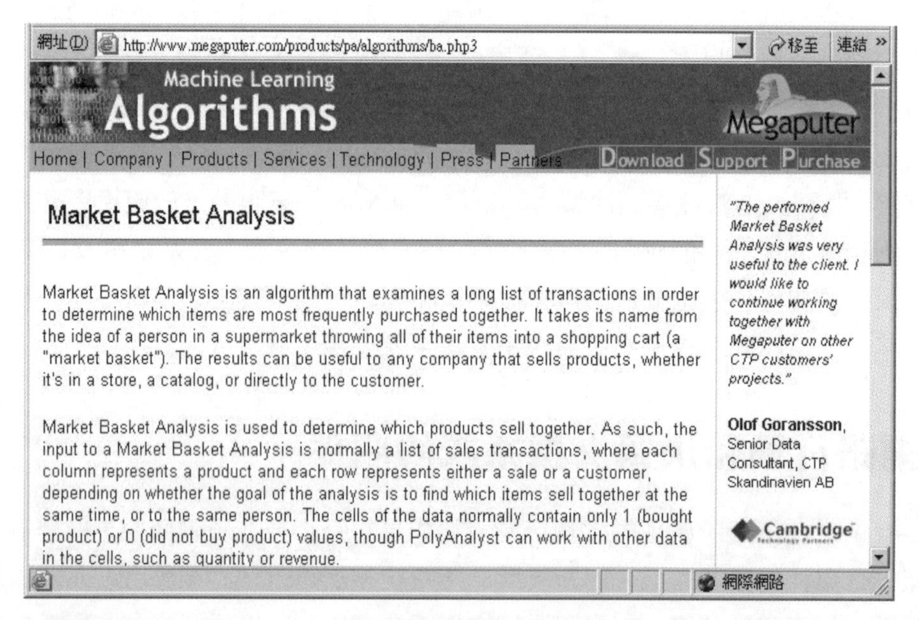

圖 8-5 資料來源：http://www.megaputer.com/products/pa/algorithms/ba.php3 公開網站

另外一個決策型的資料庫行銷例子是決策樹分析。

所謂決策樹就是利用樹狀結構的資料表示法(Data Representation),再運用數學演算法(Algorithm),選擇一個分類屬性,利用此分類屬性將產品作分類,以得到產品的分類。

8-3 網路行銷服務 web-service

資料庫行銷可將資訊回饋在不同角色之間的整合。例如:假設要建立一個客訴下游問題回饋的整合網站,網站提供的服務包括了客訴問題資訊查詢、問題原因的診斷、客訴處理狀況查詢等等,將來只要找到提供這些的服務,然後將它們整合到網站中即可,店面、經銷商、製造廠等角色就不需要再花費時間和成本個別去維護一個包含了客訴下游問題回饋的資料庫,更不需要再自行建立和各角色之間的聯繫和進度追蹤機制等等。要達到這樣功效,就必須用網路服務(Web Services)技術,在以往傳統的網頁程式處理完資料後,結果是存在 Server 內,雖然這些結果可以用網頁的方式呈現在 client 端,或是以 ftp 或 email 的方式來傳送,但是在 client 端,無法立即使用這些資料且須花費很大的時間來重建資料,雖然後者可以省去重新鍵入的時間,但是交易頻繁時,這種非即時處理和沒有資料結構化的模式,是嚴重影響到作業流程的效率和正確性。

Web Service 是應用程式服務,提供資料和服務給其他的應用程式,它可將處理結果以 XML 的文件傳送到各角色 client 端。Web Service 是使用標準的 XML 觀念來描述,稱為服務描述,提供接觸服務時所需的所有細節,包括訊息格式、傳輸通訊協定和位置。它須要建立以下的重要標準:UDDI(Universal Description Discovery and Integration):提供註冊與搜尋 Web Service 資訊的一個標準。WSDL(Web Service Description Language):描述一個 Web Services 的運作方式,以及指示用戶端與它可能的互動方式。SOAP(Simple Object Access Protocol):在網路上交換結構化和型別資訊的一種簡易通訊協定。

以 W3C 所提出的定義:「一個網路服務是指一個應用程式可經由 XML 來描述,和提供查詢及利用網址來連結,並且能支援其他應用程式,來達到網路上的服務。」如下圖:

圖 8-6　資料來源：http://www.w3.org/公開網站

在 Web services 的架構中，有服務提供者（Service Provider）、服務要求者（Service Requester），與服務登錄（Service Registry）者等三種基本角色。

1. **服務提供者：**完成提供服務讓要求者使用，透過 WSDL 描述該服務的功能。WSDL 是 W3C 定義的網路服務的描述的規範，它是利用 XML 語法來撰寫，它的格式是 XML-Schema。WSDL 是為 Web Services 的介面定義語言（IDL）。當服務提供者欲對外公佈其提供之 Web Services，必須以 WSDL 來建置描述伺服器所提供的各種 Web Services。

2. **服務登錄者（service registry）：**它是一種目錄型資料庫，即 UDDI，讓服務提供者能將服務內容公告出來，並讓服務要求者能找到該服務。

3. **服務需求者（service requester）：**服務要求者先送 SOAP 訊息傳遞查詢指令給 UDDI 登錄資料，之後根據查詢到的服務提供者資訊獲得需要的服務。

Web Service 實例：在本文中的 Web Service 技術是以 Microsoft.NET 為平台，它會宣告如下表的 Web Service 程式碼，其中有 Function 的宣告，主要功能是在以模糊歸屬函數形式來呈現模糊狀況，它是以亮點為參數，傳遞給這個 Function，以計算出模糊歸屬程度。該 Web Service 是由客訴下游問題回饋的整合網站當作服務提供者，所提供的服務，並且登錄在以 Microsoft 為主的服務登錄者，進而公佈，讓經銷商、製造廠等不同角色的服務需求者，可向此服務登錄者請求問題徵狀模糊值的衡量程度結果。

```
<%@ WebService Language="VB" Class="GoodMesureFunction" %>
Imports System.Web.Services
Public Class GoodMesureFunction : Inherits WebService
    <WebMethod()> Public Function measure(ByVal 亮點 As Double,) As Double
        Iif(IsEmpty([Measures].[亮點])=FALSE,Iif(0<[Measures].[亮點]<=50,
Iif(25<[Measures].[亮點]<=50, [Measures].[亮點]*0.04-1,0),1),0)
    End Function
End Class
```

圖 8-7　Web Service 實例

8-4 網路行銷代理人 agent-based

Tu 與 Hsiang（1998）提出了智慧型資訊擷取代理人（Intelligent Information Retrieval Agent），其所具有的工具包含智慧型搜尋、領航式導覽、個人化資訊管理、個人化界面等功能。透過智慧代理人的技術，協助網際網路使用者上線，迅速的找到需要的資訊或完成執行的作業。

在智慧型代理人的效用，是用代理人導向程式設計（AOP）方法。AOP 是由史丹佛大學教授 Shoham（1993）首先提出的專有名詞，AOP 可以視為物件導向程式設計的進一步發展，為新一代程式設計典範。

Shoham（1993）認為 AOP 系統必須包含三個要件：

1. 一個有清楚語法來描述代理人內在狀態的正規語言，這語言必須包含描述信念、傳送訊息等的結構。
2. 一個用來定義代理人的程式語言，這程式語言必須支援上述的正規語言。
3. 一個轉換類神經應用，成為代理人應用的方法。

以往軟體工程的導向程式可分為如下：

1. **程序導向** POP（Procedure-Oriented Programming）**：**這一代軟體系統採用程序導向語言如 FORTRAN、COBOL 等語言，來開發軟體系統流程圖所描述的流程處理過程的功能。
2. **模組導向** MOP（Module-Oriented Programming）**：**這種程式設計方法將軟體程式區分為若干小程式模組，再由各模組連結組合來完成軟體系統的功能，採用的程式語言包括 dbase、C 等。

3. **物件導向** OOP（Object-Oriented Programming）**：**物件是具有一定方法、屬性和繼承的實體，物件導向程式語言利用物件之間的介面作用來描述應用系統的行為，採用的物件導向程式語言包括 C++、java 等。

4. **代理人導向** AOP（Agent-Oriented Programming）**：**較新一代的軟體設計方法，以代理人的角色來開發應用系統，採用的程式語言為 Java，這種程式設計方法具有 MOP 及 OOP 方法的優點。

Wooldridge、Jennings 與 Kinny（1999）提出了代理人導向分析與設計的方法論，如下圖：

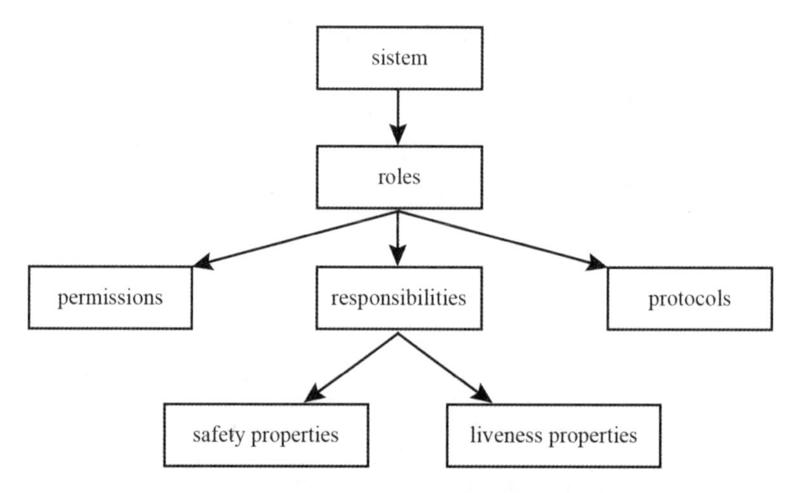

圖 8-8 代理人導向分析與設計的方法論

從上圖中，可知道在代理人導向分析中，角色具有三個屬性：職責（Responsibilities）、許可（Permissions）及協定（Protocols）。

職責屬性定義了這個角色的功能，也就是必須完成的責任，職責具有兩種屬性：安全屬性（Safety Properties）及生命屬性（Live ness properties），安全屬性描述就是代理人在給定的環境條件下所攜帶的事情狀態，而生命屬性就是於執行過程中，一種可被接受的事情狀態被維持著。

許可屬性是角色的安全權限，也就是定義角色所能存取、修改或產生的資訊資源。協定屬性則定義了角色之間的互動介面方式。

在上述曾經說明一個客訴下游問題回饋的整合網站，它的作業流程說明如下：產品發生問題時，是由使用者提出問題，交至產品的來源單位做處理，一般直接送到原購買的經銷商處及全省有銷售電腦的經銷商處，經銷商再送回代理商處維修，若代理商無合格維修認證人員，需再送回原廠維修中心作維修，過程繁瑣無效率。因為代理商並不見得具備這些服務經驗與能力，所以就必須仰仗製造商提供相關的產品技術文件，以便提供簡便的維修服務給其客戶。由於製造商面對的是代理商，而不是其下游的經銷商或消費者，所以，消費者遇到問題時，第一個也是找到原來的店面或經銷商要求售後服務。

故要在以 web 為平台的整合網站來快速回應處理如此上述複雜的流程，則就須要具有彼此快速關聯、立即反應、自主能力、目標導向、主動感應等特性的資訊代理人來代替人為作業的執行運作，以便正確、快速、效率地主動執行指定的工作。它具有二個問題點（issue）：

1. 需要不同角色人員來處理很多繁瑣複雜的工作。
2. 多樣大量資料分散性。

故產品客訴問題流程是一個具有複雜人類行為的情境流程，而物件導向系統分析不足以完全描述人類行為的情境流程。代理人導向系統分析是以描述人類行為的情境流程來分析系統的功能，故它的好處：（仍有物件導向功能）。

1. 反應真實世界的實際需求，使得系統程式功能和使用需求沒有落差（gap）。
2. 容易管理應用系統的元件，在代理人系統是以「人」為元件，它的 schema 包含人的 Roles、Responsibilities、Permissions、Protocols 等要素，而物件導向系統則是以「個體」為元件，它的 schema 只包含 attribute、 method 等要素，故須要組合多個「個體」才可描述人類情境行為。

Kalakota 與 Whinston（1996）指出智慧型代理人是透過電腦程式來自動地處理大量資料的選擇、排序與過濾。

Sycara（2006）等學者認為智慧型代理人必須隨著時間來調整使用者在不同時間點的需求差異。

Lejter（1996）認為多重代理人是使用兩個以上的代理人，通常是將一個完整的工作分成數個子工作後，再將不同的子工作交給不同代理人完成。

智慧型代理人（IA）是人工智慧（AI）最重要的研究領域之一。

智慧型代理人是軟體服務，能執行某些運作在使用者及其他程式上。代理人系統分析有以下功能：（1）立即反應（Reactivity）、主動感應（Sensor）：可主動偵測環境條件的變化，進而使相關事件立即被反應觸發（2）自主性能力（Autonomy）：

可自動化產生模擬人類的自主性能力（3）目標導向（Pro-activity）：委託能達到目標的特定代理人（4）合作（Cooperation）：不同特定代理人在「類別階級」架構下，整合成緊密的關聯網絡，來達到快速和協同合作的互動。智慧型代理人不只是程式化與被限制在狹隘領域中，它能自主的處理多樣化大量的分散性資料，選擇及交付最佳的資訊給使用者，進而取代人工，正確、快速且有效率地執行複雜的工作。

Gandon（2010）以多重代理人為基礎的記憶管理（memory management）系統，它幫助企業過去歷史資料的管理，並且運用知識管理循環：產生（creation）、傳播（dissemination）、移轉（transform）、再使用（re-use）的知識，這個管理系統運用了以下軟體技術：多重代理人、JADE 和 FIPA 平台、知識模式（knowledge model）、XML 擷取技術。由於企業過去歷程資料是異質的和分散的，故多重代理人目的是運用 loosely-coupled 軟體元件，它容易整合不同技術和資料在同一系統內。在該文中提出利用 RDF（resource description framework）來定義註解企業過去記憶發生的資源，和利用 machine learning 技術，使代理人易 於學習使用者的資料整合能力，及支援知識擷取（retrieve），並且學習使用者行為與偏好。

從上述說明，可以知道利用網路行銷代理人對於資料庫行銷的運作，具有智慧型機制，所謂智慧型的機制是指在流程交易的過程，委任由具有可因應外在環境條件變化，而自主性的驅動發生的事件，來達到顧客的需求目的。

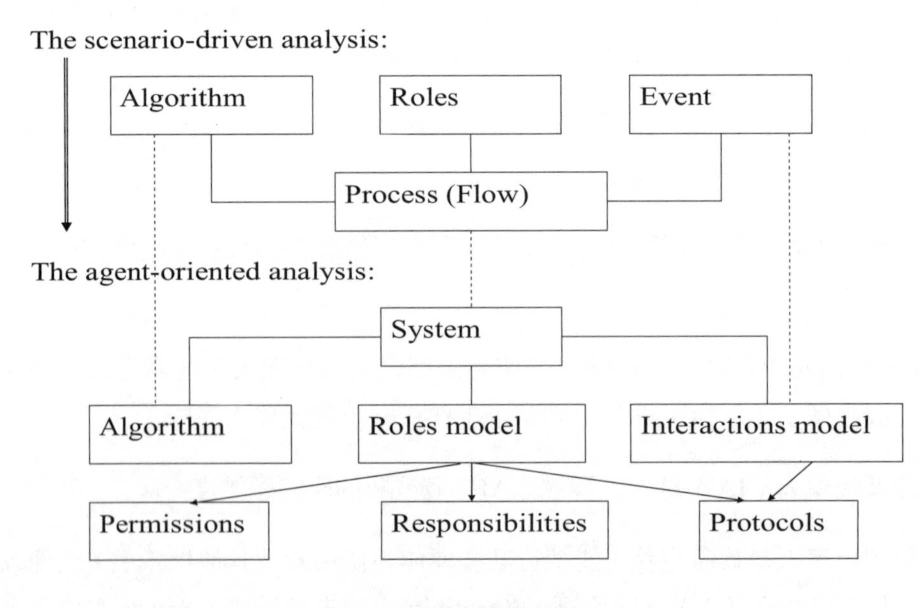

圖 8-9 代理人情境分析

以下擬建構具有 web service 和演算法來自主性處理解決客訴問題的網路行銷代理人情境的系統分析，如圖 8-9（修改自 Wooldridge（1999）文獻），來取代人工，以便完成客訴下游問題回饋繁雜的工作，並正確、快速、效率地主動執行指定的工作。

網路行銷代理人情境分析的運作步驟如下：

step 1 分析定義 scenario-driven process，如下圖：

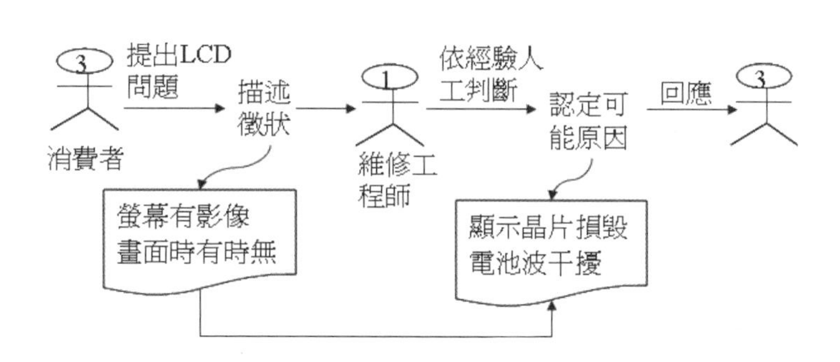

圖 8-10 消費者提出問題的情境案例

step 2 在系統中，定義特定代理人角色：有消費者、維修工程師等。

step 3 定義特定代理人角色的 schema：維修工程師代理人 schema，如下圖：

Schema for role maintenance engineer

ROLE 名稱: Maintenance engineer 維修工程師

角色功能描述: 維修工程師的主要角色功能是認定產品客訴問題的原因和責任單位，及回應相關資訊給某些單位

PROTOCOLS(協定作業)： identify(認定), and inform(回應)

PERMISSIONS：計算認定演算法 // name of algorithm
(權限) 搜尋認定結果知識 // classified or misclassified
擷取/儲存認定結果知識 // cause and responsibility department

RESPONSIBILITIES(責任): department // R&D, MFG, Consumer.

圖 8-11 維修工程師代理人 schema

step 4 對每一個特定代理人角色，分析其互動的協定作業：產品客訴問題的原因認定，如下圖：

The *identify* Protocol Definition in the interaction model

圖 8-12 產品客訴問題的原因認定

step 5 對每一個協定作業，分析其關聯的演算法，如下圖：

The algorithm of protocol *identify*

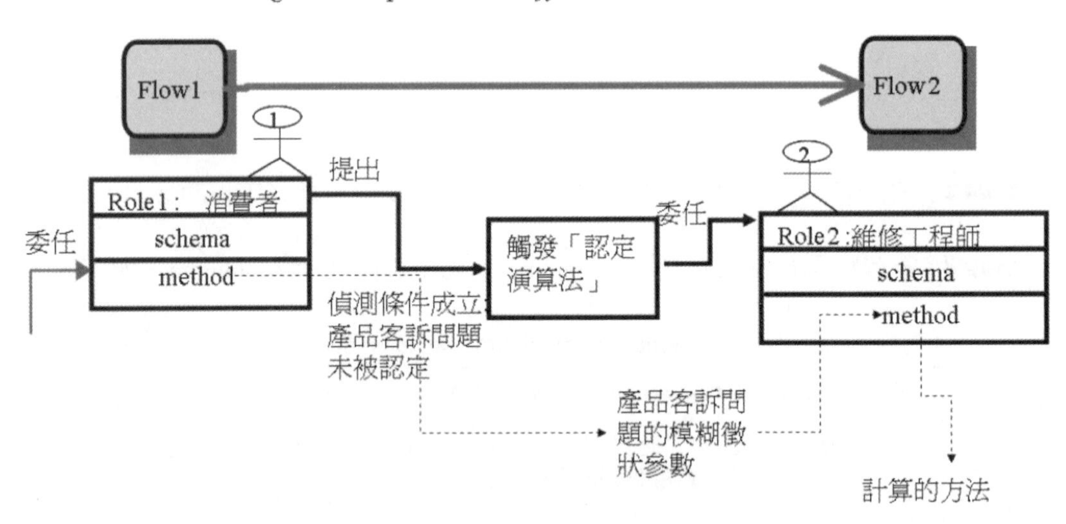

圖 8-13 認定協定作業的演算法

step 5 重複步驟 1-5，直到所有代理人都分析過，整個分析流程如下圖：

Notebook問題原因回饋流程--- 軟體代理人系統分析

情境1 : Consumer提出問題，維修工程師做原因的認定，並告知客戶造成原因的資訊

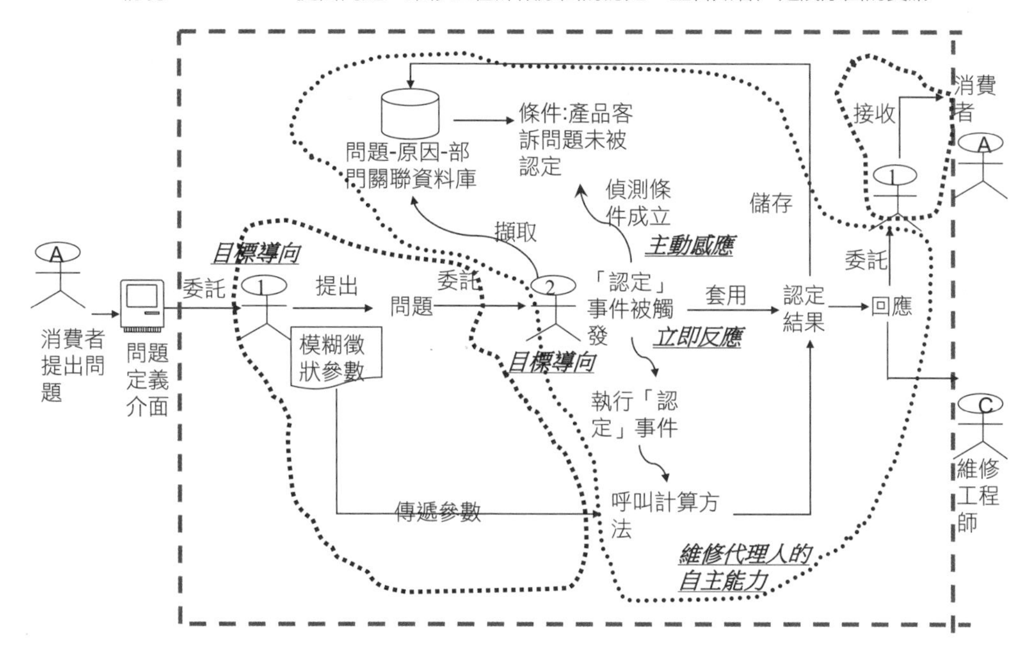

圖 8-14 代理人導向系統分析

8-5 資料挖掘 data mining

資料挖掘就是在資訊系統的環境和工具輔助下，從那龐大混亂的資料中自動化找到可用之資訊。就如挖掘金礦一樣。從資訊系統的觀點來看，就是「從大量交易的資料庫中分析出相關的型式（Patterns）和模式（Model），並自動地萃取出可預測和產生新的資訊」。資料挖掘早期著重在學術研究，後來應用於企業界的行銷、財務功能，或是銀行業、製造廠、電信業等。

Yu（2009）認為資料挖掘可應用在顧客化，也就是說依據消費者過去的行為，來推論得到的顧客需求，以作為促銷廣告的依據。

茲提供「資料挖掘」研究單位和網站如下圖：

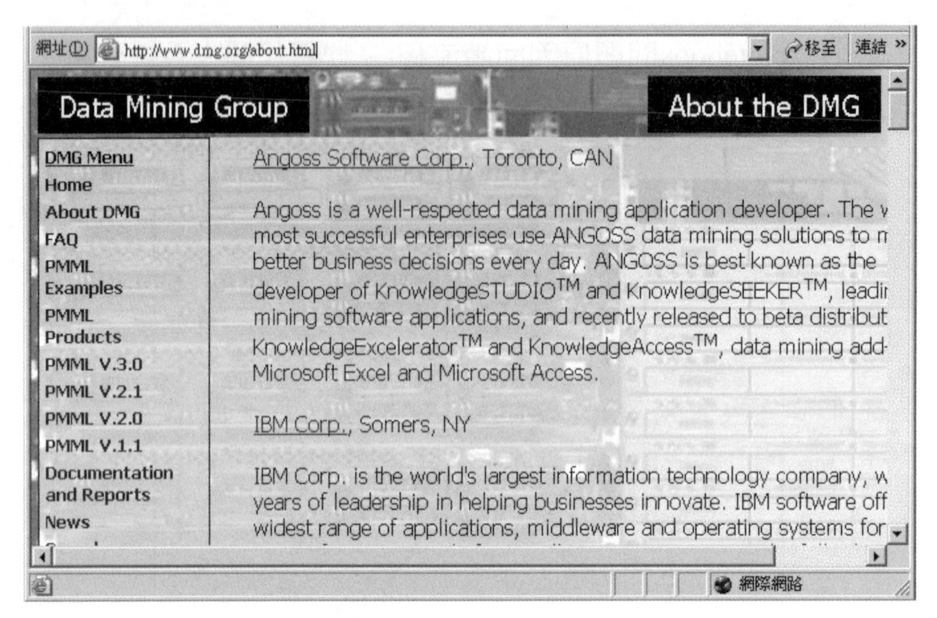

圖 8-15 資料來源：http://www.dmg.org/about.html 公開網站

Frawley、Piatesky-Shapiro 與 Matheus（1991）認為資料挖掘的定義是從資料庫中挖掘出不明確、前所未知以及潛在有用的資訊過程。

資料挖掘的整體架構包含下列五大項，分別為：使用者溝通介面、資料庫、應用領域知識、挖掘知識、挖掘方式，如圖 8-16 所示，茲說明如下：

1. **使用者溝通介面：**要建構系統如何與使用者之間的溝通模式，以及要如何解決使用者可能遇到的問題種類 因為使用者常常無法瞭解自己能從資料庫中獲取何種資料。

2. **資料庫：**資料挖掘的資料和知識必須建立在資料庫上 故資料庫的設計與管理問題及資料庫種類的不同，都會影響到原始資料的正確與否和資料挖掘作業上方便性，及因時間持續變化，而造成資料過時的現象產生。

3. **應用領域知識：**在資料挖掘的過程中，必須有應用的領域知識，如此才能挖掘出更具意義和正確的結果。

4. **挖掘知識：**對於挖掘出的知識以何種形式表達，以及要如何使使用者最容易接受，並且進一步再利用挖掘出的知識，以增加挖掘知識的週轉率。

5. **資料挖掘方法：**資料挖掘可依不同的挖掘類型和目的，而有不同的處理方法，例如：有類神經、模糊決策樹、相關數學方法論以及歸納學習等方式，使用者依需求採取適合的資料挖掘方式，以提高執行效率。

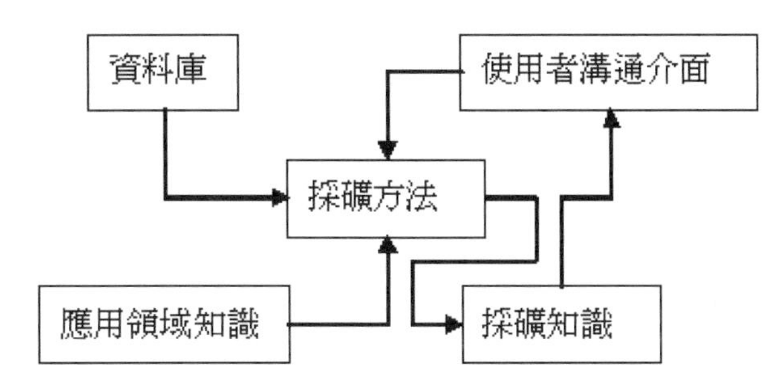

圖 8-16 資料挖掘的整體架構（資料來源：Frawley, W. J., Paitetsky-Shapiro, G. and Matheus, C. J.,）

資料挖掘的特性：

1. 資訊系統大量累積資料。
2. 在大量累積資料萃取中，利用 80/20%理論來產生目標資料集。
3. 資料挖掘是利用演算法，例如：機器學習的演算法。
4. 資料挖掘的分析是用啟發性商業價值。
5. 從大量資料中找尋隱藏性的知識與規則。
6. 具有商業價值。

Han 與 Kamber（2011）將 Data Mining 依其功能分類如下：

1. 特性與區別（Characterization and Discrimination）
2. 關聯分析（Association Analysis）
3. 分類與預測（Classification and Prediction）
4. 集群分析（Cluster Analysis）
5. 偏差分析（Outlier Analysis）
6. 進化分析（Evolution Analysis）

資料挖掘和統計學是不一樣的，統計的假設檢定屬於演繹推論，例如：迴歸分析是缺乏同時處理大量資料的能力，而且必須先有假設後再去驗證這個假設是否正確。而資料挖掘是屬於歸納推論，它是利用較智慧型的機器學習（Machine Learning）技術來建立能自動預測知識行為的型式和模式，並且和資料倉儲（Data Warehouse）結合，發展出知識的價值。

一般的方法有預測（Predictive）、分類（Classification）、群聚（Clustering）、關聯性分析（Associate Analysis）。

茲說明如下：

1. **預測（Predictive）**：預測是提設定一或多種獨立自變數來分析出某個因變數的標準值。例如：預測某結果出現的機率等。
2. **分類（Classification）**：根據不同屬性變數的特性，來建立判定其屬性的類別。例如：決策樹。
3. **群聚（Clustering）**：在特定變數下，依相似特性，將集合加以分組（Group）的過程，它的目的在於找出群組與組群之間的差異點，以及同一組群內各個變數的相似點。
4. **關聯性分析（Associate Analysis）**：關聯性分析常用來探討同一作業中，兩種資料一起被應用的可能程度。
5. **順序（Sequential Modeling）**：資料產生發生的先後順序關係。

資料庫行銷應用資料挖掘技術在網路行銷的功能有：

1. **交叉銷售（Cross Sell）**：同樣客戶購買主產品和順便購買相關產品。
2. **目標廣告（Target ads）**：針對該客戶給予個人化的廣告。
3. **客製化定價（Pricing）**：針對個人化，可以訂定不同個人化定價策略，以達到客製化的個人化功能。
4. **購物籃分析（Basket analysis）**：購物籃分析是指分析那些訂定產品之間的高度相關性。
5. **偵測欺騙行為（Fraud Detection）**：分析某筆信用卡刷卡是否可能會有欺騙行為產生。

 問題解決創新方案－以章前案例爲基礎

(一) 問題診斷

依據 PSIS（Problem-Solving Innovation Solution）方法論中的問題形成診斷手法（過程省略），可得出以下問題項目：

■ 問題 1：手機維修作業受到各利害關係人影響

對於消費者客戶而言，在手機維修過程中，其維修速度快、價錢便宜、維修品質佳等 3 個重點是消費者所需求的，然而在維修作業中，其利害關係人的溝通互動效率和品質，是會影響到上述 3 個重點的結果績效。

■ 問題 2：消費者無法透過單一窗口網站可了解到整個維修狀況

由於手機維修運送過程跨店面、經銷商、原廠，而這些組織角色都可能各有其網站，也可能沒有網站，因此消費者可能須用人工詢問或不同網站（假如有此維修查詢服務）去了解維修進度，這是非常沒有效率和效益。

■ 問題 3：對於手機原廠無法精準管控維修品進銷存狀況

因為各組織角色有其各自公司利益和作業制度，因此，在維修品流通於上中下游過程，並無法很即時準確了解維修品庫存狀況，導致影響到對客戶的服務品質。

(二) 創新解決方案

■ 問題解決 1：建構手機維修資料庫

將影響手機維修的各利害關係人的資料，以及手機產品維修資料，建構成有結構關係的資料庫，以便在維修作業時，可利用這些資料庫來達到上述客戶需求的 3 個重點。

■ 問題解決 2：建構跨組織的共同網站平台

在每個組織角色的各自網站中，整合其流程和資料於一個共同平台，其整個維修作業都是以此平台為主，來管控維修作業狀況。

■ 問題解決 3：以上述共同平台為基礎來執行資料挖掘機制

在單一跨組織的共同平台，包含其相關資料和流程，而從這些資料流程中可進行資料挖掘的功能機制，以達到即時準確了解庫存狀況。

(三) 管理意涵

■ 中小企業背景說明

中小企業受限於人力有限，導致於業務行銷作業不易大量展開，這是中小企業生意無法做到精確行銷的主要因素。

■ 網路行銷觀念

資料庫行銷則是以電腦技術，來建立顧客資料庫為中心，它是從顧客面的資料來分析，以了解市場的目標客戶和幫助行銷者區分消費者，其目標客戶的重點是以客戶價值或貢獻來區分，進而了解目標客戶會買那些產品，和產品適合那些目標客戶，並針對特定消費者進行有效行銷，如此運作才能擬定創造 80/20% 原則利潤的行銷策略。

■ 大企業背景說明

大企業在全球化的行銷管道，由於多據點的拓展，使得能容易掌握到全球客戶，但對於這些客戶而言，都是大企業的客戶資產，應加以用在行銷上。

■ 網路行銷觀念

顧客行銷知識須能轉換成一套符合邏輯的機制或處理程序，一般說來，利用知識庫方式可整合各種不同類型與媒介的資料也就是說知識的呈現，不是只用文字、圖案等，它可能也是多媒體檔案，這在知識庫透過邏輯推論的方式來處理資料轉換成電腦所能判斷之知識，是非常重要的，因為適切的知識的呈現，可有助於知識轉換的過程，它可將許多繁瑣工作程序予以正規化，變成條理分明之規則。

■ SOHO 企業背景說明

SOHO 企業的客戶行銷，因為本身企業規模相對上更小，故在找尋客戶時，都會讓客戶產生不信任感。若能使用某些行銷手法，使客戶主動上門，就能消除不信任感。

■ **網路行銷觀念**

資料庫行銷的目的是找到更好的顧客，和以顧客的終身價值來追求企業長期利益，它和傳統行銷，最大的不同點是在於前者是企業行銷給消費者，而後者是消費者在消費過程中可反過來扮演更為主動的角色。也就是在網路行銷上的資料庫行銷內，其消費者是網路行銷的共同運作者，它可從事一些通常是由技術支援和客服人員所做的事。

(四) 個案問題探討：請討論資料庫行銷對於客服人員在工作上影響

案例研讀
Web 創新趨勢：行動 App

根據維基百科的定義：“App 是英文「應用」—「Application」前三個字母的縮寫，也就是「應用程式」、「應用軟體」的意思”，目前主要是手機軟體的應用，手機 APP 可使得資訊、遊戲、社群等實用性、工具性與娛樂性等應用程式大量推出，由於是應用在手機上，因此它是一種「微型應用程式」，和電腦的大型應用程式不一樣，而在此微型應用使得使用者可發展出各項彈性功能，進而改變使用者的溝通及生活方式。

茲以下說明手機 APP 的重點：

1. **應用特性**：直覺簡單、反應速度快 。
2. **行動裝置**：LBS（Location-based service）、移動感應、平衡、旋轉、相機、電子羅盤、GPS 定位導覽、陀螺儀的應用晃動。
3. **應用服務**：定位、訂位、訂票、交易、導覽、影音播放合成照片、動態資料推播訊息社群互動（同步 Facebook、噗浪、Twitter、e-Mail）、IM 即時通訊、QR CODE / BarCode Reader、遊戲（2D、3D）等。

手機 APP 的應用程式可分成三種：

1. **Web APP**：以網頁語言來製作網站形式的應用程式，其執行系統是瀏覽器，但執行介面則是 APP 為主。
2. **Native APP（原生 APP）**：利用手機廠商所指定的官方程式語言所設計出的應用程式。它的好處是可直接利用手機硬體功能，來達到最佳的使用效能。
3. **混合式**：結合 Web APP 和 Native APP 所發展出的 APP。

手機 APP 的銷售平台可分成 4 種：

1. Android（Google）：「Android Market」
2. Windows Mobile (Microsoft)：「Windows Marketplace」
3. Black Berry（RIM）：「App World」
4. iOS（Apple）：「App Store」

其中 Android Market 是基於 Java 開發的開放原始碼作業系統平台，所以它的優點開發的門檻相對較低，且免費應用程式居多，但缺點是沒有一套嚴格的應用程式審核機制，進而影響軟體的整體品質。而 App Store 則是以封閉系統方式來提高軟體品質，進而降低了軟體渠道發行成本，但缺點是不同平台互不支援。

另外，Google 也發展出 Google App Inventor，其 App Inventor 是 Google 實驗室（Google Lab）的一個子計畫，Google App Inventor 是一個完全線上開發的 Android 程式環境，它是一個雲端管理系統，整個開發介面位在雲端上，設計的成果皆儲存在網路上，Android 程式以樂高積木式的堆疊程式碼，取代複雜的程式碼。App Inventor 也提供許多功能強大的元件，例如：以拖曳的方式即可使用。

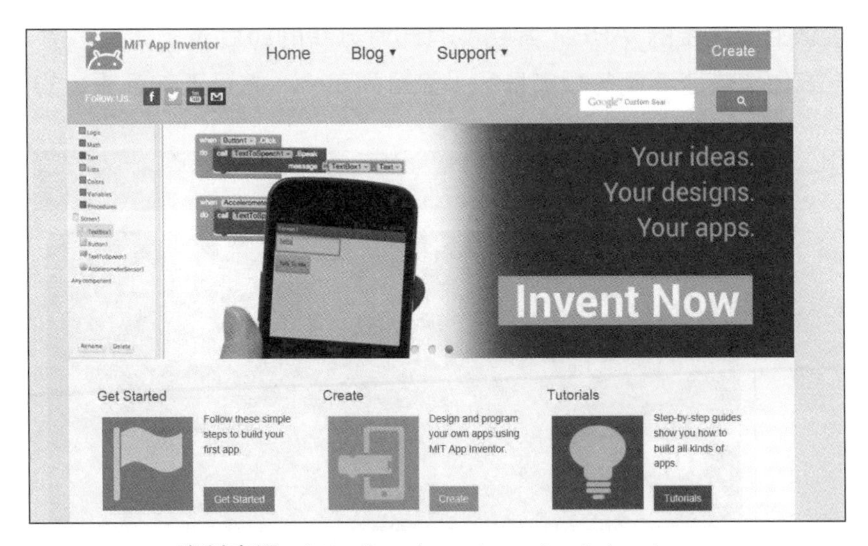

資料來源：http://appinventor.mit.edu/explore

案例研讀 熱門網站個案：行動 App 網站

■ Viator 深度導覽

Viator 是一個專門提供導遊資訊給旅客的網站，它透過網站來提供客製化服務，可達到以個人對個人的跨國旅遊服務，也就是說旅客可以直接瀏覽線上導遊規劃的行程，並且透過手機 APP 在 Viator 中搜尋旅遊目的地。

資料來源：http://www.viator.com/

■ Timely.tv 電視 APP

它提供線上看電視的 APP，其功能有即時分類的節目表，並且採用「時段快選」，讓你能快速瀏覽各類節目和「節目列表」，並可查詢各頻道的電視節。

資料來源：http://timely.tv/

■ Waitbot 自主管理時間 APP

問題：顧客在不知欲往據點的繁忙狀況下，可能導致等候太久的現象。

根據上述問題，Waitbot 發展了一套可自動即時了解某據點的繁忙狀況的雲端系統，它可解決與縮短顧客等待時間的問題。此方案給予消費者透明化資訊，它透過運用技術（例如：智慧型手機 / 平板電腦的 GPS 定位裝置）來擷取繁忙狀況資料，進而運用演算法來計算出消費者欲前往的位置目前繁忙的程度，並估計需要等待的時間。可運用在緊急醫療、觀光景點、熱門餐廳、銀行、郵局，或大眾運輸等容易造成排隊壅塞與繁忙的據點。

資料來源：http://waitbot.com/

■ 問題討論

請探討行動 App 對於廠商在運作資料庫行銷需求的影響？

本章重點

1. 資料庫行銷是從直效行銷過程而來，它藉由大量現有及潛在顧客資料庫和顧客的互動，並運用和分析資料庫，進而從資料庫中萃取出發展行銷策略所需之資訊。

2. 資料庫行銷的目的是找到更好的顧客，和以顧客的終身價值來追求企業長期利益，它和傳統行銷，最大的不同點是在於前者是企業行銷給消費者，而後者是消費者在消費過程中可反過來扮演更為主動的角色。

3. 顧客行銷知識須能轉換成一套符合邏輯的機制或處理程序，一般說來，利用知識庫方式可整合各種不同類型與媒介的資料也就是說知識的呈現，不是只用文字、圖案等，它可能也是多媒體檔案，這在知識庫透過邏輯推論的方式來處理資料轉換成電腦所能判斷之知識，是非常重要的，因為適切的知識的呈現，可有助於知識轉換的過程，它可將許多繁瑣工作程序予以正規化，變成條理分明之規則。

4. 資料挖掘就是在資訊系統的環境和工具輔助下，從那龐大混亂的資料中自動化找到可用之資訊，就如挖掘金礦一樣。從資訊系統的觀點來看，就是「從大量交易的資料庫中分析出相關的型式（Patterns）和模式（Model），並自動地萃取出可預測和產生新的資訊」。

5. Data Mining 依其功能分類如下：特性與區別（Characterization and Discrimination）、關聯分析（Association Analysis）、分類與預測（Classification and Prediction）、集群分析（Cluster Analysis）、偏差分析（Outlier Analysis）、進化分析（Evolution Analysis）。

關鍵詞索引

學習評量

一、問答題

1. 資料庫行銷的定義為何？
2. 網路行銷和決策支援系統的關係為何？
3. 如何利用 RFM 網路行銷？

二、選擇題

(　　) 1. 資料庫行銷是以何種系統來進行行銷活動的方式？

(a) 供應商和產品等的資料庫

(b) 訂單和產品等的文字檔案

(c) 訂單和產品等的資料庫

(d) 以上皆是

(　　) 2. 使用資料庫行銷來瞭解現有及潛在的顧客，以便產生何種目的？

(a) 精確的區隔出目標顧客

(b) 立即交易

(c) 精確的區隔出再次消費顧客

(d) 以上皆是

(　　) 3. 資料庫行銷是可從大量資料庫中深入分析與了解消費者習性，一般會運用什麼方法？

(a) ABC

(b) Safe stock

(c) RFM

(d) 以上皆是

(　　) 4. 所謂 RFM 表示下列哪一項？

(a) 近期（Recent）

(b) 頻率（Frequency）

(c) 金額（Monetary）

(d) 以上皆是

(　　) 5. 決策樹也表示何種方法？

(a) 利用樹狀結構的資料表示法

(b) 統計整理法

(c) 圖形演算法

(d) 以上皆是

chapter

9 虛實整合和平台共享行銷

章前案例：智能物聯網 APP 停車

案例研讀：網路商機模式、智慧體驗網站

學習目標

- 虛實整合 O2O 定義和營運模式
- 新零售虛實整合架構
- 資源的共享經濟平台
- 推廣商品購物知識顧問和曝光的共享平台
- 數位匯流生態環境
- APP 行銷
- 聊天機器人定義和運作方式

章前案例情景故事 智能物聯網 APP 停車

林經理因為昨晚加班太晚，故今天早上上班快遲到了，目前急著要去停車，但因是接近上班期間，車位很難找，可能會花很多尋找時間，如此可能會遲到，這怎麼辦?到底那裡有空的車位?若在不清楚狀況下，隨意往某道路方向駛去，很可能事半功倍，這一來一往就徒增更多浪費時間，此刻，林經理該怎麼做決策呢？

9-1 虛實整合行銷

虛實整合營運模式 O2O（Offline to Online）是指將數位網路（Online）整合到實體商店（Offline）的多管道融合營運模式，如此做法，再加上最近新興物聯網技術的應用，也同時造就新零售的發展，新零售大幅衝擊傳統的實體零售產業，因為它強調虛實整合的全通路行銷，而當這種模式形成一種形勢後，也就會促成消費者的購買行為急劇改變，這樣的改變是在於客戶對營銷接觸點的全方面，也就是在任何時間、地點，能立即跨異質平台和設備，讓客戶們能夠突破地理環境的限制，進而完成行為作業的實踐，而這也就是數位匯流。

虛實整合的崛起，是在於虛擬和實體的各自功效，在實體方面，是指到實體店面購物的線下渠道好處是能提供現場產品和體驗，而在虛擬方面，是指在消費者購買行為過程時可利用數位軟體的功能來達到其方便性和效率性。故吾人可知虛擬和實體有各自好處，但這也同時是對方的劣勢。因此惟有將他們整合才能發揮其各自功效，這也就是一種競合戰略，如此才能發展出更具成效性及連結度的生態系統（Eco System）。在競合戰略下。其新零售業態是以消費者為中心，和傳統的競爭策略是不一樣，傳統方式主要是強調產品的品質、性價比、佔有率等推銷方式，但新零售主要是強調具有立即比較並選擇產品消費方式、購買方式、資訊來源、渠道等功效，以及如何精準連接消費者並促進銷售轉化成實際績效。以上除了精準行銷外，還需能消弭消費阻力，例如：資訊不對稱、門店數量、時間、地點的限制等。

在以消費者為中心的發展下，其使用者原創內容（User generated content, UGC）的行銷手法也就因應而生，讓消費者親自參與分享，在某種情況下是可滿足消費者的成就慾望，如此更能讓消費者產生購買行為，並且提高用戶粘性、使用流量、互動次數和體驗度等，這樣才能把握並轉化消費者，提高銷售額度和廣度，因此，企業與客戶在線上、線下共創內容，不僅能創造消費話題，更能增加企業知名度，這就是以虛實整合方式同時來造就人潮到店消費和衝高網站流量的雙贏局面。例如：發展出使用線上主題標籤、打卡數位方式，並提供誘因到線下實體店面的行銷宣傳主題方案，虛實整合營運模式 O2O 不只是用在行銷領域而已，它可延伸到和行銷相關的領域，例如：掌控庫存訊息、商品買賣情況、商品補貨等，而要達到如此 O2O 作業，其物流就成為實體店面和電商平台的重要仲介。

以下說明虛實整合營運模式的特性如下：

1. **產業基礎**：以前企業、消費者都是考量單體的營運，然而在產業價值鏈趨勢下，企業競爭和營運已轉至產業競爭和營運，所以雲端商務須考量整個產業基礎利基來運作，例如：產業聚群行銷。

2. **資源整合**：在節能減碳衝擊下，就是資源有限，然而以往資源都是在某企業環境來思考，所以若以產業角度而言，如此就會造成資源過剩浪費或不足難以運用資源最佳化，但在產業基礎的雲端商務就可做產業資源整合，即可達到資源最佳化效益。

3. **營運內部作業外部化**：新零售強調服務需求是買賣雙方方共同運作的，並且運作傳遞方式是能夠達到數位匯流般的順暢且流通，也就是連絡內部員工和外部消費者一連串跨渠道的服務，也就將企業原來內部作業移轉外部角色來執行，例如透過 APP 程式讓消費者自行快速下單，又例如在炒飯實體店讓客戶自行執行炒飯的體驗等。這就是企業內部作業外部化。

4. **新零售供應鏈**：傳統企業應轉變觀念成為新零售營運下的供應鏈一員，突破零售渠道和企業生態的壁壘，對新品促銷消費更加快捷。因為零售產品來自於供應鏈的一連串生產、運輸、配銷、通路等作業流程的規劃、設計、執行。故供應鏈管理的再造成為傳統零售和電子網路商城轉型新零售的關鍵，根據消費者需求進行供應鏈作業流程的細分，以便進行分配資源最佳化，如此最佳化的運作可使供應鏈設計達到少量多樣、定制化、個性化的零售服務需求，而不單只是發展規模經濟效益而已。

5. **情境式無縫連接**：從解決顧客的問題來發展出情境式般的需求，以覆蓋其從需求到購買到使用的消費生命週期，以及發展出端到端的直接效率運作，以便在情境中與消費者進行更多直接連接互動，進而提高流量和轉化銷售率，如此實現對不同購物情景的無縫連接，最後提供適度的客製化服務和體驗。

6. **智能數據分析**：虛實整合 O2O 營運模式是以數據為驅動，來分析消費者行為，包括消費者、訂單、消費位置、時間、物品等元素數據化，從而使終端消費者享受到極致的購物體驗，並快速讓消費者可產生線上訂單進而線下發貨的虛實整合。

透過整合實體與虛擬通路，有愈來愈多的企業投入 O2O 營運，例如：屈臣氏推出「數位玩美體驗店」裡的各式「iConnect 精選不藏私」互動裝置，並以「智慧虛擬顧問」展開行銷活動。例如：Amazon Go O2O 無人便利商店，在商店內可用手機掃 QR Code 後上網訂購。例如：自動販賣機結合網路商城，可在螢幕上推播即時促銷活動。例如：台灣大推出 myfone 購物實體和虛擬通路的整合方案。例如：應用虛擬的網路行銷於實體農村銷售市集。在金融領域，也發展出虛實整合的銀行保險服務，例如：新加坡華僑銀行（OCBC）推出副品牌 FRANK 網站，以及新專賣店實體分行。例如：國泰世華銀行 KOKO，台新銀行 Richart、王道銀行 O-Bank 等。例如：FriDay 運用影音線上自有通路的經營，進而發展出虛擬通路影音平台，期望把線上會員服務延伸到實體活動。例如：尼爾森（www.nielsen.com）推出「電子商務零售追蹤服務（eRetail Measurement Service, eRMS）」（圖 9-1），來協助掌握零售通路在線上與線下營運情況。例如：實體零售沃爾瑪（Wal-Mart）收購網路零售商 Jet.com。例如：網路書店亞馬遜（Amazon）開設多家實體書店。

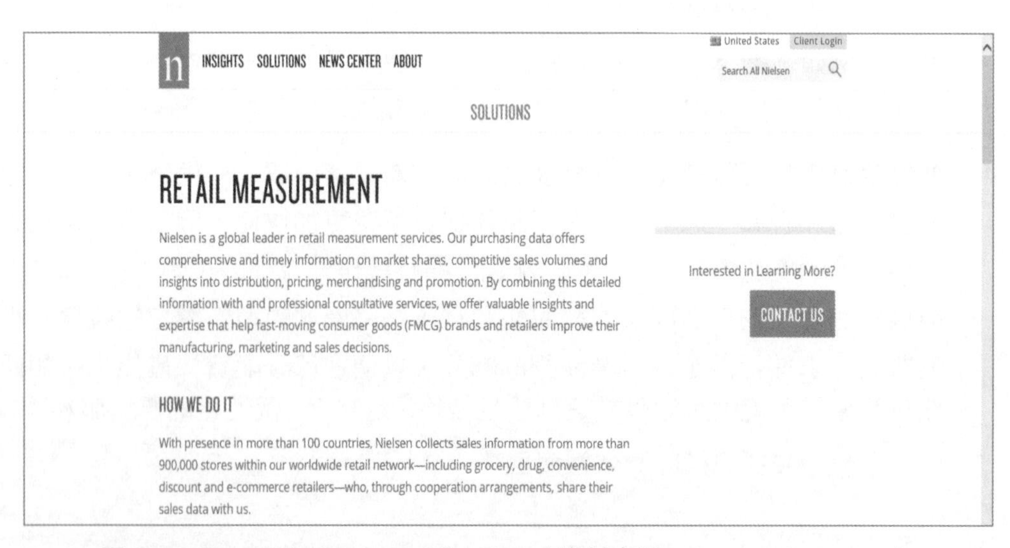

圖 9-1 eRetail Measurement Service（資料來源：www.nielsen.com）

根據美國零售商聯合會（national Retail Federation, NRF, https://nrf.com/）調查一些活動（例如：萬聖節慶典活動)，都朝向欲透過線上數位來吸引消費者青睞，進而到線下門市消費，同時此際，也反向利用線下門市"即看即買"，進而引導至線上數位購買更多商品和服務。從上述可知線上線下虛實整合，將實體通路電商化和虛擬電商實體化，已是未來不可逆的趨勢，但欲是否能有競爭力的成效，其結合創新科技就成為關鍵所在，例如：人工智能、物聯網等新技術革命帶來的消費方式，和具有優勢的現場體驗。例如：Microsoft 宣佈推出 Windows 10 和 Cortana 語音助理，以及數位筆跡（Windows Ink)，來強化使用 Microsoft Edge 瀏覽器，進而更有效率運作虛擬數位 web site。例如：虛擬實境（Virtual Reality, VR)與擴增實境（Augmented Reality, AR），以及前二者所構成的混和實境（Mixed Reality, MR)創新科技。例如：芝加哥飯店推出「VR 品酒套餐」它透過手機 AR APP 一掃，螢幕上就會出現實境酒的照片結合 3D 虛擬故事，並藉由 VR 技術讓消費者 360 度體驗商品。

在虛實整合的新零售衝擊下，其影響力不只在於零售和電商等企業轉型而已，更是不同行業的整合，例如：根據針對消費者行為的智能數據分析在訂單需求結果下，其傳統生鮮超市利用在上游供應廠（例如：捕魚廠商）方面的產地現時供貨，再搭配智能物流，可使生鮮超市能讓在現場消費者進行線上訂單和線下發貨（剛從產地供貨的新鮮魚），而這上述一連串的營運作業都是依賴線上數位雲端運算平台和線下實體物品聯網感測的整合，如此運作就是生鮮超市 O2O 的營運模式，因此現在未來企業的營運模式都將轉型成 O2O 的優勢實現。例如：大陸阿里巴巴投資實體通路聯華超市。基於上述論點，作者提出新零售虛實整合架構，如圖 9-2。

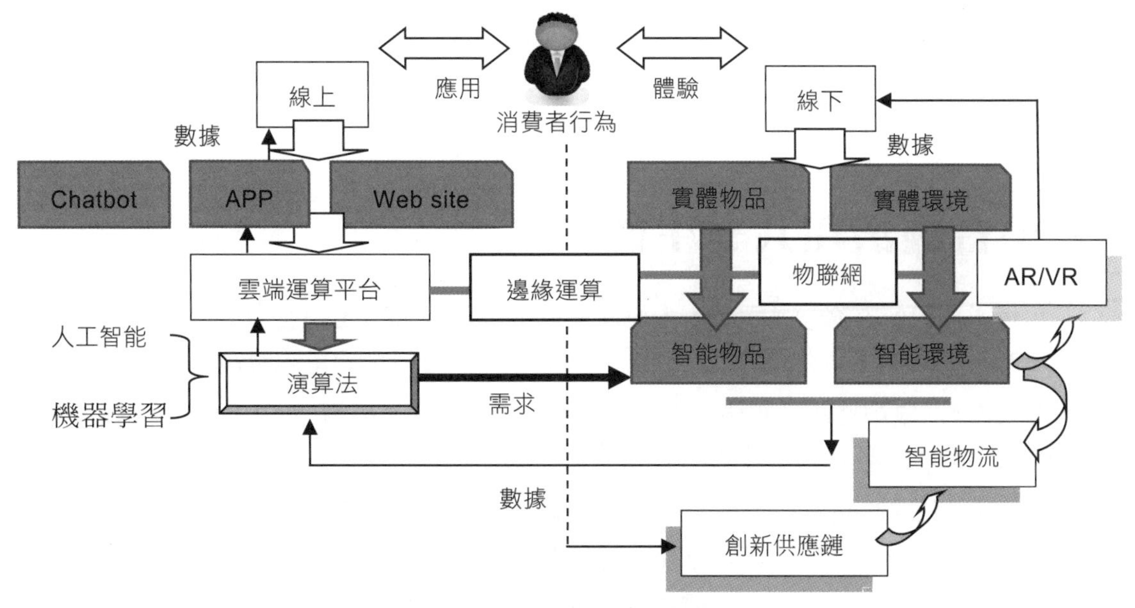

圖 9-2 新零售虛實整合架構

在此整合架構內，是以消費者為中心，分別利用線上和線下活動，來擷取消費者行為數據以及滿足消費者需求，進而誕生新物種、新業態的零售模式。

首先，在線上活動上，是以虛擬數位軟體發展的應用系統為主，包括：Web site、APP、Chatbot（聊天機器人，它是一種即時線上客服軟體機器人），這些應用系統會產相關消費作業數位內容數據，之後這些數據會上傳到雲端運算平台，進行資料運算和分析作業，而在運算分析上是利用演算法來運作，這裡演算法主要是指人工智能機器學習演算方法論，透過此演算法，可洞悉和預知消費者行為模式，進而滿足消費者需求。

接下來，就是線下活動上，是以實體環境上實體物品為線下整體環境，在這樣環境內利用物聯網技術來達到現場實體體驗，包括：虛擬實境（Virtual Reality, VR)、擴增實境（Augmented Reality, AR）與混和實境（Mixed Reality, MR)等創新科技，並進一步整合現有的 QR Code、NFC、WIFI、Beacon 等技術，營造消費者良好的場景體驗，也因此使得實體環境和實體物品成立智能環境和智能物品，如此造成智能化作業，可自主性和自動化的擷取消費者行為實體數據，之後並將這些數據同樣的上傳到雲端運算平台，此刻，可結合上述線上活動所收集的數據，一起做演算法運算分析，再進而洞悉和預知消費者行為模式，此際就是達到虛實整合成效。

最後，將這些消費者行為的需求，回饋到供應鏈整個上中游營運作業，如此供應鏈生產運輸端企業，進可和下游銷售通路整合成端對端（end to end)的無縫作業，這就產生了創新供應鏈，包括智能物流，以此智能物流可達到智能運輸，進而滿足消費者的智能消費，而這就是新零售。新零售升級消費驅動對高品質產品需求，這時品牌就成為跨越全通路的思維，也就是各企業不只是強調規模經濟、效率優勢外，實現品牌優勢是讓消費者在下的認同金鑰。

9-2 平台經濟和共享生態

「共享」和「經濟」是兩個不太協調對等的名詞。經濟是指有效率的生產、交換、分配有價值的商品資源給不同的需求者，以達到最佳化滿足和財富。而共享是共用大家資源，來創造商品和服務的社會運作方式。故共享經濟(collaborative economy ）就是期望以共享方式來達到經濟效果。PWC 預估共享經濟產值在 2025 年有 3,350 億美元。在歐盟共享經濟綱領(A European agenda for collaborative economy)內(歐盟執委會)提出共享經濟模式四種類型:共享經濟 1.0、市場再流通、合作式生活、產品服務系統。共享經濟是一種透過資源交換分享機制，採用決策權力的去中心化分散化機制，使得資源使用率和效率能發揮最佳化的績效，進而發展出價值交易模式，但需要有雙方的信任關係，如此才能快速促進資源活化和週轉，避免資源閒置或浪費，也削減了傳統模式中的冗餘成本，進而降低資源過度耗用，以發展綠色環保的永續經營，上述這樣的運作過程就產生創造出經濟活動的形成。欲形成共享經濟的群聚活動須具備其以下運作特性，若有多個共享群聚活動，則它們彼此也可透這些特性來擴大聚合更完整的共享經濟，如此更擴大範圍與更多的使用者分享的多元化，一旦塑造整個區域化的群聚活動，則社會經濟就自然蘊量成共享環境。共享平台模式的特性如下：

1. **平台生態**：在共享群聚活動過程中，為了能發揮資源交換分享的成效，會將這些活動塑造成一個平台，所謂平台是指將所有資源都放置在同一整合空間裡，在這個空間內連結所有資源運作的流程，以及控管流程的績效。故共享資源若以平台方式來營運，將能促進其共享績效，如此運作就成為輕資產商業模式，也就不須客戶自行購買資產資源。一般共享平台營收來源可用撮合交易來獲得佣金利潤。

2. **最佳化**：在資源交換分享的運作過程中，必會產生為了交換分享活動的成本，而這些花費成本是為了達到資源活化績效，故為滿足共享需求，須以最佳化方式來進行，所謂最佳化是指以最小成本來達到最大經濟效益。如此可將需求方和供給方進行最優媒合，如此最佳化將促使共享經濟平台成為經濟、社會、技術成長的驅動力。

3. **資訊科技**：共享經濟若沒有具體的實踐，則它將只是一種概念，而概念是無法落實的，如此共享經濟很難以形成，故須用資訊科技來落實共享經濟的運作。上述有提及平台的運作，而此平台都是以資訊科技建構的，例如以雲端軟體技術建構雲端平台。再例如以 APP 程式開發前端使用者存取後端平台的資料。例如利用智能手機設備、評價系統、行動支付提升滲透率。

4. **封閉迴圈**：由於在共享運作中，資源會從供方轉移至需求方，而當需求方使用資源後，則此資源會再轉移至下一個供需過程，如此循環不斷運作，就成為封閉迴圈，而透過這樣封閉式流程，才能確保資源能不斷進行交換分享，因為在封閉環境才能控制資源的流向。而在封閉式運作下，就會成為迴圈 loop，以俾資源可不斷再次循環使用。

5. **跨際效應**：共享就是要聚集更多使用者和資源，來使資源使用效率提高，也就是讓資源有邊際效應遞增，因資源被使用次數愈多，則會造成在資源有限下供給減少需求增加，如此每增加一單位資源使用，就會提升資源邊際效果。

另外，當在此平台使用資源次數大到某數量時，則外部網路效果就形成了，而透過此效果，會正向回饋吸引更多跨越不同平台外部資源使用，使得邊際效應更加遞增，這就是跨際效應。

6. **消費模式改變**：客戶可能既是需求者又是供給者，它們重點不在於擁用支配權，而是使用權，故常用租賃方式來使用消費模式，如此可充分利用過剩資源的效率。故在這樣消費模式改變，使得社會組織和分工重新改變，進而影響企業組織運作，從公司員工服務模式，轉換成平台客戶服務模式。

7. **高轉換成本**：因使用者一旦習慣在此平台使用此資源後，欲使用別的平台時，就必須付出較高的移轉成本，如此有利於客戶留存在此平台，故共享平台必須以更多行銷方式來增加黏著度，進而提升客戶忠誠度。

8. **供需媒合**：共享資源必須能讓使用者接受，並滿足其需求，當然，必須要有商業機會讓廠商願意提供供給，最後，就是要能媒合供需，如此共享經濟才能盛行。故如何找到好的或適合的資源就變得非常重要，但如何找呢?那就是要能知道客戶問題需求是什麼?也要能知道如何提出解決方案和滿足需求的實踐方案。

9. **開放連接**：雖然共享平台是封閉迴圈運作方式，但它必須在互聯網物聯網環境上，連接其他不同共享平台，以及其他 web 應用程式，和智能物品感應感測傳輸。它可利用 open API 來連接上述平台、程式、物品等，進而連結成更大的共享平台。

10. **中介化轉換**：以往交易是透過中介化來進行，但也因此在售價成本會提高，因為須支付給中介業者，故基於交易效率和價格成本因素，打破了供給廠商對中介業者的依附，以直接方式向客戶提供產品或服務，這是一種去中介化。但一旦去中介化，若須要中介業者專業服務或是提供更便宜售價或更簡便的方式，則中介業者就有必須存在的道理，如此運作就是由去中介化轉變到再中介化的創新營運模式，而共享經濟平台就是再中介化模式，如此更可以連接多個平台，來發展客制化需求的調節服務。共享經濟平台的專業服務是“整合”，也因為整合功能，如此可以較低的價格來提供產品或服務。

當共享經濟平台盛起形成時，其網路行銷就必須在此共享平台來進行行銷作業，也就是說必須加入此平台生態體系，才能做行銷，這觀念如同國際區域貿易協定一樣，當某國家無法加入此區域協定，則就無法做生意。故共享平台改變了行銷方式，行銷方式必須運用上述共享平台特性來達成行銷目的。

目前有很多不同資源的共享經濟平台在營運中，包括私家車、自行車、衛生清潔、知識技能、廚房產能、洗衣、學習等資源的共享。例如：Airbnb 住宿房間資源、Feastly 食品美味資源https://eatfeastly.com、Uber 汽車資源、Poshmark 女性二手服飾資源 https://poshmark.com、Course Hero 學習資源https://www.coursehero.com、物聯網金融線上教育 http://www.ceaiot.com/ATutor/ 、TaskRabbit 時間資源 https://www.taskrabbit.com、Zaarly 衛生清潔資源 https://www.zaarly.com、Eatwith 廚師服務資源，如圖 9-3（https://www.eatwith.com/）、gnammo 家庭廚師資源 https://gnammo.com、Uweer 廚房產能資源 http://www.uweer.com（基於智能炒鍋/準成品菜 B2B2C 模式）、P2P 網絡（個人對個人）資源共享、線上音樂下載平台 iTunes、Amazon 推出以高彈性的共享經濟力量發展群眾物流 AmazonFlex（https://flex.amazon.com）服務，如此解決最後一公里配送問題。美國最大連鎖藥局 Walgreens 透過 TaskRabbit 機制配送非處方藥。汽車共享透過大數據和誘因機制來優化城市的交通狀況。

共享經濟平台可使傳統資源單向式營運改變，它利用大眾創新創業空間，來實現線上線下整合的資源協同式營運，如此可強化供需媒合與資源配置效率，並輔之差異化的產品及服務，例如：人文價值和視覺體驗，進而活化閒置資源的經濟價值，故共享經濟模式影響實體企業的營運，如此讓中小企業可快速朝向全球化、生態化的經營。

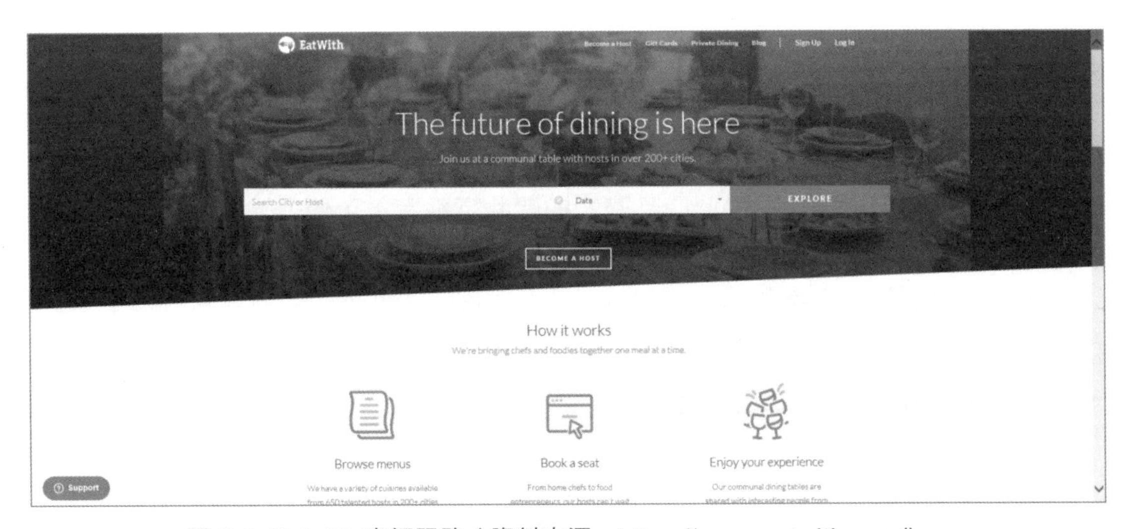

圖 9-3 Eatwith 廚師服務（資料來源：https://www.eatwith.com/)

共享 O2O 教育平台

利用線上數位教育和結合線下實體教育，成為一條龍訓練求職求才和學習解決需求的共享整合 O2O 平台。此共享教育是欲將對於學習訓練有供給需求的雙方，能彼此交換分享資源，以達到資源活化效率，進而提升營運績效和創新商機。

在學習解決需求的整合方面，是著重在於利用教育學習通道，讓廠商以製作產品 DM 電子書，來使客戶學習產品知識，進而真正了解此產品是否能解決本身問題來滿足需求，如此才不會可能造成買錯商品的結局。在此平台，線上有建構產品 DM 電子書、產品保固維修電子書、產品使用回饋問卷。線下可延伸實體 AR/VR 的商品體驗。在訓練求職求才的整合方面，同樣是著重在於利用教育訓練通道，讓講師以製作實務數位教材，來使求職者訓練技能，進而和廠商求才的所需職能媒合，如此廠商可透過此平台，藉以評估測驗求職者技能程度，以便尋找到最適人才。故在此平台，線上有建構技能實務數位教材 (講師)人才職能評估測驗題庫(廠商)。線下可延伸出實體課程講授(講師)和人才職能面對面諮詢(廠商)。

在共享 O2O 教育平台（http://www.ceaiot.com/ATutor/login.php），知識技能分享可朝向知識變現、跨界學習、終身學習的渠道，共享 O2O 教育平台顛覆傳統產業的價值鏈，進而創造新商業模式，例如：能將行銷覆蓋至長尾用戶。

推廣商品購物知識顧問和曝光的共享平台

此平台它主要在建立商品本身知識、使用操作知識、保固維修資訊等三大項內容，如圖 9-4，它會對公司廠商和消費者客戶產生效益如下：

1. **商品知識諮詢**：透過此商品購物顧問共享平台，可使公司商品知識傳播給客戶，如此讓客戶因為真正了解商品效用以及滿足需求，進而加速購買決策。客戶可諮詢查詢商品相關知識，進而了解是否此商品可解決自己問題或滿足需求，另也可學習更多商品知識。

2. **擴大客戶層面**：集中式共享平台裡，除了公司本身商品推廣外，尚可擴展延伸其他客戶的潛在需求，進而吸引原本不是公司的客戶。客戶可擴大商品種類搜尋的管道，並延伸知道公司廠商的其他商品品牌，增加多元化商品選擇。

3. **社群分享曝光**：公司可在具有聚集群眾力量的平台，透過客戶諮詢商品知識過程中，運用社群行銷工具，例如:facebook/Twitter，以達到病毒式行銷的連鎖成效。客戶可隨時發表對商品評論，並分享給其他客戶，以便討論此商品優劣點，另還可透過評分方式，來判斷自己對商品適用度和熱門狀況。

4. **商品保固資訊**：公司廠商可將此類資訊在此平台揭露，讓客戶自行了解查詢保固相關作業和資訊，進而降低行政人力溝通成本，且可提高保固維修作業效率，以便提昇顧客滿意度。客戶可立即了解如何申請保固維修作業，進而節省自身搜尋詢問時間，進而加速商品使用效率和保養品質。

5. **商品連結訂購**：公司廠商針對每一商品 FAQ，都可自行設定運用超連結方式，直接連結到自身公司訂購網站，進而引導客戶下單，或是提高新客戶的造訪機會。當客戶已經了解此商品知識後，若欲直接下單時，就可立即超連結進行購物結帳。

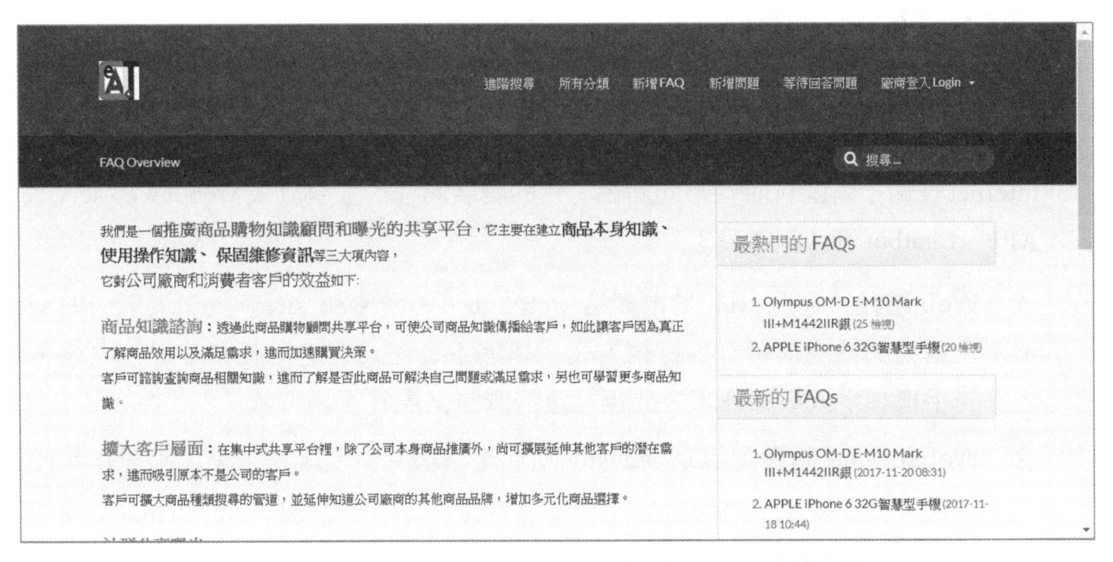

圖 9-4 推廣商品購物知識顧問和曝光的共享平台（資料來源：http://www.ceaiot.com/phpmyfaq/index.php?action=overview）

世界經濟論壇（WEF）提出四大新興經濟模式:分享經濟、個人化經濟、隨選（On-Demand）經濟與服務經濟。Gartner 國際研究暨顧問機構在（Hype Cycle for Emerging Technologies，2016）報告中指出「平台革命」（platformrevolution）科技是企業優先發展的趨勢。勤業眾信（Deloitte）在 Business ecosystems come of age 報告內提出四大平台經濟模式：資源整合型平台（Uber、Airbnb）、社交型平台（Facebook、LinkedIn、Instagram、Snapchat）、學習交流型平台線上教育平台（Coursera）、行動型平台（Line、wechat、WhatsApp）等。

共享經濟也帶動了利用數據演算法來產生價值。例如：數據貨運平台，它可利用數據演算法來解決貨車運輸分配不均、貨運市場運價不透明等問題。例如：Amazon Flex 完成最後一公里快遞配送、Getloaded 貨車媒合平台（www.getloaded.com）。

台灣工研院推出 Tomato 智慧生活異質服務整合平台，它包括 Totally-link, Mash-up, Automation 跨場域、跨產品和串連智慧連網家電的自動化平台。

共享經濟平台結合數位資訊科技的模式正在全面翻轉產業價值鏈和改變企業競爭法則，因此企業運作須結合外部夥伴關係競爭力，例如：證券商在面臨轉型的困難及挑戰下，規劃出更多智慧營運：共創共享經濟生態圈、大數據分析出新商品研發設計、AIoT 人工智慧機器人理財、業務作流程改造和流程自動化等。

9-3 數位匯流：APP 和聊天機器人

網路行銷顧名思義就是在網路上環境行銷，這裡指的網路主要是指網際網路，因此在 internet 環境上可發展出更多不同及創新的行銷方式，而此行銷方式會隨著 internet 技術不斷創新而有不同面貌，它的發展過程可主要分成 web、web service、APP、Chatbot 等 4 個階段：

1. **Web 階段**：在此 web 是指網站 web site，透過 web site，就產生了例如 web 上購物網站商情黃頁等行銷方式，早期主要在桌上型電腦和筆電，之後，因為手機和平板電腦興起，故也在這些載體呈現其行銷方式。
2. **Webservice 階段**：因為 website 是以整個網站資系統來來呈現和運作其行銷功敞，如此做法不僅複雜笨重，也很難達到隨選所需服務 on demand 成效，故以元件服務化 web service 的軟體機制因應而生，它可達到 on demand 成效，若再加上智慧型代理人技術，更是能解決使用者須不斷在網站上操作或搜尋所花費的冗長時間成本問問題。目前，微軟有提出如此 web service 解決方案，例如：Altova XMLSpy（https://www.altova.com/），而這樣服務元件概念，也產生服務導向應用系統 SOA（服務導向架構 Service-Oriented Architecture）的技術，然而，就筆者觀察而言，這樣 web service 應用系統，並不如 web site 來的應用廣，也許，目前人工智慧應用系統的起步，反而可能使智慧型代理人應用更加廣泛。
3. **APP 階段**：行動載體 APP 系統可說是目前大放異彩，這是拜行動手機的普遍應用而導致的，因為手機方便性使得任何企業在之前應用資訊系統，紛紛都增加 APP 系統應用開發，但 APP 主要是應用在使用者前端介面，也就是說它是接觸使用者的第一道關卡，因此，像下單廣告型錄等接近客戶前端的功能，就是 APP 在網路行銷的主要功能角色，但 APP 程式原則上是下載到使用者手機內，故離線也可使用，然而由於一些使用者資料，必須存取至後端伺服器電腦來做處理運算，故這時候就會連線連結到 web site，因此，web site 和 APP 技術就整合了，這對網路行銷是有加乘綜效。

4. **Chatbot 階段**：由於資訊科技不斷創新，其後續真正發展沒人說的準，例如：chatbot 聊天機器人就是後起之秀，我們來比較它們差異，在 APP 它強調有其專屬功能，例如網路下單功能，這種專屬好處，是可讓使用者很明確知道該 APP 對自己的需求。但也因為如此，對於使用者應用而言，都必須安裝很多 APP 程式功能，這時你可看到行動載體手機有一堆 APP 程式，如此對於使用和管理都很麻煩。另外，因 APP 是軟體系統，根據以往軟體系統，也就是系統應用都是使用者在操作軟體系統，故欲發揮應用成效，其首要條件就是使用者必須熟悉這套系統操作和功能，這就是為什麼比較複雜的中大型系統，都要做使用者教育訓練。然而在為吸引消費者購買商品角度來看，若還要客戶做教育訓練，那就必須花費更多成本，這對於客戶在使用廠商提供的服務時，必須花費較多時間成本，如此就很難加速客戶的購買決策。上述就是 APP 目前的運作現象，但若有更好的解決方案的話，那麼上述 APP 運作就是缺點。而這個新的方案就是 chatbot 聊天機器人，它是一種對話式商務，它可解決 APP 上述缺點，亦即"安裝太多程式"、"使用者搜尋操作功能"等缺點，那麼它如何作到?它的主要應用就是讓客戶面對單一窗口，就可使用所用服務，而且很簡單和直接，那就是直接和此窗口對話，這個窗口就是聊天機器人，至於服務上的需求軟體功能，就都由此機器人和後端系統溝通，也就是客户委託軟體代理人，由此代理人來處理任何事務，如此對消費者客戶就可很快的得到需求，進而加速購買決策。這就是對話式商務，但除了軟體代理人的優勢外，另一優勢就是此機器人可自我學習，學習到客戶需求是什麼，進而發揮智慧能力，讓客戶得到更好的服務品質，這就是具有人工智慧機器學習的軟體代理人，如此機制也可說是智慧型代理人。那它和上述的 web service 智慧型代理人有何差異?其不同技術就是差異，但概念和應用是相通的。

以上是網路行銷在環境變遷下的 4 個階段發展，目前已可說即將踏入 chatbot 智慧型代理人的階段，但前 3 項階段仍會各有本位應用，以及這 4 個階段整合，可是對網路行銷的競爭績效而言，如何在上述 4 個階段環境上發展行銷運作，就成為關鍵所在。因此，身為行銷管理的運作者，就必須了解目前創新資訊科技已經造成行銷管理的破壞性創新，不能再以傳統行銷知識來做行銷，因為行銷的環境改變了，改變成資訊科技環境，故網路行銷的運作也跟著改變了。

數位匯流

從上述 4 個階段造就了數位匯流（Digital Convergence）生態環境，也形成具動態性的產業架構，包括內容數位化製作商、內容供應商、傳統虛擬通路商、載具、新媒體與 web、web service、APP、Chatbot 應用平臺，使用者會透過這些應用平臺來完成交通資訊、影音視頻、行動購物等商業服務。例如：經濟部商業司 106 年度推動亞洲矽谷智慧商業服務應用推動計畫，透過寬頻化數位化之推波助瀾，來進行數位匯流商業服務，例如：以智能家電為例，使用者只要下載家電管家 APP，就可收到主動通知耗材更換及商品清潔訊息，並可查詢商品購買紀錄及直接線上報修等虛實整合服務（線上操作線下作業）。故數位匯流的形成是可造就新的商業模式，但它須依賴 Telecom（電信）、Internet、Media & Entertainment（媒體&娛樂）、E-Commerce（電子商務）、物聯網等網絡，它們得以將數據、影像、語音等不同的多媒體訊息內容，快速無縫整合及傳遞。目前有一些組織往數位匯流商業服務發展，例如：台灣數位匯流發展協會www.tdcda.org.tw（圖 9-5），元智大學大數據與數位匯流創新中心www.innobic.yzu.edu.tw。

圖 9-5 台灣數位匯流發展協會（資料來源：www.tdcda.org.tw）

APP 行銷

隨著消費者的行動習慣已成熟，其串流服務因而逐漸興起，APP 行銷就是一例，以 APP 程式有二種運作模式：

1. 將原本在桌上型電腦設備執行的 web site 功能，抽取成 APP 程式，以方便客戶在隨身行動手機就可操作，例如商品型錄查詢股票買賣下單等功能。但因為 APP 程式檔案須下載到手機內，故它是可離線操作，但若某些資訊須和後端資訊系統做運算處理的話，則此 APP 程式就須連線到後端 web site。例如下單功能，因為訂單資訊必須連線到廠商後端系統，如此才能處理後續出貨事宜。例如目前很多餐飲店面，為了節省客戶等待下單時間，都開發專屬 APP 下單程式，以便讓客戶事先就先下單，一旦到店面現場原則上就可立即取貨，如此行銷方式，可加速客戶購買決策。這是雙贏局面。

2. 將 APP 程式和智能物品做結合，以 APP 程式來控制智能物品的行銷作業。例如 APP 可依使用者所在地，自動搜尋就近的商家店位置和資訊，並可連結至店家官方網站等。例如一台飲料智能販賣機(http://www.viatouchmedia.com/，http://www.aaeon.com/tw/ac/intelligent-vending-machine ），當客戶在此機器前面，用此專屬 APP 程式，就可看到這台販賣機的飲料種類和庫存狀況，當您利用此 APP 選購和下單，此時該機台會收到商品選購下單指令，進而自動將被選購商品放入置物空間，以俾客户拿取。如此行銷方式有用到智能物品，也就是物聯網技術，故將 web APP 和 IoT 的結合，稱之為物聯互聯網 web of things（WoT），物聯互聯網是一個協同信息系統可成為無縫連接和信息共享的。更具體地說，物聯互聯網提供分佈式控制方法，用於整合物理和數字對像操作以鏈接網絡。這樣的操作可以在適當的情況下進行分佈式定位和事件的互操作應用，減少部署物聯網服務的成本。例如 APP 智能停車，它是一種「互聯互通、智慧共享」應用，包括車位預定、找車位、不停車支付、定位目的地、地圖導航、車位共享及代客泊車等功能。使用者只要通過 APP 就可準確獲取目的地空車位，它結合 IP 攝影機、車輛感應器、智慧手機 APP、Wi-Fi 基礎設施等技術。例如 http://www.acer.net/its/smartparking/index.jsp，https://www.smartparking.com/technologies/smartapp。

從上述可知 APP 行銷可讓行銷作業更接近前端客戶，但是如何讓客戶使用 APP 就變得很重要，這時須依賴社群網站、通訊 APP、AIoT 技術等三項方式。在社群網站，可運用社群媒體力量，聚集相關對此主題興趣的同好者，吸引潛在客戶的黏著度，進而連結到相關 APP 程式下載，如此此 APP 才會被曝光而且使用，若只是放在 APPLE STORE、GOOGLE PLAY 商店，讓客戶尋找，那是很難的，因為類似 APP 程式太多了。在通訊 APP 程式上，因為客戶會利用通訊 APP 來溝通，例如 Line 程式，因此，在社群使用者互相溝通時，就可進一步了解客戶的潛在需求，進而適當推出某 APP 時，客戶接受度就會提高。在 AIoT 技術應用於手機上，因可透過大數據分析掌握消費者行為偏好，故可適時分析出客戶需求，進而推出適當的 APP 程式，如此讓客戶因使用此 APP，導致更能加速購買決策。例如有針對血糖、體重、血壓與生活習慣開發出的糖尿病管理 App、它建立糖尿病友生活習慣資料庫，以密集衛教提醒方式，來達到控制病情。此 App 也能連線至後端平台，以遠端監測病患數據，讓醫院、診所可同步掌控資訊數據，並且做數據分析來運作事件異常狀況的驅動提醒，這樣的健康管理 App 所產生大數據，可進一步做為保險公司分析評估風險的基礎，進而精算出個人化保險費率。

聊天機器人

聊天機器人 Chatbot 是以自然語言處理技術和人工智慧為核心的一種模擬人類行為進行對話（文字、影像）的軟體程式，進而發展出對話式商務，它和智慧型代理人和搜索引擎是有所不同，在搜索引擎的重點是使用者自己從海量信息中尋找有用信息，在智慧型代理人的重點是使用者委託代理人在海量信息中尋找有用信息。

聊天機器人的運作方式是透過對話介面接收使用者的訊息，接下來針對此訊息做對話分析，此對話分析包括自然語言理解能力、詞庫術語 slot 識別（指應用所在領域知識 domain knowledge 的關鍵詞）等運作，經過這些運作分析後，會得到記錄對話答案，而這些對話答案會在一連串交互的背景資訊過程（也稱場景）中產生狀態變化，這個狀態變化可理解傳遞上下文資訊，如此多個交互過程就會產生多個場景，這時須要串聯起原本沒有關聯的不同場景，而成為對話流程 Dialog Flow。

綜合上述可知聊天機器人運作步驟如下：意圖 Intents（用戶想知道什麼），話語 Utterances（對話狀態和數據上下文 State＆Context），實體 Entities（話語關鍵參數對應與意圖什麼動作的關聯），機器學習 / 自然語言處理 Machine Learning/NLP，對話流程 Dialog flow。

聊天機器人的運作方式主要分成二種：包括知識庫檢索的方式和學習生成的方式。

1. **知識庫檢索的方式**：學者 Mockler(1992)定義知識庫為收集專門技術與經驗或專家的知識，它可能包含各種經過轉換處理的任何資訊，凡有關知識領域的範疇都可去闡述專家知識的特性，以便做決策。從上述的說明，可知知識庫的重點是在於知識如何規劃成資料庫來做儲存、存取使用，因此從資訊系統角度來看，它會牽涉到使用者介面和資料庫。在這樣的資料庫，當然存取使用的不僅只資訊，而是知識，也就專家知識亦即透過知識庫的方式，它可基於知識規則或機器學習方法的組合，來將專家之知識、經驗與技術整合起來，利用邏輯關聯的方式，變成一套符合邏輯程序的推論，以便能處理須有專家才能解決的問題，並且將這些複雜的問題做有效率和結構化的規劃，完成後結果回報給使用者，以使能快速使用並可解決問題。

2. **學習生成的方式**：它是以自然語言以及推理機制的自我學習行為，不需要依賴於定義好的知識庫，它可從用戶提問到 AI 機器深度學習技術產生自動生成回答的交互過程。

使用者可不須到 Google Play 或 App Store 下載 Apps，可克服 App 須不斷下載和分散破碎化的問題，只要以單一窗口就可得到大多數服務，聊天機器人應用領域包括行政助理，虛擬助手，智能客服等，其可應用服務功能有立即完成商品推薦及搜尋、下訂單等服務。在聊天機器人的重點是立刻有答案、更直覺的人機溝通，目前聊天機器人運作平台有 Line、Facebook Messenger、Telegram、WeChat 等。例如：Messenger Bot Store 機器人商店https://messenger.fb.com（如圖 9-6）。例如：Facebook Messenger 結合 Spotify 讓音樂分享。例如：免費創建中文對話應用的機器人平台www.yige.ai。例如：美國銀行導入聊天機器人 Erica，擴大金融理財顧問服務。

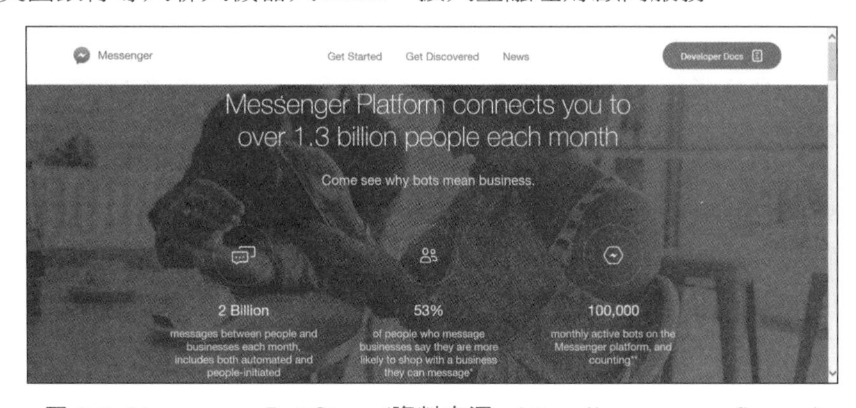

圖 9-6 Messenger Bot Store (資料來源：https://messenger.fb.com)

另外，也有將 Apps 和聊天機器人結合區塊鏈技術檢產生更佳應用功能，例如：MiniApps Space 平台（如圖 9-7）是一種自我發展型社區，它結合去中心化的區塊鏈技術建立分佈式的 miniapps/聊天機器人網絡，它可將一個聊天機器人和另一個聊天機器人溝通。

圖 9-7 MiniApps Space (資料來源：https://www.miniapps.pro/)

 問題解決創新方案－以章前案例爲基礎

(一) 問題診斷

依據 PSIS（Problem-Solving Innovation Solution）方法論中的問題形成診斷手法（過程省略），可得出以下問題項目：

■ 問題 1 不知何處有空車位

當駕駛者在開車尋找空車位時，往往不知道是否有空車位，以及空車位在何處?會不會開車到某處時，才發現沒有空車位，如此非常浪費時間。

■ 問題 2 如何駕駛到空車位

林經理會依照之前停車經驗，大概可能知道何處會有空車位，但是在上班交通擁塞時，如何知道路況而能快速到達可能空車位之處，則是駕駛者所急欲知道開車路線的首要之事。

■ 問題 3 到空車位時已被別人搶快

林經理好不容易終於看到前方好像有空的車位，心裡頓時很高興，急忙開過去，但說時遲那時快，突然不知從那裏冒出來一台轎車，急駛到此空車位，結果林經理仍是沒停到車位。

■ 問題 4 何處空車位離駕駛員者最近

當欲停往上班地點附近車位時，應會有一些空車位數量，但是何空車位離目前林經理是最近的，卻無法事先得知，導致可能捨近就遠的事倍功半現象。

■ 問題 5 駕駛者如何支付

一旦林經理好不容易找到空車位後，待停車至離開車位後，所需支付停車費，應如何有效率支付和節省相關成本，則是林經理做為駕駛者的期望。

(二) 創新解決方案

■ 問題解決 1

利用物聯網感應技術，來擷取停車位是否有被停車，若是空車位，則將此資訊無線傳輸至雲端平台，之後，此平台再透過 APP 程式，下載到駕駛者的手機 APP 程式，再加上駕駛者車子地理位置定位資訊，就可查詢駕駛者附近空車位狀況。

■ 問題解決 2

當透過上述 APP 程式知曉空車位位置時，但應如何快速效率節省油費的往空車位開呢?這時可用物聯網來感應並擷取附近交通路況資訊，這些資訊再加上導航系統，運用演算法來運算最佳行駛路線。

■ 問題解決 3

知道空車位和行駛路線後，林經理就速速往此方向駛去，但若尚未到達時，就被別人先停走，那怎麼辦? 這時可透過 APP 程式先預約，就不怕被別人捷足先登，因為空車位會很聰明知道駕駛者車號，若別的車要搶行進入，則會利用物聯網技術讓他無法駛入，而且現場會有看板顯示停車車號，如此就可解決此問題。但又有另一延伸問題，那就是若有 2 位用車者同時預約，那該如何? 故應不是由駕駛者自己預約何者空車位，而是用機器學習演算法，根據車子位置空車位地點、行駛路線、交通路況、駕駛者預約意向等資訊，進而計算出最佳化的預約方案，並由系統主動送出給預約者的預約結果。

■ 問題解決 4

透過上述智能預約機制，也可得知何者空車位離林經理車子位置最近。

■ 問題解決 5

當林經理下班後欲離開停車位時，車位本身會自行計算停車費，此時，林經理可用行動支付方式來給付，如此，也不用停車位收費員人力成本，而且林經理也不會因拿紙張單據，導致可能忘記繳費等問題。

(三) 管理意涵

智能行銷是結合多種技術和應用，例如 APP 程式、物聯網、大數據、人工智慧等技術，和例如消費者行為、產業領域知識、經營管理等應用，如此就能創造新的商業模式，而這新模式，對企業經營方式、同業競爭力、人才新技能、就業機會等運作，產生破壞式結構性的衝擊，故身為企業和個人都必須 不斷學習新知識，才有生存之道。

(四) 個案問題探討：請探討智能物聯網 APP 停車模式對產業經營有何影響

案例研讀
Web 創新趨勢：網路商機模式

在網路行銷上顧客導向的時代已然成形，唯有以個人顧客化的貼心服務，包含個人認同、貼心服務、便利、幫助、資訊使用，才能提高消費者的忠誠度，並建立與顧客的長期關係。

這樣的趨勢，就企業經營而言，不只是告訴我們應更加利用網路的效能來經營企業，更表達了可在網際網路影響下的空間世界，找出另一個可能更有商機的企業經營模式（例如：google 搜尋商機，skype 網路電話商機…等）。

由於網際網路的內容廣大和技術快速蛻變，使得社會生活型態和企業應用模式也不斷地隨著變化，這其中的重大影響就是網路深入人類生活中，和網路化商品不斷被創造，這二者影響又是互為因果的，因為網路化商品出現，而應用於人類生活中，例如：網路電話，造成傳統電話使用減少，改用網路溝通。同樣地，人類應用網路在生活中的需求，也促發了網路新商品的誕生，例如：人類對電視節目的豐富化和行動化生活需求，進而產生了網路電視的新構想。

從上述得知網路化商品不斷被創造且深入人類生活中，例如：Cacoo 是一個便於使用免費與付費版的線上繪圖工具服務，客戶以此服務繪製如 UML、網站地圖、室內設計圖、流程圖與線框圖等各種圖表，而在付費版的工具內則有提供內建數十套相當有用的樣板。若是免費版，最多可以儲存 25 張圖表，並同時允許 15 人在線上即時協同作業。

資料來源：https://cacoo.com/

例如：Greplin 提供快如閃電和整合的搜尋服務，客戶以此服務在不同網站（如 Gmail、Twitter 和 Facebook 和 Dropbox）上所存放的資訊建立索引。資料來源：http://www.greplin.com

例如：Wunderlist 創造一種跨越平台、裝置和雲端同步的用戶體驗服務，客戶以此服務在 Android、iPhone 等手機、Windows 和 Mac 電腦上使用它的記錄功能，包含：記錄工作的大小事。資料來源：http://www.6wunderkinder.com/wunderlist

以下為上述網路商機模式的未來趨勢策略：

1. **使用經驗** User Experience（UX）：使用者利用情境感知運算，可以探查用戶所處環境、進行客製化活動與偏好等資訊，以提供與用戶的互動高品質之情境與社群內容、產品或服務。使用經驗環境使從原本的視窗、圖示、選單與指標的 UI 轉換成觸控、搜尋、影音等以直覺化和行動為主的介面。而這種感知運算會以記憶體內運算（In-Momory Computing）技術，也就是不需靠主機伺服器 CPU 運算，而直接在物品元件內記憶體做更快速地即時運算，例如：消費性裝置、娛樂設備及其他嵌入式 IT 系統，將大量使用此快閃記憶體來達成情境感知運算。
2. **次世代分析技術**（Next-Generation Analytics）：它利用網格運算（grid computing）和雲端運算（Cloud Computing）來提高雲端資源提升效能，以便針對眾多種類系統、複雜資訊在線上嵌入式分析技術下進行時與預測未來的分析。而這些資訊是一種巨量資料（Big Data），包含了多媒體豐富資料，這些資訊也是在物聯網環境下，巨量感測移轉收集的資料，如此巨量資料是傳統數據管理技術和伺服器難以應付的，這就必須靠次世代分析技術。而因綠能觀念的興起，以及氣候變遷的長期趨勢，超低耗能和雲端運算伺服器會是未來市場的主流。
3. App **商店市集和雲端商務商業**：在企業對員工（B2E）或者企業對客戶（B2C）或企業對供應商（B2B）的不同情境下，IT 將成為一個對企業提供智慧行動支援的生態系統的角色，進而可為多數產業帶來長期而廣泛的衝擊，例如：蘋果與 Android 的 App 商店能提供行動用戶數十萬種應用程式，這就是雲端環境所形成的一股破壞式創新力量，在這股創新力量下，使得各領域大型企業均投入各式產品，例如：使用各種尺寸的行動裝置與各種平台（如 iOS 與 Andriod）以建構雲端環境並提供雲端服務，企業以往的資訊系統（ie：ERP）也會朝此行動化發展。另也包含：普及（Ubiquitous）運算的應用。

案例研讀
熱門網站個案：智慧體驗網站

■ BevyUp 共同線上消費體驗

問題：現在流行的線上購物，消費者的購物過程是孤單的，因為消費者無法在購物頁面直接與其他人溝通討論。

解決方案：BevyUp 提供消費者共同線上消費體驗

BevyUp 共同線上消費體驗是運用資訊科技發展出相同的線上環境，並融入真實生活購物體驗建置於網路上，讓消費者擁有更好的線上購物體驗。另外，也加人巨量資料分析來統整並分析從零售商蒐集來的大數據資訊，進而了解消費者的反應和喜好，以便讓業者得以提供更貼近客製化的個人服務。

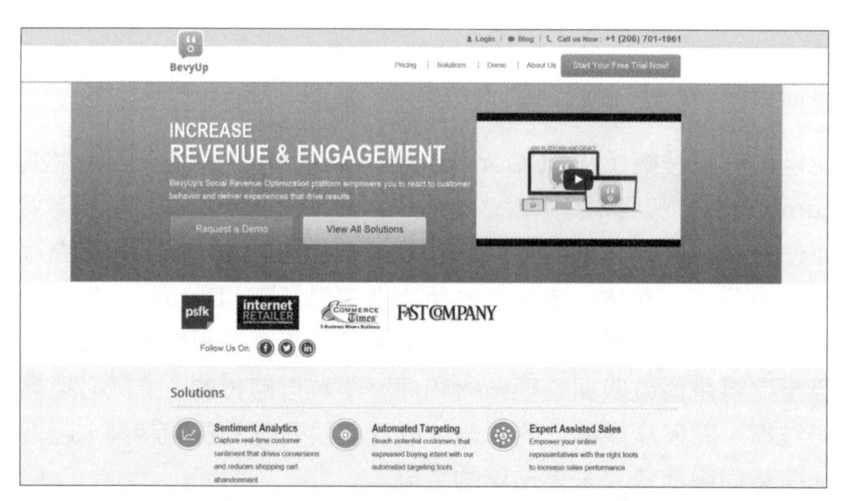

資料來源：http://www.bevyup.com/index.html

■ Bitcarrier 智慧交通

Bitcarrier 解決方案 Roadsolver，它提供即時交通資訊狀況，並依據這些資訊來預測交通未來的可能狀況，如此即可供交通管理單位或用路人作參考。

其應用程序如下：

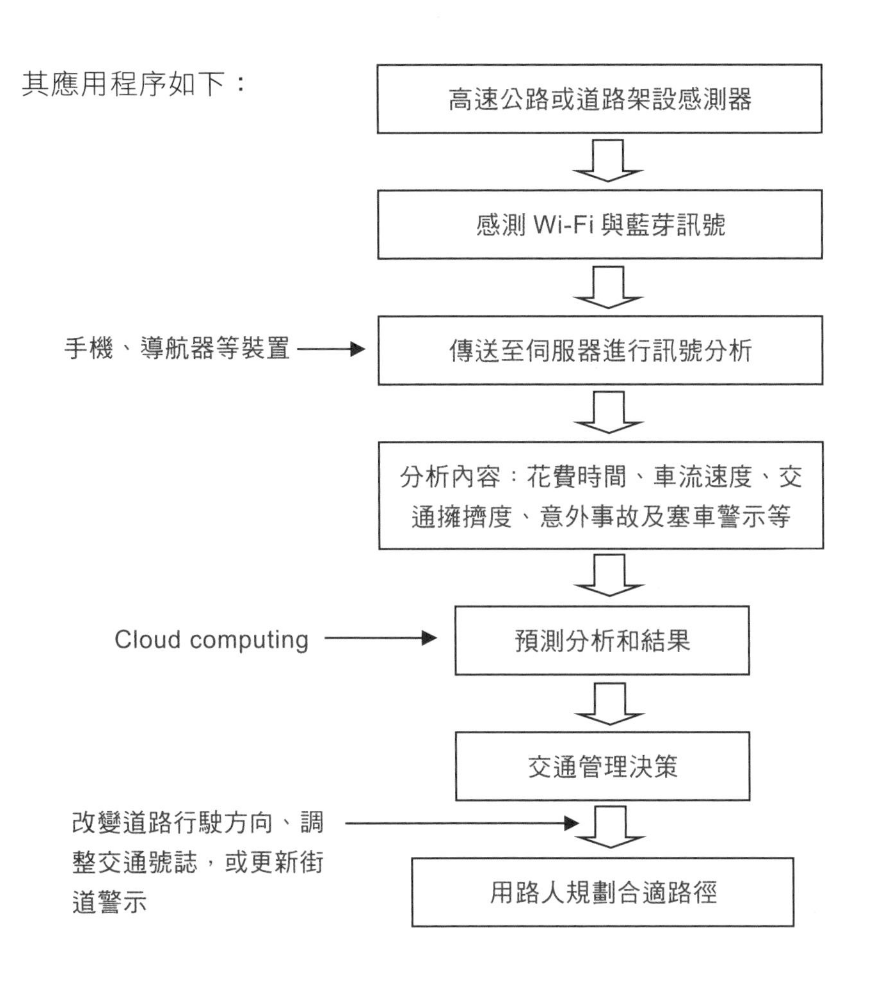

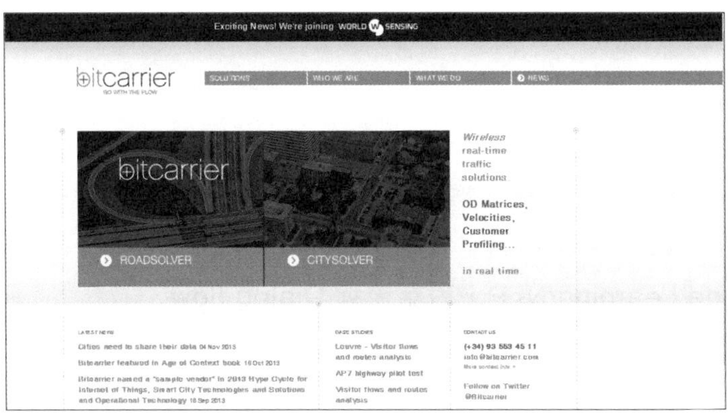

資訊來源：http://www.bitcarrier.com/

■ 問題討論

請探討旅遊社群網站對消費者在旅遊活動的習慣有何影響？

本章重點

1. 虛實整合營運模式 O2O(Offline to Online)是指將數位網路(Online)整合到實體商店 (Offline) 的多管道融合營運模式，也同時造就新零售的發展，新零售大幅衝擊傳統的實體零售產業，因為它強調虛實整合的全通路行銷。
2. 虛實整合營運模式的特性: 產業基礎、資源整合、營運內部作業外部化、新零售供應鏈、情境式無縫連接、智能數據分析。
3. 新零售虛實整合架構是以消費者為中心，分別利用線上和線下活動，來擷取消費者行為數據以及滿足消費者需求，進而誕生新物種、新業態的零售模式。
4. 一旦去中介化，若須要中介業者專業服務諮詢或是能夠提供更便宜售價或是更簡便的方式，則中介業者就有必須存在的道理，如此運作就是由去中介化轉變到再中介化的創新營運模式，而共享經濟平台就是再中介化模式，如此更可以連接多個平台，來發展客制化需求的調節服務。
5. 推廣商品購物知識顧問和曝光的共享平台會對公司廠商和消費者客戶產生效益：商品知識諮詢、擴大客戶層面、社群分享曝光、商品保固資訊、商品連結訂購。
6. 聊天機器人 Chatbot 是以自然語言處理技術和人工智慧為核心的一種模擬人類行為進行對話(文字、影像)的軟體程式，進而發展出對話式商務。
7. 聊天機器人運作步驟如下：意圖 Intents（用戶想知道什麼），話語 Utterances（對話狀態和數據上下文 State & Context），實體 Entities（話語關鍵參數對應與意圖什麼動作的關聯），機器學習 / 自然語言處理 Machine Learning/NLP，對話流程 Dialog flow。

關鍵詞索引

學習評量

一、問答題

1. 何謂新零售虛實整合架構？
2. 說明共享平台模式的特性？
3. 說明 APP 程式行銷二種運作模式？

二、選擇題

(　) 1. 聊天機器人運作步驟的重點？
（a） 意圖 Intents
（b） 機器學習 / 自然語言處理
（c） 對話流程 Dialog flow
（d） 以上皆是

(　) 2. 數位匯流的形成須依賴什麼網絡？
（a） Telecom
（b） LAN
（c） Intranet
（d） 以上皆是

(　) 3. 在共享平台模式運作下 ，下列何者描述是對的？

（a） 所有資源都放置在不同整合空間裡

（b） 是一種只做 1 次型運作，故成為封閉迴圈

（c） 客戶可能既是需求者又是供給者

（d） 使用者必須付出較低的移轉成本

(　) 4. 下列何者是虛實整合營運模式 O2O 的重點？

（a） 相同購物情景的無縫連接

（b） 標準化服務和體驗

（c） 提高流量和轉化銷售率

（d） 以上皆是

(　) 5. 利用物聯網技術來達到現場實體體驗，有那些技術？

（a） Virtual Reality

（b） Augmented Reality

（c） Mixed Reality

（d） 以上皆是

chapter

10 成長駭客和大數據行銷

章前案例：網站行銷的知識運用

案例研讀：情境感知、情境感知數據分析網站

學習目標

- 成長駭客行銷定義和模式
- 程序化購買機制
- 即時廣告競價、重定向廣告再行銷、機器學習行銷
- 大數據行銷定義和分析形成過程
- 大數據分析優化作業
- 智能行銷的特色
- 數位行銷和人工智慧整合

章前案例情景故事 網站行銷的知識運用

「網路行銷的技術運用，若設計和使用得當，則真的可擴大公司的行銷層面。」這是王經理在上完一連串有關網路行銷課程後的心得感受，尤其公司是為浩瀚如林的中小企業中的一份子，更須要運用網路行銷來突破公司的存在和提昇營業額。王經理在上完課後，興高采烈的回公司開始籌劃和設計公司的網路行銷，但好不容易建立公司的網站，也運用了網路廣告等方法後，但成效似乎有限…，為什麼？

因為王經理發現到原來大部分的中小企業也都運用了網路行銷，這時又回到了原點，那就是在浩瀚如林的網站和行銷中，如何讓消費者知道公司的存在？

於是王經理利用關鍵字行銷的觀念，那就是把公司名稱或產品名稱等關鍵字登錄在知名的搜尋網站，以方便讓消費者立刻找到公司網站，當然，這是需要支付費用的。一般費用愈高，則愈有可能將公司網站的搜尋結果排列在前面，不過若能支付該費用使得營業額的大幅提昇，那是非常值得的。

想出解決方案之後，王經理真的是非常高興甚至自傲。但在開始運作後，又有新的問題產生…那就是關鍵字應該如何定義，才能讓消費者自然且快速想到？真是傷腦筋。

10-1 成長駭客行銷

成長駭客(Growth Hacker)可以被視為在有限預算下進行網路行銷的一環，其中「駭客」(Hacker) 是一個獨特創新的技術者，他不循傳統能突破安於現狀或認為不可能的觀念。近年興起的成長駭客熱門技術和行為，主要是以創意精神來運用編寫程式與演算法與數據分析技術，將某些追蹤測試的工具應用在網路行銷上，它利用分析網頁使用行為流量的成長，它試圖以低成本、精實創業的思維，不該花費傳統行銷所需的高昂代價，來替代傳統的網路行銷想法，如此可先推出產品使之成長到某程度後，再取得更多行銷預算，以達到各蒙其利共創雙贏的商機。成長駭客是模擬並擷取駭客的背後精神和行為長處並加以修正之，也就是持續改善、逆向思考、創意創新、精實創業、打破理所當然想法、不畏權勢專業、毅力堅持、善用資訊科技等。從上述可知，成長駭客就是要不斷發展破壞式創新成長，從資訊科技成長應用中來使行銷績效成長。故成長駭客行銷是現在未來企業行銷的非常重要技能。但因它非常依賴人才的運作，這種人才不易培訓，因他必須懂很多技能，例如：必須熟悉每一個媒體的行銷操作方式（Facebook 或 Google 聯播網廣告），也就是具資訊科技能力與行銷頭腦跨領域人才。故在未來成長駭客應和機器人結合，以降低人為負荷成本，如此可發展出智能行銷。故成長駭客能將運用既有客戶的社群網絡數據，來更有效率地分析數據，並選定在業界標準下的重要績效指標，精準計算其行銷投資報酬率。當產品無法滿足市場需求時，就必須致力於改善產品，不斷優化的進化產品，這時如何做新產品設計，就須依賴成長駭客行銷，來掌握客戶需求，進而展開新產品設計，故 DFX（design for X items）產品設計本身就要考慮行銷 DFM（design for marketing）。馬克．安德森（Marc Andreessen）提出「產品與市場相契合」（PMF, Product/Market Fit）它是探討產品解決問題的核心價值 ，以便滿足消費者的利益。

成長駭客是須和大數據行銷結合，大數據行銷將傳統行銷 4P（產品 product、價格 price、促銷 promotion、通路 place）延伸到新 4P（人 people、成效 performance、步驟 process 和預測 prediction）。在大數據行銷基礎上的成長駭客行銷，包括以下步驟：首先，擷取分析資料，並轉換成經營行銷知識，來發現問題，並訂出想問的問題以便準確的找出答案，而精準的掌握問題與答案是能為公司帶來營利成長的，例如：沒有成交目標群眾問題，另外注意若過度簡化數據的分析，則可能會難以發現其他問題。接下來，運用收集到的資料（例如：客戶名單、成交資料、cookie 資料等）去分類顧客，並進而根據分類出來的顧客群組，來執行精準的集客策略，此策略可利用針對現有客戶群推出新功能來產生集客效果。而在分類顧客技術上，有 RFM/NES 分析技術，所謂 RFM 是指最近一次消費（Recency）*消費頻率（Frequency）*消費金額（Monetary），所謂 NES 模型分成 N（新顧客）、E0（主力顧客）、S1（瞌睡顧客）、S2（半睡顧客）以及 S3（沉睡顧客）等。再則是預測顧客興趣活動，其技術有 analytic 分析“多選項吃角子老虎機器實驗（MAB）”，它是一種針對問題提出多項解決方案，其解決目標是找到最適合或最能獲利的作業。另外，根據數據提出優化網站上活動方案，Google analytic 程式追蹤碼可追蹤產品數據。Google tag manager（Google 標籤代碼管理工具, GTM）是利用 Javascript 程式碼（也就是標籤）來追蹤回傳訊息至第三方線上行銷工具，進而分析並改善客戶在網站上活動，例如：廣告點擊率活動、再行銷（remarketing）活動、A/B 測試活動。再則是預測推薦系統，其技術有關聯分析 Association Analysis，它是從銷售交易資料庫中，運算出多個產品購買之間的關聯性，進而可產生交义銷售，所謂交义銷售是指在滿足客戶需求下，來進行銷售多種相關的服務或產品，也就是不同產品同時行銷。故透過交义銷售可更能提升銷售績效，因此交义銷售是可做到客製化行銷漏斗成效，因為在交义銷售過程中可發現客戶專屬行銷漏斗。客製化行銷漏斗是欲決定每一位客戶處於行銷漏斗的哪一個階段，因此很多公司都運用此交义銷售的軟體工具來提升銷售績效。例如：美國上市公司客製化的電商網站 Shopify 目標對象（Target Audience）熟悉客戶規劃好行銷漏斗https://www.shopify.com 。例如：Facebook 的徽章或小工具（badges and widgets）連接在自己的網站或部落格提升註冊率。例如：Dropbox 自拍影片貼在社交新聞網站 Reddit 及科技資訊網站。例如：dropbox 結合 FB 帳戶提供免費空間 150MB。例如：Facebook Messenger 現已整合線上音樂串流服務—Spotify。例如：Airbnb 租屋廣告在所屬城市的地方分類廣告 Craigslist 的平台上 交叉張貼工具也對 Craigslist 有益https://taipei.craigslist.com.tw/。案例：電商網站利用臉書開放 API（Application Programming Interface）嵌入連結臉書的讚與分享的按鈕。案例：飯店訂房服務的 APP 利用 Uber 的 API 嵌入叫車功能。

程序化購買機制

成長駭客行銷所用新技術有程序化購買機制。程序化購買機制也可稱為程式化購買，它利用程式語言通過在數據運算方式，來自動地執行廣告媒體購買的流程，而不需要購買廣告版面來執行點擊率的曝光，這種傳統作法並無法保證準確對應在目標群眾上，但在程式化運算可讓對的人在對的時間看到對的廣告資訊。程序化購買機制包括 RTB 即時廣告競價、再行銷、機器學習等技術。

茲針對 RTB 即時廣告競價、重定向廣告再行銷、機器學習說明如下：

1. **RTB 即時廣告競價**：RTB（Real Time Bidding）即時廣告競價，是一個網路廣告的競價機制，它和之前廣告聯播網不一樣，它是利用數據分析能力來掌握目標族群客戶需求，也就是判斷出客戶需求的特徵，來讓相關的廣告商能互相競價廣告，以便推出合理價錢的廣告購買。

2. **再行銷（重定向廣告 retargeting）**：重定向廣告 retargeting 是一種獲取新用戶 Acquisition Tools 的工具，它是針對之前已發生訪客對某網站有意願的行為，包括：訪客瀏覽商品、瀏覽頁面內容、放入商品至購物車等行為，而這些行為所產生數據會放在 Cookie（小型文字檔案）和雲端資料庫，進而分析訪客興趣卻沒有完成購買結帳的商品，進而將訪客重新導回商品頁面完成購買，或是投放周邊/相關商品廣告。

在以廣告版位曝光方式的分眾網站（niche websites）運作下，或是砸大錢買廣告、名人代言的行銷模式下，使得以往廣告都是不知道點擊廣告的真正客戶，網路使用者安裝了廣告封鎖程式，但利用重定向廣告可產生精準定位（targeting）效果每個廣告的轉換率及投報率，來取代購買電視或報紙廣告。目前有一些工具如下：Adroll（https://www.adroll.com，根據訪客瀏覽行為來個人化再廣告行銷活動）、Facebook 結合 AdRoll 廣告再行銷、Chango 公司在數據驅動的搜索重定向廣告領域。

3. **機器學習**：是人工智慧的一環，包括 Logistic Regression（Logistic 迴歸）、集群分析、Decision Tree（決策樹）、Support Vector Machine SVM（支援向量機）、Random Forest（隨機森林）、Boosting（強化學習）、Deep learning（深度學習）。例如：Amazon 亞馬遜透過機器學習數據分析來預測每一個商品的需求偏好，並進而應用在口碑行銷上。例如：intowow 點石創新 www.intowow.com公司提出分散式人工智能投遞影音廣告（Decentralized A.I. Ad Serving Technology）來改善 App 內原生影音廣告的用戶體驗，並進而發展 App 影音廣告供應端平台（SSP / Supply-Side Platform），來整合供應端廣告平台和程序化（Programmatic Buying）購買機制。

成長駭客的軟體工具如下：

1. **A/B tests 測試**：是指透過分析使用者經驗（UX）在網頁介面改版，進行原始的轉換率，使用者經驗（User Experience）可觀察使用者真正的行為動機，以便優化介面的方式，例如：頁面 A 上預期得知網站的排版/視覺圖像選用改變後的頁面 B 之轉換（CRO, Conversion Rate Optimization 轉化率優化），它分別將軟體產品做成 A 版與 B 版，來進行以不同產品版本做測試市場水溫，故 A/B tests 測試可減少網頁障礙，提升轉換率以及新功能縮小範圍測試，以便確定改版功能，故 A/B tests 測試也是一種透過掌握用戶重覆消費行為，來產生使用者經驗優化 User Experience Optimization，以便促成更高的達成率、更高的轉換率。好產品可透過 A/B tests 測試來產生成果導向行銷 ROI based Marketing，它可利用「最小可行產品（Minimum Viable Product, MVP）」作法，來進行開發測試和不斷調整，例如：調整複雜的註冊過程簡單化，並設計了搜尋功能，其中關鍵是在找到槓桿的支點，也就是高度意願「早期使用者（early adopter）」，不須花費太多成本來大量曝光。

2. **搜尋引擎最佳化** SEO：SEO 是運用搜尋引擎最佳化觀念和技術，融入演算法運作，以關鍵字行銷、網頁優化、內容行銷技術，來達成優化網站內容與使用者體驗，進而在自然搜尋的情況下可主動推薦網站到使用者尋找的目標，如此透過排名躍升可提高網站能見度。SEO 成長駭客工具 https://www.awoo.org/。

3. Google Analytics（GA）：GA 是 Google 提供免費的網站分析軟體， 能監測網站所有的流量網站數據統計服務使用者停留多久。

4. Affiliate Marketing（**聯盟網站行銷**）：透過網網相連的網路聯盟行銷，以集中推廣商品或服務，來擴大加速銷售的通路和機會。例如：https://www.affiliates.com.tw/ 和www.google.com.tw/AdWords。

5. App Store optimization（**軟體商店優化**）：為監控關鍵詞排名變化服務、熱門排行 App，以便挖掘出有價值的決策資訊，例如：www.anapps.online、AppAnnie 企業應用市場數據解決方案提供商 www.appannie.com、軟體商店優化關鍵字搜尋量估計軟體www.searchman.com。

圖 10-1 軟體商店優化 (資料來源：
https://www.tune.com/solutions/tune-marketing-console/app-store-analytics/)

6. Content Marketing（**內容行銷**）：以創作與眾不同和高價值內容來吸引顧客的行銷手段， 並須長期與顧客保持聯繫 ，來提高消費者對品牌的參與程度，它是須發展與顧客高度相關、目的導向的產品和服務以外之價值（retention），以維持顧客忠誠度。例如：內容行銷學會（Content Marketing Institute）http://contentmarketinginstitute.com/。在內容行銷手法有 hyper-targeted content（高目標的內容）方式，它是針對客戶需求內容能直接和潛在顧客對話，以掌握客戶所需的目標內容，例如：Wishpond.com 更詳細的客製化內容行銷程序。另外，使用者創作內容 UGC（user generated content）也是一種提供獎勵誘因、回饋內容的內容行銷手法，它可使消費者主動對產品品牌有認同成效，例如：Go Pro Youtube 搭配社群網站的主題標籤功能，讓的訂閱人數暴增，因為客戶可使用 Go Pro 來記錄和秀出自己內容 。例如：IKEA 製作產品的數位型錄。UBER 的優惠序號補貼。Dropbox 連結 Facebook 分享並提供部分免費空間。Istockphoto 衆包照片平台增設工具、推出活動等誘因。團購折扣網站 Groupon 請你「 介紹朋友 」。

7. **內容駭客**：從上述內容行銷說明，可知內容越來越被重視，故內容行銷結合成長駭客就成為內容駭客，它是一種運用上述內容行銷的內容，在業績成長與流量增加的目標考量下，以學習數據來撰寫優質內容，進而驅動內容行銷方式，包括內容測試和分析的過程，並加強和目標客戶（ Target Audience ）的互動，以便達成內容和用戶的適配（ Content/Audience Fit ）。

8. Marketing Automation（**行銷自動化**）：是一種行銷更有效率和做行銷排程的工具，它可自動化運作行銷作業，將一般客戶轉換為潛在顧客 ，進而推動潛在客戶成為忠實顧客。例如：Hubspot 數位行銷整合工具平台 https://www.hubspot.com。

9. Landing pages **登陸頁**：登陸頁是一種網路公司的門面，它是導引潛在客戶經由不同管道到達產品頁面，也就是登陸頁起點須能有效讓消費者花時間停留。例如：wishpond 的 Landing Page Builder 是一個登陸頁面生成器（ 如圖 10-2 ）。

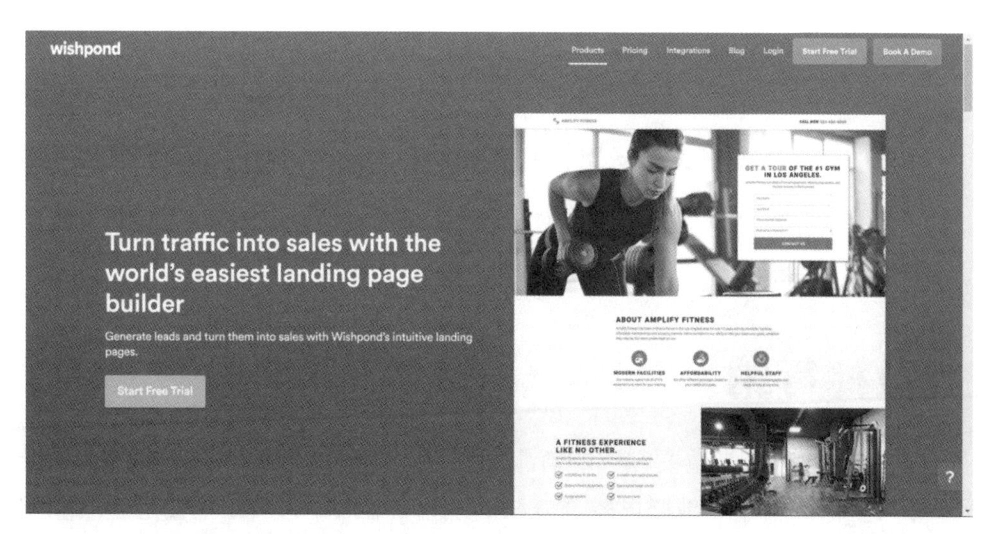

圖 10-2 登陸頁面生成器 (資料來源：https://www.wishpond.com/landing-pages/)

- Viral factor：病毒行銷的擴散因素。
- email deliverability：傳送不會被過濾或忽視的電子郵件到達目標客戶。

- Open Graph：開放社交關係圖譜。
- Lead Generation Tools：可運用 CRM 來提升回購率和轉化訪客成為你客戶的軟體，例如：salesforce 公司https://www.salesforce.com、Ceaiot technology 公司http://www.ceaiot.com/SuiteCRM。
- Mobile Analytics：行動 App 端的使用者行為追蹤與分析。例如：Amazon Mobile Analytics https://aws.amazon.com/tw/mobileanalytics/。

漏斗型行銷 AARRR 模型

在社群媒體行銷下，運用 STP 行銷策略（市場區隔(S)、目標顧客(T)、市場定位(P)）的成長駭客漏斗型行銷 AARRR 模型，就是為了因應消費者的異質性，而發展出來的透過更多測試、分析、優化之解決方式。成長駭客的漏斗型行銷 AARRR 模型，分別為 Acquisition、Activation、Retention、Revenue、Referral 等五項指標。

1. **獲取用戶（Acquisition）**：利用聯播網、Google 關鍵字、SEO、Facebook 廣告等方式吸引客戶來到訪你的網站、APP 等 Landing Page。
2. **提高活躍度（Activation）**：把潛在客戶轉化為活躍客戶，促成加入會員。它可運用 A/B 測試技術，來得到的大量數據，進而讓客戶更加使用你的網站、APP 等。
3. **提高留存率（Retention）**：運作活動設計再行銷、內容經營等方式來提升產品服務的高黏著度。
4. **增加收入（Revenue）**：用上述獲取流量、激活、留存回訪等方法，最後主要的目標都要能轉換成營收收入，將之利潤最大化。
5. **Referral 推薦傳播**：加入病毒行銷傳播。

10-2 大數據行銷

大數據行銷是近來非常重要熱門的資訊科技應用的網路行銷。在早期就有商業智慧 BI 分析，在執行上述的數據形成及分析的過程，但 BI 的數據主要是運用關聯式結構化 SQL 的資料庫，然而在虛擬數位互聯網和實體物理物聯網上，所需要的數據很多是非結構化和難以事先定義資料綱要等資料，因此大數據分析就是因應物聯網 NOSQL 數據而產生的。這對於因行銷環境改變的網路行銷得以有更好的解決方案。故它強調 5V 的特色，它包括 Volume（資料的數量龐大）、Variety（多種類）、

Velocity（速度快），Value（價值）與 Veracity（真實性）等。大數據分析其實就是在做資料形成過程，先將數據資料做擷取彙總，接著轉換過濾成資訊，再將資訊萃取成知識，最後將知識洞察成智慧，如此的智慧就是大數據分析所欲得到的結果。

大數據分析形成過程

故大數據分析就成為網路行銷的重要工具和應用。從大數據分析的應用來看，可知在網路行銷上的執行過程是以消費者行為模式為框架，而此行為模式是建構在客戶購買決策過程中，因此，大數據分析首先須在此過程中執行上述的分析形成過程。茲分別說明如下：

1. **在前置資料處理的購買欲望誘因需求上**：從購買決策過程中的欲望誘因需求等動作，若轉化成網路行銷應用系統，可有網路 DM、電子報、主題社群、部落格、網路廣告等工具系統，從這些工具的使用，則會產生購買行為數據，例如：瀏覽網頁等數據，而這些數據就須透過大數據的前置資料處理，如此才能產生正確完整的好品質，目前有些平台管理方案和大數據工具就是要提供這些技術，例如：Hadoop 提供快速和通用計算引擎，Spark 提供數據流處理和圖形計算的模型，Splunk 提供可視化和數據來源監控機器，MongoDB 提供結合網絡的動態架構大數據模型，Pentaho 提供開放原始碼的企業大數據分析。

2. **在多維度商業化知識的消費下單售後服務上**：從購買決策過程中的下單和售後服務等動作，在網路下單、網路客服等軟體系統應用下，可展開不同主體的多維度分析，來呈現其商業化知識，例如：客戶下單 RFM 分析、熱賣商品分析、庫存週轉分析等，這些知識應用可用大數據平台，例如 KNIME Analytics Platform 等工具。

3. **在智慧行銷的消費者行為模式上**：從購買決策過程中的預知主動推薦等動作，在聊天機器人深度學習機器學習等 AIoT 企業應用資訊系統運作下，可創造出智慧型的預知行為，例如客戶分類、商品推薦、購物藍分析、智能 FAQ 等智慧行銷，這些智慧應用系統可用人工智慧平台，例如 WEKA、easyrec(http://easyrec.org/) 等軟體系統。

從上述說明大數據分析應用在網路行銷上，最精髓之處就在於智能行銷和轉成無形的數位資產，它背後基礎在於 AIoT（Artificial Intelligence and Internet of Thing, AIoT），也就是 AI 和 IoT 的整合，AIoT 已經徹底改造傳統企業應用資訊系統，AIoT 企業應用資訊系統著重在結合人工智慧和物聯網的應用系統，綜觀企業應用系統是包羅萬象，包括 ERP、供應鏈管理（SCM, supply chain management）、客戶關係管理（CRM, customer relationship management）、知識管理（KM, knowledge management）、電子商務（EC, electronic commerce）、製造執行系統（MES, manufacture execution system）、產品資料管理（PDM, product data management）、協同產品商務（CPC, collaborative product commerce）等項目....。而這些應用系統歷經資訊科技演變，從早期 DOS，到 Windows，再到 internet，目前到現在物聯網等技術突破創新，其應用系統也隨之不斷改變改善，而至目前已走向 AIoT 的技術應用。在現今物聯網、金融科技、人工智慧、大數據、雲端運算等資訊科技衝擊下，企業競爭已經從知識營運轉向智慧營運。（見圖 10-3）

圖 10-3 AIoT 企業應用資訊系統社群 (參考:http://www.ceaiot.com/Joomlaceaiot/index.php)

從上述可知網路行銷本質上內容，也開始產生破壞性創新，因為此"網路"定義，已經從互聯網，轉成物聯互聯網，而此物聯網也不是只有物品聯網而已，它應是整合式物聯網（請參考作者另一本著作：物聯網金融），因此，創新先進的網路行銷作法應以環境平台為行銷作業著力點，來發展行銷功能。在此環境平台的定義範圍，主要有 2 個方向，第 1 方向是先進資訊科技，例如聊天機器人、AIoT 企業應用資訊系統等，第 2 方向是共享生態平台，例如共享經濟模式、產業資源平台、產品服務系統（product service system, PSS）。在本書中也提及到共享平台模式。

大數據行銷就是須在這樣環境平台來執行行銷功能，而在 AIoT 基礎的網路行銷，就是有用到智能物品的人工智慧軟體應用，例如消費者在智慧型手機做瀏覽下單的作業，這時瀏覽下單過程數據都被記錄儲存，也就是紀錄消費者交易軌跡，並且利用 AI 機器學習演算法，將這些記錄數據做運算分析，而得出該消費者行為偏好，例如某商品偏好或某新聞偏好等結果，而此刻企業廠商可針對此偏好，發展個人化行銷，例如商品推薦精準廣告投放等行銷。這樣行銷方式是主動推播方式，如此可讓消費者不須花費搜尋成本，就看找到自己偏好需求，當然，對廠商而言更能以低成本快速方式找到目標客戶。在物聯網時代，往後會有更多智能物品產生，因此 AIoT 的大數據行銷就愈來愈重要。

Hortonworks 提出大數據四階段成熟度模型：感知 Aware，探索 Exploring，優化 Optimizing 和轉型 Transforming 和五個領域評估大數據能力：數據贊助 SPONSORSHIP(願景與戰略、資金、宣傳、商業案例)，數據和分析實踐 DATA AND ANALYTICS PRACTICES（數據收集、儲存、處理、分析），技術和基礎設施 TECHNOLOGY AND INFRASTRUCTURE（主機策略、功能、工具、整合），組織與技能 ORGANIZATION AND SKILLS（分析與開發技能、人才戰略、領導力和合作模式），流程管理 PROCESS MANAGEMENT（規劃和預算、作業、安全和治理、計劃衡量、投資重點）(參考: http://hortonworks.com/)

大數據行銷已普遍應用在各行各業，它主要是欲從海量數據中挖掘出具商業價值，而這個價值可帶來商業應用的績效，但這樣觀念其實在早期就已有實務運作，包括資料探勘、商業智慧系統等，但因先進技術的不斷創造，其大數據行銷是有所不同，在此，簡略在數據和行動載體上做說明，首先，在數據來源有 2 個，也就是虛擬數位和實體物理數據，在前者利用軟體系統資料庫或爬蟲程式擷取網頁瀏覽行為的軌跡資料，資料庫是結構化 SQL 資料，軌跡資料是非結構化 NoSQL 資料。在後者是由智能物品感測感應所擷取物理性資料，物理資料是指實體物品本身物理現象的狀態變化，例如智能輪胎物品的物理狀態變化數據（胎壓胎紋胎重等數據），故大數據是結合上述 2 種數據，來做數據前置處理和數據模式分析。再者，就是大數據分析結果是會跨越不同螢幕介面，這是因為行動載體有不同裝置，例如手機、平板電腦、穿戴式裝置（AR、VR 眼鏡等），故大數據行銷必須能跨越異質平台和設備。

從上述說明可知，大數據行銷是要朝向精準和精實行銷，它透過數據演算分析來消除不必要的行銷前作業，例如拜訪或電訪客戶試圖收集客戶行為資料，以俾了解探索客戶對商品規格種類的需求。這些作業成本以往都是業務人員在運作，但以後就是由大數據行銷來執行，而業務人員會注重在更深層策略分析和決策上，所以，大數據行銷是業務人員最佳利器。

大數據分析的優化作業

大數據分析的優化作業，是要讓行銷作業流程能更具有優勢競爭力，故優化執行功能包括簡化、速度、價值、成本、促成、模式等 6 項運作。茲說明如下：

1. **簡化**：整個行銷流程有多個步驟，因此如何簡化這些步驟，包含刪除合併同步等方式來讓流程步驟減少，如此時間成本就降低，相對性客戶滿意就提昇。
2. **速度**：不論流程步驟有多少個，一旦執行步驟執行速度很快，則行銷流程就很有效率，而會造成速度很快的成果，是因為運用資訊科技，使得步驟可在即時完成，例如利用聊天機器人在不到 20 秒內來完成客戶下單步驟。
3. **價值**：若行銷流程在運作時，若沒有產生價值，則這些運作都是為了做而做，是一種虛功，對企業和客戶都沒有助益。而在此價值是指能解決問題，進而滿足客戶需求，它可用一些網路行銷指標來呈現其價值的程度，以俾具體了解那些行銷作業是有其必要性，茲說明指標如下：轉化率、點閱數時間、新客戶佔有比率、接觸成功率等關鍵績效指標（KPI），如表 10-1。

表 10-1 網路行銷關鍵績效指標

客戶特徵	曝光宣傳	網站流量	行銷行為
性別、地域、來源媒體、是否註冊、登入次數、會員轉換率、新註冊、資料表單數	廣告每次下單費用 CPA(Cost-per-Action)、廣告曝光量	網站進站數、站內搜索、購物車、列表頁、首頁、收藏評論、單品頁、類別頁	流量來源比率、 關鍵字貢獻比率
終生客戶價值(LTV)、 客戶獲取成本(CAC)	舊客戶的回頭率(Retention)、 瀏覽到下單的轉換	Search Visibility(搜索曝光度)、 keyword volume(搜索量估計)、 keyword efficiency index(關鍵詞推薦度)	點擊率 下單率 訂單成交數
集客率、留客率、虛榮指標(Vanity metrics)	轉換率 (Conversion rate)、 跳出率(Bounce rate)	網站訪客來源、造訪次數、分享帶回流量	會員黏著度、 回購率

4. **成本**：在大數據行銷過程，可消弭傳統行銷成本，包括客戶尋找成本、等待成本、選購決策成本、商品比較成本、購買作業成本等，因為大數據分析已把上述的客戶購買相關作業，利用資訊科技將這些作業壓縮成"即時作業"和"後台

背景作業"的執行，故這些上述傳統作業仍會運作，但時間成本很低，而所謂"即時作業"，是指這些作業都是以約幾秒內就完成，它是依賴資訊科技來達成的，例如：在客戶尋找商品或資料作業，已由程式執行消費行為偏好，進而主動推播商品或資料需求給客戶，這樣作業都幾乎以即時方式來完成，另外，所謂"後台背景作業"，是指作業是在後端由程式自行執行，不需要人為在前端介面再點選確認，故對於消費者不會感受到有作業時間，例如：客戶欲購買商品的價格規格和其他廠牌的比較，以利決定購買何種廠牌商品，如此的比較程式，會不須消費者告知，其軟體系統就已在背景內自動執行，最後，產生最適商品推薦給客戶。

5. **促成**：往往客戶在運作購買決策過程中時，能不能走到真正下單購買的階段，都須看是否有什麼促成因素，也就是行銷下單最後 1 公哩數，故大數據行銷必須產生最後 1 公哩數的促成功能，例如：客戶偏好優惠商品加購功能，回饋客戶再次購買獎勵功能等。

6. **模式**：模式是指某些獨立元件組合成相關的方法結構，元件彼此之間可用參數來傳遞溝通，並可設定規則或運算邏輯來發展某些行為，進而成為在此模式內的整體性最佳績效。在網路行銷的例子，就是消費者行為模式。也就是透過消費者行為模式，來發展行銷的作業功能。

大數據行銷案例

- 從某個消費者對影片種類行為偏好，可用商品推薦運算邏輯的分析，得知此客戶應購買對情感和某明星品牌的 DVD 商品。
- 亞馬遜利用客戶瀏覽行為資料軌跡分析產品之間的關連性，進而運用自動推薦系統提高客戶訂單。
- 美國 7-Eleven 發展行動化顧客關係管理（CRM），運用大數據深入分析顧客行為發展一對一個人化顧客行銷，進而提高顧客購物意願。
- friDay 影音透過大數據分析來提升用戶體驗，提供推薦客製化的影片，這是利用數據洞察，從消費者接觸體驗過程中來掌握消費旅程。
- 紐約市府運用大數據分析反覆比對原始指標和即時資料，進而預測發生火災的前五名名單，捨用住宅投訴電話的危險程度作法。
- 快遞公司優必速（UPS）利用地理位置行車路徑大數據分析如此一年送貨里程大幅減少 4800 公里，並省下油料及減少二氧化碳。

- 美國女裝零售商 Chico's 運用行銷自動化軟體（Marketing Automation）來執行大數據分析測，以快速整合眾多商品資訊，預防和了解流失客戶現象。零售產品品牌主動提供對應客戶的訊息和推薦，讓消費者快速完成銷售循環。

10-3 智慧消費行爲

當網路行銷環境改變時，其網路行銷方式和工具就會有所改變，目前行銷環境已成為物聯網大數據運作作的平台，故網路行銷方法也朝向智能行銷，以下是智能行銷的特色：

1. **數據優化行銷**：當數據愈來愈多和容易收集時，其用數據化來做精準行銷，就成為競爭力的基礎。用數據化來做行銷，其實就是要對整個行銷流程作業能有可見化科學性的掌控，因為所有行銷過程證據都呈現紀錄於數據中，也就是用數據來說話。但數據必須經過優化方式來提升萃取其價值，所謂優化是指數據經過一連串萃取分析技術，來使數據更精準和高品質來達到行銷需求和目的。例如大數據分析就是一種數據優化技術方法。

2. **主動推播行銷**：以往都是廠商推銷找客戶賣商品，或是客戶自行尋買商品，這二種都是用被動方式來進行，如此容易造成時間地點人員不對，例如廠商突然拜訪客戶，但客戶在忙，這是時間不對。故如此被動行銷方式造成事倍功半的無效率結果。因此須用主動推播行銷，它是利用資訊科技來收集了解客戶購買行為，進而在適時適地適人適境的場域內，進行主動行銷商品或情報等，而客戶和廠商都不需要花費尋找時間成本，就可在供需滿足時完成行銷。例如在地化服務行銷 LBS（Location based service）就是一例。

3. **平台式行銷**：在互聯網開始建構成雲端平台後，很多軟體服務也朝向直接上雲端存取資料和操作軟體，以隨選需求服務取代安裝軟體，並以租用軟體取代購買軟體產品的營運模式，如此使得第三方平台興起，進而整合各利害關係人，包括消費者通路商產品廠商等不同組織，故如何在這樣平台營運行銷就成為智能行銷的場域，尤其是在結合實體世界的物聯網後，其生態平台式的營運行銷就成為企業經營未來顯學。例如 youbike uber 都是生態式平台的例子。

4. **預知行銷**：事先洞察行銷機會，提早知悉客戶需求所在，進而在適當時間和地點，進行行銷作業。它可分成市場預測產品數量和種類預測客戶分類等，之後根據這些預測，發展預知行銷方案，包括：商品推薦、智能顧問、新商品演化、精準市場區隔、機器人流程自動化等。從上述行銷活動，可知整個行銷作業都是以跳過現實時空，將時空推測至未來時間和空間，在未來時空是指挖掘潛在的需求，包括目標客戶熱門商品利基市場等，因這些需求原本就存在，只是現在不知悉，須等到未來相關配套或條件成熟後，才會讓大家只要花費查詢成本，就可知道需求所在。但此時已有很多同業者競爭，如此商機就已不是那麼有利潤了，甚至已失商機。故預知行銷是目前未來的行銷趨勢。

5. **創造需求行銷**：往往需求都是客戶提出來的，或是依照歷史購買數據來思考理所當然的需求，而這些需求都是應原本存在需求，故如何佔有這些需求，是大家共同競爭的市場需求，但也正因此，如此市場就成為競爭激烈紅海市場。但在未來智能行銷趨勢下，必須走向藍海市場，也就是創造需求行銷，它著重在跳過舊有紅海市場需求，創造出新的需求，但是如何創造呢? 必須依賴智能行為。也就是從智能科技來發展智能行銷，它包括 6 大步驟，第 1 步驟是客戶內在心理欲望的探索，它可利用擷取在互聯網數位和物聯網實體的所有數據，進而透過大數據分析，挖掘出客戶內在心裡行為偏好模式。第 2 步驟是將此心裡偏好模式轉換成需求模式，它可利用決策模式庫技術，設計需求模式庫。第 3 步驟是將需求模式庫做為網路行銷旳需求來源，來進行市場客戶的探索，這時可結合上述的預知行銷技術來挖掘可能真正需求。第 4 步驟是若前步驟的需求確認無誤的話，則就進行需求行銷的實踐，透過此實踐作業來創造新的需求。實踐作業的方法可運用 APP 管理程式聊天機器人等資訊科技工具來促使加速客戶購買決策。第 5 步驟是善用 AIoT 顧客關係管理系統，來讓客戶有誘因激勵，進而真正下單購買。第 6 步驟是一旦真正客戶下單後，就是如何延續再次購買，這是可創造需求的關鍵所在，因為初次下單對於創造需求行銷只是敲門磚，真正要達到創造需求行銷的成效，必須能到某規模數量，如此數量所產生營收才能涵蓋前 5 個步驟所花費的成本，進而有利潤，其運用工具方法，同樣也可運用 AIoT 顧客關係管管理系統。

從上述說明，可知智慧消費行為是強調全通路零售服務（Omni-Channel Retailing Service），全通路零售服務是從供應端、製造端、配送端、銷售端、客服端所串聯無縫一條龍式，它是以消費者（行為、認知、情緒）為中心，強調全面客戶接觸和多元化通路，而傳統多通路是單一接觸，故傳統行銷無法達成智能行銷，智能行銷可透過新科技帶來的效益，來改變消費者既有消費習慣。智能行銷也造就智慧零售變遷的趨勢，這是一場零售業巨大的革命，它從單一和部分客戶管理轉型成客戶全生命週期管理（customer lifecycle management），客戶生命週期是包括客戶的獲取、消費提升到維持忠誠、乃到再回購等循環週期。故智能行銷是結合客戶行銷和資訊科技的綜效應用、它整合消費者行為、購物行銷 O2O 環境、產品服務系統（PSS, Product Service System）之間的互動模式，玆說明智能行銷重點以下。

消費者行為

智能行銷帶來消費者行為衝擊，它必須以系統化方式來掌握顧客對於消費前、中、後每環節關鍵點。智能行銷的其中 1 個模式是“提前預測需求”，“提前預測需求”是勝出關鍵，它透過分析平台過去訂單數據、商品熱銷時段，以及購物分布位置，來掌握消費者未來需求，以往都是運用壓縮物流運送時間，來做為競爭力，但這仍是在下單後才能確認後續作業，故提前預測需求才是競爭力。在例行性日常用品、不具趣味性的購買行為很適合“提前預測需求”智能行銷，因為此種產品很著重品牌忠誠度和使用習慣。例如：在聖誕節前夕，聖誕零售的廠商可預估消費者需求，如此就可事先提前準備運作後續作業，例如：物流、預測需求量。

從上述可知，智能行銷是須建立在消費者行為偏好上，來發展智能行銷，除了上述“提前預測需求”行銷方式外，還有 KPI 關聯分析、口碑趨勢分析、消費者情緒分析、顧客旅程地圖...等行銷方式。茲說明“顧客旅程地圖”行銷方式如下：顧客旅程地圖是紀錄追蹤每一個顧客的經歷軌跡，包括尋找、探索、體驗、諮詢、感受、比較、瀏覽、下單等過程。再者，用智慧運算消費者的類型分類，進而事先預測客戶會進行什麼交易行為，如此業者可掌握天時、地利、人和來提供最佳化的服務契機。例如: 線上旅行社攜程網(Ctrip)運用客戶旅程地圖來了解客戶為旅遊所需購物商品狀況。例如：荷蘭 Shopping2020 計畫提出在未來的零售環境中服務數位化。

購物行銷 O2O 環境

行銷 O2O 環境包括實體商家線下和線上網路服務，如此成為購物行銷環境，而線下和線上是互相串聯，也就是客戶在實體商家購物，但可運用線上服務來使線下購物行銷可加優化便利，相反的，也可先在線上運作購物再透過線下通路來優化線上購物服務，如此可在 O2O 環境裡的線下和線上切換，來藉此調整銷售策略，這是一種在互聯網 O2O 行銷，但還不是智能行銷，因為沒有物聯網的智能環境，故智能行銷須結合互聯網和物聯網技術，而成為智能 O2O 環境。例如：家用監控品牌客戶 Guardzilla(https://www.guardzilla.com)推出物聯智慧自帶電池的無線網路攝影機，來產生智能環境場域。在此智能 O2O 環境場域內有各項感測辨識裝置連結後台 cloud-based 系統，此感測辨識裝置可利用室內、行動定位與訊息推播技術與聲控設備、支付技術串連起零售商店的購物推車和服務櫃位，接著也連接到消費者個人行動裝置，來做智能行銷，除此之外，也可串連宅配物流，來做物品運輸，並還可整合自動補貨機制。

產品服務系統（PSS, Product Service System）

世界經濟論壇 WEF 提出數位轉型 2030 年報告排名第一項是產品服務化，也就是產品即服務（Product as a Service），它可將傳統產品服務化，並產生分享經濟的服務化運作模式，並產生產品經濟效益的可持續性。產品服務系統的運作模式之一是“產品設計採取服務導向的產品功能和市場結合”。茲舉例在大賣場購物情境如下：由於傳統 POS 收銀機和貨品並無法直接溝通，必須依賴人為利用條碼（barcode）機以手動掃描方式來結帳，這樣造成貨品從架上放置購物推車、移至收銀機櫃檯時，需再從購物推車拿出至檯上掃描，如此一來一返造成貨品拿進拿出重覆動作，這當然使得結帳作業冗長，因此在整個結帳作業相關裝置/設備產品在研發設計時應考慮到如何服務顧客需求，並結合產品功能和市場考量的設計。在此例子，為服務顧客快速結帳需求，須把 POS 收銀機改成 RFID（無線射頻辨識）感測數據功效，其購物推車搭配 RFID Reader 和貨品貼上 RFID 標籤等產品設計，如此設計考量產品功能（可自動讀取貨品資訊）和市場需求（顧客不需等收銀員掃描貨品）的結合，例如：家電大廠 Philips 不賣實體燈泡產品，而是提供照明服務。

數位行銷+人工智慧

智能行銷會學習駕馭大環境帶來的顛覆（Disruption）。未來的消費者主體不再是人類，智能物品、軟體程式和機器人幾乎變成了消費者主體，對軟體系統和機器人行銷成為未來趨勢。也就是運用 AI 結合物聯網，它可產生智能行銷，也就是當商品數量即將到再訂購時，物品會自行提出下單。之前亞馬遜公司推出一鍵購買「Dash button」技術，但仍須客戶操作，而智能行銷系統則不須客戶操作，軟體系統機器人會自動為購物者進行採買，消費者不再須要按鍵，並且可延伸到居家社區智慧居家裝置，消費者也和商店專屬 App 語音助理進行連線。如此智能行銷也是一種認知數位行銷，例如：IBM 利用 Watson 行銷發展出認知數位行銷。

在智能行銷上，實體店面和虛擬行銷不只賣商品，更要創造附加價值。例如：手工藝品買賣平台 Etsy(https://www.etsy.com)發展 AI 數據分析個人需求系統。例如：美容諮詢平台 HelloAva(http://helloava.co運用機器學習技術發展推薦客製化保養產品服務。例如：運動品牌 Asics(https://www.asics.com/tw/zh-tw)依照 3D 量測足部形狀來幫客戶建議最適合鞋款，它是依照客戶足部型態以及走路頻率狀況來產生智能行銷。例如：moreapi.net 組織推出智能 API（application program interface），如圖 10-4。

圖 10-4 智能 API (資料來源：https://www.moreapi.net)

在現今物聯網、金融科技、人工智慧、大數據、雲端運算等資訊科技衝擊下，企業競爭已經從知識營運轉向智慧營運？也就是人工智慧企業應用資訊系統，它是將智能作業演算法應用於決策和營運管理。包括：精準行銷、智慧客服、交易與理財諮詢（Robo Advisor）、人工智慧分析能力的人力資源服務、人工智慧追蹤會計服務...等。企業的競爭優勢不再是只能依靠營運作業層次面和管理分析層次面上，它必須更提升到自主性決策分析層次面上。智能作業演算化於企業經營猶如血濃於水般的鬆緊，鬆散如於一旦小如商品標價的資訊處理錯誤，會造成公司營業額大失血，緊密如於企業整體攻城掠地作戰策略，須依賴於智能作業演算化神來一筆的實踐。從上述說明可知在智能化資訊科技衝擊下，企業競爭是更加白熱化，那怎麼辦？那就必須從企業營運流程如何應用資訊科技化系統來提升經營績效方面著手! 也就是轉型成資訊科技化企業!資訊科技化企業就是指經營流程皆以智慧系統做為其營運平台，將整個流程活動轉換為自主性的智慧系統功能，以期來提升企業經營績效和競爭力，更甚的是企業可利用資訊科技化來創造新商業模式!。例如：爬蟲軟體擷取蒐集網站內所有欄位資料和瀏覽路徑，這些都是消費資訊，而通路廠商可運用此消費資訊，來提供社群行為數據與消費行為分析。例如：企業可導入 open source SuiteCRM 軟體系統功能，包括：Customer self-service 客戶自助服務、Contract renewals 維護合約續訂、Leads customer monitoring 監控潛在客戶、Sales portal 銷售入口、Flexible workflow 敏捷工作流程、Servicing 售後服務、Marketing 行銷、ROI calculator 投資報酬比率計算器、Finance management 財務管理、Billing and invoicing 結算和發票、Template quotations 客戶報價模板、Pricing strategy control 控制定價策略、Contract renewals servicing 維護合約續訂、Q&A support Q&A 支援等功能。

 問題解決創新方案－以章前案例爲基礎

(一) 問題診斷

依據 PSIS（Problem-Solving Innovation Solution）方法論中的問題形成診斷手法（過程省略），可得出以下問題項目：

■ 問題 1：在眾多網路行銷方案競爭下如何發展？

網路行銷已是眾家必爭之地，它不再是只要去做就好，更重要的是做的比別人好，因此網路行銷已不是創新活動，但重點是如何創造有競爭性的網路行銷。

■ 問題 2：在網海茫茫中如何讓客戶知道你的存在

網路行銷已如同雨後春筍般的大量而至，所以這時企業需要的不是一般網路行銷，而是更精實（lean）的網路行銷。

■ 問題 3：精實的網路行銷應適合企業本身

在從一般網路行銷到精實型網路行銷，例如：關鍵字廣告方式，但這種精實型網路行銷的規劃和執行，須考量到企業本身的特性，包含產品、市場、作業等特性，如此才能發揮出精實（lean）的效益。

(二) 創新解決方案

■ 問題解決 1：建構具有知識創新服務的網路行銷

網路行銷運作目的最後仍是回歸於企業經營績效，因此網路行銷創新仍須先從企業經營創新來展開，其創新關鍵在於「服務」，此服務是須具備知識型創新，所以，企業須將經營發展規劃成具有知識創造的創新服務模式，再由此模式來發展創新的網路行銷。

■ 問題解決 2：將網路行銷活動形成一個知識循環模式

知識循環模式的運作，可使網路行銷朝向精實（lean）成效，而一旦成為具精實型運作，則就會可讓客戶即時精準的知道企業所在。

■ 問題解決 3：建構知識型企業

精實型網路行銷活動是來自於企業運用知識管理在於經營發展計劃內，如此規定，就可使網路行銷成為一種知識創造的創新服務模式，而此模式，須能考量企業營運本身特性，才能真正發揮精實（lean）成效，而這正是企業須朝向知識型企業的關鍵所在。

(三) 管理意涵

■ 中小企業背景說明

中小企業在知識時代中，面對著資訊科技快速發展的推波助瀾下，各式新型商品與新穎服務的開發與提供，不但改變了傳統的供需關係，更使企業經營面臨必須全面檢討與不斷創新的壓力。

■ 網路行銷觀念

知識和知識管理的基礎內涵，使得時代的轉移，這樣的轉移是有其脈絡的，這就是知識經濟時代的趨勢動脈。中小企業必須順應時代的趨勢動脈，也就是可建立一個知識型的網路行銷，來了解整合時代的趨勢動脈。

■ 大型企業背景說明

大型企業在知識時代中，其知識管理的運作，會產生智慧資本，企業利用這些智慧資本來增強本身核心競爭力，並儲存成知識資產。

■ 網路行銷觀念

要達成知識資產的成效，必須在運作過程中運用「商業智慧」的方法，商業智慧是付諸行動的解決方案，它是採用服務導向架構的決策流程，來完成企業的知識創新。知識管理的成效，須要經過衡量，才能了解是否達到知識管理的目標，衡量不只是幫助評估知識管理的績效，也可藉由衡量方法的展開，來了解企業策略展開的架構和執行績效。故企業可建立一個具有知識回饋的網路行銷，將知識管理的衡量結果回饋到企業需求。

■ SOHO 型企業背景說明

SOHO 型企業在知識時代中是須要策略的規劃，才可發展制定出一些計劃和作業的執行。在推動知識管理的企業內，策略的規劃必須和知識管理的制度結合，如此往下發展的計劃和作業，才有辦法運作。

■ 網路行銷觀念

知識分布圖也可呈現知識階層資訊，以有階層性的維度來呈現知識間的正向展開方向，藉此呈現知識策略間的階層下維度分類。透過網際網路讓員工探索知識，已經是目前在知識時代中，對於網路行銷是最重要的推動項目之一。

(四) 個案問題探討：請探討知識如何影響網路行銷的創新服務

案例研讀
Web 創新趨勢：情境感知

情境感知(環境感知 Context-Awareness)最早是由 Schilit 和 Theimer 在 1994 年提出的，它是一種跨平台的網路服務，其主要是能夠依照不同的周遭環境特性，包含使用者對環境感知或環境本身因素，並自動感知使用者所需的資訊，進而發覺使用者需求，來提供合適的資訊與服務，並進一步即時傳送到使用者可以應用的內容和行為。

一般來說，這些資訊都會涉及到你切身關係的物件上，例如：情境感知語音及語言處理技術 它將可根據使用者之特徵、情緒及環境語音作個別化及情境化擷取，再將這些擷取資訊，依照使用者行為需求，例如：使用者回應訊息，可透過行動裝置的定位技術及移動性和無線射頻辨識（Radio Frequency Identification, RFID）技術，來因應周遭環境改變而自主性傳達這些語音，如此使情境感知系統更深化運用在真實世界中使用者的各種周遭環境狀態，進而達到無所不在（Ubiquitous）情境感知的環境應用。

運用情境感知技術和資訊，可再加上軟體運作，進而產生情境感知運算。情境感知運算可強化情境感知擷取周遭資料的再處理和延伸更多的智慧型應用，例如：發展上述自動擷取語音的波長運算分析，進而了解語音來源的距離，而掌握出使用者所在的位置。情境感知運算還可發展更多的情境應用，如下：

資料來源：http://www.interaction-design.org/encyclopedia/context-aware_computing.html

案例研讀
熱門網站個案：情境感知數據分析網站

男性牛仔褲實體購物市場的服飾連鎖商店 - Hointer，透過情鏡感知運算，可深化消費者對實體購物的體驗，它是一種情境感知數據分析網站，其應用程序如下：

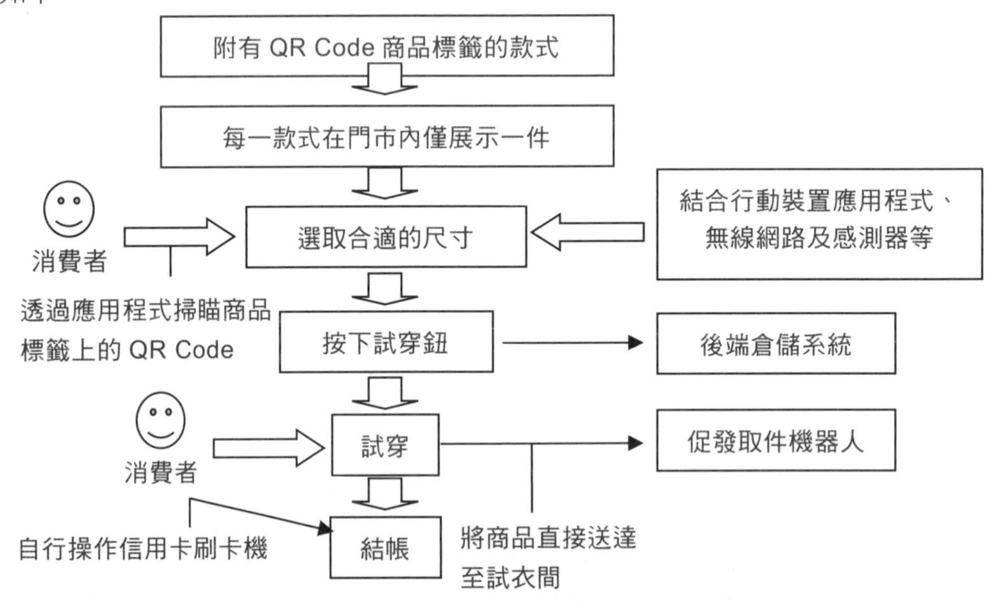

就服飾連鎖商店而言，從上述說明可得知，透過情境感知數據分析應用的效益：（1）省去消費者在堆積如山的衣物中尋找符合自己需求的時間；（2）系統將直接於應用程式購物籃內，管理此商品的購物清單。

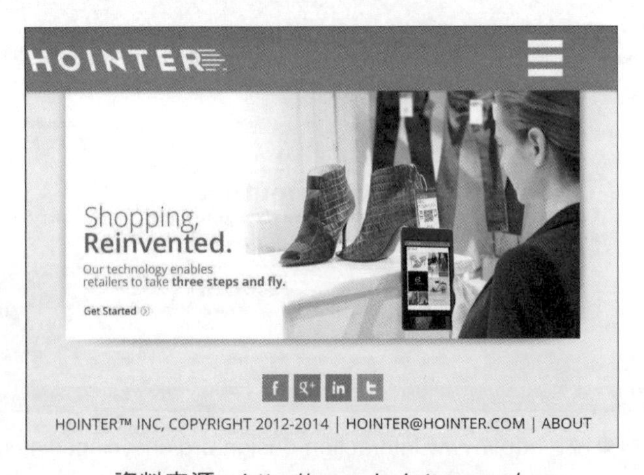

資料來源：http://www.hointer.com/

■ 社群媒體數據分析：Bluefin Labs

其應用程序如下：

收集的到情境資料

追蹤程式 →

電視節目及廣告所發表的意見

社群中的評論與電視轉播的內容

暫存分析
語意分析
機器學習
} 演算法 → 媒合

改變影響消費者需求

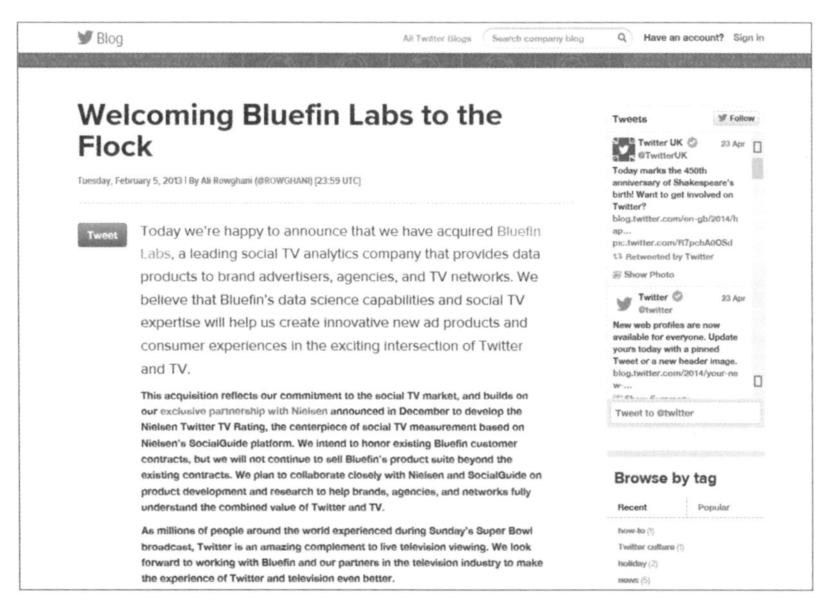

Blog　All Twitter Blogs　Search company blog　Have an account?　Sign in

Welcoming Bluefin Labs to the Flock

Tuesday, February 5, 2013 | By Ali Rowghani (@ROWGHANI) [23:59 UTC]

Tweet

Today we're happy to announce that we have acquired Bluefin Labs, a leading social TV analytics company that provides data products to brand advertisers, agencies, and TV networks. We believe that Bluefin's data science capabilities and social TV expertise will help us create innovative new ad products and consumer experiences in the exciting intersection of Twitter and TV.

This acquisition reflects our commitment to the social TV market, and builds on our exclusive partnership with Nielsen announced in December to develop the Nielsen Twitter TV Rating, the centerpiece of social TV measurement based on Nielsen's SocialGuide platform. We intend to honor existing Bluefin customer contracts, but we will not continue to sell Bluefin's product suite beyond the existing contracts. We plan to collaborate closely with Nielsen and SocialGuide on product development and research to help brands, agencies, and networks fully understand the combined value of Twitter and TV.

As millions of people around the world experienced during Sunday's Super Bowl broadcast, Twitter is an amazing complement to live television viewing. We look forward to working with Bluefin and our partners in the television industry to make the experience of Twitter and television even better.

Tweets　Follow

Twitter UK @TwitterUK 23 Apr
Today marks the 450th anniversary of Shakespeare's birth! Want to get involved on Twitter? blog.twitter.com/en-gb/2014/hap... pic.twitter.com/R7pchA0OSd
Retweeted by Twitter
Show Photo

Twitter @twitter 23 Apr
New web profiles are now available for everyone. Update yours today with a pinned Tweet or a new header image. blog.twitter.com/2014/your-new-w...

Tweet to @twitter

Browse by tag

Recent　Popular

how-to (1)
Twitter culture (1)
holiday (2)
news (5)

資料來源：https://bluefinlabs.com/

■ 情緒感知剪輯 Magisto

其應用程序如下：

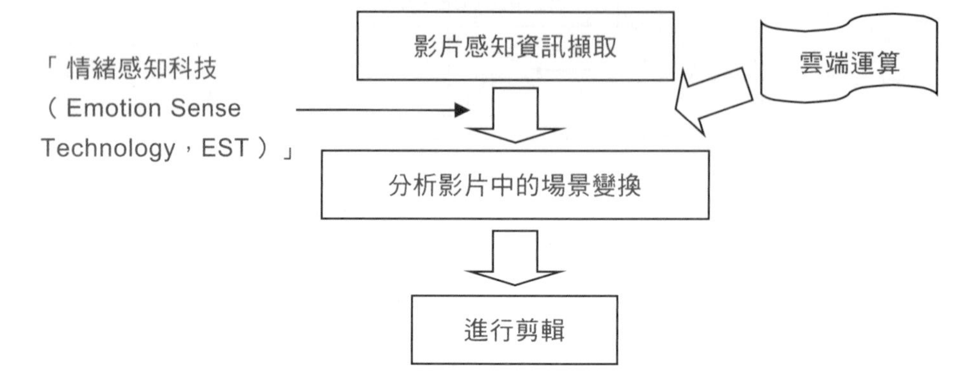

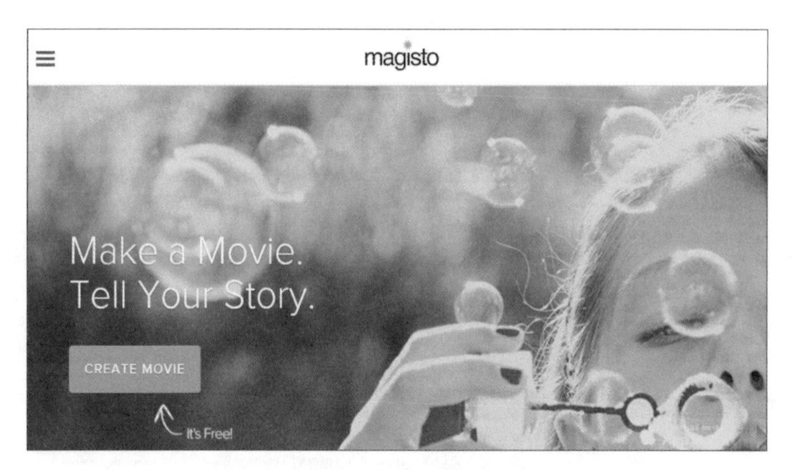

資料來源：http://www.magisto.com/

■ 問題討論

請說明情境感知數據分析是如何運作的？

本章重點

1. 成長駭客(Growth Hacker)主要是以創意精神來運用編寫程式與演算法與數據分析技術，將某些追蹤測試的工具應用在網路行銷上，它利用分析網頁使用行為流量的成長。

2. 關聯分析 Association Analysis，它是從銷售交易資料庫中，運算出多個產品購買之間的關聯性，進而可產生交乂銷售，所謂交乂銷售是指在滿足客戶需求下，來進行銷售多種相關的服務或產品，也就是不同產品同時行銷。。

3. RTB (Real Time Bidding)即時廣告競價，是一個網路廣告的競價機制，它和之前廣告聯播網不一樣，它是利用數據分析能力來掌握目標族群客戶需求，也就是判斷出客戶需求的特徵，來讓相關的廣告商能互相競價廣告，以便推出合理價錢的廣告購買。。

4. SEO 是運用搜尋引擎最佳化觀念和技術，融入演算法運作，以關鍵字行銷、網頁優化、內容行銷技術，來達成優化網站內容與使用者體驗，進而在自然搜尋的情況下可主動推薦網站到使用者尋找的目標。

5. 內容行銷是以創作與眾不同和高價值內容來吸引顧客的行銷手段，並須長期與顧客保持聯繫 ，來提高消費者對品牌的參與程度，它是須發展與顧客高度相關、目的導向的產品和服務以外之價值。

6. 成長駭客漏斗型行銷 AARRR 模型，就是為了因應消費者的異質性，而發展出來的透過更多測試、分析、優化之解決方式，分別為 Acquisition、Activation、Retention、Revenue、Referral 等五項指標。。

7. 大數據分析的優化作業，是要讓行銷作業流程能更具有優勢競爭力，故優化執行功能包括簡化、速度、價值、成本、促成、模式等 6 項運作。

8. 預測事先洞察行銷機會，提早知悉客戶需求所在，包括產品和服務，進而在適當時間和地點，進行行銷作業。它可分成市場預測產品數量和種類預測客戶分類等，之後根據這些預測，發展預知行銷方案，包括商品推薦智能顧問新商品演化精準市場區隔機器人流程自動化等。

關鍵詞索引

學習評量

一、問答題

1. 何謂智能行銷？
2. 如何以「主動推播行銷」做網路行銷？
3. 請說明漏斗型行銷 AARRR 模型？

二、選擇題

（　）1. 大數據分析的優化執行功能包括那些？

(a) 簡化

(b) 速度

(c) 價值

(d) 以上皆是

(　) 2. 利用資訊科技來收集了解客戶購買行為，進而在適時適地適人適境的場域內，進行主動行銷商品或情報等，這是什麼行銷方式？

(a) 預知行銷

(b) 主動推播行銷

(c) 平台式行銷

(d) 數據優化行銷

(　) 3. 成長駭客的漏斗型行銷 AARRR 模型，包括那？

(a) Acquisition

(b) Retention

(c) Activation

(d) 以上皆是

(　) 4. 一種網路公司的門面，它是導引潛在客戶經由不同管道到達產品頁面，是指什麼技術？

(a) Landing pages

(b) Marketing Automation

(c) generated content

(d) Location based service

(　) 5. 「數據經過一連串萃取分析技術，來使數據更精準和高品質來達到行銷需求和目的」是指什麼運作？

(a) 優化

(b) 改善

(c) 預測

(d) 設計

chapter

11 RFID 及行動商業之網路行銷

章前案例：無線行動訂單處理

案例研讀：興趣圖譜、素人整合雲端平台

學習目標

- 行動商務的定義和內涵
- 行動商業之網路行銷內涵和種類
- 企業 M 化的定義和內涵
- 行動通訊的效益、種類、資訊傳輸方式及連結模式
- RFID 的定義和網路行銷的應用
- 嵌入式系統和網路行銷的關係

章前案例情景故事 **無線行動訂單處理**

在做存貨控制時，如何快速得知存貨變動狀況，進而採取立即的改變計劃和措施，對於存貨行銷的掌握是非常重要的，因此以行動化方式來運作，是一個可達到網路行銷在產品存貨應用的方法，採購人員可由任何行動裝置感應和了解在大賣場的某項商品之存貨狀況，並透過 PDA 無線行動裝置來接收供應商之商品目錄、價格、規格、可交貨量、進度日期等資訊，進而立即改變存貨計劃，然後選定商品後將商品加入購物袋（shopping cart）之資料庫，這時購物資訊將傳送到供應商伺服器進行訂單處理。

11-1 行動商務之網路行銷

11-1-1 行動商務定義

在現今資訊科技發達下，無線科技逐漸被應用在商業、日常生活、國際事務、甚至是政府單位上，進而大幅改變了過去傳統科技限制下之種種商務模式及生活型態，也因而造成了企業行動化之商務型態，使得行動的工作者及工作型態日漸增多。

行動時代的來臨，電子商務已不再侷限於有線網路環境，新一代無線通訊技術帶動行動商務，何謂行動商務呢？

Vaidyanathan（2009）認為行動商務（mobile commerce, M-commerce）是「藉由運作可以支援多種應用系統之行動裝置，在商業應用過程中可達成快速立即溝通和連接，進而提昇生產力的一種行動化商業模式」。他認為企業要在應用行動化商業模式時，必須為行動商務流程建置相對應的應用系統，而不是只使用無線行動裝置而已，它必須能應用於對客戶、供應商的相關業務流程（sales force）等方面，以達成快速立即溝通和連接及提昇生產力之目的，進而成為全面性的企業競爭優勢。

Gunasekaran 與 Ngai（2008）認為行動商務是「只要是在無線電信通訊之網路上達成的，皆可稱為行動商務，不論以直接或非直接之具有金錢價值的交易方面」。他指出行動商務所使用的無線設備，則提供了攜帶式（portable）裝置 可用以連結到分散式系統資料庫之系統架構上，以便允許相關參與人員能夠在任何時間和地點使用無線設備，進而連接到網際網路以達成 web 上交易、存貨查看、購買股票或上網搜尋等行動化商務活動。

Tarasewich、Nickerson 與 Warkentin（2002）認為行動商務是「與通訊網路連結之界面是採用無線裝置者的商務環境，它可從事於通訊網路上之商業交易或一般交易的各項活動中」。

Siau、Lim 與 Shen（2011）認為行動商務是「行動商務延伸並改善目前網際網路之銷售通路，它使得商務環境能更加立即、快速的行動，如此造就了無線特性的商機，以便提供在傳統環境中無法接觸到的額外顧客加值活動，進而改變了商業模式」。

從上述文獻說明可知，行動商務是指使用者，包含企業員工和顧客、供應廠商等，可透過手持式無線通訊設備（如手機、個人數位助理、iPOD 等），進行有形商品與無形服務之買賣與交換的行為，例如透過個人數位助理來查詢訂單和產品庫存狀況的資訊，這樣的資訊是立即的作業，可使決策行動能快速回應。

以企業角色的觀點來看，行動商務也可分為 B2B 及 B2C 兩種應用，B2C 是指對一般消費者提供娛樂、資訊等內容的消費大眾市場外，B2B 則是指企業行動電子化，它更是扮演重要的關鍵。

隨著全球性和國際化企業的增加，員工行動上班人數是愈來愈多，為讓在外面活動的員工也能以隨時存取公司網路上的資料，如客戶資料、交易及庫存資料等，來因應外在快速變動的商機，故藉由行動商務資訊系統的運用，不僅可提升員工的績效，也使得企業知識能藉此分享和使用，提昇商業智慧的效益。

11-1-2 行動商務的特性

行動電話與 Internet 的整合，進而具備了傳統電子商務所沒有之特性，也使得企業的網站內容、個人的電子郵件等皆可輕易地快速立即連線和轉換。例如：支援 Java 的手機，可將應用程式下載至行動電話終端設備直接使用。行動商務具備了傳統網際網路所沒有之效益，說明如下：

1. **無所不在，突破有線環境限制：**透過行動裝置的連線，使得企業可以在任何時間、地點和顧客溝通。顧客也可以在任何時間、地點透過具備網際網路存取能力的無線裝置和企業互動，行動商務提供了有效率地傳播資訊給消費者的網路行銷功能。

2. **彈性和即時：**由於無線裝置之行動特性，使得行動商務使用者能夠即時且有彈性地完成各項商務行動，例如：在做存貨控制時，如何快速得知存貨變動狀況，進而採取立即的改變計劃和措施，對於存貨行銷的掌握是非常重要的。

3. **行動個人化的服務：**行動商務之應用系統能夠提供個人化的資訊呈現方式或針對特別消費者提供客製化的服務，最重要的是可在行動環境中完成個人化的服務，但行動服務之使用者所需之服務應用方式是和目前網際網路環境不相同的。例如：廣告商也可隨著裝置使用者所在的地點，傳送具有當地特性的行動個人化廣告行動商務是電子商務的一種。

它的特性是資訊系統的高移動性和即時性，這樣的特性影響到使用者可以不需在特定地點上網，即可隨時隨地連上網路，擷取最新資訊。目前是第三代行動電話 3G 問世，和 4G 的未來。Motorola 則預估，到了 2004 年，全球將有 2.19 億支的 WAP 行動電話，使用行動電話傳輸服務在歐洲與亞洲分別是 2.5 億人口 1.6 億人口。因此行動電子商務將會創造超過更多的營收，例如以下的網站。

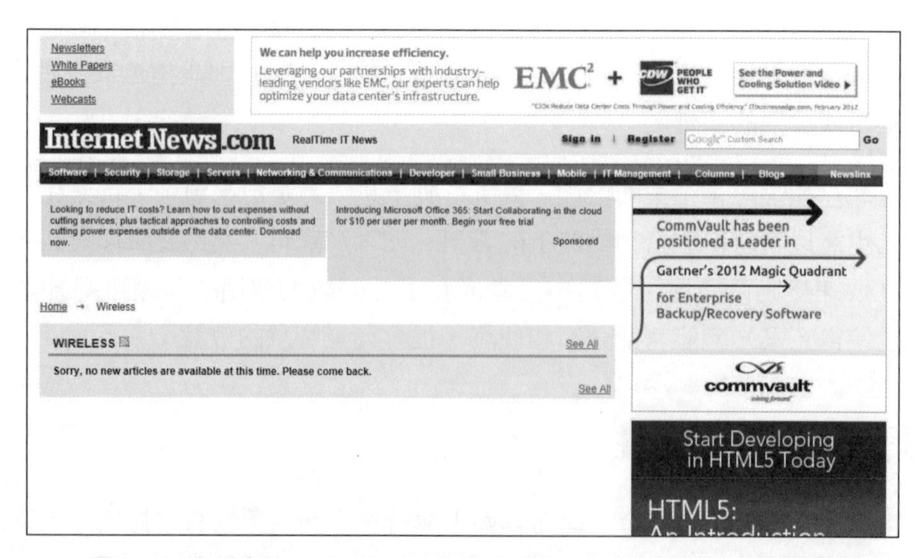

圖 11-1 資料來源：http://www.internetnews.com/wireless/公開網站

在個人化服務方面，行動商務和電子商務所發展的個人化服務是不同的，前者是以行動設備的操作介面，後者是以網頁為導向，分別配合小型資料庫和大型資料庫，與其他方法論技術提供個人化行銷，目前市場仍以個人電腦之網際網路為主，但相較上，前者顯得複雜。

在企業電子化服務方面，利用行動裝置來完成企業商務往來或增進公司生產力，和顧客使用行動裝置之運作模式，例如：企業之間上下游供應鏈之整合，和日本的 i-Mode 的個人化、即時性行動商務。

Vincent 認為 i-mode 的行動商務，是利用行動電話直接存取並提供各項資訊服務之無線應用的網站，如此不僅可以擴大消費者族群，還可以達成無所不在，突破有線環境限制，來取得資訊之環境，這對以往消費者只能透過個人電腦來連接網路是一項重大的改變。

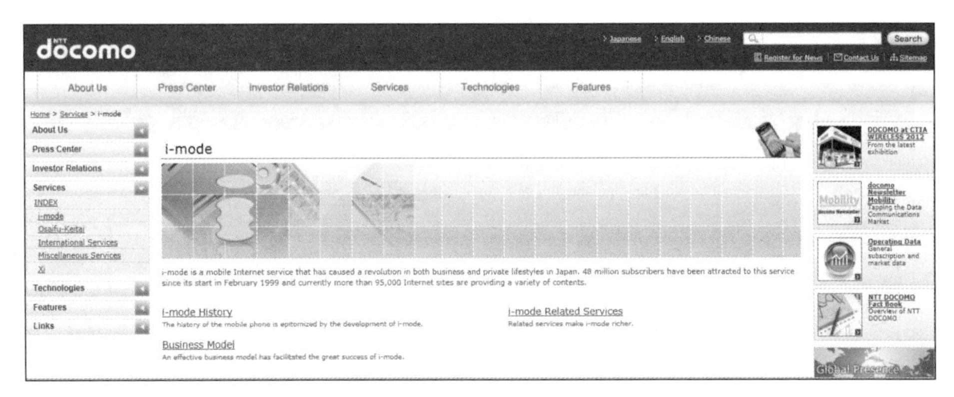

圖 11-2 資料來源：http://www.nttdocomo.com/services/imode/index.html 公開網站

NTT DoCoMo 自 1999 年推出 i-mode 以來，在短短不到半年的時間就達到第一個百萬用戶數，它將以往傳統人對人（person to person）的溝通互動轉換為人對機器（person to machine）或機器對機器（machine to machine）的服務，i-mode 以「個人化、即時性的多媒體呈現」為重點，i-mode 手機是應用於全球行動商務的成功模式，它可應用在日常生活中，例如：可以利用手機在自動販賣機買飲料，例如：提供個人行動上網、多媒體影像音樂等個人化下載的服務。

Clarke（2011）認為就行動電話系統在行動商務對使用者之主要價值觀點（value proposition），提出行動商務之價值特性如下：

1. **無所不在**（ubiquity）：由於無線行動裝置不受時間及空間的限制，因此在任何時間地點，皆可依使用者之需求來接收資訊或進行交易。

2. **方便性**（convenience）：無線行動裝置之輕巧度及易於存取的特性，是傳統電子商務所欠缺的。

3. **地點性**（localization）：藉由可知道出行動裝置所在的位置，因此可提供特定地點為主的行動商業。

4. **個人化服務**（personalization）：可在行動環境中完成個人化的服務。故可和地點性的特性搭配，根據個人所在地點、時間，配合需求分析方法論（例如：Data Mining）之技術應用，對個人在當地化的需求進行行銷。

從上述說明可知，行動商務之特性包括「無所不在」、「行動個人化服務」、「彈性」、「快速性」、「便利性」以及「地點性」等特性，如下圖：行動個人化地圖服務。

圖 11-3 資料來源：http://www.urmap.com/公開網站

行動商務之特性造就了行動商務之價值，而行動商務的科技更使得企業行動化的可行性愈來愈普遍。

Siau、Lim 與 Shen（2001）認為行動商務的科技有無線通訊、資訊交換、及位置識別這三方面的主要科技，說明如下：

1. **無線應用系統通訊協定**（wireless application protocol, WAP）：使用者能透過存取網際網路，將網站資訊和行動設備做互動，其功能是為傳輸網站資訊到行動設備上。其中藍牙(blue tooth)技術是主要運用於連接短距離之電子產品，例如：個人電腦、印表機、行動電話等，而無需任何的線材連接。

2. **資訊交換科技（information exchange technology）：**資料庫是無線裝置及行動商務運作的資訊核心，例如：WML（wireless markup language）則從中被發展出來能夠在適合的卡片上呈現出資訊於行動裝置上，WML 目前被 WAP 引用為資訊交換的格式。
3. **位置識別科技（location identification technology）：**若欲藉由可知道出行動裝置所在的位置，來提供特定地點為主的行動商業，則須要在行動商務上提供相對的服務，就必須使用位置識別科技，以便知道特定時間所在的實際位置，例如：全球定位系統（global positioning system, GPS）就是一個利用衛星站之系統正確計算出所在地理區域的科技系統，目前已被廣為使用在行動商務上。如：http://www.gpsworld.com/。

11-1-3 行動商業之網路行銷

網際網路的興起讓人體驗了遨遊全球的感受，無線技術的快速發展則讓人突破有線環境限制，而享受到隨時隨地的互動，故行動商業上網，不但可以提供使用者隨時隨地都能進行溝通的功能，更帶來富效率、彈性的資訊交換，以達到行動個人化的網路行銷模式。行動商業之網路行銷，例子如下：

1. **金流流程：**中華電信和銀行的金流交易合作。

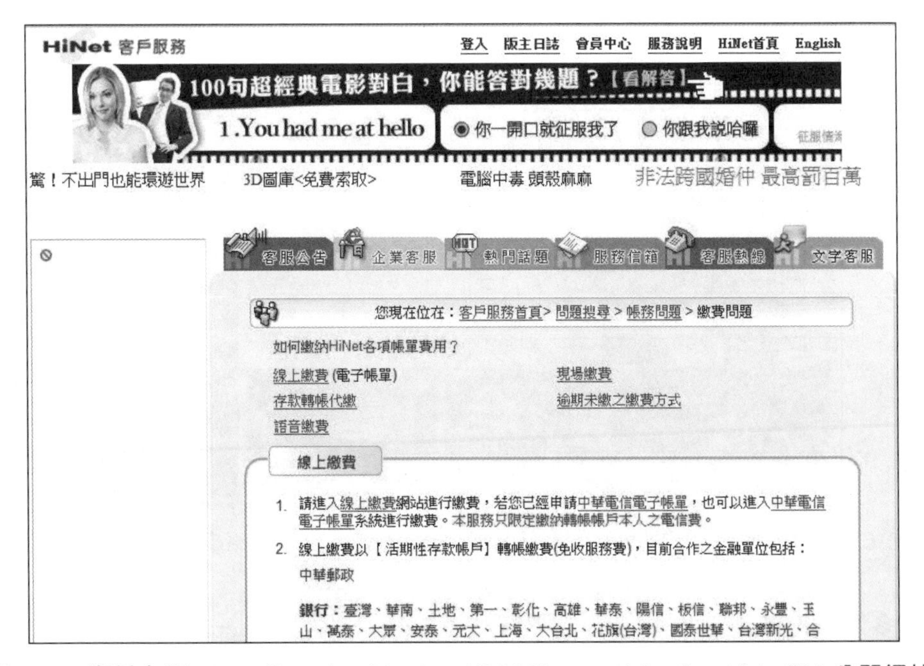

圖 11-4 資料來源：http://service.hinet.net/2004/pay_adslunfixed.htm#01 公開網站

2. **行動證券的市場：**用戶利用手機、PDA 等設備，透過網路所進行的交易或是下載資料等。

圖 11-5 資料來源：http://www.masterlink.com.tw/services/tool/tool_list3.aspx 公開網站

3. **英特爾的無線行動商務架構、平台標準化：**建立起新一代的運算與通訊軟、硬體架構，如下圖：

圖 11-6 資料來源：http://www.intel.com.tw/content/www/tw/zh/homepage.html 公開網站

4. **多媒體簡訊服務：**傳統的簡訊服務（Short Message Service, SMS）只能傳送較少的文字與基本的圖形，多媒體簡訊服務（Multimedia Message Service, MMS）

透過無線寬頻技術的發展，來傳送多媒體內容的簡訊，包括各式各樣的彩色圖片、動畫及聲音等。例如：web 上付費簡訊。如下圖：

圖 11-7 資料來源：http://www.mobilemms.com/default.asp 公開網站

5. **中華電信「emome」**：e 指的是 e 化，mo 是指 mobile，me 則是個人化的我）作為整合許多不同的應用內容項目的行動上網入口網站，PDA、WAP 及 WEB 用戶都適用。

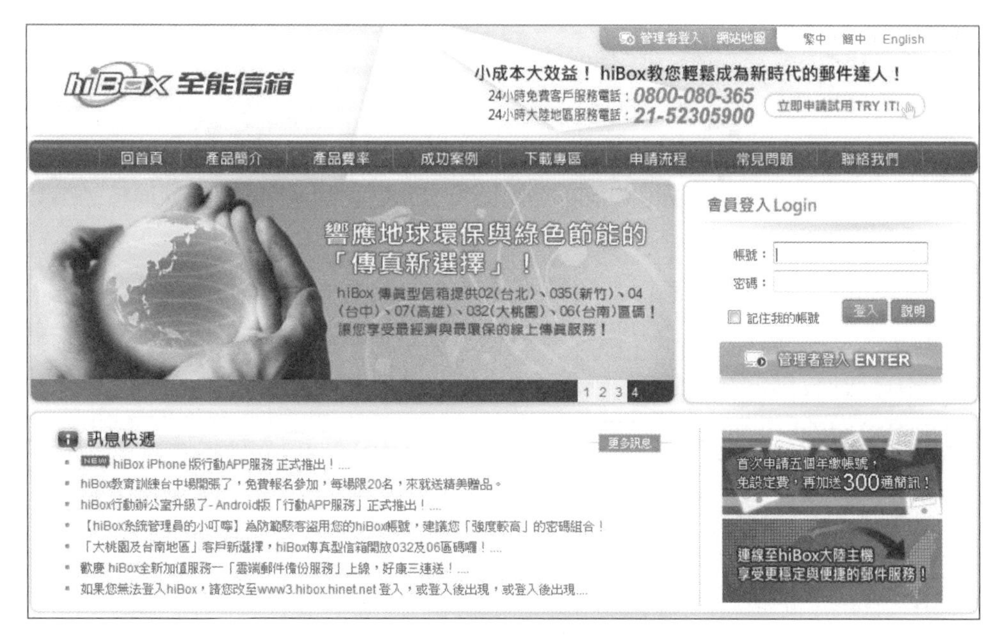

圖 11-8 資料來源：http://www.emome.net/3g_4g_wifi_wireless_data_plan_overview 公開網站

11-1-4 企業 M 化

企業 M 化（Enterprise Mobilization）是由行動商務所延伸而來的概念和做法。因為行動商務已成為下一波主流商機，它可使個人化與 eCRM 的結合導入，故企業 M 化解決方案就因應行動商務衍生發展。

企業 M 化解決方案是要解決針對企業後端資料庫、帳務系統和物流等的整合。根據一些報導，近年來在美國和歐洲都會有超過總人口數 30% 的手機使用戶，每人每日的行動通訊時間愈來愈長，使得行動商務的發展潛力市場更大。例如：中華電信 hiBox 能夠將公司的所有業務人員的電子郵件整合為單一的電子郵件信箱，企業可以隨時隨地傳送即時的資訊給業務人員，讓業務人員可以立即滿足客戶的需求。

圖 11-9 資料來源：http://www.hibox.hinet.net/uwc/auth 公開網站

Shih 與 Shim（2002）認為行動商務可分為「以消費者為主」之行動商務及「以商業為主」之行動商務，其中「以商業為主」之行動商務就是企業 M 化，它使企業人員藉由行動設備前端介面與後端企業內部 ERP 系統之同步、資料交換、追蹤確認，並完成與顧客之間的交易進行。

其中「以消費者為主」之行動商務，其主要的市場是以個人消費者為主要客戶對象的行動加值服務市場，並可結合「以商業為主」之行動商務 利用行動加值服務來進行 B2B、B2E（企業對員工）交易。

行動加值服務可和顧客關係管理系統結合，例如：企業內部的應用行動銷售：它包括行動業務自動化（sales force automation, SFA），它是業務代表透過行動裝置設備，來連接公司的銷售應用程式，進而控管客戶訪談行程、客戶資訊、業務促銷、報價資訊等業務工作。Vaidyanathan（2002）認為行動商務在產業的應用上，可延伸其 ERP 及 CRM 系統，其行動商務的功能有：

1. 價格查詢或報價等相關作業（pricing and quoting）
2. 訂單處理（order entry）
3. 配送及庫存狀況查詢（delivery and inventory status）
4. 異常問題之預警（problem alerts）

Lonergan 與 Taylor（2000）將行動商務之資料應用分為 5 類：

1. **訊息／電子郵件（messaging/email）**：有行動簡訊服務及行動電子郵件服務。
2. **資訊服務及行動商務（information services and m-commerce）**：有新聞、體育活動、天氣等訊息功能，以及其他所在地方為主的內容服務。
3. **網路存取（LAN access）**：以無線方式存取企業資料庫，藉由行動設備前端介面與後端企業內部 ERP 系統之同步、資料交換。
4. **圖像錄影（video）**：無線的影像電話功能。
5. **遙測功能（telemetry）**：利用無線網路進行機器對機器之溝通，例如：遠距監控停車場、企業工廠公用設施用量之測量等。

11-1-5 行動通訊

從上述說明可知行動商務之資料應用，造就企業 M 化服務，而能提供這些服務，就須依賴行動通訊，例如：3G 行動寬頻為基礎的企業 M 化服務，是企業行動解決方案的競爭力。以下整理出行動通訊的解決方案：

GSM 系統

全球行動通訊系統 GSM（Global System for Mobile Communications）是由歐洲率先提出，為較普遍採用的蜂巢式（Cellular）行動電話通訊系統，歐洲 GSM 組織開始制定一系列的系統升級方案，包含 HSCSD（High Speed Circuit Switch Data

Service）」、GPRS（General Packet Radio Service）和 EDGE（Enhanced Data Rates for GSM Evolution）等 2.5 代系統。行動電話演進過程簡述如下：

- 1G：僅可作為語音通訊之用，不具傳輸資料功能。
- 2G：主要技術為 GSM（可以傳語音和簡單的文字）、WAP（可以傳語音、文字、單色圖像，但不能同步進行）、CDMA 等。
- 2.5G：主要技術為 GPRS（可同步傳送語音、文字、單色、彩色圖像）。已可傳輸圖檔。
- 3G：主要技術為 CDMA2000、W-CDMA、TDS-CDMA。（可同步傳送語音、文字、單色和彩色圖像）

早期台灣的行動電話通訊系統也是以 GSM 為主。目前台灣所採用的升級系統 GPRS（General Packet Radio Service）網路的發展目標，就是針對改善 GSM 網路傳輸數據資料時的缺點所設計的，其資料傳輸形式為封包交換（Packet-Switch）。

PHS 低功率行動電話系統

PHS（Personal Handy-phone System）係由日本郵政省電波系統開發中心與日本電信電話株式會社（NTT）等業者所組成的聯合開發協會所主導開發之低功率行動電話系統，它提供更便宜、更簡易的通訊方式，因為已往一般行動電話通話費偏高、話機過重、待機時間短...等缺點。但現今行動電話已經慢慢的克服了這些缺點。

隨著行動網路的快速發展，在網路上使用多媒體資料的需求越來越多，同時多媒體網路相關設備也更多不同發展，故因應行動網路的協定就非常重要。行動網路具有下列重點：寬頻（broadband）大，個人客製化（customaries），視覺化（visualization），全球化（globalization），即時性（immediacy）與行動性（mobility）。

雖然行動商務在未來為企業帶來無限的商機，但也由於其「無線」及「行動」等特性，使得行動商務在行動通訊的種類、資訊傳輸方式、連結模式、行動裝置的大小、通訊之安全性（在第 11 章說明）等各方面，必須面對如何克服瓶頸的挑戰。以下針對行動通訊的效益、種類、資訊傳輸方式、連結模式、行動上網的設備做說明：

1. **行動通訊的效益**

   (1) 資源共享：在可分享的資源上，透過通訊網路的連接，共用其資源服務，進而降低成本，和資源維護作業有效率。

(2) 資訊傳遞：不同資訊格式的交換和移轉，在多媒體傳播的過程中 是非常重要的。

(3) 負載平衡：可自動將各運作主機之間的傳輸流量做最佳分配，以同時避免傳輸流量集中在少數幾台伺服器上，為多媒體傳播建立可靠穩定、高效率的通訊平台。

(4) 自動運算：可結合在多台電腦的 CPU 運算效能，透過這綜合運算效能，可以自動分配目前網路內可用的電腦資源來做最佳的多媒體運算處理。

2. **行動通訊網路的種類**，可分成以下 6 種：

(1) 電話通訊：內線電話、市內電話、長途電話、國際電話

(2) 電信通訊：電報、國際電報

(3) 數據通訊：電路交換、專用數據交換、封包交換

(4) 行動通訊：汽車電話、船舶通訊、飛機通訊

(5) 影像通訊：傳真通訊、視訊電話、會議電視

(6) 加值通訊：VAN（Value-added Network）

3. **行動通訊網路的階層架構與資料傳輸範圍種類**，可分成以下 3 種：

(1) 區域網路（Local Area Network）：在同一棟建築物內，可以使用區域網路來連接所有的電腦與網路設備。它可分成無線區域網路與有線區域網路，兩者之間最大不同在於傳輸資料的媒介不同，前者是利用無線電波（Radio Frequency, RF）、紅外線（Infrared）與雷射光（Laser）來作為資料傳輸的載波（Carrier）。無線區域網路可以在通訊範圍內的裝置，建立任兩台立即的連線，並可做為有限網路的延伸，和無線隨意(Ad Hoc）網路的建立。

(2) 都會網路（Metropolitan-area Network）：用現有都市建設基礎網路來提供數據服務，隨著客戶、服務、傳輸技術的區別而有所不同。

(3) 廣域網路（Wide Area Network）：區域網路所不能達成的區域，就是廣域網路所能運用的範疇，它傳送的媒介主要是電話線，這些線是利用埋在馬路下的線路。

4. **行動通訊網路的連結模式**，可分成以下 10 種：

   (1) 專線：專門租用固網公司實體線路，來達成點對點的連接，若連到國外，則就是海攬專線。專線連結品質好，但成本較高。

   (2) 撥接式連接：使用電話網路撥接來達成網路的連接，又稱撥號網路，目前最高速率達 56K。

   (3) 虛擬私有網路（VPN virtual private network）：在一條大的頻寬線路上，建構出在網際網路上的企業網路，它可再分租給其它頻寬較小需求的企業。它可分成 IP 和 MPLS 技術。

   (4) 衛星：透過衛星來傳送資料的技術。它的好處就是不必拉專線，缺點是會擔心因為氣候而影響收訊效果。

   (5) 網際網路：網際網路是全世界互通的，但是網際網路在頻寬、延遲限制下，對於檔案大的互動性較差。

   (6) ADSL：（Asymmetric Digital Subscriber Line），即非對稱數位用戶迴路或用戶線系統，係利用調變技術來傳遞，由於上、下傳速率不等因而稱為非對稱。

   (7) 寬頻整體服務數位網路（B-ISDN Broadband Integrated Service Digital Network）：是非常高速的電信服務，可以在電話線上傳送多媒體。

   (8) 非同步傳輸模式（ATM）：是寬頻網路技術，可解決無法容納大量的資料在網路上交流。

   (9) 分散式多媒體支援偕同工作（CSCW Computer Support Collaborative Work），是透過多使用者介面、團體同步控制的分享環境介面，來支援群體人員進行資訊的分享，以達到一致的目標。

   (10) 天線多功能終端機（CATV）：利用寬頻同軸電纜將多通道的節目資料傳送到家中的通訊系統。

5. **行動上網的設備**

   行動上網服務中，透過行動設備的媒體設計整合，可提供使用者更人性化且多元化的資訊服務，為消費者提供更多價值與體驗。它的來臨也將帶來展新的服務品質與創意。

   個人數位助理（Personal Digital Assistant）行動設備，它具備方便性、可攜帶性，並且能夠上網擷取全球資訊網內容之特性。

其中有 Palm Computing 開發的 Palm OS，主要的硬體支持廠商包括 Palm、3Com、Handspring、TRG、IBM 及 Sony 等，和由微軟改良 Windows CE 後的 Pocket PC，主要的硬體支持廠商包括 HP、Compaq、Casio 等 。 Pocket PC 最大的效益是可和微軟的作業系統和相關辦公室軟體做整合和相容，其連接性的介面操作可以讓使用者學習和整合更快、更方便。

Siau、Lim 與 Shen（2001）認為行動裝置的大小必須要輕巧、易於攜帶、多功能等效益，故在開發應用上會有以下問題：

1. 螢幕過小 。
2. 有限的，有限的記憶體和計算能力。
3. 很短的電池壽命。
4. 文字輸入方式。
5. 資料儲存及交易錯誤的風險。
6. 較低的顯示解析度。
7. 上網瀏覽能力的限制。
8. 非友善的使用者介面。
9. 各媒體呈現的限制。

目前行動上網是以 WLAN 的市場為主。在企業和家庭上，WLAN 運用 IEEE 802.11b 和藍芽技術， 使消費者可利有網路卡和 AP（Access Point），來做無線通訊 ，也就是說只要接上了電腦或者是可攜帶式設備的天線，就可以彼此溝通了。

11-2 RFID 之網路行銷

11-2-1 RFID 概論

RFID（Radio Frequency Identification;射頻辨識系統）是利用無線電的識別系統，在附著於人或物之一種識別標籤，故又稱電子標籤，它本身是一種通信技術，利用無線電訊號識別特定目標，並讀寫相關資料，RFID 可會嵌入了一片 IC 晶片。RFID 的原理是利用發射無線電波訊號來傳送資料，便以進行沒有接觸的資料分辨與存取，目的是要達到物品內容的識別功能。

RFID和傳統的條碼最大不同之處 就是在於它克服了傳統的條碼不能做到的功效 例如：RFID 可以突破條碼須一次讀一個的人工掃瞄限制、惡劣的環境下作業、長距離和同時高速的讀取多個標籤等、不須有線設備限制的即時追蹤等強大功能。

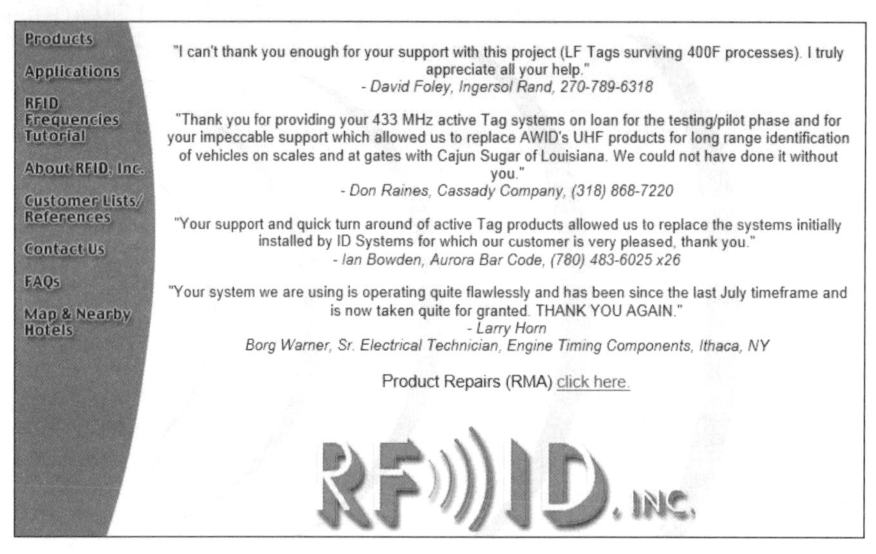

圖 11-10 資料來源：http://www.rfidinc.com/ 公開網站

RFID 的相關設備和材料，主要分成：

1. **標籤（Transponder，亦可稱為 Tag）**：裝置於要被識別的物品上。RFID 標籤通常包含感應裝置（Coupling element）及 IC 晶片。
2. **讀取器（Reader）**：依照設計使用方式的技術，可分為只可讀（read），以及可讀寫（read/write）兩種。

11-2-2 RFID 應用

目前 RFID 技術已經被廣泛應用於各個領域上，故如何共同制定一套標準，予以明確的規範有其絕對必要性，茲整理如下：

1. **大眾運輸**：應用於車票，取代傳統紙票或刷卡式卡票，可大幅縮短驗票時間。
2. **營建工程**：在每個混凝土預鑄結構體的外露銜接鋼筋上，都在 RFID 晶片，只要一感應，就可以顯示預鑄結構的尺寸、用途、所屬工地的資訊。
3. **飛航管制**：在行李的標籤上用 RFID 來替代現行的條碼(Bar Code)，因為 RFID 可記錄旅客詳細的個人資料、飛行起點、轉機點和目的地等資訊，以便可進一步確保飛航安全的管制。

4. **動物管理：**可以當作寵物的「身分證」，以利追蹤。
5. **汽車防盜：**在車子控制裝置上裝設 RFID 系統，來防範竊車。
6. **門禁管理：**可使用在公司、住戶大樓的住戶身份辨識，作為門禁管理之用。
7. **醫療診斷：**在病人上可以當作「醫療身分證」，以利追蹤。
8. **圖書管理：**在圖書上可以當作「圖書身分證」，以利追蹤。

11-2-3 RFID 案例

1. **RFID 應用於零售通路的網路行銷上，充分發揮「無所不在」的功能**

Wal-Mart 宣佈該公司在 2005 年 1 月 1 日開始，要求 Wal-Mart 主要的供應商將 RFID 電子標籤應用在棧板與紙箱上。並計劃利用追蹤產品流向的新型庫存管理技術，希望透過 RFID 標籤簡化並改良庫存管理，讓製造商更有效率地記錄並追蹤貨物的流向。如下圖：

圖 11-11　資料來源：http://www.Walmart.com 公開網站

2. **RFID 應用於供應鏈的網路行銷上**

(1) 供應鏈的定義：是指在整個商業交易的一連串過程中，從產品之原料、供應過程以及相關財務會計等相關資訊，在整體產業鏈中，將供應商到客戶透過不斷的整合與改造，使得提升成員之間的作業流程價值。

(2) 供應鏈在不同的產業中，其延伸的企業階段也不同，一般可分成 6 大階段：市場、研究發展、採購及來源、生產製造、通路等六大領域的企業功能流程，並做為一個產品問題有效的歸屬追蹤的過程。如下圖：

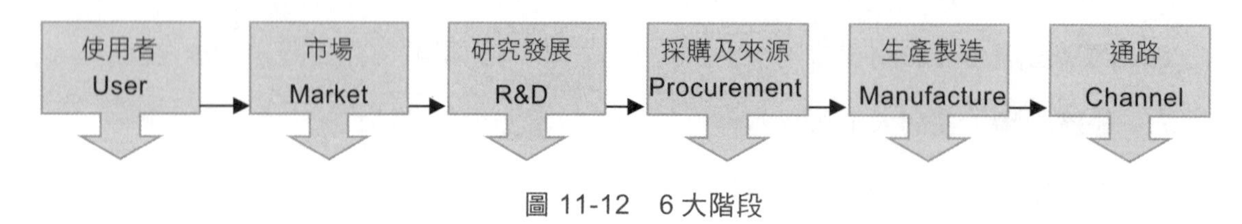

圖 11-12 6 大階段

(3) 在供應鏈中，對於企業的產品存貨是最難控制的，故往往在供應鏈中，會產生所謂的「長鞭效應」，它是指處於不同的供應鏈位置，使得企業所規劃之庫存壓力也隨之不同，如下圖。

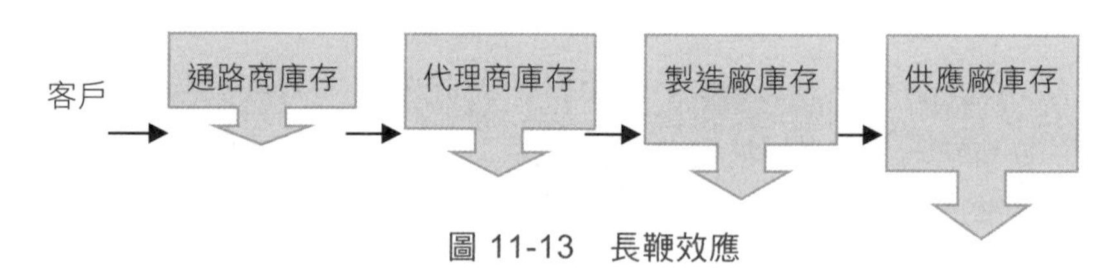

圖 11-13 長鞭效應

在這樣的長鞭效應下，對於企業的產品庫存就會有不真實的現象，這裡的不真實現象定指在某時間內的庫存存貨太高或太低。存貨太低的話，對於企業行銷就會產生無法滿足顧客的需求，若存貨太高的話，會使企業成本積壓，不易週轉。會造成以上企業行銷的問題，就是因為供應鏈的過程太長，後面階段的企業無法知道最終市場的產品需求，中間隔了太多不同階段的企業，故欲做好存貨控管的行銷，就必須清楚了解每個階段企業的需求資訊，但由於這樣的需求資訊是跨越不同企業，故必須運用無線的商務作業來記載、追蹤、分析每個階段的企業需求和存貨進度和數量狀況。要達到這樣的網路行銷功能，就必須依賴 RFID 和網路結合的資訊科技，其整個說明如下：透過商品上 RFID 的晶片資訊處理，可記載所有商品銷售、運輸、生產的產品種類、數量、進度的資訊狀況，再將這些資訊做統計分析，進而做行銷生產的計劃，如此，就可控管企業的庫存存貨，最後，可做為網路行銷的規劃基礎。

3. RFID 應用於客戶的訂單生產進度查詢

(1) Barcode 可分成二維條碼與一維條碼。常用於現場生產的 WIP（Work in process）過程控管。

(2) 大量客製化和少量多樣的行銷的趨勢，使得企業在面對顧客行銷作業更加複雜和困難，尤其是客戶為了掌握自己本身訂單進度狀況，而要求企業提供 web 上即時的訂單生產進度查詢。這對於企業的網路行銷是非常重要的，故欲達到這樣網路行銷需求，就必須運用 RFID 在 web 上的訂單生產進度查詢。如同上述所說的 barcode 系統，將條碼工具轉換為 RFID 晶片，利用 WIP 的料件上 RFID，經過製程站的生產過程時，以無線方式感應 RFID，並讀取 RFID 晶片的內容，根據這些內容來了解並查詢訂單生產進度狀況。並轉為 web 上的查詢。

(3) RFID 在訂單的網路行銷應用。不只是在 web 上查詢之外，還可更進一步利用這些內容，做客戶訂單的交叉分析，例如：交叉分析出訂單狀況的變更，會有什麼影響結果，如此可做為接訂單計劃的考量基礎，甚至做答交客戶訂單的依據。

因為 RFID 技術突破，使得行動商務的可行性程度和成效更加強大，進而使網路行銷的效益更有智慧性功能。例如：網路上置入性行銷的 RFID 應用即是一例。置入性行銷是指將行銷的手法放入某個主題內，使一般使用者不知不覺被其手段的行銷方式所影響到原本與該行銷無關的內容，例如：節目當中包裝商品。

在每個商品的 RFID 上記載該商品的使用問題狀況（透過該商品本身的使用狀況自動收集功能），接下來，這些使用問題可經過 web 上感應並讀取 RFID 內容，這些內容可經過 web 上伺服器軟體功能做分析，得出客戶在使用產品的偏好，再將這些偏好置入於這類客戶日常喜愛的事物（這些事物也是以某些網路呈現），故當這類客戶在查閱這些喜好的事物網站，不知不覺中就會受到這置入型行銷內容所影響，進而讓客戶產生訂購交易的行為。透過這樣的 RFID 置入型行銷，使得企業發展出行動商務的經營模式，上述就是一個例子。

行動商務在網路行銷上應用，主要可在於資訊收集處理和行銷功能邏輯這二個。前者須依賴 RFID 的無線應用，後者可利用 RFID 所得的資訊，透過無線連上企業伺服器內，去呼叫伺服器內的軟體功能，而這個軟體功能，就是在網路上欲做行銷的功能，它可以程式軟體來撰寫，例如：要在網路上做購物籃分析功能，就可將購物籃分析的邏輯寫在伺服務軟體功能內，如此可根據購物籃分析所得的關聯性產品，主動 e-mail 或郵寄給客戶。

網路行銷在資訊技術上不斷突破，也使得網路行銷方法產生創新，這個創新不僅在行銷手法，也在企業經營，其中企業 M 化（mobility）就是顯著一例。企業 M 化使得企業經營環境，從實體運作延伸到無線行動的平台，這樣的應用結構，產生了三種行動商務行銷模式：

1. **企業實體搭配行動化的行銷**

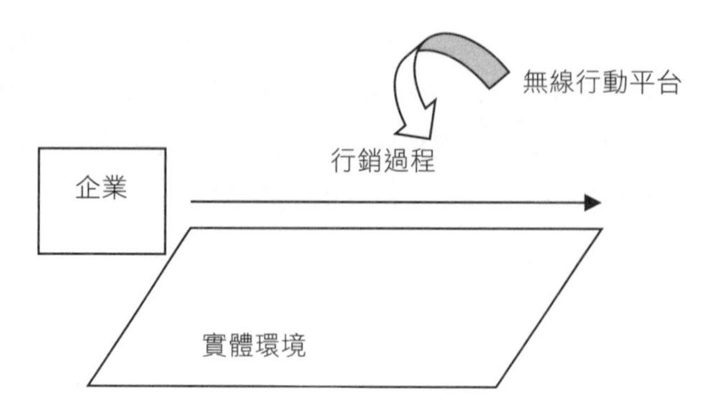

圖 11-14 企業實體搭配行動化

2. **企業之間行動化的行銷**

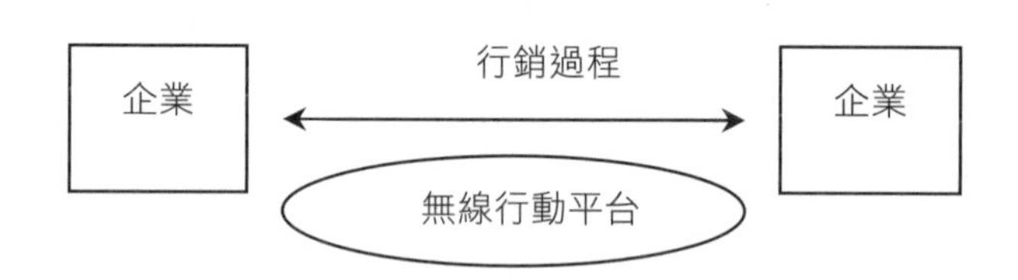

圖 11-15 企業之間行動化的行銷

3. **提供企業行動化的廠商**

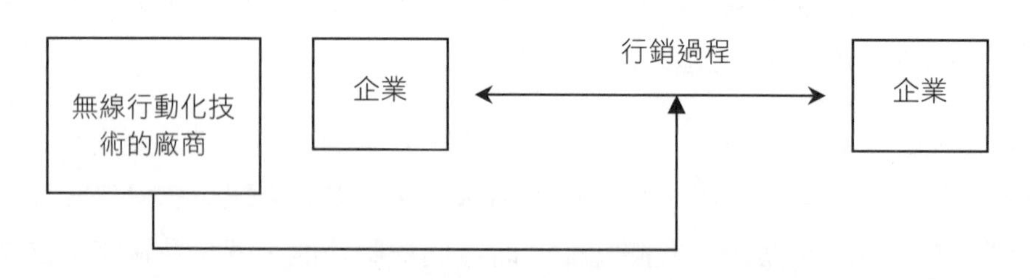

圖 11-16 提供企業行動化的廠商

網路的行銷應用，無非就是要增加企業營業額，但網路行銷就執行方法而言，只是一個工具，工具可產生好的結果，也可能帶來負面的效果。故在行動商務上運用網路行銷時，就必須考慮如何做行銷規劃，而不只是工具使用。行銷規劃是在於擬定行銷執行過程和角色構限，及稽核內容，以便防範工具使用不當，造成負面的影響。

11-3 嵌入式之網路行銷

嵌入式系統（Embedded System）是一種結合電腦軟體和硬體的應用，成為韌體驅動的產品。例如：行動電話、遊樂器、個人數位助理等資訊配備，或者是工廠生產的自動控制應用。嵌入式系統產品的需求已深入網際網路、家電、消費性等市場例如：行動電話、Sony 的智慧玩具狗（robot dog）、能上網的智慧型冰箱、具備遊戲功能的上網機（set-top box）等。

嵌入式系統是為特定功能而設計的智慧型產品，但未來嵌入式系統已逐漸轉為具備所有功能。網路行銷和嵌入式系統的關係，是在於嵌入式系統的軟體介面驅動的特性，也就是說你可將網路行銷的內容包裝成軟體型式，進而來驅動硬體產品的功能。例如：在個人數位助理的嵌入式系統產品，將行銷知識的內容，嵌入在軟體介面內，如此企業員工就可透過這個知識型的個人數位助理，來達到網路行銷創造。這就是嵌入式知識系統。

欲發展這樣的嵌入式網路行銷系統，它除了原有嵌入式系統的軟體、韌體和硬體外，必須再加上行銷方法、資訊軟體和專業領域等三項。這樣的架構技術是很複雜的，它是具有跨領域的整合性、透通性（Transparent）、移植（porting）性能力，故這需要各項標準化機制。同樣的，多媒體網路行銷和嵌入式多媒體系統也是如此。

多媒體電腦的功能發展幾乎已無法再提昇到滿足顧客的欲望，使用者漸漸傾向於外型視覺、多功能隨意切換、整合型導向的產品，故導致有了嵌入式多媒體系統的產生。嵌入式多媒體系統是為特定功能而設計的系統，它的效益是在於所需要的功能做到容量最小、速度最快。但透過每個嵌入式多媒體系統的軟硬介面，很容易做到多功能隨意切換和整合。它有 2 個特性：

1. 系統架構沒有像個人多媒體電腦複雜。
2. 每個系統有自己的獨特性。

嵌入式多媒體系統包含軟、硬體兩大部分。硬體是以 ARM 處理器為主，控制所有的週邊硬體，軟體則是以 Embedded 相關軟體為主，軟體幾乎是整個系統的靈魂，軟體作業系統主要是以 Embedded Linux 為基本核心，去協調上層的應用程式和下層的驅動程式，作業系統的驅動程式是要控制協調平台上所有複雜的硬體。

嵌入式多媒體系統是可因應不同特定需求，而客製化設計和產生該嵌入式設備，這也正是消費性多媒體的特性。例如：在網際網路的普及與新技術的發展下，個人資訊管理與服務的需求提高，使得手持式裝置(Handheld Device)為目前資訊家電(IA Information Appliance)熱門的消費性多媒體產品。這種手持式裝置稱為個人數位助理，它可分成三類，分別為 PC 架構的 Windows CE 產品、非 PC 架構的 Palm 產品、一般傳統的個人數位助理。

嵌入式多媒體系統和無線整合是非常重要的，目前政府積極推動無線通訊產業，例如：經濟部的無線通訊產業發展推動小組，如下圖。在台灣的行動商務有 t-Mode 的模式，目前行動網路市場就有兩種商業模式：

1. 將使用者的連線費由內容的提供者和行動系統業者一同分攤。
2. 系統業者和內容提供者一起共享內容月租費。

圖 11-17 資料來源：http://www.communications.org.tw/communications/ct.php?cfz_unit=1&cf_unit=5&menu=1 公開網站

NTT DoCoMo 自 1999 年推出 i-mode 以來，在短短不到半年的時間就達到第一個百萬用戶數，它將以往傳統人對人（ person to person ）的溝通互動轉換為人對機器（ person to machine ）的服務，i-mode 以「 個人化、即時性的多媒體呈現 」為重點，i-mode 手機是應用於全球行動商務的成功模式，它可應用在日常生活中，例如：可以利用手機在自動販賣機買飲料，例如：提供個人行動上網、多媒體影像音樂等個人化下載的服務。

 問題解決創新方案－以章前案例為基礎

(一) 問題診斷

依據 PSIS（Problem-Solving Innovation Solution）方法論中的問題形成診斷手法（過程省略），可得出以下問題項目：

- **問題 1**：消費者和櫃檯人員都必須重複的將貨品從架上、購物推車、POS 櫃檯檯面上等空間拿上拿下，造成作業時間冗長，以致於排隊結帳需花很多時間和人力。
- **問題 2**：現場架上貨品一旦被取走，就不知道它在何處，導致無法即時做存貨控管和追蹤，使得可能消費者買不到貨品，也可能無法做好補貨動作。
- **問題 3**：現場架上空間是有限的，放置太多或太少，對空間使用不彰和顧客無法滿足購物需求等都會產生不利影響。

(二) 創新解決方案

- **問題 1**：由於每一物品都貼有 RFID 晶片，以及購物車上有 RFID Reader（閱讀器），所以，當消費者從現場架上拿下，並放入購物車時，就會讀取此物品的 Epc 編號和相關資料，一旦消費者將所有物品都放入購物車時，其讀取物品資料作業也已完成，所以，當購物車推至 POS 結帳檯時，就會感應購物車的 RFID Reader，並傳輸至 POS 電腦內，進而顯示出購買清單給消費者確認，若確認沒問題的話，則由消費者付款，其付款也有很多種，包含自動化和半自動化作業，在此先省略之。最後，若有物品沒有經自動化作業，則當將離開出口閘門時，就會發出「嗶嗶聲」，以便後續處理。以上述如此運作，就可解決其物品需拿上取下的重複浪費動作問題。
- **問題 2**：當物品離開現場原有架子上時，因其物品本身有 RFID 晶片，所以在大賣場環境內都會有 RFID Reader 感應到此物品，並將此物品資訊傳到 Office 裡的電腦內，如此，工作人員可從電腦了解此物品的位置，進而做出歸位動作。上述如此運作，可隨時掌握物品庫存流動狀態，因此，可做為補貨的正確資料，和回應顧客欲找的物品所在。

■ **問題 3**：現場補貨須有個基準，其基準就是顧客購買消化速度和物品體積大小，前者是考慮現場物品庫存不可太多或太少，須能滿足顧客需求又不會造成太多庫存，而且也會做為補貨採購計劃的重要依據。後者，是考量到現場的擺設空間。由於物品庫存流動狀態可隨時掌握，因此，從現場流動到 POS 銷售移動，一直到補貨採購、生產運輸等供應鏈體系運作都可做好任何庫存明細的控管，所以，對於現場庫存可儘量控管到滿足顧客不會缺貨需求和解決擺設庫存太多的問題。

(三) 管理意涵

■ **SOHO**：SOHO 雖然具有獨特差異化的優勢，但受限於本身企業的組織資源和通路規模不大，因此使得業務行銷作業會發生無法擴展的問題。

■ **創新策略**：可以和中小企業做策略聯盟，將產品整合包裝在同一個客戶服務，如設計插圖產品的 SOHO，可提供網路上的插圖，嵌入在某個中小企業的產品網路廣告上，如此可使得消費者看到精美的網路插圖廣告。

■ **中小企業**：中小企業雖然具有彈性快速因應的優勢，但因數量非常眾多，使得業務行銷作業面臨更多的競爭者。

■ **創新策略**：可以利用如 i-mode 的人性化科技服務，來凸顯出本身企業的產品服務方法，i-mode **是以使用者的需求導向所設計的服務內容**，就技術上而言，它是由手機、瀏覽器、封包通訊、伺服器、內容等組成，它是將以往傳統人對人的溝通互動轉換為人對機器的服務，並且可以讓手機呈現一種全新的媒體功能，i-mode 不僅可應用在日常生活中，也可提供個人理財，例如：i-mode 行動銀行的服務。

■ **大型企業**：大企業雖然具有資源雄厚的優勢，但本身企業的組織運作卻不如中小企業的輕巧彈性，使得業務行銷作業會發生很多反應太慢的狀況。

■ **創新策略**：可以運用 RFID 技術來應用於各個業務行銷作業上，如客戶管理；RFID 可使用在客戶所購買的產品服務上，作為追蹤和回應客戶售後服務之用，以便得知客戶的下一次購買模式。

(四) 個案問題探討：請探討 POS 電腦系統在 RFID 技術應用上扮演什麼角色

案例研讀
Web 創新趨勢：興趣圖譜

Facebook 是一種社交圖譜，它是以我們關心朋友的一舉一動上來建立出的一種 Fan Page，社交網路是採用實名制，它可透過加權等方式搜尋出有用的資料出來，但社交圖譜所創造出來的廣告演算法並沒有優於搜尋，而興趣圖譜則是將和自己可能有機會一樣興趣的人交流。它可搜尋從語句中找到關聯性，這對於廣告的推薦有其意義，因此在搜尋與社交圖譜中間的興趣圖譜，它形成了一套自己的過濾和推薦演算法，將是另一塊值得發掘的新市場，興趣圖譜主要是結合雲端服務　，將服務嵌入我們的網站或部落格之中，透過興趣關聯性來實施服務。

例如：Exfm　，它結合雲端服務和社群的功能，企圖以音樂興趣關聯性來實踐智慧型的個人音樂電台。

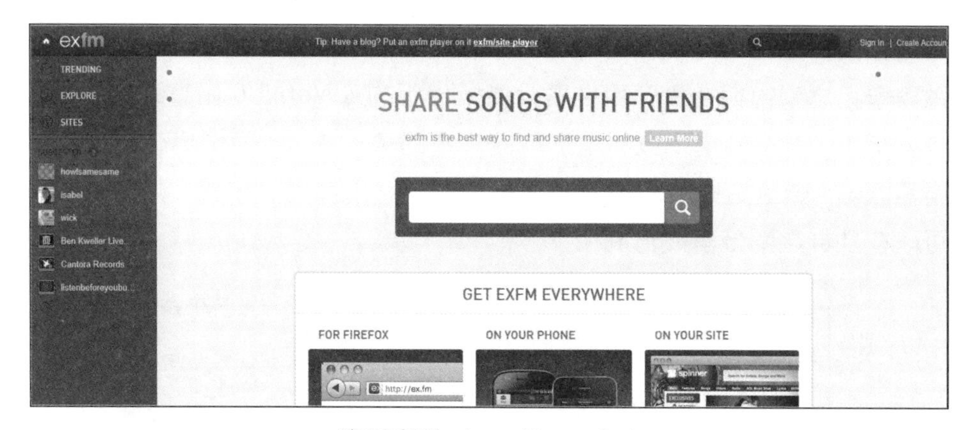

資料來源：http://ie.ex.fm/

又例如：問答網站 quora.com，透過問答的方式將有興趣的人匯合再一起。

Quora

Quora connects you to everything you want to know about.

Returning Users

Email Address

Password

Let me login without a password on this browser

Login

Sign Up For Quora

Connect to Facebook

Connect to Twitter

Connecting helps us surface content that is relevant to you. We'll never post without your permission.

I don't have a Facebook or Twitter account.

About Jobs Privacy Terms · Help · Login Sign Up iPhone App Mobile Site

資料來源：http://www.quora.com/

興趣圖譜對廣告商來説，透過興趣與社交網路的分析整合，將有助於更精準的投放廣告。

在興趣圖譜的進化過程中，其 Web 3.0 語意網將扮演重要角色，例如在數位典藏與學習之學術與社會應用推廣計劃所出版的《Web 3.0 語意網新趨勢》一書中就指出「產生結構化資料是形成語意網的第一步」，而結構化資料就是一種興趣圖譜。透過這些結構化資料並發佈到網路上和連之串接。如此這些資料就可以在社群之間分享與再利用。

資料來源：http://aspa.teldap.tw/

以下將說明「使用者參與互動故事」的興趣圖譜例子，它是採用「貝氏決策樹」演算法，茲功能規格規劃說明如下：

「貝氏決策樹」理論的基礎為貝氏定理和決策樹，並進一步考慮所獲得決策之評核價值，但評核價值在整個結果未確定前很難確知，故決策者對所欲獲取之評核價值，應於評核資訊收集之前，分析此一評核價值所能產生之影響為著眼點，亦即計算該評核價值對最適策略所產生的期望值增額，然後比較期望值增額與搜集該評核資訊所需成本，作為是否蒐集該項評核資訊的標準；在貝氏分析中，評核價值的功用在於後天機率，而貝氏決策樹理論則在研究後天機率價值的事前分析（即蒐集評核資訊之前）。

在決策樹中的決策分析係以決策方案（decision alternative）、自然狀態（state of nature）及其償付結果（resulting payoff）所組成。並提供所能應用之各種可能策略。

決策樹是依先後順序表示的決策問題。每一決策有二種型態的節點，圓節點相當於自然狀態點，方塊節點相當於決策方案點。在決策樹之分枝上以圓形表示之節點表示不同的自然狀態，方形節點表示不同的決策方案。

決策樹每一枝幹之末端表示不同分枝不同決策加總後之償付額。含有貝氏機率的決策：若每種自然狀態之機率資訊可用，則可以評核價值求得最適決策方案。每一決策的期望報酬是由每一自然狀態的償付及自然狀態發生機率加總而得。決策乃選擇最好的預期報酬。

貝氏決策樹是決策過程的圖示，使用者必須對三種預設情節類型作決定（d1,d2 或 d3），一旦決策執行，就遇到自然狀態（s1 或 s2）這時會用每位使用者個別評核資訊（含使用者輸入情節和個別特性）來計算其機率，當決策方案為情節類型甲（d1）而情節接受度高（s1）的償付為 8，當決策方案為情節類型甲（d1）而情節接受度低（s2）的償付為 7。最後，以貝氏決策樹運算公式計算出最大償付者，就是下一情節的最佳決策（可能是 d1 or d2 or d3）。

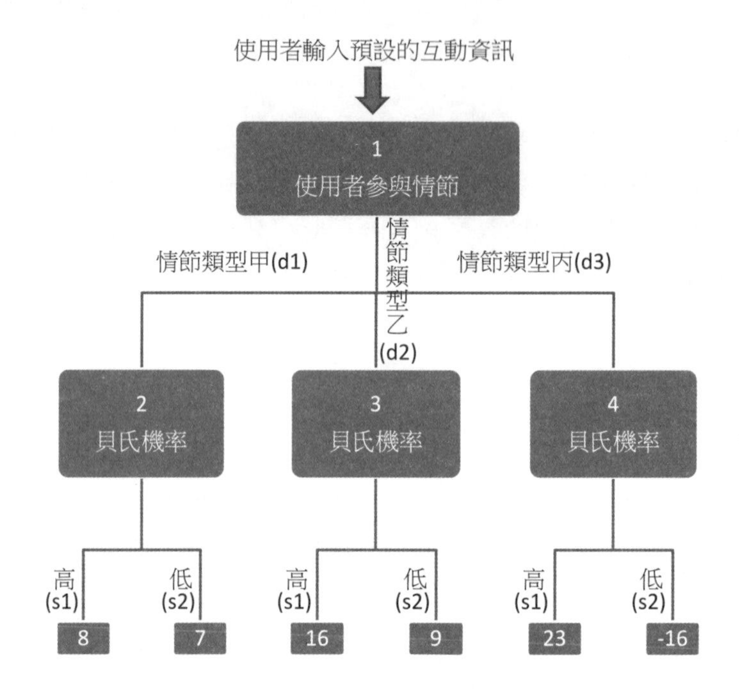

茲軟體技術規劃說明如下：

除了運用 Adobe Flex，Flash CS5 外，還會搭配 Action Script 程式撰寫以及 HTML5、Silverlight5 的技術互補。其在呈現使用者參與的故事情節中能產生動態故事的自主性改變效果。

案例研讀

熱門網站個案：素人整合雲端平台

素人是指非專業的人士，但自認有興趣和專業知識的大眾，然而卻不具知名度，而在雲端平台來臨之際，其素人展現時代來臨了，例如：電子書（e-book），它是指的是以電子與數位化方式替代傳統紙本圖書的方式，素人免費出版時代來臨，每個人都可以輕鬆出版在 iPad 上的多媒體互動電子書，例如：airitiBooks 華藝中文電子書：

資料來源：http://www.airitibooks.com/

茲以素人專家平台做為例子：

素人整合雲端平台將系統功能發展分成以下階段模式來說明之。分別是系統環境模式、雲端系統架構等。

■ 系統環境模式

主要是針對本平台提出的素人整合雲端平台在雲端環境上的技術和情境建構規劃。

(一) 技術環境

1. 隨需服務：使用者客戶、素人專家要求隨需服務，即用戶可以根據需求即時得到服務。
2. 資源 pool：本素人整合平台雲端運算需要把運算資源（素材）集中到一個資源池中（UDDI 目錄），再透過多主租用的方式來為不同用戶提供服務。
3. 高擴充性：本素人整合雲端運算平台具有高可擴充性，以充分滿足流量應用負載和個性化需求變化的要求。他們之間的資源使用模式一般存在一定的互補性。
4. 彈性服務：本素人整合雲端運算平台具有彈性服務，也就是指雲端運算的資源配置可以根據本素人整合應用系統造訪的具體情況進行調整，包括增加或減少資源的要求。
5. 自動化：本素人整合平台以自動化方式透過程式和大量自動化腳本來實行，使得用戶觸發前端自助服務介面（使用者參與互動）後，操作後台平台能夠自動化完成並及時回應，進而保證良好的用戶多媒體情境體驗。

(二) 情境規劃

茲以電子書測驗為例：根據不同的電子書商品規模把「商品類型」分為三類，分別是測驗題庫、電子書、用戶測驗等。在此素人專家是具指有某專業知識的講師。

在本素人整合平台情境運作中，首先建立好題庫後，會請使用者客戶在網際網路上做媒合下單，素人整合平台應用需要為這些「使用者客戶、素人專家」提供介面來完成媒合下單。本平台自身也需要一個介面，用於管理「媒合下單」應用自身的配置。

「素人整合平台」應用有四類用戶：本公司、使用者客戶、素人專家、用戶測驗廠商。這需要應用為他們分別提供用戶介面，同時還有應用的後台「服務」部分。這四個部分都將執行在 Windows Azure 平台上。一個 Windows Azure 應用程式可能由多個獨立的執行進程組成，每一個進程稱為一個「角色（Role）」。例如：「MVC Web Application」是一個「Web Role」；而「Worker」是一個後台執行的「Worker Role」。（資料來源：Microsoft）

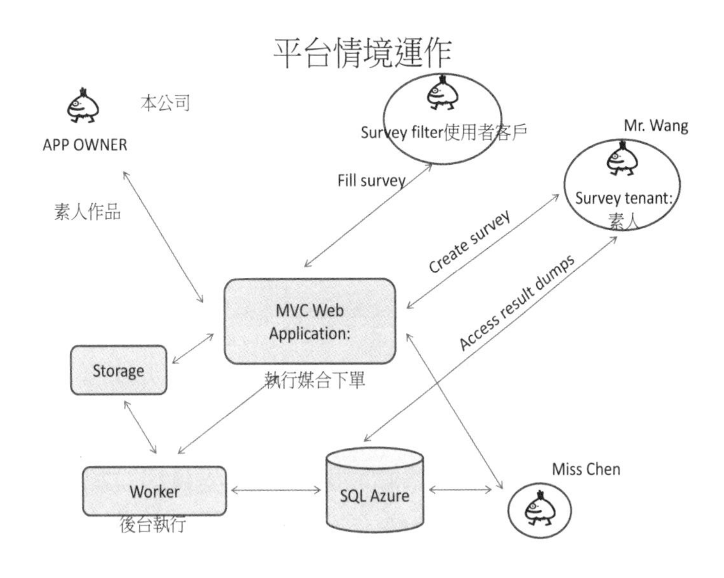

資料來源：Microsoft

■ 雲端系統架構

本平台的系統在軟體開發工具和雲端、多媒體技術來源主要是採用 Window Azure（SQL Azure）的解決方案，並搭配 HTML5、Silverlight5、Action script、Flash CS5、Flex 等動畫多媒體程式技術。

本平台是以微軟的軟體平台為主，它分為七大層次，從最高的應用軟體到為應用軟體發展做開發工具和編輯程式，再到下面的應用伺服器、作業系統、資料庫以及作業系統底層的管理，每一層都有不同的分工。

微軟的平台和技術 (資料:microsoft)

	伺服器	伺服器
應用程式	Microsoft Exchange、Microsoft SharePoint	Microsoft Dynamics
開發工具	Microsoft Visual Studio	
編輯模式	Microsoft .NET	
應用服務	Windows Server AppFabric	Windows Azure platform AppFabric
關聯性資料庫	Microsoft SQL Server	Microsoft SQL Azure
操作系統	Windows Server	Windows Azure
系統管理	Microsoft System Center	

■ 問題探討

請探討雲端平台對於素人作品展現有何影響。

本章重點

1. 行動商務（mobile commerce, M-commerce）是「藉由運作可以支援多種應用系統之行動裝置，在商業應用過程中可達成快速立即溝通和連接，進而提昇生產力的一種行動化商業模式」。

2. 隨著全球性和國際化企業的增加，員工行動上班人數是愈來愈多，為讓在外面活動的員工也能以隨時存取公司網路上的資料，如客戶資料、交易及庫存資料等，來因應外在快速變動的商機，故藉由行動商務資訊系統的運用，不僅可提升員工的績效，也使得企業知識能藉此分享和使用，提昇商業智慧的效益。

3. 行動商務的特性：無所不在，突破有線環境限制，彈性和即時，行動個人化的服務。

4. 個人化服務（personalization）：可在行動環境中完成個人化的服務。故可和地點性的特性搭配，根據個人所在地點、時間，配合需求分析方法論（例如：Data Mining）之技術應用，對個人在當地化的需求進行行銷。

5. 位置識別科技（location identification technology）：若欲藉由可知道出行動裝置所在的位置，來提供特定地點為主的行動商業，則須要在行動商務上提供相對的服務，就必須使用位置識別科技，以便知道特定時間所在的實際位置。

6. 其中「以消費者為主」之行動商務，其主要的市場是以個人消費者為主要客戶對象的行動加值服務市場，並可結合「以商業為主」之行動商務 利用行動加值服務來進行 B2B、B2E（企業對員工）交易。

7. RFID 是利用無線電的識別系統，在附著於人或物之一種識別標籤，故又稱電子標籤，它本身是一種通信技術，利用無線電訊號識別特定目標，並讀寫相關資料，RFID 可會嵌入了一片 IC 晶片。

8. 「嵌入式系統」（Embedded System）是一種結合電腦軟體和硬體的應用，成為韌體驅動的產品。例如：行動電話、遊樂器、個人數位助理等資訊配備，或者是工廠生產的自動控制應用。

關鍵詞索引

學習評量

一、問答題

1. RFID 應用於客戶的訂單生產進度查詢？
2. 行動商務定義為何？
3. RFID 的相關設備和材料包含哪些？

二、選擇題

(　　) 1. 行動商務具備了傳統網際網路所沒有之效益？

(a) 有線環境限制

(b) 沒有無線環境

(c) 行動個人化的服務

(d) 以上皆是

(　　) 2. 何謂 WAP（Wireless Application Protocol）？

(a) 無線應用系統通訊協定

(b) 有線應用系統通訊協定

(c) 網際網路應用系統通訊協定

(d) 以上皆是

(　　) 3. 何謂企業 M 化？

(a) Enterprise Mobilization 無線應用系統通訊協定

(b) 由行動商務所延伸而來的概念和做法

(c) 無線應用

(d) 以上皆是

(　　) 4. 行動加值服務可和顧客關係管理系統結合，例如下列哪一項？

(a) SF（Asales force automation）

(b) ERP

(c) e-procurement

(d) 以上皆是

(　　) 5. 行動商務之資料應用可分為？

(a) 訊息／電子郵件（messaging/email）

(b) 資訊服務及行動商務（information services and m-commerce）

(c) 網路存取（LAN access）

(d) 以上皆是

chapter

12 雲端商務與電子商業

章前案例：顧客普及服務

案例研讀：物聯網化服務、社交過濾網

學習目標

- 電子商業
- 電子商業與網路行銷
- 企業電子化的網路行銷
- 探討雲端運算對企業的衝擊
- 探討物聯網的定義和種類
- 説明嵌入式網路行銷和 EPCGlobal 架構

章前案例情景故事 **顧客普及服務**

早上開往公司的道路上，Cathy 楊還正在想說今天車道如此擁塞，到公司肯定已經遲到了，此時，智慧型手機鈴聲響起，順手接起電話，一頭傳來王副總的嚷嚷：「日本客戶臨時打電話來，急著說要去彰化工廠參觀，妳趕快直接開到工廠去。」突來的命令，解救了遲到紀錄再添一筆的憾事。於是，Cathy 楊萬分高興直奔快速公路，但忽然聽到「爆」一聲，好像後輪胎沒什麼氣或不小心刺到異物?!此時，Cathy 楊緊張起來了，趕緊找輪胎行，但在人生地不熟的路上，該去哪裡找以及擔心是否會被敲竹槓?!加上目前車子又不太能動，於是透過信用卡拖吊服務，經過了一番折騰，終於到了輪胎行，但不知是自己不了解輪胎行情還是真的被敲竹槓，輪胎行林老闆開價高於 Cathy 楊預估的金額，而且現場沒貨，需等 1 小時後新輪胎才能到，此時 Cathy 楊快哭出來的問：「為何現場沒貨？」林老闆說：「通常不會囤貨，剛好庫存用完，而且也不知顧客什麼時候需要，生意難做啊！」當然，Cathy 楊最後趕到了工廠，已是嚴重遲到的局面了。

12-1 電子商業

12-1-1 電子商業概論

在目前網際網路的時代中，其企業營運已從生產區域化轉變為全球運籌化生產模式，故需將資訊加以整合再利用，並滿足公司現有需求及強化服務品質，進而符合跨公司、跨廠區的資訊整合需求。尤其是中國大陸的廣大市場 更是企業欲發展的市場，故這時對企業資訊系統而言，就必須考慮到企業兩岸三地的企業資訊系統模式。企業面對目前整體產業環境變化的情況，及因應資訊科技環境的多變，在為了因應公司經營競爭的前提之下，必須擬定企業內中長期的資訊因應策略。這個因應策略除了考慮本身所在產業環境影響外，還須考慮在整體產業環境方面，受到全球經濟市場趨緩及生產成本日益昇高…等政治因素影響，而且最重要是面臨顧客市場產業逐漸外移因素的影響，企業本身必須要能面對及因應整體經濟環境變化的問題挑戰。

若以企業營運策略方面來思考，推行體系企業間電子化，建立體系廠商發展策略，預先規劃體系廠商產能及庫存，簡化且快速資料交換介面，縮短廠商交貨時程等。

然而要達到這樣的體系企業間互動，則須建立雙方互助互信的關係，建立企業夥伴共生存觀察，以便降低雙方經營風險，強化彼此的往來關係。故企業經營應從產品導向企業轉為服務解決方案提供者的知識創新型企業，而這也正是體系企業之間的整合電子化最大目標。

在企業策略目標展開方面，可架構供應鏈資訊化系統，透過 Internet，簡化及改善與廠商間資訊流及金流等作業流程，建立最佳化的供應鏈運作模式，如此才可達到企業經營從產品導向轉為服務解決方案提供者的知識創新型企業。如下圖：

圖 12-1 資料來源：www.eds.com.tw 公開網站

eds.com.tw 是全球資訊服務業領導者之一，提供全方位的資訊科技與業務流程委外服務。

在網際網路技術未盛行時，其企業資訊系統的應用最主要仍是集中在企業資源規劃、製造執行系統等企業內部的功能，雖然之前在供應鏈應用管理已有一些基礎和使用，但仍未大放異彩，直到整個網際網路技術大量成熟後，整個企業資訊系統和其他外部企業的整合相關資訊系統應用，也隨之導入在許多企業內，而這樣的影響，在傳統的企業資源規劃整合上，最主要會有二個衝擊：第一：企業資源規劃不再是一個孤島式的系統，它必須考慮到和其他系統的關聯性，尤其是和客戶端、供應廠商端、通路廠商端等外部的作業溝通；第二：整個資訊系統的環境和技術也相對變得複雜和困難。如下圖：

圖 12-2 資料來源：http://www.bea.com.tw/techdoc/02solution/03techsolu.htm 公開網站

bea.com.tw 是全球領先的應用基礎結構軟體公司，提供整合化的流程平台。

12-1-2 電子商業架構

其架構模式分成體系間電子化系統模式架構和在體系下的企業營運模式二種。

首先，在體系電子化系統架構建立概況：整理出體系企業之間的問題挑戰，進而探討體系電子化策略與目標，再將目標工作展開成為功能項目和流程，並提出對不同客戶端和廠商端的規模大小及資訊化程度下，有關體系電子化企業間資料和流程整合不同系統模式，而該模式期望能對不同體系企業間個案，都可適用。

體系電子化系統架構

意即藉由體系間電子化的推動，建立一套機制來協助客戶共同創造價值與提升核心競爭力。競爭策略大師 Michael Porter 指出：「當你在任一行業中競爭時，其實是以一連串環環相扣的活動，展現競爭優勢。」；「競爭優勢，來自於企業如何整合所有的活動，讓活動彼此加強效益。整合能夠創造出一套每個環節都很強的價值鏈來。」而企業體系間電子化的目的就是整合，我們希望上下游的一連串活動都能夠相互支援，強化彼此的效益，產生真正的經濟價值。由於體系企業間電子化應用範圍，包括了企業與企業間透過企業內網路（Intranet）、企業外網路（Extranet）及網際網路（Internet），將重要資訊及知識系統，與供應商、經銷商、客戶、內部員工及相關合作企業連結。

以下是產業別電子商務營運計畫—女性創業產業計劃：

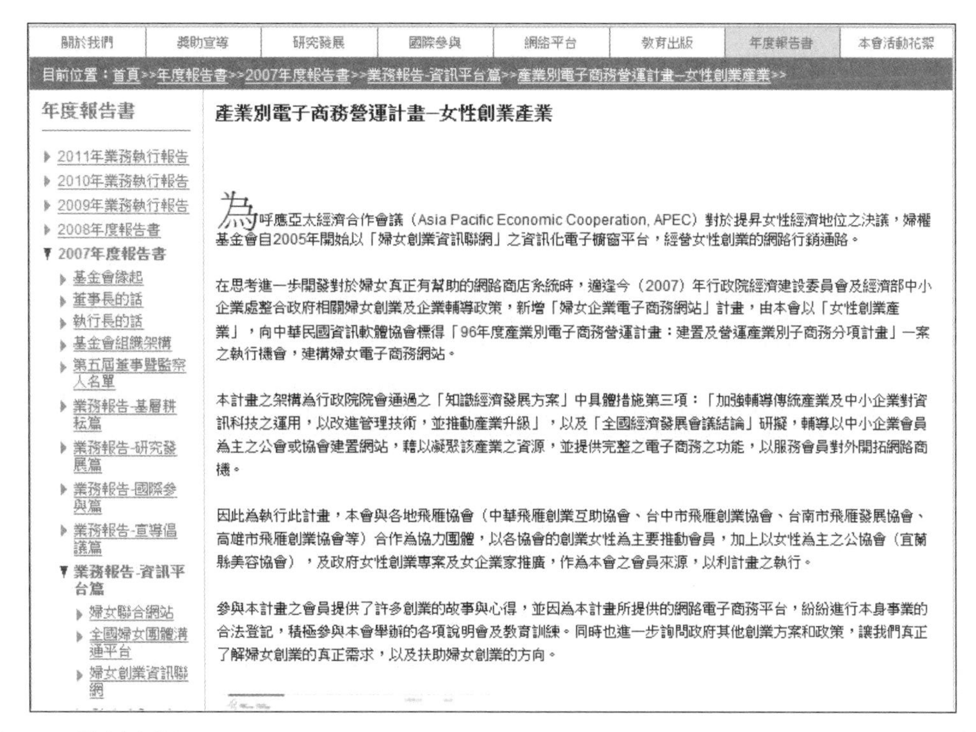

圖 12-3 資料來源：http://wrp.womenweb.org.tw/Page_Show.asp?Page_ID=529 公開網站

在體系下的企業營運模式（Business Model）

分別以在產業鏈中供應商與顧客間的上、下游關係來說明：上、下游供應商與顧客的企業營運模式方面：在全球運籌服務的潮流下，國外客戶在選擇代工廠商時，亦將代工廠商的全球運籌能力納入考量，因為該代工廠商的生產製造品質和速度，和它本身的全球運籌能力有很大關係，因此，全球運籌能力即成為代工廠商爭取訂單的競爭優勢之一。在這個全球運籌能力中，最重要能力之一是如何縮短採購前置時間並增進製造彈性 在大客戶優勢情況下，廠商對客戶的議價能力甚低 因此唯有建立自己的品牌外，就是要有上、下游供應商與顧客的企業營運模式。

在原來傳統作業流程和軟體技術下，與 OEM 客戶之間，大部份以 EDI 傳輸訂單、交貨通知等資訊，建置成本高昂且反應速度慢；與客戶之間除了正式書面文件之外，完全用 FAX/TEL/E-Mail 傳輸，資料零散，保存不易，無法系統式架構層次式整合。因此，作業失誤多，影響資訊管理之彙總，管理決策較慢，品質亦受影響。這是企業營運模式在資訊系統整合須建構的。

另外，企業必須突破程序式溝通作業，亦即是同步作業，例如：以往接單後才設計圖的作業模式，須由被動式的售後服務變成積極性的售前服務。如此在體系下，和供應商與顧客端的企業營運思維也自然而然的由製造業調整為製造服務業。其整個在體系下的企業營運模式如下圖：

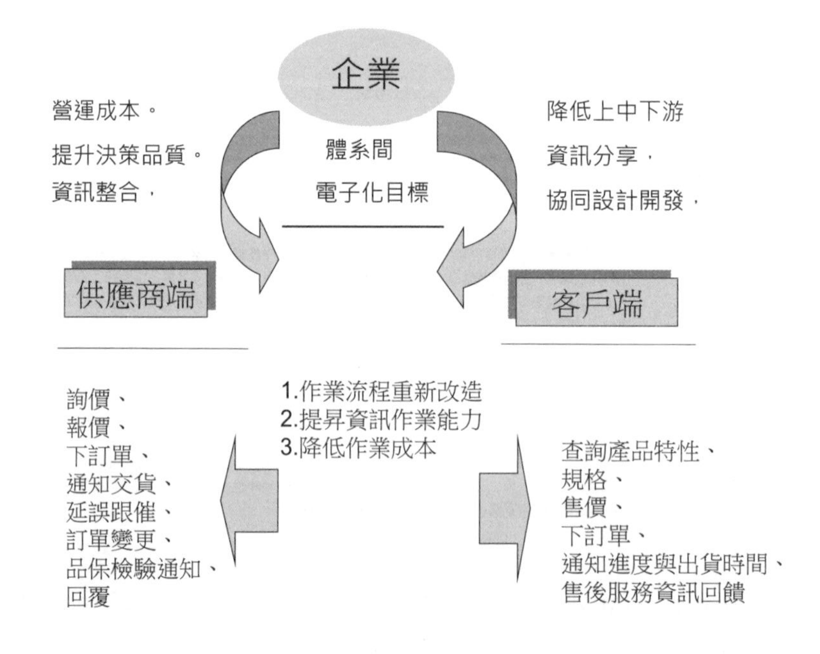

圖 12-4 企業營運模式

12-1-3 電子商業跨區域網路系統模式

如何來建立企業跨區域的網路系統模式呢 ?它可分成四個主要工作項目：基礎資訊架設、資訊連線建置、當地資訊網路作業規劃、兩岸資訊整合。首先，其在基礎資訊架設的第一時間階段是在於 cable 拉線及 network 架設，和當地 ADSL 建立，以及個人電腦安裝 PC/win xp/office。而在第二時間階段是在於 VPN 和 VOIP。跨區域廠內所有工作流程資料及 e-mail，以 LAN（內部網路）方式透過專線或 VPN（虛擬私有網路）對台灣主機作連線。

所謂 VPN 是指虛擬專線網路（Virtual Private Network），它是一種讓公共網路，例如 Internet，變成像是內部專線網路的方法，同時提供您一如內部網路的功能，例如有安全性功能，它是為傳統專線網路提供一項經濟的替代方案。因為在 Intranet 和遠端存取網路上部署應用資訊系統，若是用 WAN 傳統專線方案，則 WAN 網路、相關設備及管理成本往往形成公司沉重的負荷，因此 VPN 提供建構 Intranet 的基礎設施，為跨地區的企業和組織的總部與分支之間提供連線的訊息交換，它可以交換多種類的應用，例如：數據、語音、視訊、ERP 資料等傳輸。亦即同時也會在各點實施應用 VoIP 將語音與資料的需求整合至 IP-VPN，並在各廠之間進行多方視訊會議。其連線示意圖如下：

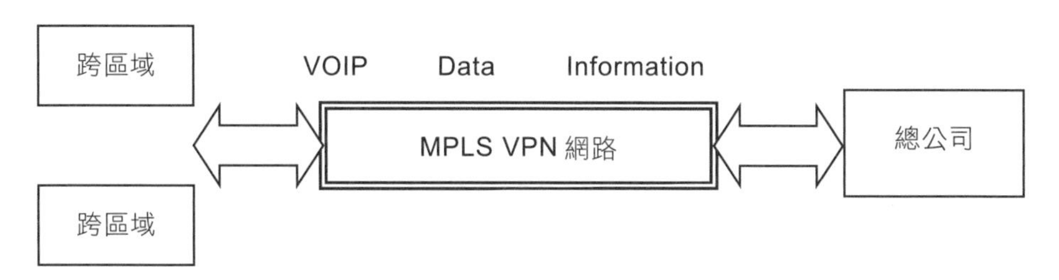

圖 12-5 連線示意圖

它的效益是非常多的，例如：就往返跨區域的耗費成本的紙張作業程序，就可透過 VPN 連線方式，將資料庫及其他關鍵性商業流程放在總公司的 Intranet 和 Interne 伺服器，並且在連線過程須之中的傳輸，都是經過加密處理的資料，以便讓這些資源和作業流程立即提供給全球相關人員存取，充份發揮協同作為效益。不過，必須注意連線之間的安全防護。

再則，在跨區域資訊整合方面，該資訊整合計劃是須考量目前公司資訊系統的現況，以及未來發展的需求及因應市場上的變化，故可將資訊整合系統平台分成三個步驟來實施：

step 1 資訊擷取作業，主要是透過連線，來從公司資訊系統擷取相關資訊，它是落在第一階段時間內。

step 2 資訊整合作業，主要是透過建立一個平台連線，來從公司資訊系統自動關聯相關跨區域資訊，它是落在第二階段時間內。其作業重點：

- 利用 IP-VPN 網路技術彙集跨區域檔案型資料庫資料，複製至關聯式 Microsoft SQL 2008 Server 資料庫裡。
- 資訊作業及資料呈現以 Web 化方式處理，使作業不受地域的限制，且操作界面較目前系統為快速和易用。

- 可與 Windows 系統緊密結合，使得在 Windows 作業系統上的輔助工具來強化資訊系統的功能。

其目的／效益：

- 將資料作業及資訊處理，透過網際網路、Web 化的方式呈現出來。
- 將跨區域作業資訊整合於同一平台裡，裨益於資料彙總及管理。
- 使系統不因地域上的限制，無法處理資訊及整合。
- 可產生產業關聯訊息及分析報表。

step 3 方案整合作業，主要是透過建立一個電子商業作業，來從公司資訊系統自動整合跨區域作業流程，它是落在第三階段時間內。其作業重點：

- 利用第二時間階段建置完成的 IP-VPN 網路架構及 Microsoft DTS(資料轉換服務)系統，將公司資訊系統作業資料，即時地移轉至 Microsoft SQL 2008 Server 關聯式資料庫中。
- 將第二時間階段的作業從批次複製資料轉變為即時移轉資料作業，使得整合資訊平台上的彙整資料，與公司資訊系統作業資料同步化。
- 建置企業入口網站，提供跨區域公司和供應商及客戶資訊交換作業的一個窗口，以強化企業體間之互動關係，以達成 Business to business 的運作模型。

其整個示意圖如下圖：

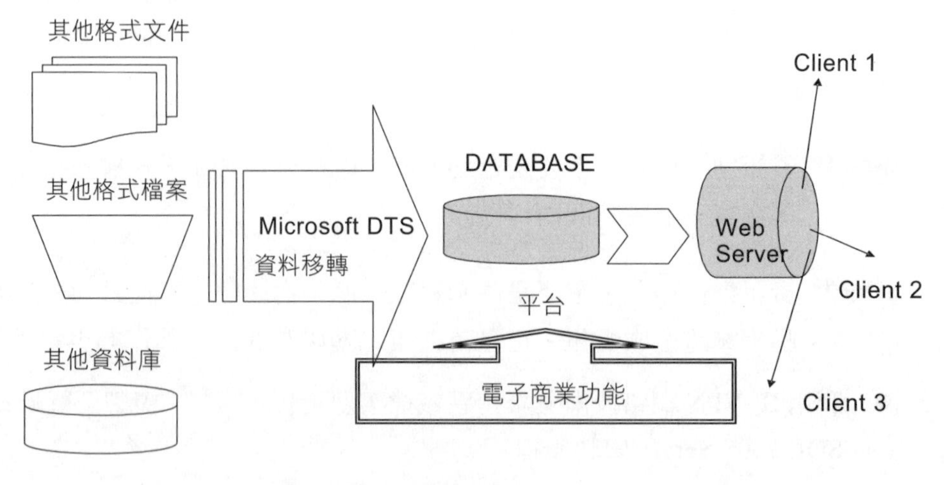

圖 12-6 方案整合作業

其目的／效益：

- 可即時產生彙總及分析資訊，所呈現出來的資訊不再只是一個歷史資訊，而是一種營運現況的有效即時呈現。
- 將供應廠商、客戶與資訊系統結合，使得我們對於供應鏈的管理及反應更契合市場，也使得對客戶需求能更有效率地掌握。

對於上、下游供應鏈資訊整合及資訊交換，能在一個相互統一的介面裡來完成，並強化 B2B 的資訊處理效能。對於客戶供應廠商來說，亦可透過同一格式項目和檔案格式，互相交換處理資訊，使企業體之間作業加速運作。

12-2 電子商業與網路行銷

12-2-1 電子商業與網路行銷關係

從上述針對網路電子化應用於企業內和企業外的功能，產生電子商業的企業，可以了解到電子商業與網路行銷是非常有重大關係，也就是企業可將電子商業擴展延伸到網路行銷，並也因網路行銷的發展，使得企業電子商業更能發揮其功能效益。

就企業應用方面來看電子商業與網路行銷關係，有分成三種層次：Intranet、Extranet、Internet，所謂 Intranet 是指企業內部的資訊系統應用功能 Extranet 是指企業對外部的資訊系統應用功能，Internet 是指企業和外部之間的資訊系統應用功能，這三種最大差異是 Extranet 它是以企業內部為中心，對外角色產生應用功能，而 Internet 是企業和另一企業的交易作業，沒有以那一個企業內部為中心。

若就流程方面來看電子商業與網路行銷關係，有分成資訊流、物流、金流，所謂的資訊流是指從資訊系統應用功能所運作的過程，並在運作下每一個步驟會有資料產生，這些資料在資訊系統中就成為資訊的流動，而物流是指通路廠商在運輸過程中的流動，而金流是指企業之間和銀行的金額來往，後二者相較之下，是實體的流動，但金流也和前者一樣都有資訊的流動。

12-2-2 入口型的企業行銷網站

企業在資訊化發展過程中，常累積許多內外部重要的資訊，但都是分散在公司各部門電腦或甚至個人身上，或是雖然儲存在同一個伺服器上，但無法依權限來對員工、客戶及企業夥伴之間做資訊分享及資源流通，另外，企業在資訊化系統發展過程中，常因系統建置階段不同和參與人員不同及專案功能不同，而造成開發出許多不同的操作平台及介面，使得公司員工使用不便及新人導入上的困難，以上這些問題，在規模較大企業中，最常會發生的，故如何解決這些問題，就必須往整合成一個單一入口來思考，不過整合功能必須落實在個人員工的執行力上，因為以往企業資訊化太強調在資訊整合的功能，往往忽略了企業個人化角色使用的需求，若能讓個人化角色功能落實，就可提昇資訊化附加價值。故該單一入口整合平台須具有方便彈性的客製化和個人化功能，這就是所謂的企業入口網站。如下圖：

圖 12-7 資料來源：http://www.ingatedevelopment.com/pages/Enterprise-Information-Portals.asp 公開網站

ingatedevelopment.com 是提供企業基礎服務和企業資訊整合，包含企業入口網站的整合。

企業的生存必須在產業鏈的環境中來看企業的定位、發展、管理，因為，企業的問題和經營挑戰都是和產業鏈的環境息息相關，例如：短的產品生命週期、多種少量／標準化產品、現場生產狀況難控制、市場需求的不確定、高存貨、快速應變能力、全球供應與分工等問題挑戰等問題。故入口型的企業行銷網站，應是須考慮到這些問題的需求來建構。

這些問題挑戰當然就成為企業在產業鏈的需求藍圖，其該需求藍圖可以 plan→source→make→deliver 這四個階段來分析，所謂的 plan 是指原物料採購計劃、生產計劃、出貨計劃等，而 source 是指原物料供應的料件和廠商，它會牽涉到有第二層供應商的關係，而 make 是指生產製造過程，而 deliver 是指運輸通路到客戶的過程，它會牽涉到有第二層客戶的關係，其後三者是在 plan 情況下控管的，但在製造過程中，可能會有委外供應商亦即若在一個最終產品的產品結構下，來看其該產品的產業鏈，這時就會在該最終產品的生產製造下，其產品結構的零組件供應和製造，就有委外供應商，若是在通路品牌公司的最終產品下，可能就會有 ODM 客戶，對其該最終產品的生產製造的製造廠，例如：IBM 品牌公司，以 ODM/OEM 方式對生產製造最終產品的製造廠下訂單，接著該製造廠依最終產品的產品結構向原物料廠商購買，或半成品委外給外包廠商加工等，如此的作業流程，就會產生前述的問題挑戰，也就是企業在產業鏈的需求，故若以資訊系統來看，就是以企業功能來解決，包含銷售管理、生產管理、工程管理…等。

企業可從在上述的產業鏈需求藍圖，依本身狀況條件和需求，來定位屬於企業本身的入口型的企業行銷網站。

入口型的企業行銷網站不但能夠提供迅速性、個人化、即時性的讓企業與其內部員工，以及外部顧客、供應商和企業夥伴之間做溝通互動外，更能夠提供管理者制定行銷的相關情報。但企業入口網站除了企業相關角色溝通互動和決策相關支援外，另外最重要的是企業相關角色可透過企業入口網站，來執行企業之間的行銷運作功能。因此，在規劃企業入口網站時，最重要是運用資訊科技策略，構思出企業附加價值架構，包含組織角色、系統架構、網路架構，並且從此架構展開出層次關聯性的功能模組，它更不是以軟體工具來評估或目的，它應是融入在日常運作的行銷管理制度面。

12-2-3 學習型的企業行銷網站

學習型的企業行銷網站可分成下列三種：

e-Learning（數位學習）

已成為全球最重要的網路應用領域之一數位網路教學（e-learning）是一種在網際網路上的教學，它運用網路平台學習，將學習內容的製作、傳遞、擷取、互動等學習經驗，透過網際網路、多媒體資料庫等平台技術，將所有與學習有關的活動，例如教師的教材製作、學習者上課、討論、查詢資料分類、排課、成績等個人學習歷程整合在一起，這是和傳統學習方式的最大不同點。如下圖：

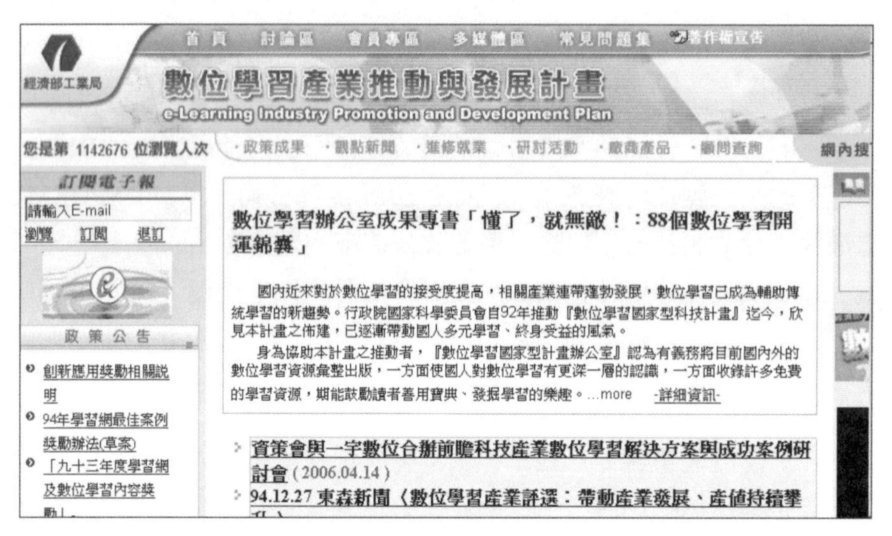

圖 12-8 資料來源：http://www.elearn.org.tw/eLearn/公開網站

elearn.org.tw 提供建構產業學習網和建立數位學習產業，以落實數位學習環境發展。

非同步遠距教學（Asynchronous Distant Learning）

依教學互動的時間模式來看，可分成同步和非同步的教學互動模式，同步的教學互動模式，是指和老師、學員可做同一時間的互動和回應，例如虛擬教室、視訊會議、網頁出版、串流媒體（Streaming Video）等協同合作工具，而非同步的教學互動模式，是指在不同一時間內學習，例如討論區、E-Mail 等，如下圖：

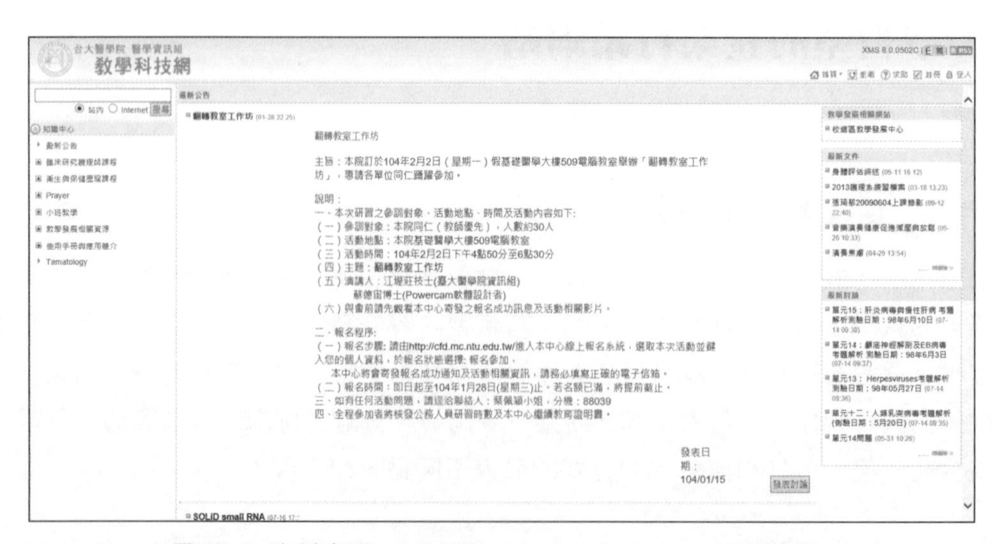

圖 12-9 資料來源：http://et.mc.ntu.edu.tw/xms/公開網站

mc.ntu.edu.tw 是台灣大學醫學資訊組，負責推動醫學資訊之教學與研究。

學習社群：網上學習平台所提供的多媒體互動數位教材

圖 12-10 資料來源：http://wise.edu.tw/aboutwise.aspx 公開網站

wise.edu.tw 提供整合教育部部屬社教機構網路資源的學習社群入口網。

12-2-4 電子商業與網路行銷的結合

體系企業間電子化策略與目標，可分成顧客端和供應廠商端：

電子化策略與目標展開（顧客端）

若顧客對於產品、附件的選擇性非常多，則在企業之間電子化作業實施前，就必須先建立出產品組合資料，訂定明確之價格制度，如此顧客對產品之機能、附件之功能，有管道機制可了解，才能做出適合客戶本身之選擇，因此在目標展開功能，應以提供顧客產品資訊，維修資料查詢，強化服務效率為目標，並對顧客、代理商維修備品，提供庫存查詢、下單之功能，以降低服務成本，縮短因時差造成之時間延誤等作業成效來規劃。

另外，在推動顧客端的體系企業間電子化系統發展，須考慮到對每個不同客戶的採購金額、交易頻率、資訊化程度等不同推動因子，而有所不同運作方式和資訊系統。

顧客端電子下單：客戶、代理商的維修作業可透過電子下單方式，對零件之備料，提供規格、庫存之查詢作業，繼而以網路下單做客戶服務，補強傳統以傳真、電話溝通之營運模式，並縮短國外客戶、代理商因時差和地點差異所造成之延遲和不便，有無時無刻和不分地點營運，以增加銷售產品的商機，提高服務客戶之效率。

以往客戶詢問訂單交期時，都是單一訂單的資訊了解，若企業和客戶之間建立所謂的允諾交期（Available to Promise, ATP）功能，亦即使顧客在訂單時即可得知所有相關訂單資訊，例如：預計之交貨時間。故顧客端電子下單系統如何和供應鏈管理系統、客戶關係管理等其他系統的整合，也是一個重點，其效益展現在兩方面，一方面能提供準確的訂單資料，立即回饋給供應鏈，配合供應鏈管理系統，生產出為顧客量身訂作的產品，另一方面顧客可隨時上網查詢所訂產品的生產狀態，同時確認正確的交貨時間，以提昇顧客滿意度。

建立產品維修資料庫：針對產品維護保養之技術資料，建立知識資料庫，提供顧客採購及日後維修之相關資料。如下圖：

圖 12-11 資料來源：http://www.viewsonic.com.tw/support/公開網站

viewsonic.com.tw 是提供顯示產品的製造和服務，包含 LCD 顯示產品。

電子化策略與目標展開（供應商端）

在推動供應商端的體系企業間電子化系統發展，必須考慮到對每個不同供應商的關聯度、交易頻率、本身管理制度、重要零組件、資訊化程度等不同推動因子，而有所不同運作方式和資訊系統。

1. **電子化採購** E-Procurement：從採購活動原則來看，它大致可分成三大方向，第一方向是採購依據來源，亦即是採購規劃，和第二方向是採購作業過程，亦即是採購作業，和第三方向是採購作業執行結果和當初採購依據來源的差異追蹤，亦即是採購回饋。例如：從廠商詢報價到訂單回覆確認，及採購物料的取得詳細狀況查詢（交期、單價、前置時間等），將可快速縮短目前人工作業的合理時間，和溝通作業的文件資料正確等。

2. **上下游庫存資訊**：透過資訊系統將產業上下游體系的庫存資料，包含外包廠商，及所有零組件的供應廠商，作即時更新使業務、生管、製造、資材單位能夠快速獲得正確的供應商協力廠庫存資訊，以利物料數量和時間的反應訂單所需求的情況。

3. Web **線上對帳**：以往對帳方式廠商必需時常至中心廠對帳，或以傳真、電話溝通之方式，瑣碎繁雜，能透過 Internet Web 線上作業，即時查出和溝通每日交貨、驗收及付款等狀況，若中心廠再與銀行金流作業結合，一經核准，供應商可縮短取得帳款時間和大量人力投入費用。

從以上可知，透過 Internet 等資訊科技技術，架構出完整之電子化供應體系，藉由 Web 線上作業，和共同資料交換介面，來縮短企業之間產品開發、廠商交貨付款、生產製造等作業時程和正確性，以便提供整套解決方案技術來強企業所提供之價值，進而協助達成客戶導向之策略要求，除此之外，經由達到協同作業模式之快速回應、資料共享、及成本效率三大特質，亦可強化體系之整合性及整體競爭力，以對應未來產業環境的挑戰。

電子化範圍、架構及功能規格

它主要是以客戶端和廠商端為中心，採購訂單需求開始，到生產製造過程中，最後至出貨交期付款作業等整個循環流程，其電子化功能就是要把這個整個循環流程所經過的客戶端和廠商端的企業一起在 Web 線上作業，包含行政作業執行也包含計劃模擬作業，最主要是指生產需求計劃模擬作業。

12-2-5 電子商業與網路行銷的整體觀

對於企業網路行銷而言，是須以企業整體相關子系統的整合，才能發揮綜效，以下將說明企業整體相關子系統的整合：整合的出發子系統是 ERP，ERP 是一個基礎骨幹，它包含企業內部的運作功能，有六大模組應用功能有：銷售訂單、生產製造管理、物料庫存管理、成本會計、一般財務總帳會計、行政支援（包含人事薪資、品質管理等）等模組應用功能，而在企業內部的運作是須依賴 work flow 工作流程自動化，它是一種流程控管的引擎（engine），從此引擎開發出有關其企業整個流程步驟的平台該平台上可建構出不同簽核流程、流通表單、組織人員、電子表單、文件管理等，這個流程控管的引擎是可使企業有效的落實資訊化的規劃及執行，並透過不斷的檢討、協調及改善才能在最短時間內分享資訊科技的效益。因此，快速有效的建置系統，方能達到此目標。這就是 work flow 工作流程自動化的成效。

有了 ERP 和 work flow 流程控管後，在接近現場製造環境中，會有製造執行系統 MES（Manufacturing Execution System），它是用來輔助生管人員收集現場資料及製造人員控制現場製造流程的應用軟體。MES 系統最主要是一個快速而且即時的監控現場的活動。它包含工廠現場資訊取得與連結系統，以及生產執行活動效率化。若要嚴格定義企業內部的 ERP 系統，應是也須要包含製造執行系統，另外在工程設計環境中，會有產品資料管理（PDM）是用來管理新產品或是產品工程變更從研發到量產之產品生命週期裡所產生的一切資訊和流程，其所謂的資料是指工程資料管理，它是以資料庫結構化的方法，從業務和工程同步分析、模型與再造工程等一連串之步驟，透過系統設計與模型化，來達到系統化真實化的運作。因為這四個系統幾乎涵蓋了大部份日常企業的營運資料，有了這四個系統所產生的營運資料後，其企業就可利用這些重要的資料資產，來產生更有用的資訊，那就是決策支援系統的功用，決策支援系統與管理資訊系統最大的不同點在於決策支援系統更著眼於組織的更高階層強調高階管理者與決策者的決策、彈性與快速反應和調適性、使用者能控制整個決策支援系統的進行、針對不同的管理者支援不同的決策風格，這和以管理資訊為導向的 ERP 系統、workflow 系統、製造執行系統、PDM 系統是不一樣的。有了管理資訊和決策資訊後，就可成為整合性資料中心，這個整合性資料中心是非常龐大的，若不是硬體技術的儲存系統也是同步的成長，否則就無法儲存這些龐大的資料。

12-3 企業電子化的網路行銷

以下整理出有關企業電子化的網路行銷規劃內容：以傢俱服務為案例。

公司市場佔有狀況

該公司是以傢俱服務等產品為主，公司定位是中盤代理商，客戶主要來源是小盤經銷商（約 90%），有部份是公司行號店面（約 10%），前者是以批發價，後者是以市價來銷售。

公司人數及組織架構圖

依照產品服務內容，該公司將組織分成如下圖，該公司是一些共同經營模式。公司人數有 8 個人→ 組立直接：3 人，間接：3 人，2 人負責開發、採購。

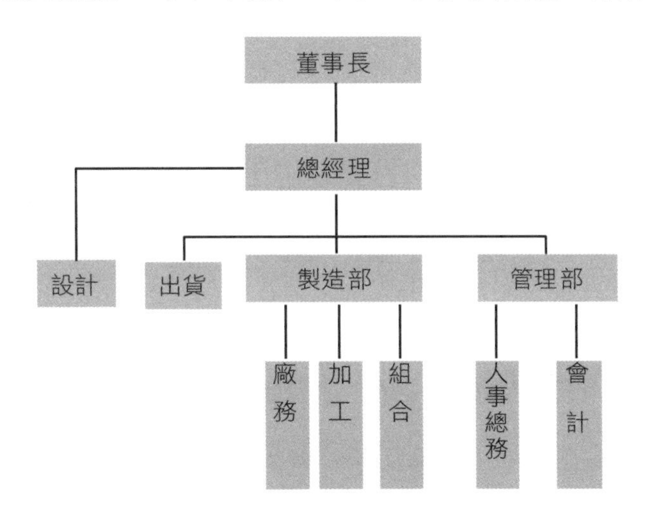

圖 12-12 組織架構圖

公司主要營業項目

從上游製造廠供應半成品和零組件，再經由組合加工成為產品。

產品：辦公設備，家用傢俱（進口）。

公司成立狀況

該公司成立已 6 年多。

企業經營績效與資訊系統的關係

目前，該公司有運用資訊科技策略來架構企業經營，但最重要的是，將 IT 融入企業工作形態，每日的運作和稽核評估都運用 IT 來落實。茲整理如下：

1. 目前有進銷存軟體來做內部訂單和出貨單處理，該軟體已使用 6 年，其系統穩定和基本功能夠用。
2. 但目前進銷存軟體是依公司營運模式所發展的，若欲往新的營運模式發展，例如：電子商店，則其系統功能就不敷使用。
3. 在舊的營運模式受限於市場的規模，無法突破營業額。

人員資訊能力方面:僅在於進銷存軟體的交易操作,無法做統計資料來達到行銷分析。

系統功能架構與資訊服務供應商的問題

希望能改善現行的問題，但在執行階段須考慮由小而大循序漸進運作，並且簡單化、有效果；然後從最急的問題先解決。除了考慮執行狀況外，規劃的整體性也須一併考慮，否則，因應新的變化或功能增加將無法完整性，甚至無法建置。至於結果上，期待成本降低，效率提升，營收增加。茲整理如下：

1. 缺少資料分析，客戶 web 化功能。
2. 目前公司產品主力是物品傢俱，故主要是在進貨，銷貨，存貨流程。所以比較沒有軟體系統架構模式的彈性，因此在擴充上是有很大的困難。
3. 功能有包含倉庫管理／營業作業／會計作業。

至於資訊服務供應商方面：因該進銷存軟體是套裝軟體，其功能都已是固定，但因仍偶而有程式問題，故會由該開發者的廠商來維護。

電子商店的經營規劃

茲將電子商店的重點說明如下：

1. 商家對電子商店之涉入重點：
   - 店面之網頁設計。
   - 商品陳列、商品的上架與管理。
   - 完整的銷售流程。

- 上線後的維護及後端管理。

2. 消費者對電子商店之涉入重點：
   - 確認問題。
   - 蒐集情報。
   - 評估可行方案。
   - 購買決策。
   - 交易及售後服務。
3. 在公司推動電子商務計畫：
   - 網站及首頁設計的表現。
   - 網站內容。
   - 宣傳活動。
   - 促銷活動。
   - 建立完整的後台支援軟體。

未來系統功能架構方面

1. **網路購物的網站**：切入新的未來模式流程和里程碑。

   該公司的客戶來源可擴充至：同行調貨、門市訂購、消費者（個人、企業），其價格介於市價和批發價之間。

   依該公司的條件和特性，可設計為單一商店的網路購物網站。不過在該公司的產業環境下要推動，會有以下問題：

   a. 上網習慣性→行政人員（老闆、小姐）

   b. 企業資訊功能的推動和維護

另外可在原有經營模式增加建置經銷服務網站，針對合作關係良好經銷商，做企業網站經銷服務和客戶產品推廣，該網站會員有等級之分和入會資格（分區域化）。

在產品定位：產品區分市場經銷、消費者（可能店面、個人、企業）。在該網路購物網站，必須有以下的整合：

(1) 可針對消費者和業務經銷的企業功能。

(2) 該網站和原有進銷存軟體整合。

(3) 實體通路出貨作業須和該網站整合。

另外在該網路購物網站，可設計一些分析功能：

(1) 主動 e-mail 行銷

(2) 網路購物網站模式須分析

(3) 該網站投入成本和效益狀況

2. **網路購物的網站功能**：

2-1 網站內容之設計：

- 公司的網域名稱。
- 網站畫面要有合理層次和主題。
- 商品型錄分類。
- 人性化介面。
- 強大的內部搜尋功能。
- 完整充分的產品關聯資料。
- 圖片輔助說明。
- 個人化客製化。
- 內容時常更新和正確。
- 高效率的行銷作業流程設計。
- 售後服務。
- 宣傳並推廣網站。

2-2 系統功能：

- 須符合安全電子交易標準。
- 應具動態網頁效果。
- 具後檯整合功能。
- 具運作測試功能。
- 具資料驗證功能。
- 具多重購物方式選擇功能。
- 可建立客戶聯絡資料。
- 具自動訂購功能。

- 具交易資料處理功能。
- 具顧客族群分類。
- 具購物車設計。
- 具運費計算功能。

根據上述功能，茲將最重要三項功能說明如下：

1. **會員管理系統：**於此系統中，使用者可以輸入本身基本資料，輸入資料完畢後以成為該網站之會員；而已成為會員之使用者，可直接輸入會員帳號與密碼以登入此系統，這些資本資料包含姓名、帳號、密碼、電子郵件信箱、住址、聯絡電話等，可做為顧客後續的交易分析。

2. **商品分類搜尋系統：**使用者可經由分類目錄中搜尋商品；使用者也可經由搜尋和分類系統中，以選擇所需查詢條件，並輸入想查詢之關鍵字以及搜尋商品名稱與廠牌內容，以快速查詢所想要之產品。

3. **商品交易流程系統**：使用者可在找到需求之產品後，可將產品放入購物功能中，也可一齊找到所有想買之產品後，再放入購物功能中，接下來使用者必須以會員身分登入此網站，再將購物資訊送出以完成購買流程。

至於選擇資訊服務供應商方面，因為公司本身非是軟體公司，故應選擇公司內部顧問方式，和某家資訊服務供應商，一起運作，如此才能整合原有人力和技術。目前針對短期來規劃資訊化的步驟，茲整理如下：

◈ e化執行階段 ---短期

Step 1
1-3
階段1：
行銷策略的決定、規劃商品的銷售及配送方法、定具體可行的營運目標、評估本身的獲利能力、

Step 2
4-5
階段2：
經營成本的預估、規劃親和的購物流程、決定客戶的付款方式、後台作業處理的規劃、廣告與促銷活動的規劃、充實相關法律知識。

Step 3
6-8
階段3：
(1).硬體網絡設施初期－規劃
(2).人才制度管理－規劃、建設、訓練

圖 12-13 規劃資訊化的步驟

◆系統軟體架構(階段1)

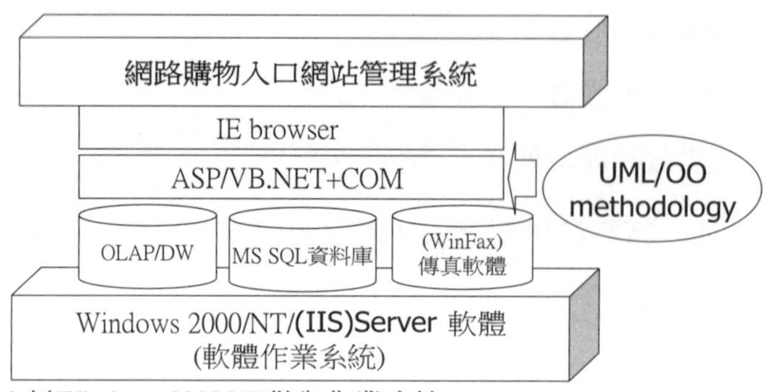

1.以Windows 2000/NT做為作業系統
2.以微軟軟體IIS做為網站伺服器
3.以Winfax做為Fax 伺服器,並進一步和資料庫連結
用來發送特定對象學員傳真

圖 12-14 系統軟體架構

主機代管（Co-Location）

	導入前	導入後	量化
1	線上下單機制未能整合在資料庫中,導致一個客戶訂單要經過電話處理才能	客戶只要在線上下單或電話下單人員新增資料,全部皆放置於同一個資料庫,完全由電腦一次處理完成	下單時間由5分鐘下降到30秒
2	DM以沒有條件式的方式發送,易發生人員及DM成本的提高	業務人員可經由電腦查詢介面篩選出特定類別的客戶,進行訊息的發送,節省人工以及DM成本的浪費	減少DM成本約30000/月.
3	公司無法針對現有客戶資料做分析,喪失對客戶潛在購買的良機	客戶資料庫經電腦化之後,可依主管需求.進一步做和客戶有關的分析報表,足以協助主管做更正確的決策	增加客戶潛在購買30訂單
4	只有經銷管道	可增加消費者管道,增加營業收入,降低營運成本 ,顧客忠誠度加強	增加消費者100人/月
5	網站只在呈現訊息的靜態呈現,以及透過E-mail傳遞訊息,無法即時掌控客戶動態,進而推展業務	直接將產品資訊及訂單情況寫入資料庫,主管隨時可得到經過整理之後的有用資訊,進而加快推展業務	可增有用訂單資料30筆

圖 12-15 預期效益

- IP 代理發放服務。
- Domain Name 註冊服務。
- DNS 設定服務。

- 線上流量監看程式。
- 可由客戶指定適當之查詢方式。
- 系統整合諮詢服務。

12-4 雲端運算與網路行銷

12-4-1 雲端運算定義和種類

雲端運算（Cloud computing）是由 Google 提出的，雲端運算（Cloud Computing）是一種分散式運算（Distributed Computing）的形式。以數以萬計的伺服器，叢集成為一個龐大的運算資源。它包含 IaaS、Paas 與 SaaS 等三種模式。而相對於 IaaS、Paas 與 SaaS 等隨選服務，就是 On Premise 系統。

IaaS（Infrastructure as a Service）。強調的是將各種廠牌的硬體產品整合在一起，視業務需求彈性調配硬體資源。雲端運算對伺服器的主要要求不在於速度和效能，**而是擴充性及低成本**：例如：中華電信提供虛擬儲存服務（Storage as a Services）等雲端服務，虛擬伺服器，Virtual Server）是指主機網頁空間的硬體，“虛擬”是指由實體的伺服器做切割延伸而來，其主機（可以是橫越伺服器群，或者單個伺服器切割多個主機，也就是將一台伺服器的某項或者全部服務內容邏輯切割為多個主機，對外就是多個伺服器。VMware 則是虛擬電腦軟體領導品牌，這種軟體讓電腦可以同時運作兩個以上的作業系統。

Paas（Platform as a Service）：是指用建構 PaaS 的軟體廠商本身的軟體架構當作應用軟體設計開發的平台，程式人員只要針對應用功能所需的程式來編碼即可，不需要考慮到作業系統和通訊底層的協定及溝通，這有助於提升並加速應用軟體開發的生產力，但唯一限制必須遵照此 PaaS 所提升的軟體規格，因此，若有多家 PaaS 的使用，則就必須了解多個不同軟體規格。

SaaS（Software as a Service）：強調的是企業無需自行部署與維運資訊系統，可以網路使用的方式，即時取得所需的網路應用服務·例如：Amazom 提供的 EC2 服務、Google 的 Google.doc—在雲端平台上建置可調節的商業應用程式—SaaS 和應用服務供應商」（ASP）是不同的。讓使用者得以透過網路來存取資料或進行運算。讓運算的過程在我們看不見的網路上進行，就像是飄在天上的雲一樣。雲端服務的計價標準將同時考量使用量與服務等級協定（SLA）兩點。

雲端運算可從技術面和商業模式面來探討之。從技術面，雲端運算是一個以 IT 技術延伸擴展到另一個全新的技術，而且未來不斷的再蛻變改造。舊的 IT 技術是指叢集（Cluster）運算、平行運算、效用（Utility）運算、格子（Grid）運算，一直到雲端運算（Computing）新的 IT 技術演變。雲端 IT 技術會影響到雲端商業模式。

本文探討的重點是在於雲端商業模式。任何創新的商業模式都來自於人性生活的最原始需求。不管雲端商業的運作面貌多樣化，終究仍須回饋至人性生活原始需求，如何利用雲端商務為驅動引擎來完成產業資源規劃資訊化。雲端運算包含 Iaas、Paas、Saas 三個層級子模式，在 Iaas 和 Paas 是屬於基礎骨幹的層級，透過這二個層級才有辦法讓 Saas 服務應用功能得以運作，而產業資源規劃是屬於 Saas 的服務應用功能資訊系統。在 Iaas 和 Paas 層級會建構出雲端的產業鏈，也就是利用此二層級基礎骨幹將在產業中的各企業之電腦軟硬體相關資源做整合，例如；主機虛擬化就是一例，而後有了這個雲端的產業鏈才能發展出以服務科技化為基的服務導向之產業資源規劃資訊系統。

流程創新會讓雲端商務產生價值，也就是說雲端商務不在於類似 ASP（Application Service Provider）技術和模式，而是在於流程創新，而流程創新非常注重徹底根本方法，也就是重新表現作業流程的結構化分析，其中包含主體角色的認知和「利害關係人角度」之重新審視，

雲端運算是建構在 IaaS、PaaS 基礎上的 SaaS 軟體應用，而其精髓是在於產業資源整合和智慧型代理人運算這二種，透過智慧型代理人運算，可結合展現商業智慧和人類自主能力的智慧運算。也由於如此智能，使得企業資訊系統從程序作業、管理分析層次提升至決策策略層次的軟體應用。智慧型代理人是軟體服務，能執行某些運作在使用者及其他程式上。智慧型代理人運算有以下功能：（1）立即反應（Reactivity）、主動感應（Sensor）：可主動偵測環境條件的變化，進而使相關事件立即被反應觸發；（2）自主性能力（Autonomy）：可自動化產生模擬人類的自主性能力；（3）目標導向（Pro-activity）：委託能達到目標的特定代理人；（4）合作（Cooperation）：不同特定代理人在「類別階級」架構下，整合成緊密的關聯網絡，來達到快速和協同合作的互動。智慧型代理人能自主的處理多樣化大量的分散性資料，選擇及交付最佳的資訊給使用者，進而取代人工，正確、快速且有效率地執行複雜的工作，以及利用演算法來做為智慧性雲端運算的應用，例如在本文實例中，以撮合演算法來做為維修人力安排規劃的智慧化營運。

智慧性代理人的雲端運算是以描述企業營運之人類行為的情境模式來分析系統的功能，其運作機制是指在營運模式的過程，委任由具有可因應外在環境條件變化，而自主性的驅動發生的事件，來達到使用者的需求目的。

雲端商務絕不是 ASP（Application Service Provider）模式，因為 ASP 只是把企業應用軟體以公用和租賃方式來運作，ASP 根本仍是企業資源規劃基礎，但**雲端商務的企業應用則是站在產業資源規劃的基礎上**。

Internet 只解決了真實和虛擬的結合藩籬，可是就實體資源而言，如何能自動擷取這些實體資源使用資訊，已不能再用以往傳統人工登錄被動作業方式，這會造成上述問題所提及的管理成本高和難以運作現象，因此，解決方式亦即是如何打破現實面和物理面的藩籬？現實面是指指實體資源的「現實外在反應」，它是指實體的功能、外觀等，例如：碳粉匣可被用於列印等外在反應，但它（現實面）並不知道碳粉匣何時快用完等狀況（物理面）。所以，要主動了解這些狀況，也就是須具有「物理內在感知」（物理面）功效。

Internet 開啟了企業真實和虛擬的結合，但**物聯網創造了企業現實和物理的結合**，因此新的一代**企業營運資訊化應用須結合 internet 和物聯網**。

12-4-2 企業資訊系統變革

產業生態競爭就是指全球產業環境如同大自然生態一般的競爭模式，它勢必會影響企業生存和經營模式，所以產業生態化競爭就是指須把整個企業生存和營運環境，視同大自然生態一般的有機生命力，進而從產業生態化競爭形態來思考企業該如何經營！近來，因電子書產業興起，使得全球知名書店邦諾公司，被迫不得不做出巨大的改變，這就是一例。

天地之間，無所遁形。天之籠罩，地之織網，將其大自然生態的生命力變化鉅細靡遺的留存於時空內。因此，天地之間造就大自然生態化形成。同樣的，**雲端環境就如同天一般的籠罩，而物聯網就如同地一般的織網，因此當雲端環境和物聯網建構完成之時，也就是創造出產業生態化形成之際**。

因軟體技術變革而使得企業應用資訊系統能有所不斷的演變，但對於產品／服務本身的資訊擷取仍是以人工登錄傳統方式，在組織角色利用企業資源來運作營運流程來看，從這些營運流程的運作過程中，可創造出產品／服務，並再利用這些產品/服務來發展出具有營收的營運流程，如此的不斷循環運作，會產生企業營運用的各類資料。資料不會無中生有，一定會有第一次產生資料，而這種資料往往是和產品／服務本身有關的，例如：產品維修資料。在以往企業資訊系統就會用人工方式來登錄此維修資料，然後再將此資料匯入維修營運作業的子系統中，並利用此資訊系統來強化其作業效率。然而利用人工方式來產生第一次資料的這種做法，將使得企業資訊化的效益大大被打折扣。

從上述說明可知，**企業資訊系統變革除了因軟體技術和流程再造的變革而創新，但此時在產業全球生態化競爭之際，更需要另一種變革，也就是智能物件的變革。所謂智能物件就是要將實體產品和無形服務轉化成物件，並且賦予智慧能力，進而成為智能物件。其智能物件最重要精髓之一在於能自動感知物理面的溝通。現實面是指指實體資源的「現實外在反應」，它是指實體的功能、外觀等**，例如：Notebook 產品在故障時可能會以「當機」來呈現，並以人工經驗來診斷可能問題原因所在和掌握進度等外在反應，但它（現實面）並不知道也無法自動感知那個零組件或是軟體原因所造成此問題，以及無法自動感知維修程序作業目前進度等狀況。所以，要主動了解這些狀況，也就是須具有「**物理內在感知」（物理面）**功效。而將**現實面和物理面的結合就是智能物件的變革**，透過此變革，就可解決以往用人工登錄方式產生第一次資料所造成無效率的問題。

另外，**智能物件的另一精髓是在於具有商業智慧能力的雲端運算**。

物理面和現實面的結合，就需依賴物聯網的建立，經過物聯網的產業資源整合平台可相對找出 internet 的 Web site，進而連接至雲端商務平台(例如：CRM 雲端商務)，這就是物聯網和雲端商務的結合。但欲建構此物聯網，需要相關體系廠商和成本投入，然而最重要的是，它已經是一種**商業戰略上的趨勢**。

12-5 物聯網與網路行銷

12-5-1 物聯網定義

「物聯網 Internet of Things」是指以 Internet 網絡與技術為基礎，將感測器或無線射頻標籤（RFID）晶片、紅外感應器、全球定位系統、鐳射掃描器、遠端管理、控制與定位等裝在物體上，透過無線感測器網路（Wireless Sensor Networking, WSN）等種種裝置與網路結合起來而形成的一個巨大網路，如此可將在任何時間，地點的物連結起來，提供資訊服務給任何人，進而讓物體具備智慧化自動控制與反應等功能。它和網際網路是不同的，後者用 TCP/IP 技術網與網相連的概念，前者用無線感測網路網與網相連的概念。上述物體泛指機器與機器（Machine-to-machine, M2M），以及動物任何物件都能相互溝通的物聯網。在物聯網上，每個人都可以應用電子標籤將真實的物體上網聯結成為無所不在（Ubiquitous）環境。

在維基百科（Wikipedia）的定義物聯網是「…把傳感器裝備到…各種真實物體上，通過互聯網聯接起來，進而運行特定的程序，達到遠程控制。…」物聯網可能要包含 500 億至一千萬億個物體，它要實現感知世界。互聯網是連接了虛擬與真實的空間，物聯網是連接了現實與物理世界。（維基百科資料：http://zh.wikipedia.org/zh-hk/%E7%89%A9%E8%81%94%E7%BD%91）

物聯網成為各國戰略性新興產業，美國、韓國也積極推動。物聯網的九大關鍵技術，在於高可靠度 RFID、感測器、IPv6 位址、及時無線傳輸、微機電系統（Micro Electro Mechanical Systems，MEMS）、衛星通信、標準化架構、嵌入式系統、奈米、晶片。

物聯網/的架構包含了感知層、核心網絡層、應用層等，物聯網是具有滲透性。RFID 標籤是一枚小小的矽晶片，上面標有「電子產品碼」（Electronic Product Code, EPC）的一組數字。

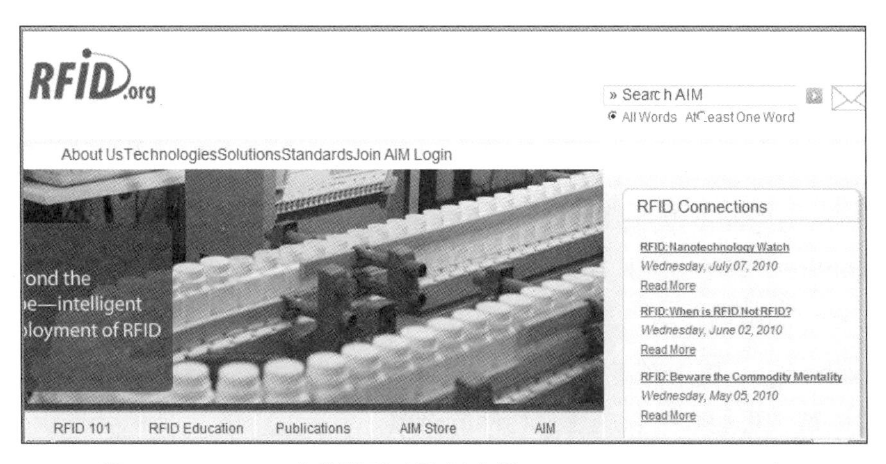

圖 12-16　RFID 產業聯盟（資料來源：http://www.rfid.org/）

IP 需求爆炸性增長，IPv4 地址將進入匱乏，IPv6 將是關鍵技術。無線感測器網路（Wireless Sensor Networking, WSN）主要之應用為透過感測器在其各自的感應範圍內偵測週遭環境或特定目標，為整合感測、感知、運算及網路能力，並且將所收集到的資訊經由無線傳輸之方式和運算結果後資訊傳回給監控者，網路監控者在得知環境中的狀態後，能夠利用這些訊息來自我調整服務。例如：能源（舒適及節能）與安全，是無線感測網路在居家應用的兩大取向。

物聯網的目的是讓所有的物品都與網路連接在一起，方便識別和管理，進行資訊交換及通訊，實現智慧化識別、定位、跟蹤、監控和管理的一種網路。

物聯網之應用服務領域則涵蓋了環境安全、智慧交通、工業監控、精緻農業、遠程醫療、智慧家居、老人護理等各類工商與生活應用領域，物聯網所帶來商機有行動支付，例如：無線射頻識別系統移動支付標準聯盟，就是看準全球採用手機支付的總金額將成長 12 倍的龐大商機，例如：智慧型冰箱，它可顯示冰箱食物的保鮮期、食物特徵、產地等資訊，同時還和超市相連，讓消費者可知道超市貨架上的商品資訊，若延伸家居護理的應用，則可通知或提供你的家人和醫生做參考等，建康照顧，控制預算，以及連絡供貨商，自動採購等，例如：監測實體環境的各種變化，包含：土石流的監測、商品的移動、保温環境温度的變化、辦公室的空調和燈自動打開關閉、人的追蹤行為，以提供各種更便捷的服務、安全。

行政院農委會農業試驗所已開發「生鮮菇類運銷物流數位化管理系統」將可應用於生鮮菇類運銷產業，運銷訊息納入現行產銷履歷系統。

物聯網的挑戰包含：透通性之標準，目前尚未開發出完整的商業模式。

12-5-2 EPCglobal 定義和架構

EPCglobal 致力於全球標準的創造與應用，EPCglobal 標準係開發作為全球使用，它提出標準的架構，包含：

1. **Identify：**使用者交換由產品電子碼（EPC）辨識的實體物件。每一個使用者在自己的應用範圍內為新物件編製 EPC 碼。
2. **Exchange：**使用者藉由 EPCglobal 網路相互交換資料，藉由感應 EPC 碼來追蹤位置，更能掌握對於實體物件的行蹤。
3. **Capture：**定義重要基礎建設元素需要收集與紀錄的 EPC 資料之介面標準，以相容互通配置自己的內部系統。

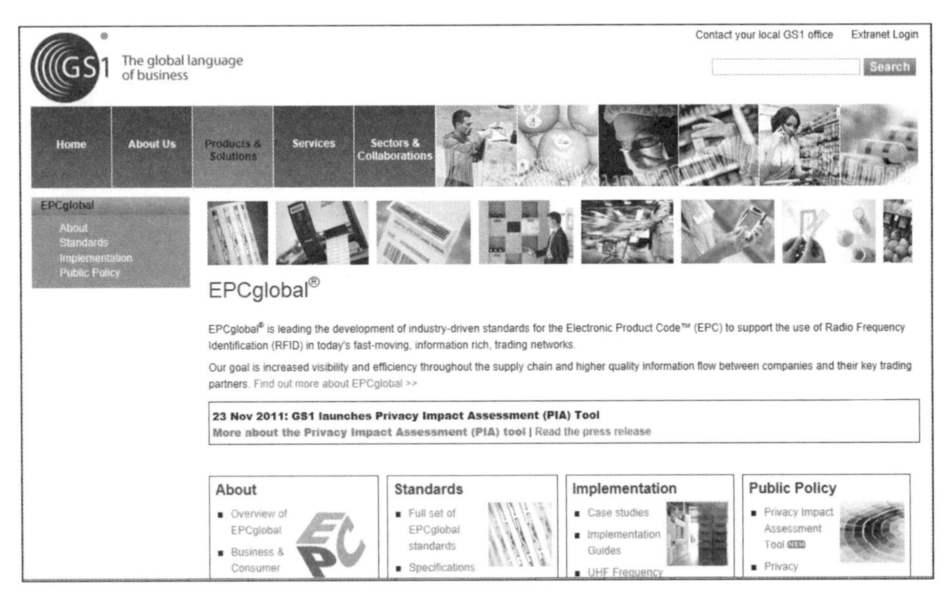

圖 12-17　EPCGlobal（資料來源：http://www.epcglobalinc.org/home/）

EPCGlobal 需和雲端運算和物聯網結合成對產業經營有利基的需求模式，唯有從產業應用切入，才能使 EPCGlobal 更發揚光大。在此提出想法：

1. **應將 EPCGlobal 認證擴大幾個級以及到產業應用的認證**

   理由：(1) 學生都需要認證來增強就業力。

   (2) 業界也可當作能力指標。

2. **舉辦深度產學研討會（偏向雲端運算和物聯網的產業應用領域）**

   理由：(1) 雲端商務和物聯網才是業界需求。

   (2) 透過深度互動，才能讓業界真正開始踏入導入 EPCGlobal 應用之路。

3. **舉辦 EPCGlobal 結合雲端商務和物聯網的課程**

   理由：(1) 透過學習來引導產業應用 EPCGlobal。

   (2) 雲端商務和物聯網是全世界未來競爭能耐的知識。

12-5-3 物聯網的嵌入式系統技術

「嵌入式系統」（Embedded System）是一種結合電腦軟體和硬體的應用，成為韌體驅動的產品。例如：行動電話、遊樂器、個人數位助理等資訊配備，或者是工廠生產的自動控制應用。

嵌入式系統產品的需求已深入網際網路、家電、消費性等市場例如：行動電話、Sony 的智慧玩具狗（robot dog）、能上網的智慧型冰箱、具備遊戲功能的上網機（set-top box）等。

嵌入式系統的重點是在於透過軟體介面來直接操作硬體。例如：硬體部份是微處理器（Microprocessor）、數位信號處理器（Digital Signal Processor, DSP）、以及微控制器（Micro Controller）。軟體部份是特定應用的軟體程式，和即時作業系統（Real-time operating system, RTOS）。

從上述說明，可知嵌入式系統是為特定功能而設計的智慧型產品，但未來嵌入式系統已逐漸轉為具備所有功能。

簡單說明了嵌入式系統的概況，那麼嵌入式系統和網路行銷有什麼關係呢？

網路行銷和嵌入式系統的關係，是在於嵌入式系統的軟體介面驅動的特性，也就是說你可將網路行銷的內容包裝成軟體型式，進而來驅動硬體產品的功能。例如：在個人數位助理的嵌入式系統產品，將行銷知識的內容，嵌入在軟體介面內，如此企業員工就可透過這個知識型的個人數位助理，來達到網路行銷創造。這就是嵌入式知識系統。

欲發展這樣的嵌入式網路行銷系統，它除了原有嵌入式系統的軟體、韌體和硬體外，必須再加上行銷方法、資訊軟體和專業領域等三項。這樣的架構技術是很複雜的，它是具有跨領域的整合性、透通性（Transparent）、移植（porting）性能力，故這需要各項標準化機制。

同樣的，多媒體網路行銷和嵌入式多媒體系統也是如此。多媒體電腦的功能發展幾乎已無法再提昇到滿足消費者的欲望，使用者漸漸傾向於外型視覺、多功能隨意切換、整合型導向的產品，故導致有了嵌入式多媒體系統的產生。

嵌入式多媒體系統是為特定功能而設計的系統，它的效益是在於所需要的功能做到容量最小、速度最快。但透過每個嵌入式多媒體系統的軟硬介面，很容易做到多功能隨意切換和整合。

它有 2 個特性：

- 系統架構沒有像個人多媒體電腦複雜。
- 每個系統有自己的獨特性。

嵌入式多媒體系統包含軟、硬體兩大部分。硬體是以 ARM 處理器為主，控制所有的週邊硬體，軟體部分則是以 Embedded 相關軟體為主，軟體幾乎是整個系統的靈魂，軟體作業系統主要是以 Embedded Linux 為基本核心，去協調上層的應用程式和下層的驅動程式，作業系統的驅動程式是要控制協調平台上所有複雜的硬體。

下層的驅動程式包含兩個主要的硬體驅動程式：ARM 平台週邊驅動程式。例如：快閃記憶體 Flash Memory 驅動程式。上層的應用程式就是使用者可以看到和直接使用的程式，例如：MP3 壓縮/解壓縮程式。

嵌入式多媒體系統可因應不同特定需求，而客製化設計和產生該嵌入式設備，這也正是消費性多媒體的特性。例如：在網際網路的普及與新技術的發展下，個人資訊管理與服務的需求提高，使得手持式裝置（Handheld Device）為目前資訊家電（IA Information Appliance）熱門的消費性多媒體產品。這種手持式裝置稱為個人數位助理，它可分成三類，分別為 PC 架構的 Windows CE 產品、非 PC 架構的 Palm 產品、一般傳統的個人數位助理。

目前政府積極推動無線通訊產業，例如：經濟部的無線通訊產業發展推動小組，如下圖。在台灣的行動商務有 t-Mode 的模式，目前行動網路市場就有兩種商業模式：

- 將使用者的連線費由內容的提供者和行動系統業者一同分攤。
- 系統業者和內容提供者一起共享內容月租費。

圖 12-18 資料來源：http://communications.org.tw/公開網站

Communications.org 是提供有關政府積極推動無線通訊產業的計劃和訊息的網站。

12-5-4 物聯網化服務

「物聯網 Internet of Things」是指以 Internet 網絡與其技術為基礎，將感測器或無線射頻標籤（RFID）晶片、紅外感應器、全球定位系統等裝在物體上，透過無線感測器網路（Wireless Sensor Networking, WSN）等種種裝置與網路結合起來而形成的一個巨大網路，如此可將在任何時間，地點的物體連結起來，提供資訊服務予商業活動，進而讓物體具備智能化感知與反應等功能。它和網際網路是不同的，後者用 TCP/IP 技術網與網相連的概念，前者用無線感測網路網與網相連的概念。上述物體泛指機器與機器（Machine-to-machine, M2M），以及動物和任何物件都能相互溝通的物聯網。在物聯網上，每個人都可以應用電子標籤（RFID）將真實的物體上網聯結成為無所不在（Ubiquitous）環境。

物聯網的目的是讓所有的物品之間連接成一網路，方便連繫和溝通，並進行資訊交換及通訊，實現智能化識別、定位、追蹤、監控和管理的一種網路。物聯網之應用服務領域則涵蓋了環境安全、智慧交通、工業監控、精緻農業、遠距醫療、智慧家居、老人護理等各類商業與生活應用領域，物聯網所帶來商機有行動支付，例如：無線射頻識別系統移動支付標準聯盟，就是看準全球採用手機支付的龐大商機，又例如：智慧型冰箱，它可顯示冰箱食物的保鮮期、食物特徵、產地履歷等資訊，同時還和超市大賣場相連，讓消費者可知道超市大賣場貨架上的商品資訊，若延伸家居護理的應用，則可通知或提供飲食狀況資訊等，又例如：監測實體環境的各種變化，包含：土石流的監測、保溫環境溫度的變化、辦公室的空調和燈自動打開關閉、動物的追蹤行為，以提供各種客製化、平價、便捷、安全的服務。以上的例子闡釋了物聯網化的服務型態，亦即，物聯網化的服務是指將企業和消費者等利害關係人之生產銷售產品或使用裝置等物體連接成物聯網，並以此網絡可快速感知和匯集物體變化資訊，再以各利害關係人的需求，來提供主動需求的數位匯流之解決方案服務。

 問題解決創新方案－以章前案例爲基礎

(一) 問題診斷

依據 PSIS（Problem-Solving Innovation Solution）方法論中的問題形成診斷手法（過程省略），可得出以下問題項目：

就消費者而言

■ 問題 1：消費者在人生地不熟環境不知如何可快速就近找到以及在品質和價錢上可信賴的輪胎行？問題本質在於為何無法事先即時自動偵測胎壓使用狀況，因此其需求是在於透過主動即時了解輪胎使用負荷，而可快速就近找到好的維修服務。

就輪胎行而言

■ 問題 1：除非較大型專業輪胎行，其不同廠牌輪胎囤貨數較多外，往往因不知顧客在哪裡？何時需要？所以不敢囤貨？輪胎行需求在於能深入了解個別消費者的行為偏好，並且能事先即時且以低成本方式來掌握消費者個別問題。

(二) 創新解決方案

本案例商業模式是指透過建構以物聯網為基礎的雲端商務平台，它是具有主動需求的數位匯流效果，也就是物聯網化服務之垂直產業聚落行銷。

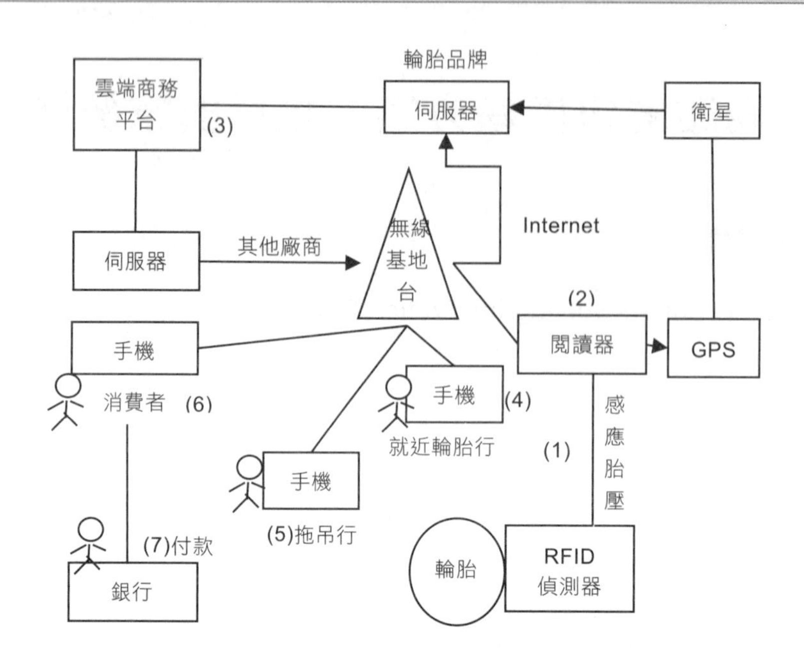

物聯網化服務之垂直產業聚落行銷

根據上圖，共有 7 個步驟，（1）由 RFID 偵測器主動感應輪胎壓力，當輪胎發生狀況導致胎壓不足時，就將此資訊傳輸到閱讀器（Reader）。（2）將閱讀器擷取的此資訊，透過 GPS 衛星或無線基地台傳輸到輪胎品牌公司的伺服器（雲端伺服器）。（3）在此伺服器建立雲端商務平台的應用軟體，其功能包含輪胎維修服務作業。（4）透過此平台將此輪胎資訊（胎壓、廠牌、磨損程度、轎車規格等）傳給離消費者就近的策略聯盟輪胎行，此時，輪胎行可事先準備新輪胎（例如：調貨）。（5）同時，此平台也傳給就近拖吊行，請人至現場處理。（6）此平台同時也傳簡訊給消費者手機，告知就近輪胎行路線及換輪胎的合理報價。（7）當維修服務完成，若臨時沒有足夠現金，可利用手機做行動支付。

從此模式的運作結果，可解決了本案例的問題並滿足企業和消費者需求。消費者可快速就近找到可信賴拖吊行和輪胎行，其維修費用也是合理平價。而且整個維修聯絡事宜都是透過平台來運作，因此消費者不需很辛苦的和不同窗口聯絡。就輪胎行而言，它可事先掌握消費者需求（包含時間、地點、需求量）以及透過掌握顧客需求量和輪胎原廠企業策略聯盟，以便取得優惠輪胎價格而爭取到消費者生意。就輪胎原廠公司而言，可從傳統產品銷售營運模式轉型成加值服務的企業形象，其利潤不只產品銷售，還有其他加值服務營收（例如：拖吊服務手續費）。另外，以前都是面對輪胎行或通路商，透過此模式，就可直接面對消費者，真正了解消費者需求，進而從消費者回饋意見做為產品設計改善的考量依據。

(三) 管理意涵

■ 中小企業背景說明

中小企業在當今全球化的產業環境中，所有企業都會面臨新的競爭壓力，尤其在專業分工程度不斷提高的趨勢下，企業之間需要更新的營運模式與思維，因此，在體系企業間的整合電子化作業就應運而生。

■ 網路行銷觀念

在產業鏈中供應商與顧客間的上、下游關係就像自然界裡兩個生物體的互利共生一樣。因此，如何讓供需、研發速度等在整個價值鏈中產生真正的效益，體系間網路電子化的推動，甚至協同行銷管理的合作模式愈形重要。

■ 大型企業背景說明

大型製造業企業在過去大部份以區域化生產為主，也因而許多製造業整合資訊化系統也大部份以區域化來加以設計；但現今由於網路經濟興起及全球產業生態變化，如中國大陸的崛起，也因此跨地域的生產環境，例如在兩岸三地的作業模式是一種愈來愈普遍的一個現象。

■ 網路行銷觀念

資訊網路系統如何地能夠適應這種多變及多樣化的作業，將是一個企業資訊系統不可不細心考量的事情，而首當其衝的，就是資訊系統必須能支援跨產業的整合價值鏈所需的網路行銷服務需求。

■ SOHO 型企業背景說明

SOHO 型企業在現有如此資訊科技環境上，其全球上 Internet 人口急速增加，且由於寬頻網路技術的突破，電子商務環境及技術和成本已漸趨成熟下，如何運用資訊科技來建構「電子化企業聯盟」的效益就愈來愈廣泛了。

■ 網路行銷觀念

「電子化企業聯盟」的功能，包括建立良好的客戶關係、提升企業流程的運作效率、產品與服務創新、新市場的發展、快速溝通平台、掌握技術應用能力、與合作夥伴建立互信互助的關係等。

(四) 個案問題探討：請探討此模式的利益關係人互動作業

案例研讀 Web 創新趨勢：物聯網化服務

根據內文對物聯網化服務的說明後，在此舉例說明如下。JC Penney（美國知名的連鎖百貨 http://www.jcpenney.com/dotcom/index.jsp），它提供了 QR Code 實體貼紙功：

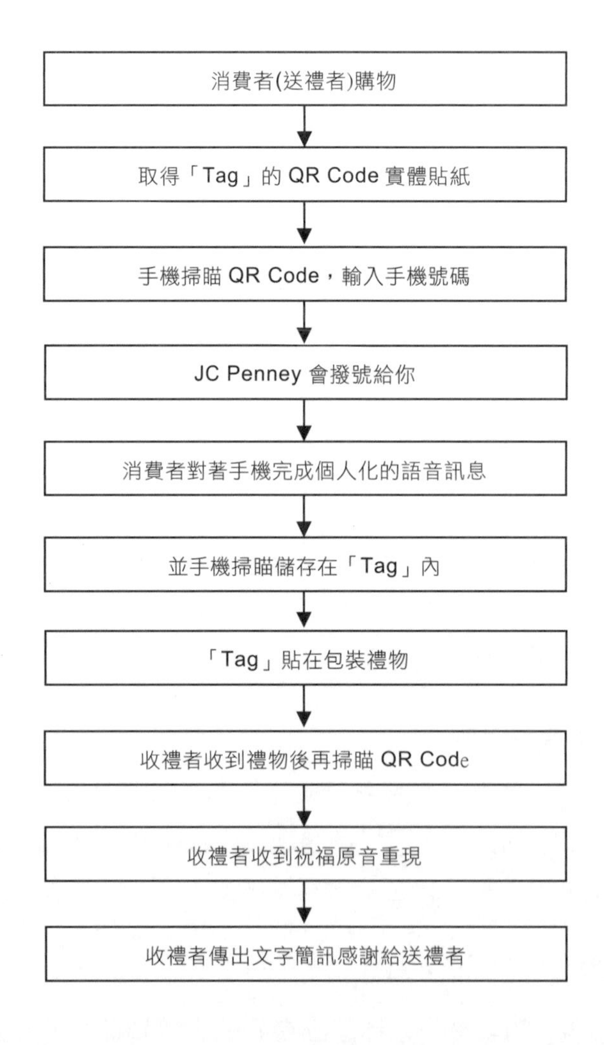

例子：Home Plus 在地鐵站旁附上可直接將商品加入購物車的 QR Code，以及模仿實體貨架的陳列方式，這可使得客戶在等車的同時，他們可以瀏覽虛擬商店的熱門商品圖像和大幅燈箱廣告，並直接拿起手機來拍攝感興趣的商品。

資料來源：http://www.homeplus.co.kr/

例子：Imshopping 是一家真人購物助手平台，它的首頁是一個大大的框框，要你問一個「找商品」的問題，網友可以透過登入該網站或其他社群網站等方式，來詢問有關購物的問題。其特別之處在於，它的成功主要來自它運用 Twitter，因為 IMShopping 的回答也會出現在你的 Twitter 頁面上，讓其他拜訪者全都看到。主要的獲利基礎來自和公司品牌合作推薦商品，並從銷售收入中拆分利潤。

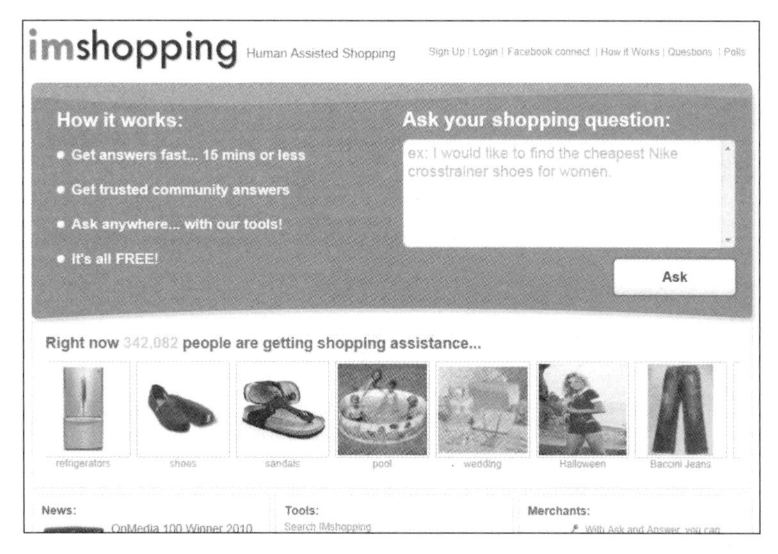

資料來源：www.imshopping.com

例子：MyAdEngine 是網路廣告自助平台，它提供文字廣告和社交廣告網路行銷的服務，主要對象是中小企業或個人網站的經營者，他們可自行設定投放方式和預算，和刊登和管理網路廣告的機制。資料來源：www.myadengine.com

例子：pachube.com/ 是提供查看感測器記錄各類感應裝置和其他網友所建立的環境資訊的資料網站，它可讓用戶透過感測器來擷取各種經緯度、溫度等環境的資訊，並進而在地圖上建立標籤註記，並將其上傳到網站和朋友分享。資料來源：http://www.pachube.com/

案例研讀
熱門網站個案：社交過濾網

社交過濾利用演算法和資訊過濾的技術，系統就會透過演算法來分析社交圖譜，主要根據用戶的 Twitter 重複推送（Retweet）、Facebook 轉貼連結被按讚和留言的次數、Google Reader 裡對於各種資訊來源所分享、喜歡和收藏的次數等資訊，並且過濾和重組其中真正有價值的內容，再結合社交網站中所建立的關係和信任感，它提供多樣化的關鍵資訊，可以讓有用的資訊變得精準，更為個人化，這是未來發展的趨勢。

例如：Summify.com 是一個社交新聞過濾器，Summify 用戶只要輸入自己的 Twitter 和 Facebook 帳號，再以電子郵件的方式去推薦給用戶，這是社交過濾服務的主要特色。Summify 的核心關鍵就在於演算法。

資料來源：http://summify.com

例如：quantcast.com 專門從事目標客戶的媒體測量和網路行為分析廠商，它可收集客戶對於網站、影音、遊戲等媒體效果的感知程度，以便可以個人化地了解社交情況。

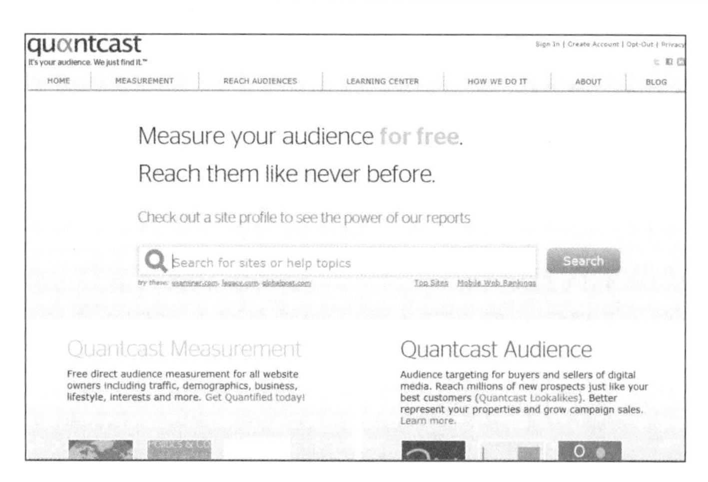

資料來源：http://www.quantcast.com/

例如：TweetDeck.com 它是社群訊息收集中心，整合自己在不同社群平台上的資訊，透過設定訊息過濾、提示功能等技術，來匯聚 Facebook、Twitter、Foursquare 等平台，進而預設未來訊息要發布的時間，同時追蹤別人的整合訊息。它不用登入個別平台，直接透過 TweetDeck 瀏覽互動，即使在龐大的討論中，也不會漏掉關鍵訊息，並記錄自己在多個平台上的發表內容，可一網打盡同時察看朋友在不同網站中所有社群資訊。

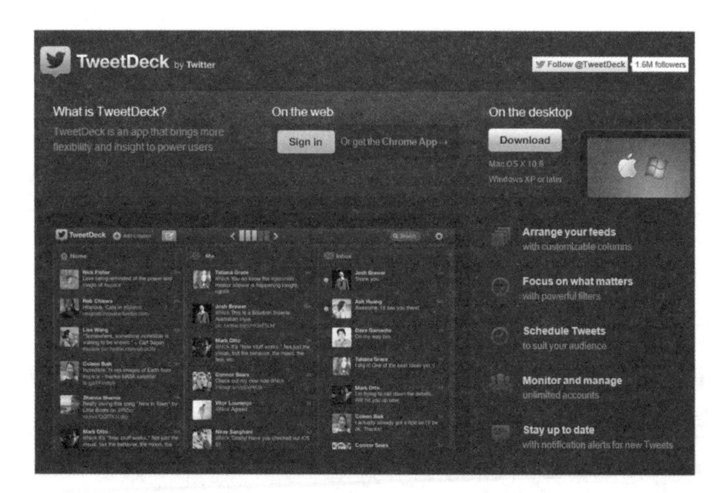

資料來源：http://www.tweetdeck.com/

■ 問題探討

請探討此社交過濾模式會如何影響到消費者生活層面。

本章重點

1. 在企業策略目標展開方面，可架構供應鏈資訊化系統，透過 Internet，簡化及改善與廠商間資訊流及金流等作業流程，建立最佳化的供應鏈運作模式，如此才可達到企業經營從產品導向轉為服務解決方案提供者的知識創新型企業。
2. 體系企業間電子化應用範圍，包括了企業與企業間透過企業內網路（Intranet）、企業外網路（Extranet）及網際網路（Internet），將重要資訊及知識系統，與供應商、經銷商、客戶、內部員工及相關合作企業連結。
3. 如何來建立企業跨區域的網路系統模式呢？它可分成四個主要工作項目：基礎資訊架設、資訊連線建置、當地資訊網路作業規劃、兩岸資訊整合。
4. 就企業應用方面來看電子商業與網路行銷關係，有分成三種層次：Intranet、Extranet、Internet，所謂 Intranet 是指企業內部的資訊系統應用功能 Extranet 是指企業對外部的資訊系統應用功能，Internet 是指企業和外部之間的資訊系統應用功能，這三種最大差異是 Extranet 它是以企業內部為中心，對外角色產生應用功能，而 Internet 是企業和另一企業的交易作業，沒有以那一個企業內部為中心。
5. 雲端運算（Cloud computing）是由 Google 提出的，雲端運算是一種分散式運算（Distributed Computing）的形式。以數以萬計的伺服器，叢集成為一個龐大的運算資源。它包含 IaaS、Paas 與 SaaS 等三種模式。而相對於 IaaS、Paas 與 SaaS 等隨選服務，就是 On Premise 系統。
6. 雲端運算可從技術面和商業模式面來探討之。從技術面，雲端運算是一個以 IT 技術延伸擴展到另一個全新的技術，而且未來不斷的再蛻變改造。舊的 IT 技術是指叢集（Cluster）運算、平行運算、效用（Utility）運算、格子（Grid）運算，一直到雲端運算（Computing）新的 IT 技術演變。雲端 IT 技術會影響到雲端商業模式。
7. 產業生態競爭就是指全球產業環境如同大自然生態一般的競爭模式，它勢必會影響企業生存和經營模式，所以產業生態化競爭就是指須把整個企業生存和營運環境，視同大自然生態一般的有機生命力，進而從產業生態化競爭形態來思考企業該如何經營！

8. 雲端環境就如同天一般的籠罩，而物聯網就如同地一般的織網，因此當雲端環境和物聯網建構完成之時，也就是創造出產業生態化形成之際。

9. 企業資訊系統變革除了因軟體技術和流程再造的變革而創新，但此時在產業全球生態化競爭之際，更需要另一種變革，也就是智能物件的變革。所謂智能物件就是要將實體產品和無形服務轉化成物件，並且賦予智慧能力，進而成為智能物件。其智能物件最重要精髓之一在於能自動感知物理面的溝通。現實面是指指實體資源的「現實外在反應」，它是指實體的功能、外觀等。

關鍵詞索引

學習評量

一、問答題

1. 何謂電子商業？
2. 電子商業與網路行銷關係為何？
3. 何謂入口型的企業行銷網站？
4. 請說明商家對電子商店之涉入重點。
5. 一般網路購物的網站主要三項功能是什麼？並說明。

二、選擇題

(　) 1. 企業體系間電子化的目的就是？
(a) 整合　(b) 分析
(c) 統計　(d) 以上皆是

(　) 2. 資訊擷取作業，主要是？
(a) 建立一個平台
(b) 自動關聯相關跨區域資訊
(c) 透過連線，來從公司資訊系統存取相關資訊
(d) 以上皆是

(　) 3. 企業內部的資訊系統應用功能是指：
(a) Intranet　(b) Extranet
(c) Internet　(d) 以上皆是

(　) 4. 電子化採購 E-Procurement 可分成三大方向？
(a) 採購規劃　(b) 採購作業
(c) 採購回饋　(d) 以上皆是

(　) 5. 資訊流是指？
(a) 實體的流動
(b) 從資訊系統應用功能所運作的過程
(c) 指企業之間和銀行的金額來往
(d) 以上皆是

chapter

13 應用案例 1：產業資源規劃系統時代的來臨—以雲端商務為驅動引擎

企業實務情境 出貨協同作業個案

AA 公司是生產 LED 半成品的供應廠商，最近 AA 公司的營運受到市場好景氣影響，使得訂單出貨量激增，往往生產趕不及出貨，造成客戶（組裝 LED TV 最終成品）企業也來不及供應本身生產線做最後組裝的進度，進而引來客戶的不滿抱怨，就有那麼一次，業務王經理因為客戶不斷催貨，而直接到生產線上趕貨，他對著生產廖經理大吼說：「為何生產如此慢？」廖經理也回應說：「訂單太多了，你要的這批貨已好了。」於是，王經理派人直接將貨從生產區移到出貨區，準備上車送貨。這時，倉庫葉組長說：「貨品須入庫記載，並印出貨單，如此，料帳才會一致。」王經理說：「事後再補資料，先把貨給客戶比較重要。」於是，當下就急急忙忙把貨品裝上貨車直接運送出去。由於是急貨，客戶雖希望即時收到 LED 零組件物品並直接投入最終組裝生產線，但這時發生了 3 個問題：（1）AA 供應商所供應這批物品缺少了部份 parts。（2）運送時間延遲，導致客戶生產線停擺 10 分鐘。（3）該客戶為了急著將貨品送至生產線上投入組裝，使得帳務處理無法即時處理。經過一段時日，AA 供應商和該客戶花費很長時間，才把帳務處理完畢，但此時已經耗用這二家公司的資源浪費和無效率。

13-1 問題定義和診斷

企業在面對問題思索解決方案時，往往以個人經驗法則和直覺判斷來處理之，尤其是在面對須即時處理問題狀況，但這樣的解決處理，是無法實際探究問題的現況診斷及真正需求的本質探討，如此將無法真正提出藥到病除的解決方案，更遑論可因應下次問題再發生時的同樣方案來快速有效處理。本個案利用「問題解決創新（Problem-solving innovation）的個案診斷手法」來做問題挖掘上的剖析，如圖 13-1。

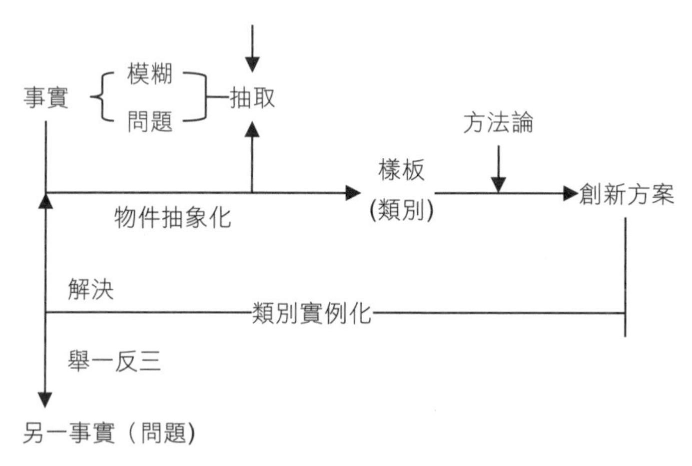

圖 13-1 問題解決創新的個案診斷

本文透過問題解決創新手法（過程省略），得出問題診斷階層，如圖 13-2。

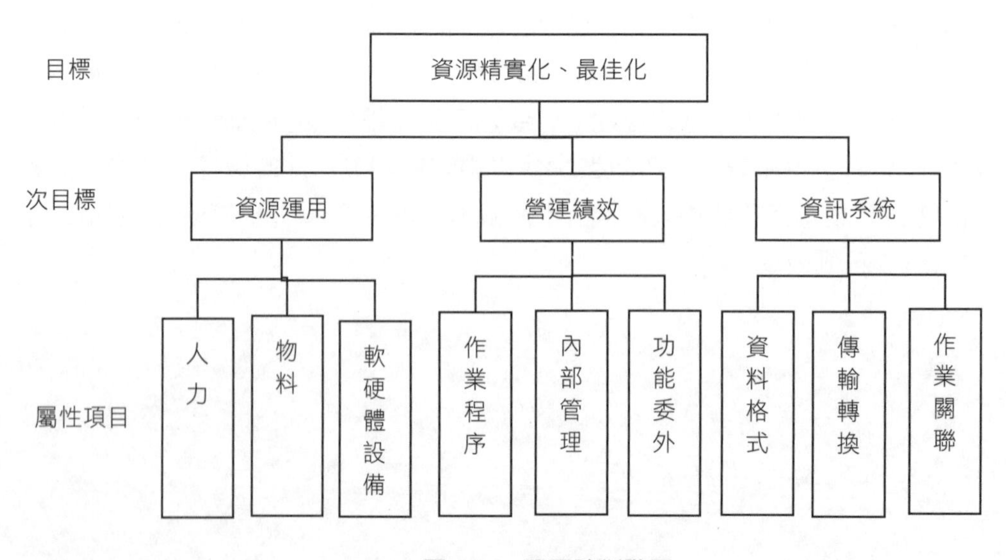

圖 13-2 問題診斷階層

依本個案的出貨協同作業來看，從問題階層圖可知在資源運用上，AA 公司和其客戶運用了各自人力資源來處理出貨安排和貨到驗收的作業程序，由於這些作業是在緊急時間處理之，使得相關入出庫紀錄來不及記載，並且由於此二家企業有各自 ERP 系統軟硬體設備資源，使得後續處理須重複輸入和互相再次確認，另外，也因為緊急處理，而忘了某 parts 的備料，使得必須再從別的廠商調貨，造成該 parts 物料資源的不當分配，此點從產業資源規劃來看，是浪費資源的耗用。

若從營運績效來看，可知在出貨程序作業，是 2 家企業各自處理，造成作業資訊分散、作業時間過長，使得在內部管理產生料帳不一和內部稽核出錯，並且 AA 公司是利用自家運送方式，導致配送路線過長和無法掌握配送過程和進度，此點從產業資源規劃來看是無效率和效益。

若從資訊系統來看，由於二家企業各自有 ERP 系統，因此必須做資料格式統一，包含軟體格式和欄位項目統一，當然可利用 XML（eXtend Markup Language）來做資料格式統一，但仍須事先依各自 ERP 作業規範和準則做格式協調統一，一旦各自系統又有改變時，就必須再協調。另外，還須做資料傳輸和轉換，也就是各自 ERP 系統須互相將這些出貨資料做符合自身系統要求的傳輸轉換。例如：以該客戶企業而言，就必須將出貨單傳輸轉換到內部 ERP 系統驗收單功能上。經過轉換後，若要做到作業關聯效益，則就必須和 ERP 系統其他欄位做關聯性的確認，例如：前例的驗收單須和採購單在 ERP 系統上做作業稽核上的關聯正確性。以上這些 IT 運作，就產業資源規劃而言，都是無法達到產業資源最佳化和精實化。從上述問題診斷後，接下來針對解決方案做說明，首先，從方法論論述談及，再根據此方法論提出本個案的實際解決方案等二大部份。

13-2 創新解決方案

13-2-1 論述

雲端運算與產業資源規劃—從企業根本需求談起。

雲端運算可從技術面和商業模式面來探討之。從技術面，雲端運算是一個以 IT 技術延伸擴展到另一個全新的技術，而且未來不斷的再蛻變改造。舊的 IT 技術是指叢集（Cluster）運算、平行運算、效用（Utility）運算、格子（Grid）運算，一直到雲端運算（Computing）新的 IT 技術演變。雲端 IT 技術會影響到雲端商業模式。

本文探討的重點是在於雲端商業模式。任何創新的商業模式都來自於人性生活的最原始需求。不管雲端商業的運作面貌多樣化，終究仍須回饋至人性生活原始需求，因此，本文從此根本需求來探討如何發展出真正的雲端運算之商業模式。

那麼什麼是企業根本需求？

企業根本需求就是如何在產業資源分散和有限下能提供即時隨時隨地的以最低成本來運用的需求服務，以俾達到需求服務最佳化及精實化。如圖 13-3。

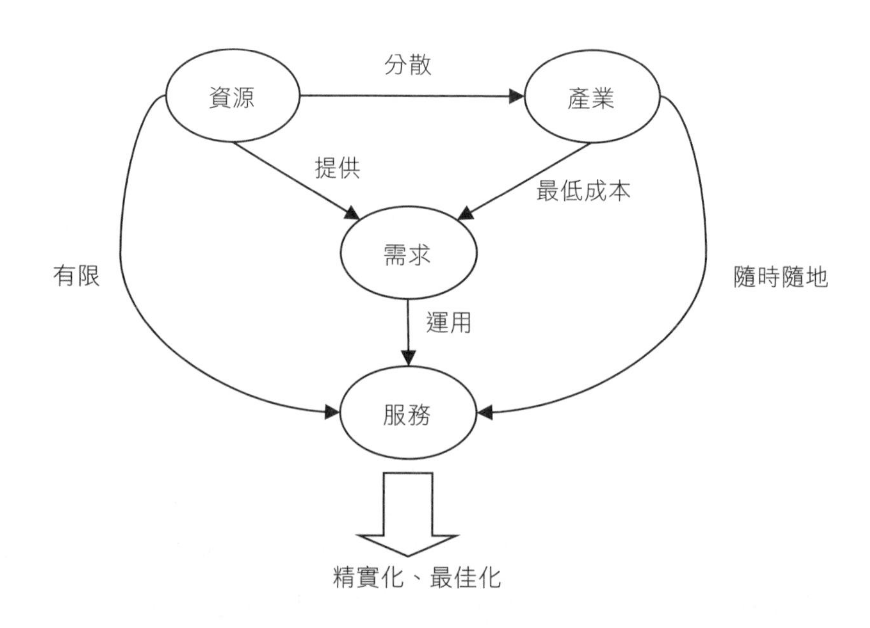

圖 13-3 以企業根本需求導向的產業資源模式

圖 13-3 是以需求為中心，此需求運用來自於以產業（industry-based）最低成本的資源來提供，而後透過此需求運用，讓產業能隨時隨地的來完成以滿足客戶需求的服務。此服務需能達到深化、優化、精準的精實（lean）化應用，然而這些資源是分散於產業鏈環境中，並且是有限的，因此，此服務也須能達到資源最佳化的應用。

從圖 13-3 模式可展開成以雲端商務為驅動引擎的產業資源規劃的架構圖，如圖 13-4。而要達到圖 13-3 所提及的產業資源精實化、最佳化，就必須以雲端商務為驅動引擎的產業資源規劃架構（圖 13-4）來探討之。從圖 13-3 內容中，主要有「資源」、「產業」、「需求」、「服務」四個項目，在「資源」項目中包含「分散」和「有限」、「提供」3 個子項目，在「產業」項目中包含「最低成本」和「隨時隨地」2 個子項目，在「需求」項目中包含「運用」子項目，而這些子項目站在以產業資源規劃（IRP，Industry Resource Planning）發展下，該如何解決呢？

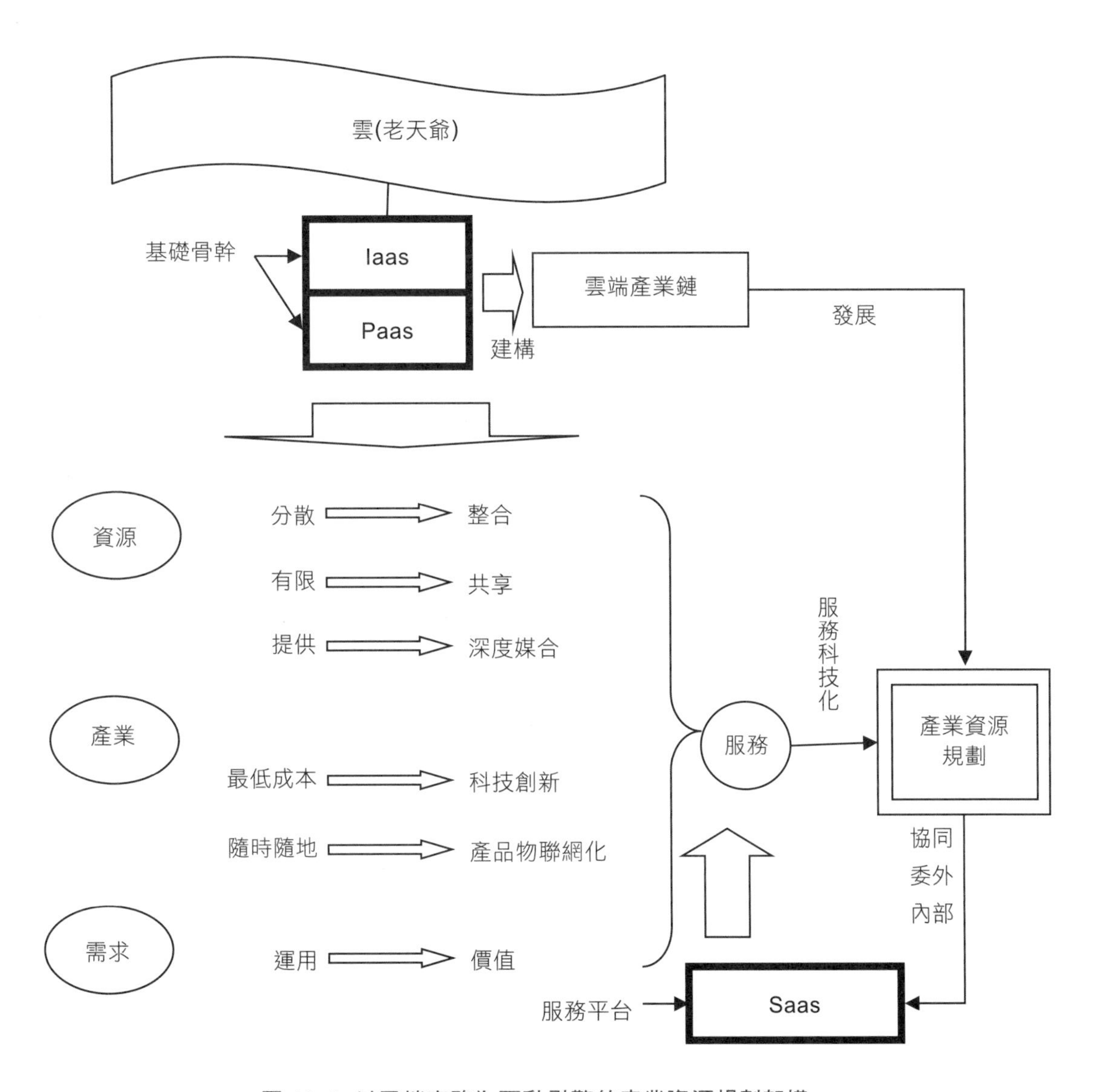

圖 13-4 以雲端商務為驅動引擎的產業資源規劃架構

在「資源分散」項目中，需以「整合」方式來解決，所謂「整合」是指將分散於各地的資源以統一共同平台將這些資源關聯成有結構化模式。在「資源有限」項目中，需以「共享」方式來解決，所謂「共享」是指在不同企業的各自資源應能彼此分享及互補來達成資源盡其用的效益。在「資源提供」項目中，需以「深度媒合」方式來解決，所謂「深度媒合」是指以滿足供需媒合的精準化、個人化之深度。在「產業的最低成本」項目中，需以「科技創新」方式來解決，所謂「科技創新」是指以創新的科技技術來以更低成本但仍可達到同樣或更多的效用。在「產業的隨時隨地」項目，需以「產品物聯網化」方式來解決，所謂「產品物聯網化」是指將物品透過

RFID 標籤和無線感測網絡（WSN）及 Internet 結合成可互相溝通的網路模式，透過此網絡就可達到 U 化（Ubiquitous）隨時隨地的溝通傳輸。在「需求運用」項目中，須以「價值」方式來解決，所謂「價值」是指在需求過度氾濫和錯誤下以附加價值指標來評核需求是否值得優先順序去考量運用資源的價值。

談完了由圖 13-3 如何發展至圖 13-4 的模式後，接下來就是說明如何利用雲端商務為驅動引擎來完成產業資源規劃資訊化。雲端運算包含 Iaas、Paas、Saas 三個層級子模式，在 Iaas 和 Paas 是屬於基礎骨幹的層級，透過這二個層級才有辦法讓 Saas 服務應用功能得以運作，而產業資源規劃是屬於 Saas 的服務應用功能資訊系統。在 Iaas 和 Paas 層級會建構出雲端的產業鏈，也就是利用此二層級基礎骨幹將在產業中的各企業之電腦軟硬體相關資源做整合，例如；主機虛擬化就是一例，而後有了這個雲端的產業鏈才能發展出以服務科技化為基的服務導向之產業資源規劃資訊系統。所謂「服務科技化」是指是一種結合服務導向和科技應用的經營模式，將科技化融入服務導向機制，來發展創新應用商機，在這樣產業資源規劃系統模式下，對企業而言，會有「委外」和「協同」和「內部」三種模式運作來達成產業資源精實化、最佳化的綜效。

那麼如何利用 IRP 來達成呢？接下來，就說明 IRP 的演變、服務元件架構、模式內容等三大部份。

IRP 演變、服務元件架構、模式內容。

IRP 演變

從以往物料需求計劃（Material request planning, MRP）、封閉式物料需求計劃、製造資源規劃，一直到企業資源規劃（Enterprise resource planning, ERP），和目前到延伸企業資源規劃（Extend ERP）的演進過程來看，可知其實企業應用資訊系統，都是在期望達到資源最佳化，只不過演進過程是從物料資源、製造資源，一直到企業資源的發展。目前企業發展已是產業鏈協同的趨勢下，以往就企業資源最佳化的 ERP 系統，已無法達到企業之間資源最佳化，也就是產業資源規劃(Industry resource planning, IRP）最佳化。

本文從下列三個重點來探討 IRP 演變：資源整合、需求應用、軟體科技等。

在資源整合方面，目前企業發展已是產業鏈協同的趨勢下，其專業分工和策略外包已是企業在專注本身核心能力下所採取的政策，這樣的政策使得原本會在 ERP 系統內的某些功能，就會造成不需要，而且反而增加和企業夥伴之間的作業功能，如此使得 ERP 系統企業內部功能萎縮，而轉移到企業之間的功能發展，例如：專注於IC 設計核心能力的企業，對於內部生產排程功能是不需要的，反而對於和晶圓代工廠之間的外包排程作業是非常重要的。

在需求應用方面，如何適用在各行業別的需求，就是 ERP 系統的價值，但實際上，不要說是某一企業的獨特性和複雜，就算是在同業的所有企業也是很獨特性和複雜的，更遑論不同行業別的獨特性和複雜，因此，常會造成不同行業別的企業用戶使用同一個 ERP 系統產品，會不斷抱怨和認為無法適用道理所在。在以往，企業應用軟體市場的發展，是從大型客製化、套裝軟體的程式結構下，發展出以參數設定功能方式來彈性滿足不同企業的獨特性所需，但若以產業資源的應用來看，其企業之間需求是不斷的變化和專屬，以及考量到產業資源運作最佳化，故應以需求服務為導向，來立即適合的解決企業問題。也就是說 IRP 系統的未來發展之一，應切入朝向應用服務元件化，使之成為可重複使用的服務，與連結這些獨立元件後，可在動態整合環境下整合成自動化的彈性流程。

在軟體科技方面，其演進過程主要分成程序導向、模組導向，一直到目前物件導向等。但在企業之間流程是一個具有複雜的情境流程，因此須依賴雲端運算的服務導向和代理人軟體技術來達成。

IRP 服務元件架構

IRP 系統服務元件架構如圖 13-5 所示，IRP 平台主要是由各服務元件所組成，其組成元件種類有三種：供給元件、需求元件、介面元件等，這些元件都具有內聚力，也就是每個元件都是獨立的和自我服務能力強大，而當供給元件和需求元件有關聯時，就利用介面元件來連接，故一旦無關聯時，就移走介面元件，並不會影響各元件的獨立性，如此不但新增和修改服務元件容易，也使得各元件之間的耦合性程度低，因此可快速因應企業之間的作業需求變化，比起參數設定方式更加彈性和適合。各獨立的服務元件還有另一個好處，就是其軟體品質的穩固，這使得軟體系統經過不斷地運作而會更加穩定。

這些服務元件的彼此運作，是透過各代理人的執行。各代理人以 web service 平台方式，由使用者提出需求元件，透過 SOAP 協定，而供給者則提供供給元件，並經過呼叫機制，使得透過介面元件，連接供給和需求元件，以俾完成使用者的作業所需，這就是代理人服務。在 web service 平台的 IRP 系統，經過代理人服務的運作後，其背後會有一個完整且強大的資料庫，因它是在 web-based 的跨企業資料庫，故本文稱為 internet 資料庫（Internet DataBase Management System, IDBMS），它是一種 UDDI 型式，其資料綱要定義是代理人結構（schema），所存放資料單元是服務元件，這個 IDBMS 是會和各企業 ERP 的 RDBMS（Relationship DataBase Management System）做連接互動，如此就可在跨企業之間的資源運作，透過代理人服務和 IDBMS 運作，使得產業資源最佳化。

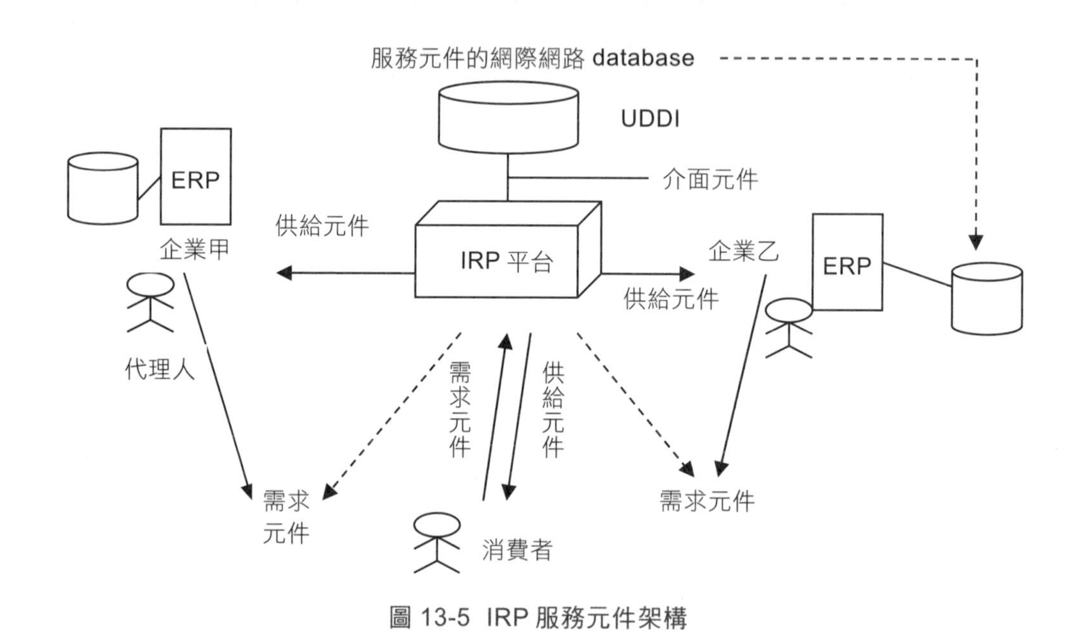

圖 13-5 IRP 服務元件架構

IRP 模式內容

從上述說明後，接下來就說明 IRP 的模式內容重點，它主要分成企業廠商運用 IRP 系統分類、IRP 產業鏈功能深化程度、IRP 系統營運兼顧協同和委外及內部模式等三大部分：

1. 企業廠商運用 IRP 系統分類

在 IRP 模式中只有建構私有 IRP 系統和加入公有/私有 IRP 系統的二種運作分類，也就是某一廠商假設在單一產業下則不是因為本身規模夠大可自行建構私有 IRP 系統，不然就是參與加入某一產業公有 IRP 系統或是某一產業私有 IRP 系統。

從上述說明可得知在 IRP 模式下，企業類型只有分成集團／大公司型企業和一般型企業，前者可自行建構 IRP 系統，而後者不需自行建構 IRP 系統（當然更不需建構 ERP），只要加入參與集團/大公司型企業的私有 IRP 系統或是第三者仲介公司所建構的公有 IRP 系統。如圖 13-6。

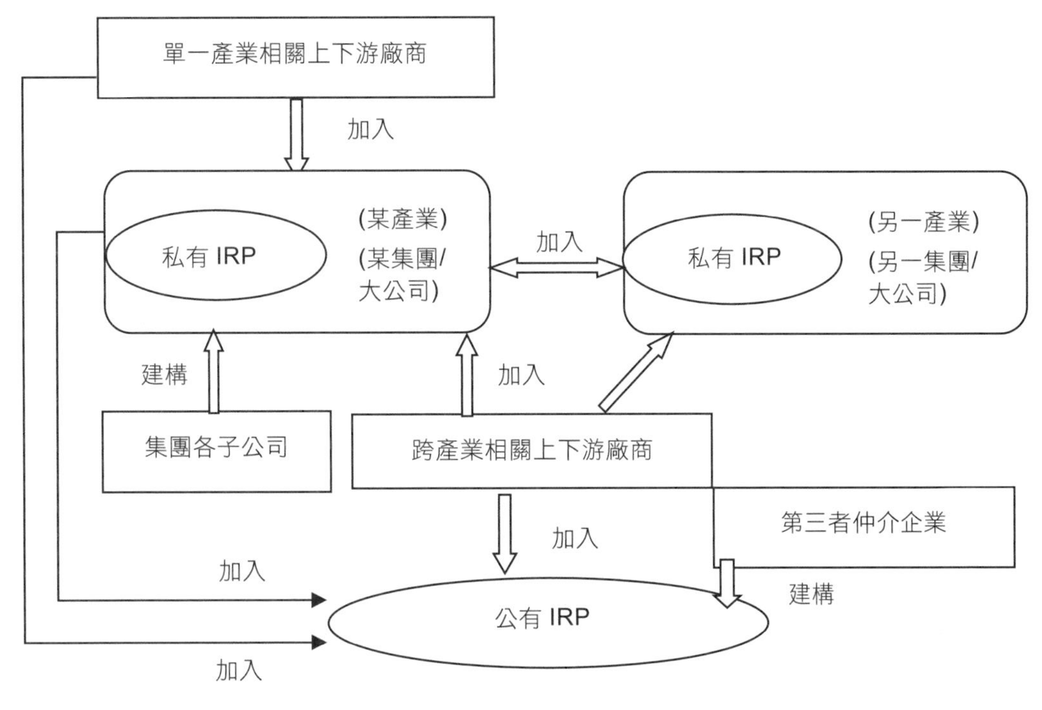

圖 13-6 企業廠商運用 IRP 系統分類模式

2. **IRP 產業鏈功能深化程度**

所謂 IRP 的系統功能是包含跨企業的運作以及在產業鏈的層級關係。所謂跨企業的功能運作是指某系統功能是牽連著不同企業的作業流程，例如：製造廠和供應商的出貨協同作業就是一例。所謂產業鏈的層級關係是指產業鏈的上、中、下游企業的層級關係，例如：自有品牌企業關聯 OEM/ODM 製造廠，而 OEM/ODM 製造廠則會關聯至半成品供應商。因此，產業鏈功能深化程度就是指系統功能是深入到企業彼此之間何種作業流程，和深入到上中下游何種層級等程度，若深入到企業更內部作業和涵蓋上中下游層級愈廣，則表示深化程度高，如圖 13-7。

3. **IRP 系統營運兼顧協同和委外及內部模式**

在企業營運的三層次由下而上主要可分成作業程序層次、管理分析層次、決策策略層次等，在 IRP 的規劃重點下，就企業之間資源運作最佳化構面而言，於作業程序層次最能達到資源最佳化的綜效，因此，在作業程序層次的企業之間運作應採取協同作業模式，例如：OEM/ODM 製造廠和半成品供應商的出貨協同作業。而於管理分析和策略決策層次，因牽涉到各企業本身文化、政策、經營特性等專屬性，所以很難和另一企業協同運作，只能採取企業本身內部運作模式，但非本身核心能力的功能，則可採取委外模式，如圖 13-8。

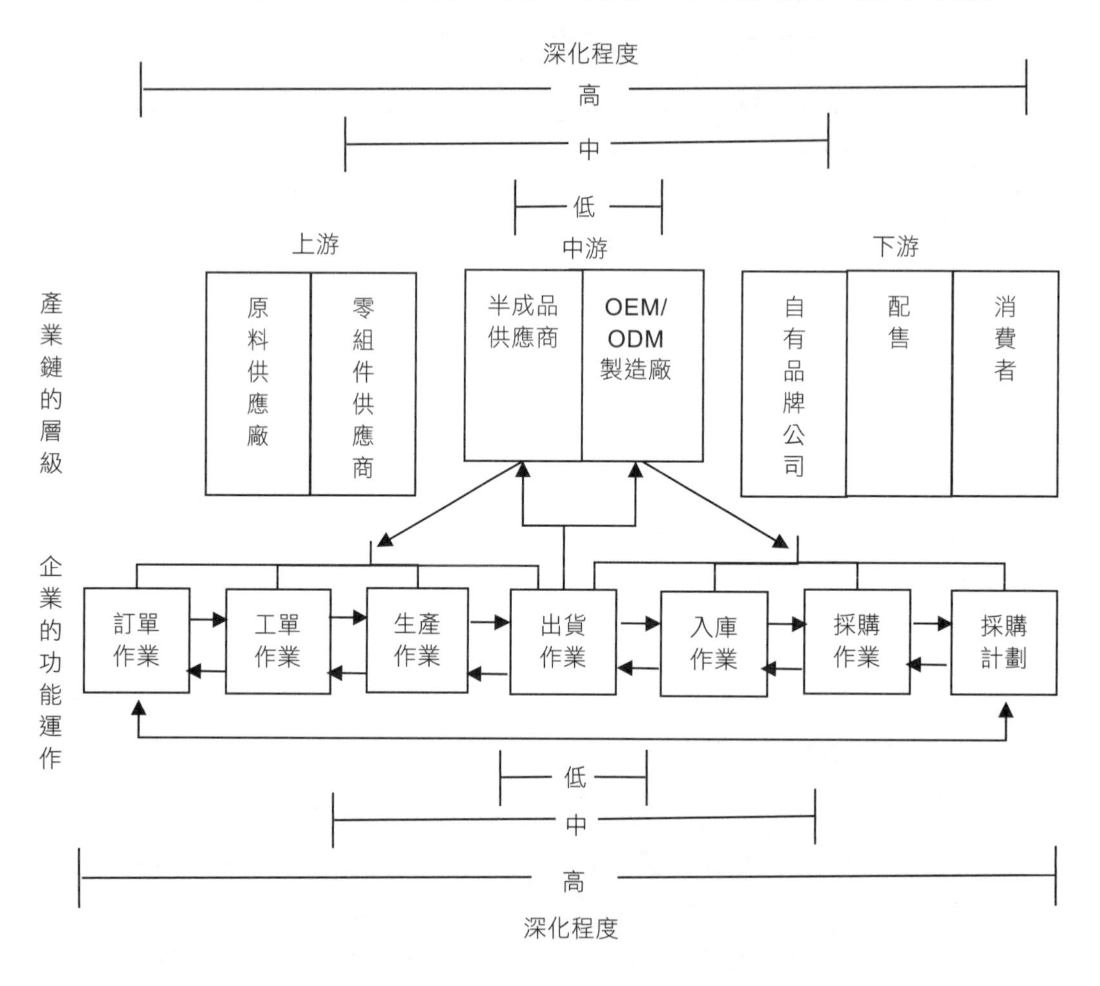

圖 13-7 產業鏈功能深化程度

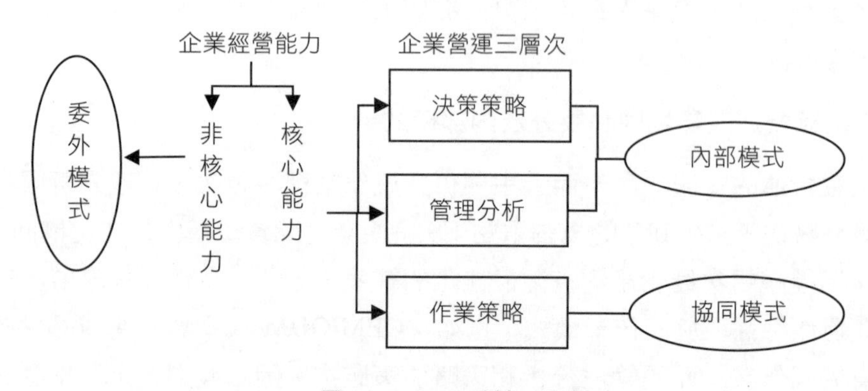

圖 13-8 IRP 系統三種模式

13-3 本文個案的實務解決方案

從問題診斷階層圖，可看出本個案主要在於資源運用、營運績效、資訊系統三構面上，因此在此結合上述 IRP 模式內容三大重點分別提出實務上解決方案。

資源運用和 IRP 產業鏈功能深化程度

就功能深化程度的跨企業的功能運作來看，可知在 AA 公司作業是出貨安排作業，而客戶作業是貨到驗收作業，若從上述問題診斷發現二家公司各自運用人力來分別記載出貨資料，但就此出貨作業其實就只有一種資料：出貨資料，因此在 IRP 系統內由 AA 公司人力輸入出貨物品資料，而當貨物到達客戶時，客戶只要利用此 IRP 系統查出在 AA 公司輸入資料來做驗貨作業即可，如此資料記載人力只要利用 AA 公司人力，就不需要客戶人力，這就是產業人力資源的整合和不浪費。同樣的，在軟硬體設備資源，因為是共用一套 IRP 系統，因此此資源也達到最佳化運用。同樣的，在物品 parts 資源調配，可利用 IRP 系統在產業鏈的層級廠商中，協調查詢出有閒置或是剛好也需要調配的某廠商 parts，如此，也就使得 parts 資源運用不浪費。

營運績效和 IRP 系統營運三種模式

本個案出貨作業是屬於作業程序層次，因此應採取協同模式，也就是將 AA 公司和客戶一起以利害關係人協同來處理此作業。透過協同模式，就可縮短作業時間和資訊集中控管等效益。而經過協同作業後，在這二家公司就牽涉到料帳合一的管理，這時因每家公司有自己料帳管理方法，所以就採用內部模式，也就是在 IRP 系統內可設計出分別適合這二家公司專屬的料帳管理功能，並不會在同一系統內而有互相干擾問題。最後，在貨物運輸功能，因都非屬於此二家公司的核心能力，因此，可共同採用委外模式，就是將出貨運輸作業委外給專業物流公司，而這專業物流公司會有一套物流用的 IRP 系統，此時，這二家公司就可利用此委外 IRP 系統來做出貨進度查詢管控，進而快速送達目的地。

資訊系統和企業運用 IRP 系統分類

從上述問題診斷可知 ERP 系統運用是會有資料程式不一、轉換和關聯再次確認問題，但運用 IRP 系統時，這些問題就不存在了。以此個案而言，AA 公司可採取加入客戶自己建構的私有 IRP 系統（假設該客戶規模夠大），因此資料格式只有一套也不需轉換，另外在產生驗收單時，因為在同一 IRP 系統內，所以那時在 AA 公司產生出貨單時就已關聯到客戶的採購單，所以客戶在產生驗收單也不需要做再次確認作業，進而簡化不必要作業。

13-4 管理意涵

一個嶄新甚至是殺手級應用的企業資訊系統之發展演變就如同大自然生態演變一樣，必須經過時空環境的蛻變和成熟，而目前正是 IRP 資訊系統即將來臨的商機和需求，因為除了之前累積多少軟硬體技術蛻變外，此刻，更因為雲端運算和物聯網的產業營運模式興起，使得 IRP 系統更顯得是未來企業經營競爭的殺手級應用系統。這對於各行各業都是一種創造性的商機，但唯有得先機者得天下，儘早洞燭此趨勢，才能讓企業或個人可在下一波殘酷產業優勢變遷和輪替的洪流下，可倖得一席立足之地，甚至能笑傲天下。

chapter

14 應用案例 2：商務和商業整合－IRP-based C2B2C 商機模式

企業實務情境 C2B2C 的整合流程

經過昨日一整天的內部開會後，小林今早一起床就顯得無精打采，但為了向大客戶簡報，仍一鼓作氣急忙的提起公事包直奔公司。

簡報會議預計九點開始（開三小時會議），尚有十多分鐘，此時，小林打開公事包準備文件，但卻驚見業務整疊營收報告文件不見了！想說趕快到辦公室列印，但電子檔案卻放在家裡電腦硬碟內，這該怎麼辦？

幸好，請家人打開電腦將檔案 e-mail 出來，雖然花費了十分鐘（因家人使用電腦不熟），但總算可以列印。可是，誰知全公司唯一印表機（小公司，所以只有一台）的碳粉匣已快沒有碳粉（也沒有庫存），導致列印品質很差，眼看開會時間就快到了。（有想過到超商列印，但整疊文件的成本太高）

緊急透過 B2C 購物網站向碳粉匣經銷商叫貨，但現場剛好沒貨（因經銷商不願囤貨，考量現場空間有限和需求不明確的因素），需向原廠取貨，若以緊急處理，可一小時到貨。此時，小林就趕快把營收報告時間挪到最後議程。

然而，經過一個小時之後，碳粉匣仍未送達，小林急得打電話詢問，才知因原廠倉庫出貨流程出了一些問題，導致運輸延遲，最後終於在營收報告前送達，讓簡報會議順利完成。

但小林卻經歷了一場心驚膽跳的早上時光。

14-1 問題定義和診斷

依據 PSIS(Problem-Solving Innovation Solution)方法論中的問題形成診斷手法(過程省略)，可得出以下問題項目：

問題 1. 向 B2C 購物網站訂貨(商務作業)，但因原廠倉庫出貨(商業作業)不順，導致影響 B2C 買賣商務的交貨運輸延遲。

問題 2. 因印表機的碳粉匣是民生消耗品，所以在消費者需求是會再次使用，因此再次使用時間、數量對於消費者再度購買是很重要的，由於，該公司並不知道碳粉匣何時用完？當然也不知道何時會需要再購買？

問題 3. 在印表機和碳粉匣的原廠、經銷商等供應企業，對於消費者需求，只能以 B2C、C2C、B2B 等一般商務行銷方式來被動執行買賣交易，無法以自動方式收集消費者偏好，進而主動滿足個人客製化的商務需求。所以，若碳粉匣廠商能自動事先知道該公司個別需求，則就可進行主動銷售。

問題 4. 由於碳粉匣供應是以產業鏈體系在運作，然而因碳粉匣使用資訊在產業鏈並不透通，導致這些供應廠商無法明確掌握消費者需求，進而無法滿足消費者需求。

問題 5. 要解決上述這些問題，若以人為操作方式的資訊系統模式，則其管理成本會很高且不易運作，例如：要主動收集消費者個人偏好(在本案例是指使用碳粉匣偏好)，若利用人為登錄在網路資訊系統內，則成本高又不一定有效果，因為其問題癥結點在於以往的資訊化模式仍是運用人類透過資訊系統來管理實體物品。若這些實體物品之間能互相溝通，則就可省去上述的人工行政登錄，並可自動記錄物品的流動狀態資料。

那麼如何從挖掘問題來思考出創新解決方案，進而創造新的商機？

14-2 創新解決方案

根據上述問題探討，接下來探討其如何解決的創新方案。它包含方法論論述和依此方法論規劃出的實務解決方案二大部份。其方法論論述包含「 IRP-based C2B2C 模式 」、「 商務和商業整合 」等二大內容：

14-2-1 IRP-based C2B2C （Consumer to Business to Consumer）模式

IRP-based C2B2C 商機模式（圖 14-1 和圖 14-2）是指在 IRP 為基礎上，以消費者為中心，來促發引導商務行為和和商業流程，也就是以消費者（C）主動向企業（B）提出需求，再由企業（B）提供商務和商業作業給予消費者（C），此模式的精髓在於消費者能以主動客製化（Customized）方式來促發企業的商務、商業作業，其客製化促發方式有：消費者需求生命週期偏好、CTO、ATO 等三種方式。

1. **消費者需求生命週期偏好：**將消費者在商務和商業系統的運作過程中，包含所產生資料，由此模式自動收集個人消費者需求偏好，並且加入個人限制條件和心理個性等深層因素，而建構成一個個人消費者需求生命週期偏好的資料庫。
2. **組合式設計訂單生產（Configure To Order, CTO）：**組合式設計訂單生產是指在接到企業型顧客或消費者訂單後，依顧客指定規格，由工程師開始設計產品的生產環境。每一張訂單都會產生專屬的材料編號、材料表與途程表。它可透過 Web-based 網站上的產品型號和零組件，依自己喜好和需求來做不同搭配組合，進而產生組合式訂單。
3. **接單式組裝（Assemble-to-Order, ATO）：**在接到企業型顧客或消費者訂單後，依顧客指示的規格提領組件開始組裝最終產品的生產環境，吾人稱為這樣的環境是接單組裝。接單組裝的作業模式為提供快速、滿足不同客戶訂單特殊需求、高品質、具競爭性價格、能在客戶要求交期時間內即可生產完成的最終產品。

在圖 14-1，X 軸是指消費者需求生命週期，在這個週期中其中“交（退）貨、付款、購買…”需求作業是泛指電子商務功能，也就是 B2B，B2C，而其中“需求條件、瀏覽、尋找…”是指網路行銷功能。Y 軸是指產業供應鏈，它是指從消費者一直到回收再處理廠商的循環體系。而在 X 軸和 Y 軸交集就是 C2B2C 模式的運作路徑。

從圖 14-1 中，可知 C2B 會到 B2C，再到 B2C，而成為 C2B2C 模式，它是由 C2B（Customized）為主動促發點（包含消費者需求生命週期偏好、CTO、ATO 等三種方式），然後到產業供應鏈的某一企業（Business），再由此 Business 轉成各種 B2C 或 B2B 模式。但若將商務和商業整合（如圖 14-2），就成為 IRP-based 的 C2B2C 模式。

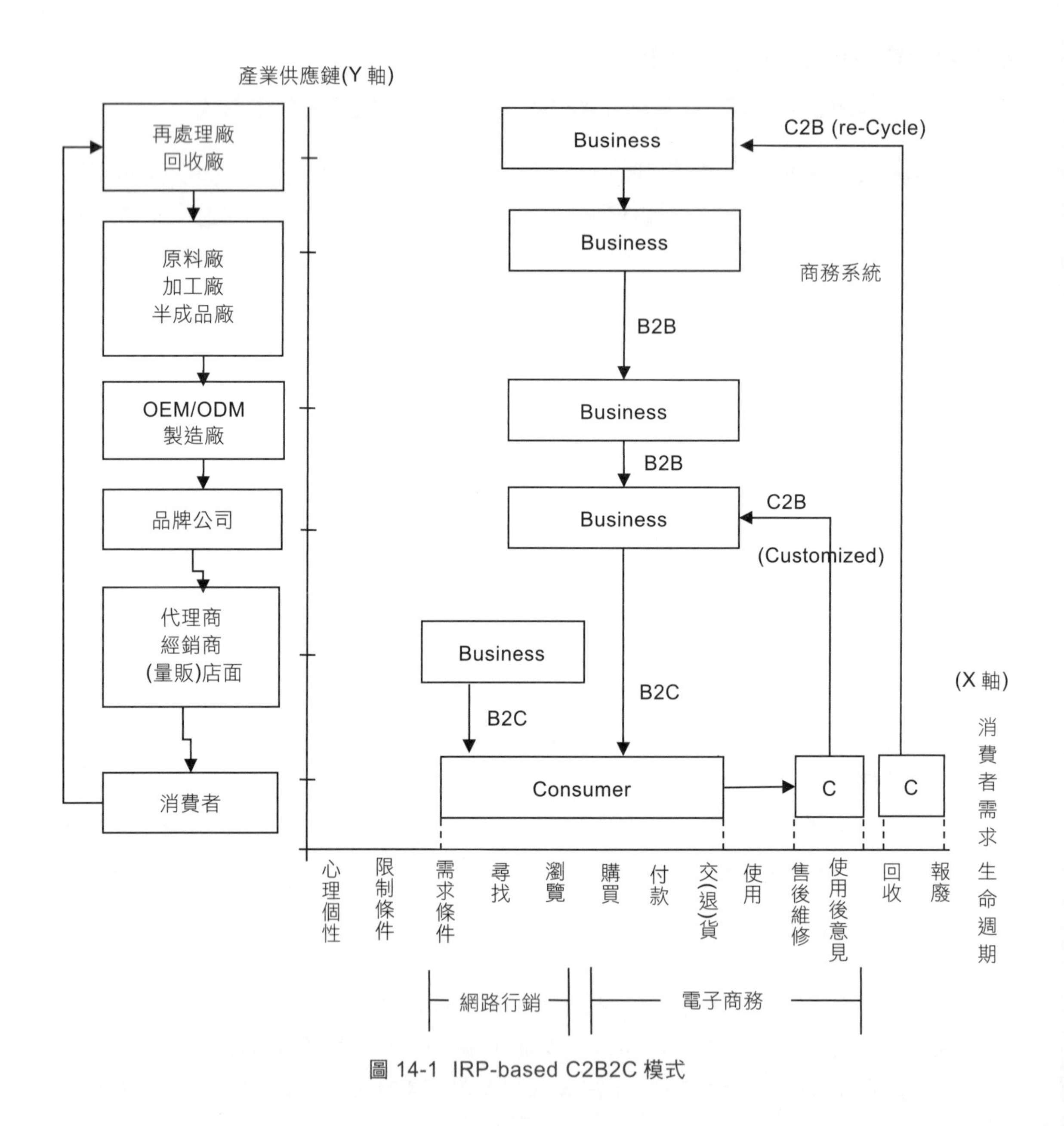

圖 14-1 IRP-based C2B2C 模式

在圖 14-2 中，是由消費者需求生命週期展開各系統功能，包含商務系統和商業系統，並且將此二者整合。

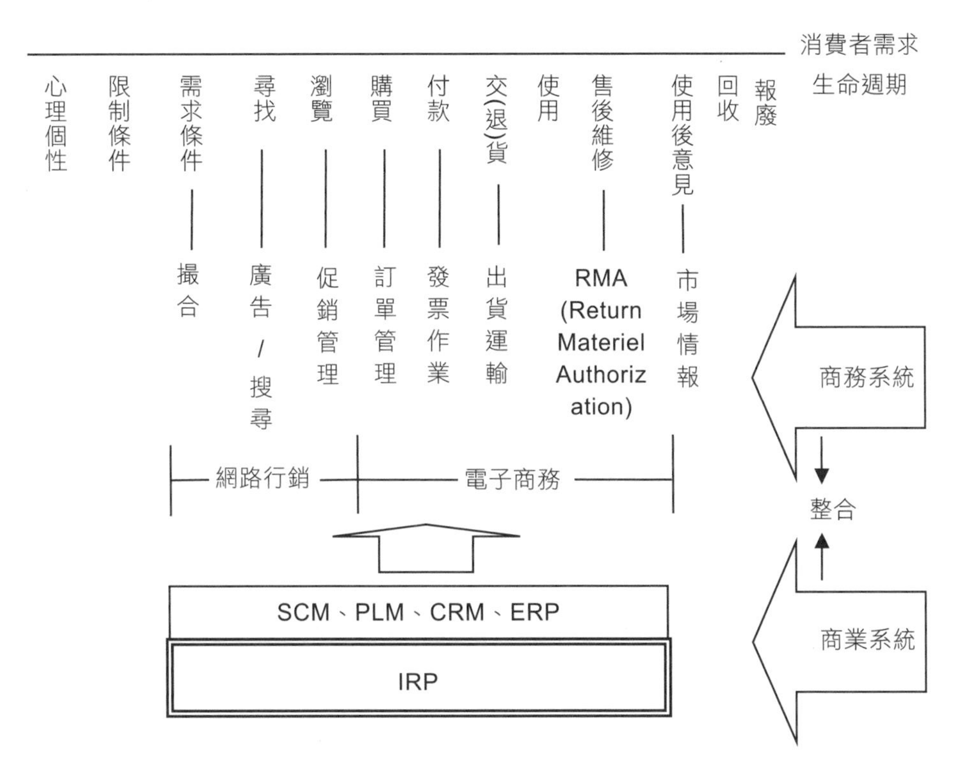

圖 14-2 IRP-based 商務和商業整合模式

14-2-2 商務和商業整合

商務和商業為何要整合？以及運作的重點說明如下：

商務作業和商業作業是生命共同體的價值鏈

電子商務（E-Commerce）作業是指企業利用 Internet 來發展企業與企業間、企業與消費者間有關產品、服務及資訊的交易活動，它主要指電子商業中的銷售與行銷部份，從圖 14-2 中，可知有電子商務和網路行銷系統。

電子商業（E-business）作業是指和整個產業供應鏈環境的企業來共同經營運作，也就是泛指一個組織藉由電子化網路，將其主要的相關群體（員工、管理者、顧客、供應商與合作伙伴）連結在一起，並以效率與效能的方式達成所有企業營運作業。從圖 14-2 中，可知有 SCM、PLM、CRM、ERP 系統。所以，電子商業比電子商務所牽涉的範圍更廣。

商務的作業主要是針對買賣交易訂單的功能，然而對於企業營運流程而言不是這樣就結束，它必須延續商務作業接下來的商業作業，此結合商務功能的商業作業對於企業和消費者會有 2 個重點影響：

1. **就企業而言：**當企業和消費者完成買賣交易作業時，接下來，將以這些作業資料，繼續完成企業營運功能，例如：消費者下訂單後，此訂單將匯入企業 ERP 的銷售配送模組功能，以便繼續產生現金收入(或應收帳款)的財務管理模組。從上述說明可知若商務買賣資料無法正確、完整、即時的和後續商業作業整合，則就會使企業營運發生問題。

2. **就消費者而言：**消費者在買賣交易過程中，不是只有尋找商品和下訂單的需求而已，消費者還需要更有附加價值的服務，例如：訂單出貨查詢、退換貨作業等，而這些附加價值的服務是需要搭配商業作業的運作來完成，例如：上述訂單出貨查詢，需先依賴企業 ERP 內的倉庫出貨作業完成時，才有辦法查詢出貨進度狀況。所以，從上述可知整合商務功能的商業作業是會影響到消費者對附加價值的需求。

從上述 2 個重點可知，商務功能和商業作業是緊密整合的價值鏈，尤其是當整個買賣交易作業跨越多個企業營運時，每一環節一定要有商業價值，才會有企業願意加入，而消費者也必須能滿足自己的需求，如此，整個買賣交易商業模式才能維持運作。亦即，商務作業和商業作業整合才會有價值，單獨運作是不會有價值的。如此的整合，就是產業資源規劃的重點，所以 IRP 不僅包含 ERP，也包含 CRM，PLM 等系統，更重要的是也包含以前傳統的 B2B、B2C、C2C 等商務模式，這就是 IRP-based 商務整合商業的未來商機所在。

真正商機在於滿足消費者需求生命週期

在產業生態的任一企業營運，不論其營收來源是來自於代工生產、經銷代理、加工組裝、直接銷售等各種方式，其最終真正需求商機源頭仍是回歸於消費者市場大眾，也唯有消費者市場才是終極根本市場，其上述的代工生產等方式為該企業所帶來的營收都只是市場運作過程所產生的利基，因為這些營收來源模式都是為了提供最終消費者需求所帶來的買賣，例如：某電子產品 OEM 公司為品牌公司代工生產，如此會有代工利潤，但為何此品牌公司要此 OEM 公司生產呢？可能因為經銷代理商要向此品牌公司進貨，但為何此代理商要進貨呢？因為最終要賣給消費者。所以，從上述可知任何企業經營模式都需回歸至最終消費者市場。

但最終消費者市場的商機在哪裡？就在於能滿足消費者需求生命週期。

那麼，何謂消費者生命週期？從圖 14-1 中，可知它是指從消費者個人深層心理個性發展到對某產品服務的買賣交易需求過程，此過程具有生命週期特性，也就是有「從無到有」、「再次循環」、「使用週期」等特性，其中「從無到有」特性是指消費者如何從原本沒潛在產品需求然後轉移到有目標需求。「再次循環」是指對某產品有過一次需求生命週期，然後再循環對同一產品有再次的需求生命週期。「使用週期」是指從買賣交易到售後使用回饋和回收的過程。

從上述可知**消費者的需求不是只在於尋找買賣產品而已，消費者要的是整個消費者需求生命週期所發展出的解決方案之服務**。

從消費者需求生命週期來看，可知要滿足消費者真正需求，就必須將商務作業和商業作業做整合，因為此生命週期是跨越買賣下單交易和企業營運的作業過程（如圖 14-2），例如：在此生命週期內會有再次購買使用作業，因此，消費者會運用下單功能，但就企業營運績效而言，為了使此消費者能再度回鍋向該公司購買，此時往往在企業 CRM 系統（商業作業）會運用如何加強顧客忠誠度的作業。

個人客製化（Customized）商務在於消費者偏好的深度媒合

個人客製化商務，就是指針對某個個人的特點需求來做行銷。個人化商務行銷是從市場佔有率轉換到客戶佔有率的新行銷思維。個人客製化商務，是以個人人性為出發點，也就是說「科技始於人性」，它期望能**達到「個製化」消費者偏好需求的深度媒合**。所謂深度媒合是指將消費者的限制條件、心理個性因素加入於買賣交易撮合作業中，以便真正掌握消費者的根本需求，進而加速、精準的完成整個交易。以往的交易撮合只是依一般需求條件來做媒合，例如：買賣房屋會依照一般需求條件（價格、地段…）來媒合，但較屬於個人的限制條件（預算有限、為何要買房子…）和心理個性（買房子夢想、購買決策習慣…）等深層需求因素並沒有考量，然而**深層需求才是真正決定買賣交易成功之關鍵**。

若以企業型和個人型顧客角度來看，則可將買賣雙方網路商務型態做分類如下：

	買者→賣者	賣者→買者	
企業	第 I 象限：企業→企業	第 II 象限：企業→個人	個人
個人	第 III 象限：個人→企業	第 IV 象限：個人→企業	企業

圖 14-3 買賣雙方型態

從圖 14-3，吾人可知在第 I 、II 、III 象限的類型是最常見的，但第 II 、III 象限雖然都是買者為個人和賣者為企業，不過主動性卻不一樣，後者是**個人主動向企業購**

物，前者是企業主動推銷給個人，當然後者的購物成功率較高。**在本文模式就是指第 III 型態**。

因應產業透通度的精實（lean）管理

供應鏈是指在整個商業交易的一連串過程中，從產品之原料、供應過程以及財務會計等相關資訊，在整體產業鏈中，將供應商到客戶透過不斷的整合與改造，使提升成員之間的作業流程價值。在供應鏈中，對於企業的產品存貨是最難控制的，故往往在供應鏈中，會產生所謂的「長鞭效應」，是指處於不同的供應鏈位置，使得企業所規劃之庫存壓力也隨之不同，如圖 14-4。

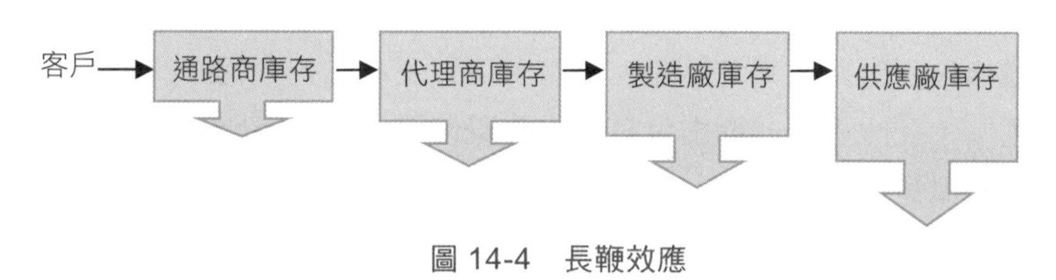

圖 14-4　長鞭效應

在這樣的長鞭效應下，對於企業的產品庫存就會有不真實的情況，所謂的不真實情況是指在某時間內的庫存存貨太高或太低。若存貨太低，企業行銷就會產生無法滿足消費者的需求，若存貨太高，會使企業成本積壓，不易週轉。因此會造成以上企業行銷的問題，就是因為供應鏈的過程太長，使上游的企業無法得知最終市場的產品需求，且中間隔了太多不同階段的企業，故欲做好存貨控管的行銷，就必須清楚了解每個階段企業的需求資訊，但由於這樣的需求資訊是跨越不同企業，故必須運用無線的商務作業來記載、追蹤、分析每個階段的企業需求和存貨進度和數量狀況。

從上述可知，企業競爭已轉型成產業競爭，而要達到產業競爭績效，就必須能掌握產業透通度，如此才可消除長鞭效應的存貨問題和創造即時快速回應（Quick Response, QR）的作業效率。這就是一種精實管理，所謂**精實管理是指能精準、明確的落實於任何細節作業內，以便達到追根究柢的效益，最後可達成客戶客製化的最大化需求滿足**。而要達到上述精實管理，則就需將商務作業和商業作業做整合。因為會造成產業不透通，其中原因之一就是在於買賣下單交易作業資訊（商務作業），在產業供應鏈上游廠商並不知情，更遑論即時性。例如：以本案例的消費者購買碳粉匣和列印用紙張，其碳粉匣、紙張製造廠或經銷代理商並無法即時掌握，也就是這些廠商在市場上銷售情況無法知曉，進而難以提出精實的生產計劃（商業作業），而使得庫存增加，造就了「長鞭效應」問題。如此，使得商務作業影響到商業作業，當然產業運作是環環相扣的，也就是因生產計劃不精實，造成到下游消費者在購買時可能會短缺或存貨太多。

雲端環境（天）和物聯網（地）的產業生態形成

雲端商務絕不是 ASP（Application Service Provider）模式，因為 ASP 只是把企業應用軟體以公用和租賃方式來運作，ASP 根本仍是企業資源規劃基礎，但**雲端商務的企業應用則是站在產業資源規劃的基礎上**。

Internet 只解決了真實和虛擬的結合籓籬，可是就實體資源而言，如何能自動擷取這些實體資源使用資訊，已不能再用以往傳統人工登錄被動作業方式，這會造成上述問題所提及的管理成本高和難以運作現象，因此，解決方式亦即是如何打破現實面和物理面的籓籬？現實面是指指實體資源的「現實外在反應」，它是指實體的功能、外觀等，例如：碳粉匣可被用於列印等外在反應，但它（現實面）並不知道碳粉匣何時快用完等狀況（物理面）。所以，要主動了解這些狀況，也就是須具有「物理內在感知」（物理面）功效。

Internet 開啟了企業真實和虛擬的結合，但**物聯網創造了企業現實和物理的結合，**因此新的一代**企業營運資訊化應用須結合 Internet 和物聯網**。

14-3 本文個案的實務解決方案

從上述對 IRP-based C2B2C 商機模式的應用說明後，針對本案例問題形成診斷後的問題項目，提出如何解決方法，並透過這些解決方法，可創造出商機之商業模式。茲說明如下：

問題 1. 以往 B2B、B2C、C2C 都是著重在買賣交易商務行為，但以上述問題和本文提出的解決方法論來看，可知商務作業應和商業作業做整合，也就是在 IRP-based 的 C2B2C 模式是強調開發商務作業整合商業作業的軟體功能。所以，以本案例所發生的出貨（商務作業）因原廠倉庫出貨運輸作業（商業作業）不順導致 B2C 購物交貨延遲問題，就可迎刃而解。

問題 2. 在規劃 IRP-based 的 C2B2C 系統時，須將消費者購買交易功能從以往互相尋找供需、買賣撮合、下單支付等商務需求之單點，擴展至消費者需求生命週期之構面。如此的做法，使得此系統可掌握本案例中的碳粉匣何時須再購買及數量的需求，如此就不需臨時急忙去下單取貨的困境產生。

問題 3. 在 IRP-based 的 C2B2C 模式，是以 C (Consumer) 為中心，來主動自動的完成商務和商業整合作業，這其中最重要的在於以 Customized(客製化)，也就是由消費者為中心，主動促發後續買賣交易、廠商出貨、生產等一連串產業鏈營運，然而由於消費者是朝向個人客製化，因此，在此模式須能自動收集個人消費者偏好，進而由資訊系統能自動得知消費者需求生命週期，以便促發後續商務、商業作業流程，以本案例對該公司唯一印表機的碳粉匣快沒有碳粉的問題而言，可事先依此個人專屬需求條件 (例如：印表機、碳粉匣適用廠牌)，經銷商主動提出為此消費者設計的客製化促銷方案。如此不僅可事先取得碳粉匣，不致於列印品質出問題，又可從容運作及取得相對便宜的價格，當然，碳粉匣原廠也可精準了解產品需求，進而方便安排補貨、生產等計劃。

問題 4. 就如同上述因企業廠商能自動收集消費者偏好的資訊，所以能掌握在產業鏈的每一層企業的需求，也就是透過從掌握消費者需求生命週期的資訊，進而即時傳輸給產業供應鏈相關各層級廠商，例如：本案例該公司對碳粉匣客製化需求偏好的資訊，可傳輸給 B2C 購物廠商、碳粉匣原廠等，如此，就可事先掌握消費者需求，進而主動促銷。當然，這些資訊也可往更上游廠商傳輸，例如：碳粉匣的零組件製造廠、原料廠，如此的做法，就可使整個產業透通度更精準，進而降低「長鞭效應」所帶來存貨過多的衝擊。

問題 5. 本文以 IRP-based 的 C2B2C 模式來解決上述的問題，但要以低成本高效率的具體可行方法來實施，則需依賴雲端運算和物聯網的技術結合。以本案例而言，透過印表機的 RFID 感測元件，可和碳粉匣做直接溝通，也就是不需人力判斷碳粉是否足夠，而是可自動感測碳粉匣使用情況，當感測到不足時，就可將此資訊透過附加在印表機 Reader 讀取，並將此資訊以無線/衛星方式傳輸至雲端平台，並同時通知碳粉匣經銷商和消費者，以進一步事先完成購買下單作業。而這些資訊也可給其他供應鏈廠商得知，如此就可提高產業透通度。另外，在本案例中須找到小林家裡電腦硬碟才有辦法列印的問題，可改以從雲端平台擷取檔案，並不需透過電腦，而直接在印表機上操作列印即可，如此就可省下因操作不熟而花費的成本時間。

所以，**以雲端運算和物聯網結合的產業營運，才能真正落實 IRP-based 的 C2B2C 模式，而此模式也是在產業生態演化過程的未來商機模式趨勢**。

14-4 管理意涵

在目前科技不斷的極致蛻變和全球在地化、在地全球化的趨勢衝擊下，地球的經營環境，已是成為一個有機化的超大型共同生命體，其中的任何組成份子，包含消費者、產業上中下游廠商、乃至實體產品、裝置、設備，以及動植物等都是息息相關的智能物件，這些智能物件在未來雲端環境（天）和物聯網（地）的普遍成熟建構完成後，就如同大自然生態食物鏈一樣，會發生物競天擇、物物相剋的產業生態競爭。

產業生態競爭就是指全球產業環境如同大自然生態一般的競爭模式，它勢必會影響企業生存和經營模式，所以產業生態化競爭就是指須把整個企業生存和營運環境，視同大自然生態一般的有機生命力，進而從產業生態化競爭形態來思考企業該如何經營！近來，因電子書產業興起，使得全球知名書店邦諾公司，被迫不得不做出巨大的改變，這就是一例。

天地之間，無所遁形。天之籠罩，地之織網，將其大自然生態的生命力變化鉅細靡遺的留存於時空內。因此，天地之間造就大自然生態化形成。同樣的，**雲端環境就如同天一般的籠罩，而物聯網就如同地一般的織網，因此當雲端環境和物聯網建構完成之時，也就是創造出產業生態化形成之際**。

chapter

15 應用案例 3：結合雲端運算和物聯網的 IRP 資訊系統

企業實務情境 智能物件的智慧化營運

在 3C 消費型電子產品不斷推陳出新和產業競爭白熱化下，身為製造自有品牌筆記型電腦（notebook）公司 CEO 的陳總，所面對的是如何將製造產品定位轉型為提供滿足消費者解決方案的製造服務業。陳總為了引導公司走向製造服務業定位，於是成立了維修服務店面據點和推動消費者促銷服務方案。

某一日，公司收到某客戶維修申請作業的客訴，他指出維修人工登錄和程序作業太過冗長及無效率。當初在購買 notebook 產品時，就已上網登錄訂購或保固用的基本資料，但為何維修申請時仍需上網人工重複登錄基本資料？而且從申請維修到完成日期需要 3~4 個工作日（這個還算快耶）？

維修部吳經理向陳總報告：「因在公司資訊系統中，保固資料和維修資料無法整合，而且有些客戶是在維修店面用手寫申請單方式，有時會因維修人員疏忽，使得資訊系統並沒有此維修資料，而造成維修安排延誤。另外，由於消費者描述發生問題現象只能就表象和客戶認知角度來做人工登錄，所以在維修時間須花費問題診斷的人工時間，並且，有時會因某時段維修人力吃緊，但另某段人力時間閒置，這都是造成維修進度冗長和人力資源分配不均無效率的原因所在。」

．．．．．．．．

陳總為了讓 notebook 產品銷售更好，於是在各大平面媒體和網頁上刊登設計精美及豐富資訊的促銷廣告 DM，但因促銷資訊愈多，則相對的廣告版面需求愈大，使得促銷成本也增加，就以這季廣告預算為例，其成本就佔了行銷總預算近 6 成，可是後來發現因廣告促銷而購買的營業額卻很少，根據行銷企劃部回報說：「刊登出的廣告DM資訊，消費者很難在當場記得這些資訊，若用人工記錄抄寫呈現是很麻煩的事，而且因版面有限，消費者欲得知更多資訊，則就無法全面了解。」

面對上述問題，該如何解決呢？

15-1 問題定義和診斷

依據 PSIS（Problem-Solving Innovation Solution）方法論中的問題形成診斷手法（過程省略），可得出以下問題項目：

問題 1. 就整個維修程序作業而言，是從訂單購物作業延伸而來的，因此會產生關聯資料，包含基本資料、訂購資料、維修資料等，這些資料彼此之間有其延伸相關性的連接，而這連接是否緊密會影響到維修作業的精實化(lean)，也就是如何讓消費者和維修人員可精確無縫隙、快速的完成整個維修作業。例如：申請維修單資料登錄子作業中的基本資料可自動從訂購作業的資料延伸而來，如此可免於人工重複登錄，至於對產品本身維修資料在維修作業是第一次產生的，因此就以往企業資訊系統而言，人工登錄是理所當然的動作，但對於資源作業精實化效用而言，這卻是不精實的問題。

問題 2. 每個公司的維修人力資源是有限的，在欲維修產品件數相對於維修人力負荷過多或過少時，就會造成人力資源不足或閒置，使得資源稼働無效率，進而延誤維修進度。以往企業資訊系統在執行維修人力安排規劃時，是以人工登錄方式來新增修改人力負荷狀態的資料，這屬於第一次產生資料，由於是以人工登錄方式，所以可能會造成人為失誤和登錄時間冗長，進而延長維修人力安排作業，使得維修人力資源稼働無效率。

問題 3. 在廣告 DM 資料欲傳達給消費者的過程中，因版面有限和滿足消費者更多知的需求二個因素下，使得 DM 資料無法精確、無縫隙的在產品行銷作業中運用，其問題癥結點在於該資料（物件）無法和消費者（人）直接自動感知溝通，而必須以人工登錄方式來將因消費者看到廣告 DM 資料而引發訂購產品資料做紀錄，上述這種人工抄寫和登錄方式，造成產品行銷作業和訂單作業無法真正做到這二個資源作業精實化效益。

問題 4. 從上述三個問題所欲達到的效益來看，這是難以用人力計算來安排的，必須依賴軟體的輔助，而這個應用軟體必須能和物件（例如：notebook 產品和廣告 DM 這 2 個物件）溝通的系統？Internet 的 Web-based 技術只能以人工登錄第一次產生資料來和這些物件溝通，因此 Internet 只解決了真實和虛擬的結合籓籬（現實面），可是就實體資源而言，如何能自動擷取這些實體資源使用資訊（物理面），已不能再用以往傳統人工被動作業方式，這會造成上述三項問題所提出的**資源作業精實化、資源稼**働**效率化等效益**難以達成，因此，解決方式亦即是如何打破現實面和物理面的籓籬？

15-2 創新解決方案

根據上述問題探討，接下來探討其如何解決的創新方案。它包含方法論論述和依此方法論規劃出的實務解決方案二大部份。其方法論論述包含物聯網、雲端運算、企業資訊系統創新變革等三種：

物聯網

「物聯網 Internet of Things」是指以 Internet 網絡與技術為基礎，將感測器或無線射頻標籤（RFID）晶片、紅外線感應器、全球定位系統、鐳射掃描器、遠端管理、控制與定位等裝在物體上，透過無線感測器網路（Wireless Sensor Networking；WSN）等種種裝置與網路結合起來而形成的一個巨大網路，如此可將在任何時間，地點的物連結起來，提供資訊服務給任何人，進而讓物體具備智慧化自動控制與反應等功能。它和網際網路是不同的，後者用 TCP/IP 技術網與網相連的概念，前者用無線感測網路網與網相連的概念。上述物體泛指機器與機器（Machine-to-machine, M2M），以及動物任何物件都能相互溝通的物聯網。在物聯網上，每個人都可以應用電子標籤將真實的物體上網聯結成為無所不在（Ubiquitous）環境。物聯網可能要包含 500 億至一千萬億個物體，它要實現感知世界。互聯網是連接了虛擬與真實的空間，物聯網是連接了現實與物理世界。

雲端運算

雲端運算是建構在 IaaS、PaaS 基礎上的 SaaS 軟體應用，而其精髓是在於產業資源整合和智慧型代理人運算這二種，透過智慧型代理人運算，可結合展現商業智慧和人類自主能力的智慧運算。也由於如此智能，使得企業資訊系統從程序作業、管理分析層次提升至決策策略層次的軟體應用。智慧型代理人是軟體服務，能執行某些運作在使用者及其他程式上。智慧型代理人運算有以下功能：1.立即反應（Reactivity）、主動感應（Sensor）：可主動偵測環境條件的變化，進而使相關事件立即被反應觸發；2.自主性能力（Autonomy）：可自動化產生模擬人類的自主性能力；3.目標導向（Pro-activity）：委託能達到目標的特定代理人；4.合作（Cooperation）：不同特定代理人在「類別階級」架構下，整合成緊密的關聯網絡，來達到快速和協同合作的互動。智慧型代理人能自主的處理多樣化大量的分散性資料，選擇及交付最佳的資訊給使用者，進而取代人工，正確、快速且有效率地執行複雜的工作，以及利用演算法來做為智慧性雲端運算的應用，例如在本文實例中，以撮合演算法來做為維修人力安排規劃的智慧化營運。

智慧性代理人的雲端運算是以描述企業營運之人類行為的情境模式來分析系統的功能，其運作機制是指在營運模式的過程，委任由具有可因應外在環境條件變化，而自主性的驅動發生的事件，來達到使用者的需求目的。

企業資訊系統創新變革

以往企業資訊系統的沿革是隨著軟體技術和流程再造演變而發展的，其最大變革是從 DOS 作業模式到 Windows 作業模式，一直到 Internet 作業模式，這些作業模式各自都會有其不同階段性的改變，但都不脫離這三大變革作業模式和其軟體技術的突破。而也正由於這些軟體技術變革，使得企業資訊系統更加能在企業營運流程上精進和廣泛應用，例如：ERP、CRM、SCM、CPC…等，但這些以往資訊系統應用範圍不外乎就是組織角色、營業流程、資料三大基礎，如圖 15-1，然而在以整個企業組織營運來看不是只有這三大基礎，還包含產品/服務此基礎。

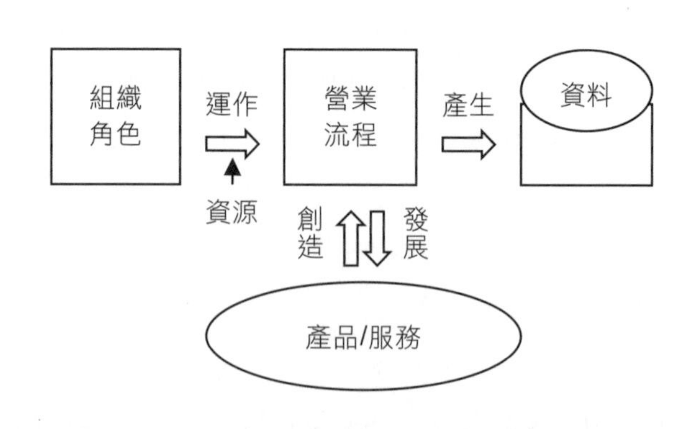

圖 15-1 企業組織營運圖

上述因軟體技術變革而使得企業應用資訊系統能有所不斷的演變，但對於產品/服務本身的資訊擷取仍是以人工登錄傳統方式，就如同本文章案例所言。從圖 15-1 中，可知組織角色利用企業資源來運作營運流程，而從這些營運流程的運作過程中，可創造出產品／服務，並再利用這些產品／服務來發展出具有營收的營運流程，如此的不斷循環運作，會產生企業營運用的各類資料。資料不會無中生有，一定會有第一次產生資料，而這種資料往往是和產品／服務本身有關的，例如：產品維修資料。在以往企業資訊系統就會用人工方式來登錄此維修資料，然後再將此資料匯入維修營運作業的子系統中，並利用此資訊系統來強化其作業效率。然而利用人工方式來產生第一次資料的這種做法，將使得企業資訊化的效益大大被打折扣。

從上述說明可知，**企業資訊系統變革除了因軟體技術和流程再造的變革而創新，但此時在產業全球生態化競爭之際，更需要另一種變革，也就是智能物件的變革。所謂智能物件就是要將實體產品和無形服務轉化成物件，並且賦予智慧能力，進而成為智能物件。其智能物件最重要精髓之一在於能自動感知物理面的溝通。現實面是指指實體資源的「現實外在反應」，它是指實體的功能、外觀等**，例如：Notebook 產品在故障時可能會以「當機」來呈現，並以人工經驗來診斷可能問題原因所在和掌握進度等外在反應，但它（現實面）並不知道也無法自動感知那個零組件或是軟體原因所造成此問題，以及無法自動感知維修程序作業目前進度等狀況。所以，要主動了解這些狀況，也就是須具有**「物理內在感知」（物理面）**功效。而將**現實面和物理面的結合就是智能物件的變革**，透過此變革，就可解決以往用人工登錄方式產生第一次資料所造成無效率的問題。

另外，**智能物件的另一精髓是在於具有商業智慧能力的雲端運算**。

物理面和現實面的結合，就需依賴物聯網的建立，經過物聯網的產業資源整合平台可相對找出 internet 的 Web site，進而連接至雲端商務平台(例如：CRM 雲端商務)，這就是物聯網和雲端商務的結合。但欲建構此物聯網，需要相關體系廠商和成本投入，然而最重要的是，它已經是一種**商業戰略上的趨勢**。

15-3 本文個案的實務解決方案

根據問題形成的診斷結果，以上述提及方法論，提出本案例之實務創新解決方案：

15-3-1 結合物聯網的 IRP 資訊系統

所謂結合物聯網的 IRP 資訊系統，就是要將大自然生態中的任何物體，包含有生命和無生命的任何物體，都賦予物聯網中的智能物件，而這些智能物件會對應成企業營運所需的物件，如此，這些原本實體物件，就可運用在企業營運和其他企業物件(例如：行為物件等)一起運作，使得企業營運可控管這些大自然生態中的實體。另外，也因為實體物件化後，就可將這些所有物件轉換成資訊系統上的邏輯物件，如此，可進一步將這些企業物件（含實體物件）以資訊系統方式來做控管，其物件分類如圖 15-2，而其結合物聯網和雲端運算的 IRP 系統如圖 15-3。

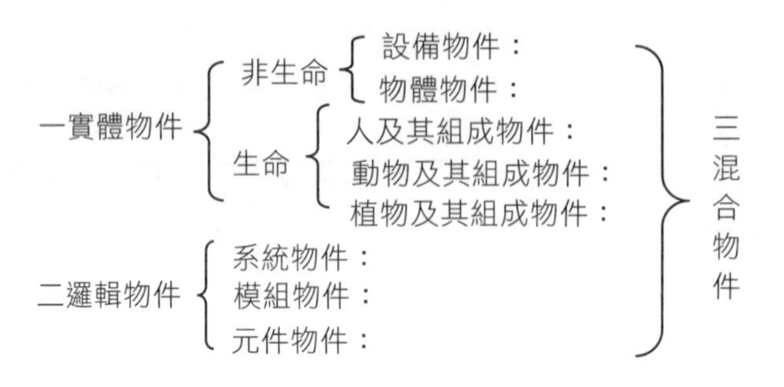

圖 15-2 物件分類結構

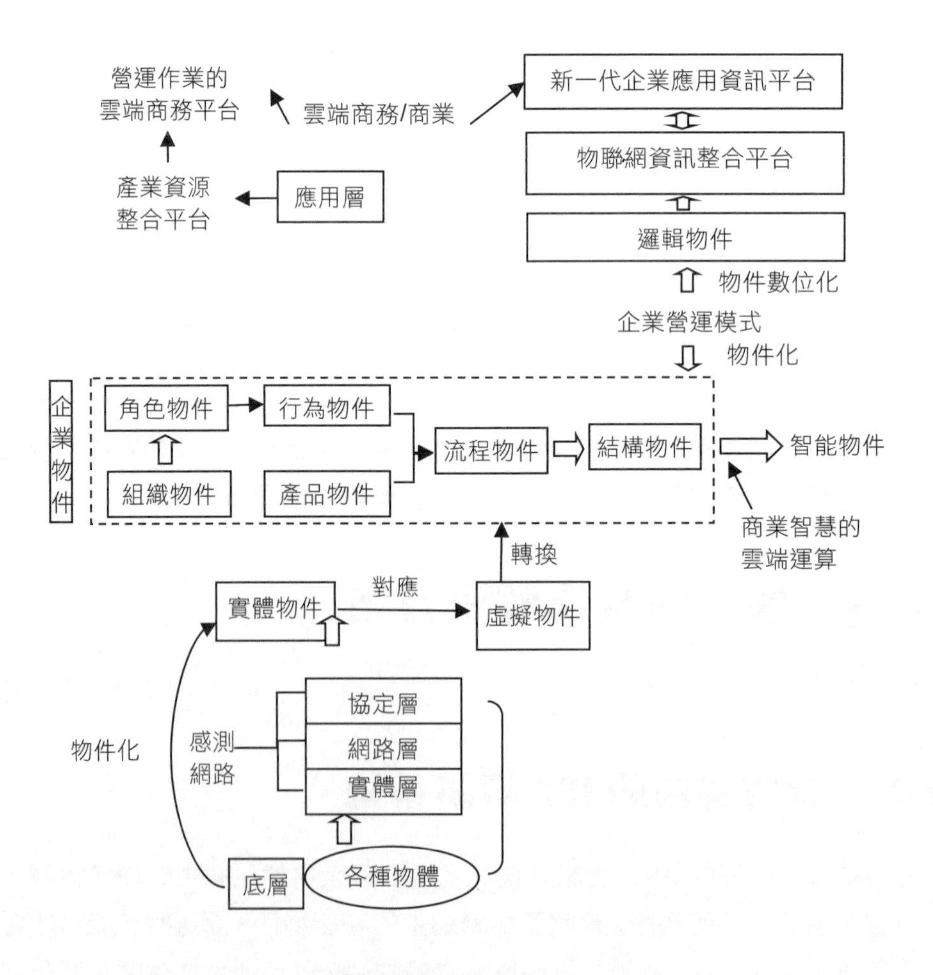

圖 15-3 結合物聯網和雲端運算的 IRP 資訊系統

從圖 15-3 中，首先可知在各種物體底層是包含大自然生態的各種實體，它包含企業營運的相關資源，包含產品資源、廣告 DM 文件資源…等物體。再將這些物體利用 RFID 相關技術賦予智能物件。這些實體透過感測網絡建構成三個子層面，分別是實體層、網絡層、協定層。在實體層部份是指實體和 RFID 智能驅動物件(包含 RFID tag、Sensor-based RFID、RFID Reader、Embedded chip)，在網絡層是指由無線佈建的環境，將這些實體層的各物件建構成可溝通傳輸的網絡。在協定層是指在無線網絡結構中如何和不同無線設施和裝置做溝通傳輸的標準協定。接下來，在此感測網絡基礎上將各實體物件化，也就是將每個實體物件，賦予獨立唯一的物件身分證碼，此碼可對應至虛擬世界的獨立唯一虛擬物件。有了對應的虛擬物件後，就可依企業營運模式，來將這些虛擬物件轉換成企業物件 (包含角色物件、行為物件、組織物件、產品物件、流程物件、結構物件)，企業物件是存在於企業營運中，若要以資訊數位化來實施資訊系統，則就需將企業物件數位化而成為資訊系統上邏輯物件，如此就可依商業模式來規劃設計出物聯網資源整合平台，它就是物聯網應用層。上述就是結合物聯網的 IRP 資訊系統，它可結合雲端商務/商業而成為新一代的企業應用資訊系統。

以智能物品互通來取代人工登錄所產生第一次資料：

在以往企業資訊系統的自動化效用，都是在於作業過程、資料、人員之間互通的資訊化應用，但對於和實體產品互通的資訊應用卻須依賴人力登錄方式來產生第一次資料。在 notebook 產品附加 RFID 晶片，可儲存此產品的廠牌規格資料，以及所屬消費者的個人資料。而在此消費者申請維修單時，就可利用感知 RFID 晶片，自動擷取上述維修所需登錄資料，不需用人工做第一次登錄。

15-3-2 結合雲端運算的 IRP 資訊系統

以產業資源為基礎

將維修功能人力配置安排作業擴增至下游具有維修能力認證的經銷通路或是同業，如此就可善用在此產業的相關人力資源規劃最佳化，也可加速維修進度使得滿足消費者的快速維修需求。在現今全球化及產業價值鏈趨勢下，其企業營運已朝向產業資源整合模式發展，而如此模式在以感測網絡連接產業資源為基礎的物聯網，是著重在具有人類行為自主化的智能物件。

商業智慧能力的雲端運算

在每一個實體物件成為智能物件後，智能物件彼此之間就可做自動感知溝通，進而自動擷取相關資料，再利用這些資料以智慧型代理人的雲端運算方式，分析其商業智慧的應用，例如：跨企業的維修人力撮合作業。茲說明如下：

維修人力撮合作業是指將此維修人力負荷的使用狀態放置在產業資源整合平台，讓欲使用此維修人力的任何欲借用人力的廠商都可在此平台查詢維修人力負荷的使用狀態，若在物聯網的基礎上，每位維修人力都會賦予一個腕帶式 RFID 晶片，而成為智能物件，如此就可透過 RFID Reader 來偵測判斷其維修人力是否有產品維修工作在進行中，或是閒置中，而這樣資訊就可傳輸至產業資源整合平台，並且透過此感測網絡，可自動感知到撮合條件，例如：欲借用廠商和此維修人力據點距離、此維修人力使用狀態等即時實際狀況，這可免於人工認定登錄的無效率動作，進而自動做出維修人力安排計劃。而這就是資源精實化效益。

上述撮合條件會影響到撮合成功的建議方案，並也會置入撮合演算方法，此演算方法利用數學計量演算技術，來達到撮合最佳化。因此，這個演算法就是在於呈現智能物件的智慧自主能力。再則，產業資源整合平台，透過物聯網偵測感知，可掌握了解全國所有維修人力資源，如此就可知道每位維修人力使用狀況，進而借調給其他維修廠商，以達到產業資源規劃最佳化效益。

從上述的應用說明後，針對本案例問題形成診斷後的問題項目，提出如何解決方法。茲說明如下：

問題 1. 將 notebook 產品在源頭製造時，就將主要可能發生問題的內部各零組件物理值，設計各可感測不同物理值的感測器在產品內，例如：感測因溫度過高而造成 notebook 當機的溫度感測器。這些感測器透過無線 Reader 讀取感測的物理值，並收集傳輸至雲端伺服器的資料庫，再利用雲端上的問題診斷分析應用軟體，來快速自動診斷出問題的原因所在，上述自動化問題診斷過程，並不需要維修人力憑經驗及人工登錄維修資料，這解決了即使是產生第一次資料仍需人工登錄的無效率問題。同樣的，notebook 產品本身規格、履歷資料可儲存於內嵌 RFID 晶片，如此當在維修時就可即時無誤讀取產品本身資料，並不需要訂購作業的基本資料連接而來，因為此基本資料並沒有涵蓋為了維修所需的所有產品本身資料，而且訂購作業的資料庫系統有時因跨不同企業組織（例如：維修作業委外給另一家公司），而無法連接此資料庫。在此問題中，notebook 產品實體賦予成智能物品，並利用雲端運算應用軟體（指問題自動化診斷軟體）展現商業智慧的效用，如此就不需要人工登錄，而且縮短維修診斷時間，進而加速完成維修期間的進度。

問題 2. 企業維修人力資源是有限的，因此在維修人力安排，一定要和其他企業（例如：經銷商、專業維修廠…）協同合作，然而因是跨不同企業組織，所以維修人力安排作業是很難有效率的運作，因為都是用人工登錄在資訊系統上方式，但只要用人工登錄就會可能有失誤和延誤的問題，這造成維修人力不易在跨企業組織之間撮合安排，進而影響維修人力負荷不平均（指閒置或不足），最後使得維修進度延誤。

將維修人力帶上腕帶式 RFID，當此維修人力進入維修區域時，可透過 RFID Reader 自動讀取此人力正在工作中狀態，並將這狀態資料傳輸至雲端伺服器的維修人力撮合應用軟體（雲端運算軟體），如此軟體可依據這些產業的所有維修人力負荷狀態資料，進而運用撮合演算法安排維修人力資源負荷最佳化，最後使得維修人力資源稼動效率化。在此問題中，維修人力賦予成智能物品，而維修人力撮合軟體就是雲端運算的商業智慧效用。

問題 3. 將廣告 DM 資料轉換成獨立個體的文件型物件，並給予獨一無二的物件條碼，此條碼可置入於此 DM 資料內，消費者可利用具有讀取條碼功能的手機，自動讀取此 DM 資料條碼，並將此條碼透過無線傳輸至雲端伺服器的資料庫，擷取此條碼的更多相關 DM 資料，並再回傳至該手機，如此消費者就可掌握更多廣告 DM 資料，而且刊登廣告版面也不需占很多空間，如此就可省下更多刊登成本。另外，消費者還可利用此手機的 DM 資料，自動傳輸給廠商，做為訂購的依據，除了訂購數量等少許資料須用人工登錄以外，其餘大多資料都可透過自動擷取方式，並利用 CRM 雲端運算軟體，依據消費者瀏覽 DM 資料，來分析該消費者的目標產品，進而發動更精準的促銷活動。這就是一種資源作業精實化。在本問題中，廣告 DM 文件是一個智能物件，CRM 雲端軟體就是一種雲端運算的商業智慧效用。

15-4 管理意涵

以往企業應用資訊系統的變革，是在於軟體技術突破和管理流程再造的二大變革，但在產業生態化競爭趨勢下，**智能物件的變革將創造出新的企業應用資訊系統**，這也是產業資源規劃系統（IRP）即將來臨的關鍵。智能物件的變革是屬於破壞式創新，它包含智能物件和雲端運算的結合，它利用物聯網和智慧型代理人技術來實現物理面的世界。

儘管物聯網和雲端運算環境仍未成熟，但得先機者得天下，智能物件的變革影響所及不是只在於企業資訊系統，更是深入於廣泛的產業鏈，全世界都視為未來商機所在，例如：智慧藥丸、感測坐姿按摩椅、感測胎壓器、雲端印表機、感測體溫衣服…等這些都是在市場上已見雛型的智能物件。

身為產業生態化競爭趨勢下的企業，對於企業生存之道，更加比以往複雜和競爭結構不同，這是一個變動無常的環境，也是充滿創新商機的市場。企業如此，個人更是如此，以往的金飯碗和長期任用的根深蒂固觀念和文化，因於產業劇變的洪流淹沒一剎那間之前，就已於當權者在廁所空間決策之際，悄悄被更替和浸蝕了；同樣的風雲變色，以往不曾存有的數年就可登入全世界富比士排行榜的現象，這時只要你善用智慧和創新，當家為主的金鎖就在口袋裡。

chapter

16 應用案例 4：企業拓展商機在於 IOT-based 雲端 IRP 平台─協同客戶價值鏈

企業實務情境　客戶協同客製化設計和服務

一大早，李總召集各部門主管幹部，針對本季營業額逐步下滑事件開會討論。在會議中充滿了凝重火爆的氣氛。營業部張經理首先發難：「公司主要生產機殼，但仍應用在較傳統家電產品上，但目前趨勢是在於高科技產品創新速度快、消費者對產品喜好多樣化等發展，因此若公司在銷售接單仍只在舊有客戶市場範圍內，則對公司營業績效會有很大影響，所以，是否 R&D 部門應研發出能應用在高科技產品市場？」此時，R&D 部王經理高分貝的回應：「在消費性電子產品上的外殼設計必須滿足消費者喜好，那業務部是否應該提供消費者情報資訊？例如：造型設計情報等」接下來，張經理無氣的說:「不是我們不提供，而是因為在銷售作業上並沒有直接面對最終消費者，所以無法掌握消費者需求情報，而且往往在接單上都是公司先提供幾款機殼產品，再和客戶大廠接洽銷售，因此根本很難依消費者喜愛來提供造型設計情報？」突然，李總緩頰說:「那麼我們是不是應該改變接單方式呢？也就是跟著客戶對機殼設計要求來做客製化設計？」王經理接著說：「若是依客戶要求，那麼就須提升公司的技術能力和管理能力，因為整個客製化研發設計都必須和客戶大廠做緊密的同步配合，這對於公司目前經營環境是一項挑戰」張經理建議說：「但這是一種競爭趨勢，而且從客戶那邊才可真正了解到消費者喜愛需求，只是在面對消費者時，若對於機殼維修或換發的售後服務方面，公司營運是否也應切入對消費者的售後服務？」

經過上述討論，李總甚是高興但又憂心的說：「公司終於找到拓展商機的機會了，但這樣的改變對公司而言是結構化創新的企業再造，更重要的是從企業內部資源整合將轉型到產業資源整合，如此轉型將會面臨各種困難，且這已是一種競爭趨勢，而目前最須解決的問題是該如何發展以和客戶協同客製化設計和售後服務的接單方式呢？」

面對上述問題，該如何解決呢？

16-1 問題定義和診斷

依據 PSIS（Problem-Solving Innovation Solution）方法論中的問題形成診斷手法（過程省略），可得出以下問題項目：

1. 以前接單方式是以產品銷售方式，也就是該公司以機殼為產品，向客戶銷售，所以這些產品是已事先設計好，頂多在規格上依客戶做局部調整，這樣接單方式，若以產品生命週期短的、強調不斷創新消費型高科技產品而言，這就無法適用，因為已事先設計好的產品並無法滿足客戶創新產品需求。
2. 該公司是設計和生產機殼的製造業，它位於產業鏈中游位置（零組件），其客戶都來自於生產最終消費型產品（成品）的企業型客戶，因此，市場銷售和產品（指機殼零組件）設計都必須依賴客戶大廠（成品）的情報和研發設計，而此客戶大廠的客戶就是消費者大眾，所以該公司業績其實也受到消費者購買需求影響，並且機殼造型、外觀、材質等研發設計也需依賴消費者喜愛而定。
3. 由於該公司和消費型高科技成品公司是緊密相連的，因此整個營運作業就必須橫跨二個企業之間的資源互動，如此就不再只是企業內部資源整合，而是產業資源規劃的重點，況且客戶大廠不是只有機殼零組件，它可能還有別的零組件供應廠商，如此一來，該公司也不再只和客戶溝通，它也會和其他供應商互相牽連，因為別的零組件設計也會影響到機殼設計的規格。
4. 對於客戶大廠而言，它面對不只是消費者通路的購買需求，它更需要以做好售後服務來和同業競爭，所以，客戶大廠會要求零組件供應商也需配合做好售後服務作業，這對於本案例該公司而言，如何配合客戶大廠要求做好協同售後服務營運作業，變得是需將該公司管理能力須能和客戶大廠同等品質水準一樣。
5. 根據上述問題診斷重點，可知，**該公司和客戶大廠做協同研發設計和售後服務是競爭趨勢**，因此，這裡面的管理功能就會牽涉到零組件從 R&D 設計、生產、出貨、通路等過程，而如何做好辨識這些零組件的過程資訊，例如：何時何批生產、在何處銷售等資訊，這些資訊有利於**掌控追溯（Trace）、追蹤（Track）的管理作業，而透過這些管理作業，就可提供更好協同 R&D 設計和對消費者良好滿意售後服務**。例如：對消費型成品出現品質問題時，就可立即追溯到何零組件出問題，其零組件是何時生產批號所導致的，進而達到生產品質改善的精實化。再例如：當某一個消費型成品銷售後，如何追蹤知道在何處被消費者購買以及它的目標市場消費者行為等資訊，是有利於掌握目標客戶。

6. 從本案例上述描述可知，企業是須融入整個產業鏈，且此鏈中的所有企業成員都是息息相關，互有影響的。因此，企業之間競爭不再是管理重點，產業競爭才是經營王道。因此，該公司的經營管理，例如：市場銷售、研發設計都必須以整個產業生態構面來思考其管理方法，尤其在科技極致發展的破壞式創新衝擊下，產業競爭生態化的管理方法更是當前所需改造的課題。

16-2 創新解決方案

根據上述問題探討，接下來探討其如何解決的創新方案。它包含方法論論述和依此方法論規劃出的實務解決方案二大部份。

其方法論論述包含產業資源規劃三大網絡、客戶價值鏈、產業生態化競爭策略、協同設計商務等項目，茲說明如下：

產業資源規劃的三大網絡

產業資源規劃最主要在於將產業內的跨企業所有資源整合，並追求資源規劃最佳化。產業資源規劃最佳化和企業資源規劃最佳化的最大差異在於企業資源是可由個別企業本身管理來控制，但不同企業的資源整合，因牽涉到不同個別企業的利益，使得產業資源難以控制，因此控制方式就是以產業競爭利潤最大化來做為績效指標。也正因為如此 KPI（Key Performance Index），使得原本企業資源規劃系統的功能範圍將被產業資源規劃所取代。

在產業資源規劃系統構面下，企業內部資源運用則以 ERP 系統運作（內網），若和供應商/客戶的互動作業則以 e-procurement/e-CRM 為主要運作（專網），若和其他利害關係人，例如：銀行/海關/政府，則以各自 Internet 系統發展的作業（外網），如圖 16-1，在原有企業資源規劃構面下，企業和企業之間資源是沒有整合的，都是以各自 ERP 系統再加上 EAI（Enterprise Architecture Integration）或 B2Bi（B2B Integration）系統做為溝通橋樑，如此做法則無法達到產業資源規劃最佳化。因此，若在產業資源規劃系統構面下，企業和企業之間資源必須整合，如此則就會把原有 ERP 系統某些功能被 IRP 系統取代，這部分功能也可以委外作業方式來取代之。所以，IRP 系統可分成三大部份：**企業核心功能（專屬性、內網、原有 ERP 某些功能）、協同內部功能（共同性、專網 Extranet、原有 ERP 某些功能再加上原有 e-procurement/e-CRM 功能）、協同外部功能（整合性、外網 Internet、非企業的其他利害關係人互動功能）**，如圖 16-1。也由於 IRP 系統是跨企業的整合，所以其系統須以雲端平台方式來運作，所以這三大部份系統分別是公有雲 ERP 系統（若企業夠大，則可以私有雲 ERP 系統，但嚴格而言，應稱為 **IRP 系統內的內網功能）、私有雲 IRP 系統、產業公有雲 IRP 系統等三大網絡**。

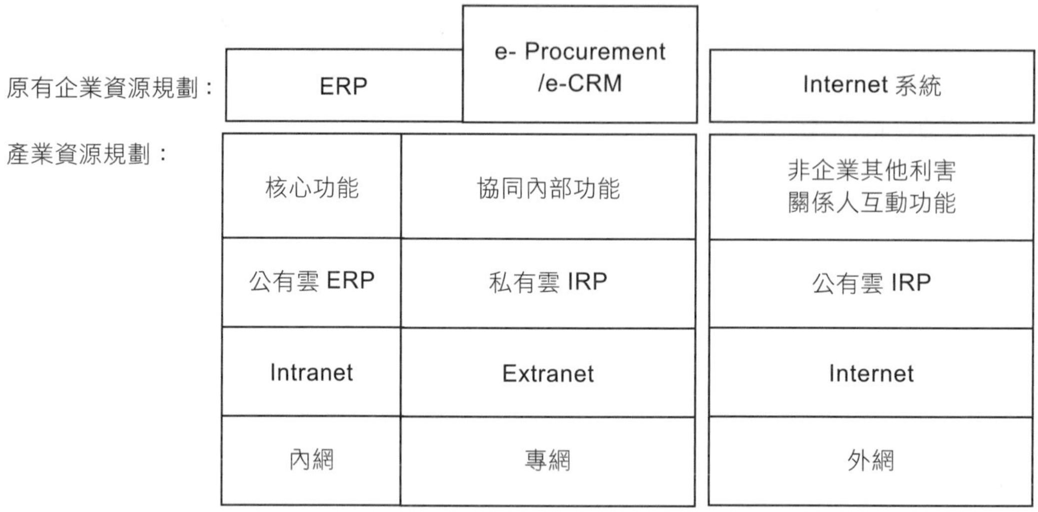

原有企業資源規劃：	ERP	e- Procurement /e-CRM	Internet 系統
產業資源規劃：	核心功能	協同內部功能	非企業其他利害關係人互動功能
	公有雲 ERP	私有雲 IRP	公有雲 IRP
	Intranet	Extranet	Internet
	內網	專網	外網

圖 16-1 產業資源規劃三大網絡

產業資源規劃對於企業經營而言，不只是企業之間作業效率化，更是企業拓展商機的創新渠道，而要達到產業資源規劃最佳化，就必須先達到作業精實化，而要達到作業精實化，則就必須依賴能結合雲端平台的 IOT（Internet of thing）物聯網，根據筆者所言的物聯網定義，可知將產業內的所有資源物件化，它包含實體物件化和虛擬物件化，而透過物件（物體）化和智能化，可利用感測網，將這些智能物件建構在協同網絡上，以俾達到企業營運智慧化，進而達成產業資源規劃最佳化。

客戶價值鏈

顧客導向企業經營模式是目前因應資訊氾濫和消費者意識抬頭下，逐漸發展的重要趨勢。顧客導向再加上網路資訊技術，使得在顧客管理層面的網路行銷更加重要。這裡所謂的顧客管理，不是指單方面顧客，而是指和顧客有關的所有方面，如供應面、配銷面、售後服務面等。也就是說，它是一個顧客價值鏈的管理，同樣的，以顧客管理層面的網路行銷，就不是只指訂單交易、顧客詢價等單方面的顧客管理作業。這包含從準顧客挖掘、現有顧客保持、消費行為獲得、訂單後續服務、產品零組件供應，以及產品設計功能需求等顧客價值鏈管理作業。如圖 16-2，若從單向顧客來看，只能得取顧客本身的資料，但若以企業流程活動過程來分析顧客，則就會產生顧客價值鏈。

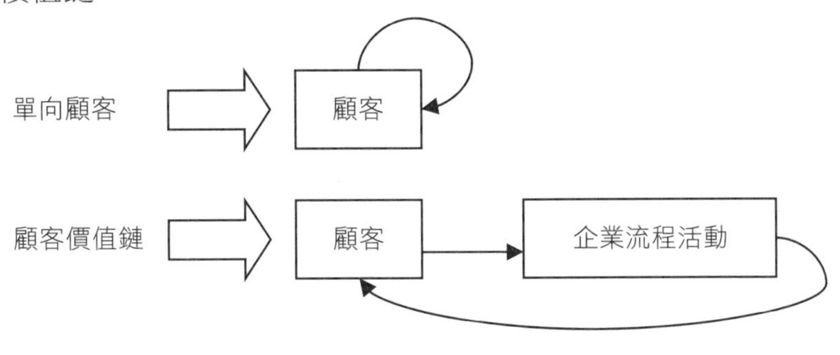

圖 16-2　顧客價值鏈管理

從上述說明，可知顧客價值鏈固然可對企業經營有很大助益，但相對於整個價值鏈，因貫穿企業整個相關作業功能，故控管是非常不容易，若控管不當，則就失去價值鏈的整合效益。因此，顧客價值鏈必須和網路軟體技術環境相接合，才有辦法做到真正的價值效益。

網絡上軟體技術本身並不是商機價值，必需透過軟體技術的服務（service）才是營收來源。並且，軟體技術服務的對象是該產品的直接顧客，但卻不是營收來源的顧客，因此，真正營收來源反而是間接顧客，也就是以直接顧客來吸引間接顧客。但為什麼間接顧客願意為此軟體技術服務付費，因為該直接顧客雖然對軟體技術公司不是營收來源，但它卻是間接顧客的真正顧客。故可知軟體技術其實不是近乎免費，而是做了移轉，其移轉到（間接；第一層）顧客中的（直接；第二層）顧客，整個模式如圖 16-3。若以上述例子，則間接顧客是指付廣告費用的企業，直接顧客是指使用該軟體技術的消費者。

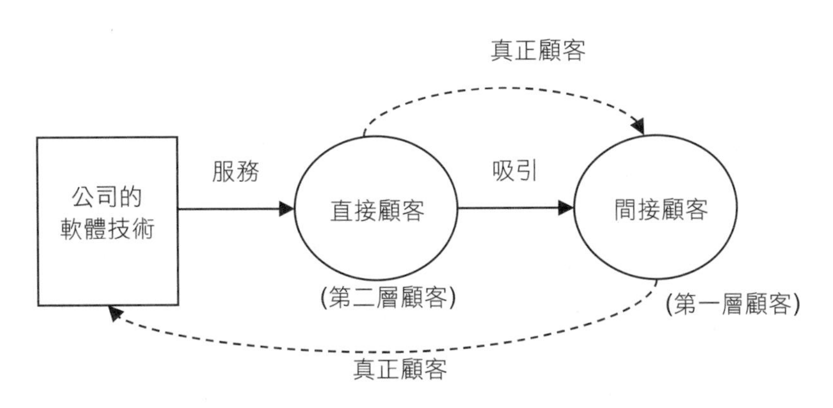

圖 16-3　客戶價值鏈的網路模式

產業生態化競爭策略

在目前科技不斷的極致蛻變和全球在地化、在地全球化的趨勢衝擊下，地球的經營環境，已是成為一個有機化的超大型共同生命體，其中的任何組成份子，包含消費者、產業上中下游廠商、乃至實體產品、裝置、設備，以及動植物等都是息息相關的智能物件，這些智能物件在未來雲端環境（天）和物聯網（地）的普遍成熟建構完成後，就如同大自然生態食物鏈一樣，會發生物競天擇、物物相剋的產業生態化競爭。產業生態化競爭就是指全球產業環境如同大自然生態一般的競爭模式，它具備「主動感知環境變化」、「智能自主本能」、「產業群聚發展行為」、「產業生機鏈」等特性。

在「主動感知環境變化」特性上：在宇宙之間，地球的大自然生態有其生生不息自找出路的生命力，因為大自然生態的任何一組成份子都會主動感知到環境的變化，並做出順其大自然的調適和回應。

在「智能自主本能」特性上：在大自然生態風暴侵襲下，有機生命的物體會以不斷自我學習試誤來增強智慧自主性的求生本能，也就是改變自己形態和風貌來適應這個無情的大自然反噬。

在「產業群聚發展行為」特性上：於大自然叢林生態中，當有危險即將來臨，其群體動植物將會以群聚方式，來提早面對因應風雨欲來的局面。

在「產業生機鏈」特性上：就如同大自然生態的食物鏈一般，鏈中的有機生命物體發展是環環相扣、物物相剋，牽一髮而動千鈞，如同神經般的即時互相影響。

從上述這些特性的發展，勢必影響企業生存和經營模式，所以產業生態化競爭策略就是指須把整個企業生存和營運環境，視同大自然生態一般的有機生命力，進而從產業生態化競爭形態來思考企業該如何經營！

雲端平台和物聯網造就了產業生態化競爭局面，它不是如同像半導體或筆記型電腦等只是一個產業，是在現有世界中的另一個相關聯整體環境。由於雲端平台和物聯網的內容廣大和技術快速蛻變，使得社會生活型態和企業應用模式也不斷地隨著變化，其中的重大影響就是網路深入人類生活中和網路化商品不斷被創造，這兩個影響又互為因果，因為網路化商品的出現，並應用於人類生活中，如網路電話造成傳統電話使用減少，改用網路上溝通，同樣地，人類應用網路在生活中的需求，也促發了網路新商品的產生，如人類對電視節目的豐富化和行動化生活需求，進而產生網路電視的新構想。

這樣的趨勢，就企業經營而言，不只是告訴我們應善用雲端平台和物聯網的效能來經營企業，以及在網際網路影響的空間世界中，找出另一個可能更有商機的企業經營模式（例如：以人臉辨識分析行為來銷售商品模式）。

協同研發商務

協同研發商務（Collaborative Product Commerce, CPC），其實是產業資源規劃的價值鏈典型例子，它將企業內部研發擴展延伸到外部客戶和供應商的共同研發，它最主要精神是在於將客戶的需求，和對供應商配合需求，一起在做研發程序中就考慮到這些需求，和對供應商配合需求，不要企業內部研發快完成時，才發現研發產品不符合客戶需求，或沒有相對的材料可供應。

協同研發設計商務，該系統其實和產品生命週期管理系統是異曲同工的，只不過協同研發設計商務是注重在工程部門、客戶、供應商之間的協同合作。雖然這是協同的好處，但並不代表容易達成，因為各家公司有自己的目標、認知和作業流程，故協同研發的成功方法並不在於強迫各家公司作業流程結合一致性和標準化，而是在於如何以良好互動溝通的介面流程，來達到各取所需的目標。企業對產品生命週期管理的整合面的重點是：期望以產品開發及使用週期問題角度去建構在企業整體價值鏈的資訊系統的整合，並以一個有引導定義收集、分類歸屬、知識儲存、回饋驗證及再使用的知識回饋機制，來整合整個企業整體價值鏈。例如：以產品生命週期管理為基礎架構，可以建構產品開發及使用週期問題回報與分類 mapping 追蹤系統。它提供一個線上系統讓製造過程、運送過程或客戶使用中有任何問題可以上 web 回報，並且進而自動將問題分類、分析並回饋至相關企業功能及組織部門進行處理。**產品生命週期管理是將產品生命週期中從產品概念、設計開發、生產製造到售後維修，乃至於服務等過程加以自動化，為製造企業提供一個協同產品開發的環境與平台**，讓包括供應商、產品開發、製造、採購、銷售、市場及客戶等不同企業內外部成員得以在整個產品生命週期當中，共同創造、開發及管理產品。協同產品商務雖然是以研發為中心，但仍須和其他協同流程做整合，才能發揮產業資源規劃。協同研發商務已是全球企業經營發展的趨勢，例如：DCOR（Design Collaboration Operation Reference Model）就是一例子。

16-3 本文個案的實務解決方案

根據問題形成的診斷結果，以上述提及方法論，提出本案例之實務創新解決方案：

以協同客戶價值鏈來拓展商機

製造業在經過半導體、電腦、LCD 產業的變遷演進下，也已經完全轉型為製造服務業，也就是非純製造生產，而必須以服務方式提出整合型解決方案。因為成熟性產業的代工製造毛利愈來愈薄少，故必須結合為顧客設計的服務才能得到更高價值。製造業本身就是個產業鏈，其中某企業可以是顧客角色，也可以是供應商角色。因此，在製造業的接單模式，必須延伸到顧客中的顧客，而為了使對顧客的服務更好，則在供應方面就必須考慮到供應商中的供應商，對顧客而言，才會得到整體顧客的滿意。如一家生產筆記型電腦的製造代工公司，在面對自有品牌的顧客，就必須為其顧客（就是最終消費者）做售後服務上的考慮。也就是說，當最終消費者需要更換電腦內的電池時，供應電池的供應商就必須能快速提供，至於該電池供應商的原材料供應商供應，也必須能滿足顧客的進度、數量需求，如圖 16-4。

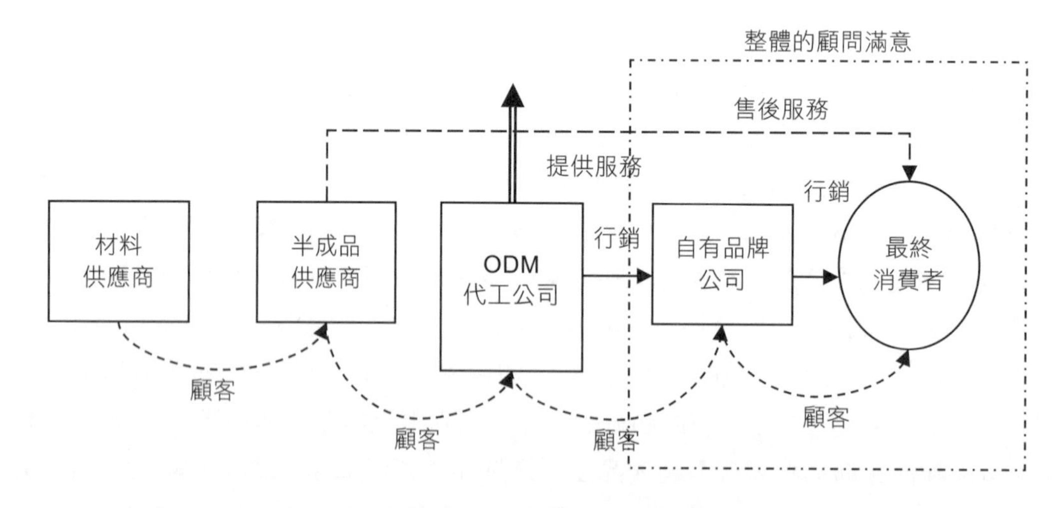

圖 16-4　製造業的協同客戶價值鏈

以 IOT-Based 雲端 IRP 平台來落實產業競爭優勢

由於高科技消費型產業環境是強調時基競爭（time-based competition），因此在研究開發技術是更迭快速，其產品生命週期是日漸縮短，同時消費性電子產品具有樣式多樣化、客戶喜好多變化等特色，因此造成消費性電子產品公司，必須快速又有效率的因應此高科技消費型產業競爭所帶來的變化。而高科技消費型產業又具有其群聚效應的特性，因此當最終產品的生產基地一旦群聚，其配合的廠商便被迫隨同群聚，以形成快速供應鏈整合的競爭優勢，讓產業的上中下游緊密地連結在一個地理構形，也就是 IOT-Based 雲端 IRP 平台，以便快速的將產品帶至開發、製造以及銷售，進而快速又有效率的進行資訊物流通路的整合，同時，此種群聚效應所匯集的力量也造成了周邊行業之延伸性的服務，並不得不向此群聚靠攏。

針對本案例問題形成診斷後的問題項目，提出如何解決方法。茲說明如下：

1. **該公司接單方式須改為協同研發設計的商務模式：**也就是強調該公司具有和客戶大廠的研發技術能力和研發管理能力。透過這樣協同核心能力來和客戶大廠做買賣生意。這和以前產品銷售接單方式是完全結構性的不同。它必須提升客製化和技術創新能力，同樣的，也帶動了流程管理創新能力。若以企業資訊系統而言，該公司必須能在 CPC 資訊系統上和客戶大廠共同運作。

2. **該公司必須將客戶價值觀點提升至客戶價值鏈的策略管理：**該公司必須不僅能滿足客戶大廠的需求外，更需要滿足最終消費者的需求，甚至以消費者需求來反推規劃客戶大廠的真正需求，亦即為客戶解決客戶的客戶問題，如此多層的客戶層級價值所在，就是一種客戶價值鏈。

3. **該公司的資訊系統必須從企業資源規劃觀點轉換到產業資源規劃（IRP）思考：**企業資源規劃若從產業資源角度可分成核心內部、協同內部、協同外部三種層級的資源整合，也就是內網（Intranet）、專網（Extranet）、外網（Internet）等三層級，若以雲端平台角度來看如此產業資源規劃會將於公司原有 ERP 作業切割成公有雲 ERP（原有 ERP 局部功能）、客戶大廠的私有雲 IRP 系統（指 CPC 資訊系統）、產業的公有雲 IRP 系統（指和產業鏈的其他利害關係人的企業成員互動之營運作業）。這三個資訊系統也分別對應內網、專網、外網。

4. **該公司行銷服務需改為協同式售後服務模式：**公司強調能和客戶大廠共同做好對消費者的售後服務，如此一來，該公司就可直接面對消費者（客戶的客戶），進而掌握了解消費者對機殼產品的造型外觀之喜愛的情報資訊，並且配合客戶大廠的售後服務系統，做好對消費者在機殼產品上的維修換發之服務，進而達到消費者認可此機殼的品質，而導致客戶大廠會再次和該公司協同合作。

5. **該公司將對機殼產品定位成智能物件：**是具有自動辨識該產品的物理面資訊，例如：機殼的生產批號、材質耐熱程度等資訊，再則，透過自動辨識後可主動收集這些資訊，並透過物聯網將這些資訊上傳至雲端 IRP 平台系統，如此，這個雲端 IRP 平台系統就可以這些資訊來執行追溯、追蹤的管理營運作業，進而達成協同研發設計和售後服務的精實化效益。

6. **該公司競爭策略必須採取產業生態化競爭的策略之道：**根據上述各項問題的解決方案描述，可知，「企業」、「產品」、「消費者」等任何實體都將會成為智能物件，而這些智能物件都會在具有 IOT-based 的雲端 IRP 平台系統內做生態化的競爭，例如：電路板零組件的智能物品當它以微小化生態出現時，就會影響到機殼此智能物件也須跟著產生微小化的發展。再例如：此消費者智能物件若不滿意消費型高科技成品此智能物件時，則它就可能會消滅掉機殼此智能物件的生存。從上述說明，可知產品生命週期、產業資源規劃、產業客戶價值鏈是產業生態化競爭策略的基礎，透過對這三個策略基礎，做出競爭策略定位，來因應產業競爭生態化的時代來臨。

16-4 管理意涵

氣候變遷所引來的節能環保造成了目前的綠色經濟，而在此綠色經濟上，也由於此氣候變遷使得大自然資源遽變和減少，所以，必須讓大自然資源能物盡其用，但若仍以傳統原有資源運用方式（亦即每個企業只管自家資源規劃最佳化），則就無法達到大自然資源物盡其用，因此，必須以整個產業的資源規劃最佳化來做為因應氣候變遷所帶來的衝擊。

氣候變遷引爆了產業資源規劃的時代來臨，但要達到產業資源規劃最佳化，在可行性和落實性技術上，必須依賴雲端運算和物聯網技術。

為了讓產業資源規劃最佳化，必須將所有企業資源的營運，在共同平台做協同營運，這就是 IOT-based 雲端 IRP 平台，因此企業拓展商機就必須在此平台上創造訂單來源，這是一種未來創新趨勢。企業透過協同研發設計和售後服務來拓展生意，在拓展程序中，客戶價值鏈是接單成功的關鍵點，也唯有透過客戶價值鏈，才可掌握消費者市場真正需求，進而使整個產業營運的資源運作，沒有浪費閒置，最後達到產業資源規劃最佳化。也正因為在客戶價值鏈下的協同營運，以及在雲端平台和物聯網技術發展下，產業生態化競爭策略因應而生。

產業生態化競爭會衝擊到任一企業生存和新創，不論中小企業、大公司都是亦然。企業競爭如同大自然生態所有物種一樣，物競天擇，適者生存，身為產業的每一份子，必須從中學習適應的謀略和技能，方能走向 M 型社會的另一方富裕之道。

chapter

17 應用案例 5：CIO 如何因應雲端和物聯網形成的 IRP 環境之挑戰

企業實務情境　在致能科技下的企業策略

身為以製造、銷售、設計、品牌等營運為主的傢俱中型規模公司的行銷總監黃協理，一手扛起整個公司的行銷策略計劃，尤其在公司宣示明年欲將銷售客戶市場從原有代理經銷體制，再加入擴增為最終消費者市場這塊大餅的政策下，黃協理面對的是如何在微幅增加預算限制下又能達到消費者市場營業額績效的挑戰。此時，唯有依賴資訊科技的輔助，於是黃協理和 CIO 陳資訊長經過討論後決議自行架設一個公司本身產品專業 B2C 網站，和加入目前三家國內知名的網購平台，以增強對消費者的曝光度。

上述方案經過數月後，卻遇到一些客戶抱怨事件：

1. 「為何對貴公司在不同網購平台的會員登錄須重複填寫？」消費者申訴抱怨。
2. 「同一傢俱產品在網購平台上售價和在貴公司經銷實體店的售價一樣？那麼如何吸引消費者來店購買？」經銷商抱怨。
3. 「在不同網購平台下單，但運輸送貨為何總是很慢？以及向貴公司詢問訂單產品／出貨資訊，卻難以得到一致性的回應？」一位消費者抱怨。

經過這些抱怨了解分析後，黃協理認為：「網購平台並沒有和所規劃行銷策略結合？以及公司不同應用軟體平台也沒有做資料和流程整合？」「而且更重要的是並沒有達到預期消費者市場的營業額，反而引來原有經銷廠商不滿抱怨，進而侵蝕到原有經銷市場的營業額」，陳資訊長回應：「在資訊科技角色上，本來就是扮演輔助角色，至於行銷績效仍是須依賴行銷營運模式。」黃協理直覺的回應：「但現在產業競爭環境已然不同，難道公司營業銷售績效，不是攸關整個公司的商業模式效益嗎？」

面對上述問題，該如何解決呢？

17-1 問題定義和診斷

依據 PSIS（Problem-Solving Innovation Solution）方法論中的問題形成診斷手法（過程省略），可得出以下問題項目：

問題 1. 公司的各網購平台沒有整合：因為各網購平台來自不同利益的各 B2C 廠商，因此。各網購平台和公司本身 B2C 平台的客戶及其訂單相關資料無法即時效率的整合。這樣會造成相關於網購的訂單、客戶資料無法統一控管和一致性，並且導致消費者須在不同網購平台上重複登錄的無效益動作。

問題 2. 資訊策略沒有和企業策略結合：陳資訊長以為資訊策略只要能輔助企業策略所展開的作業即可，這是沒有達到結合的綜效，因此，各網購平台的策略，並沒辦法解決消費者市場行銷策略，因為消費者在使用此 IT 策略的網購平台時，該企業並沒有得到五力分析中的顧客價值和經銷商夥伴價值（從案例的抱怨事件可得知），這就是企業和資訊策略沒有結合，所影響的就是在消費者市場營業狀況不佳。

問題 3. 因涉入消費者市場而導致經銷商和總公司搶客戶的衝突發生：該企業針對消費者市場所設置的網購平台，對於經銷商而言，是搶客戶行為，因為消費者可能就跳過經銷商而向總公司直接購買，這對於該企業的原有商業模式（指經銷商通路）所產生利潤可能會降低，當然直購消費者市場利潤可能增加，但整個加總利潤並沒有大於以前經銷商通路利潤，甚至引來經銷商的抵制不滿，則這種新的商業模式（指消費者直購通路）可能會賠了夫人又折兵。

問題 4. 企業後端內部資訊系統沒有和前端各網購平台整合：由於來自不同廠商的前端網購平台，無法做資料和流程的即時整合，使得公司後端內部作業並無法無縫隙的接合，例如：公司倉庫出貨內部作業和網購下單送貨的作業流程無法即時連接，而導致消費者對於送貨作業的不滿意。這樣的整合性問題，在資訊策略展開時，是必須考量的戰術，才可落實並呼應企業策略所展開的方法和作業，例如：無縫隙的出貨送貨戰術。

問題 5. 沒有在現今創新和科技趨勢下發展新的商業模式：資訊策略在創新科技影響下，例如：雲端運算和物聯網，是會將資訊科技成為致能科技（IT-enabled）的關鍵驅動，而造成回饋影響到企業策略的規劃，此時，資訊科技不再只是輔助角色，它將成為創新商業模式的致能者。在本案例中，由於消費者市場的加入，因此在整個企業的行銷策略內利害關係人，就有經銷商、消費者、運輸業者、總公司、銀行等 5 個角色，而要在這些有各自利益的角色群中，創造出各自的利潤，則總公司在規劃企業策略，乃至於結合資訊策略下，就不可只是當作另一行銷通路的發展，而須考量整個產業利基，進而在資訊科技驅動下發展出創新的商業模式，如此就可避免和經銷商搶客戶的行為，而使得公司總利潤不升反降的狀況產生。

17-2 創新解決方案

根據上述問題探討，接下來探討其如何解決的創新方案。它包含方法論論述和依此方法論規劃出的實務解決方案二大部份。其方法論論述包含“資訊策略和企業策略整合”、“企業資訊系統整合”、“商業模式”等三種。

17-2-1 資訊策略和企業策略整合

就公司整體而言，企業本身會有企業整體策略、功能策略、作業策略三種，企業整體策略包含使命、目標、方針，而功能策略包含財務策略、銷售策略、生產策略、研發策略、人力資源策略、資訊策略等功能性策略，至於作業策略是由功能策略再展開作業程序的策略，因此資訊整體策略包含資訊管理策略和資訊作業策略，若從企業整體綜效來看，可知資訊整體策略和企業整體策略必須互相結合之。整體策略是依企業整體作業經營最佳化，也就是追求跨部門功能的最大利潤化，它們之間會有互相影響。所以它們結合時須考量三個因素，包含企業整體策略展開性、和其他功能性策略關聯性、和其他作業策略關聯性，茲分別說明如下：

企業整體策略展開性

一般運用企業整體策略，包含使命、目標、方針三項目，因此它們的內容擬定就會影響資訊管理功能的策略。

和其他功能性策略關聯性

資訊功能策略主要是在發揮 IT 技術應用於企業作業需求上，因此資訊功能就會和其他功能策略有關聯，例如：財務策略和資訊策略之間有因財務預算策略需求，而使得資訊策略須有預算資訊系統的關聯，以及須編列資訊系統的預算。

和其他作業策略關聯性

從功能性策略會展開出作業性策略，例如：財務策略擬定預算規劃，進而展開出預算稽核作業策略，而這個作業性策略須和資訊作業策略結合，例如：預算稽核作業策略，採取總預算量控管和單筆預算獨立性，這個策略可預防有人因單筆總金額太大，怕引起審核單位注意，所以故意拆成多筆預算，以避過審核焦點。上述的作業性策略必須有資訊作業策略的搭配，才能發揮作業執行效率和可行性。因此資訊作業策略就須提出能有自動勾稽的策略，如此才可展開資訊化的戰術方法，也就是有檢核總預算和單筆項目關聯程度分析的 IT 方法，進而達到作業流程的執行力。

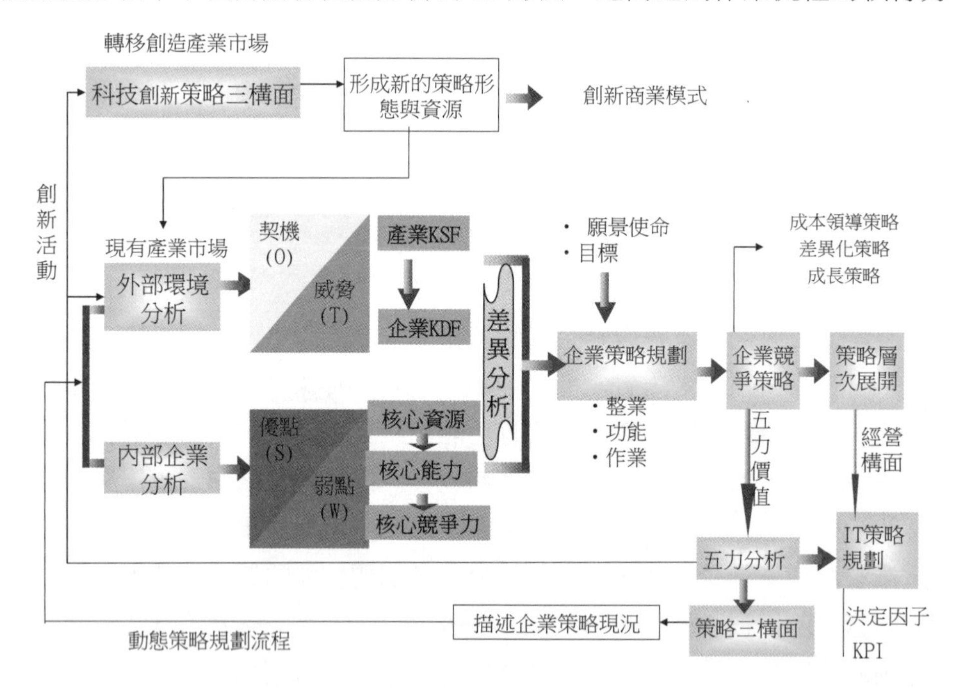

圖 17-1 企業創新策略和資訊策略的整合架構

從上述可知，企業創新策略和資訊策略需整合，如圖 17-1。從圖 17-1 中，可知現有產業市場範圍內，就企業外部環境做情報分析，以找出在此產業市場中的契機和威脅所在，並從中分析出在產業內的 KSF（Key Success Factor）因素，進而得出相對應的企業 KDF（Key Demand Factor）因素，同時就企業內部的資源能耐做資產現況分析，以診斷出目前公司本身在此產業市場的優點和弱點，並從中分析出企業在此產業須能立足的核心資源，進而展開核心能力，再進一步發展出能掌握有超越同業優勢的核心競爭力。

然後根據這些企業內部資源能耐和企業 KDF 因素做差異分析，以了解到公司目前缺少什麼 KDF 因素，接著，以此差異分析，在企業的願景使命、目標規劃下，擬定出整體公司策略、各管理功能策略、作業程序策略等企業策略，進而發展出具有差異化…等競爭策略基礎，而在這些基礎運作下，以五力分析來得出對客戶、供應商、替代品、潛在進入者、目前競爭者的五種力量價值所在，而此時在這些策略基礎上就策略層次的展開可連接到就經營需求構面下的 IT 策略規劃，進而同樣以上述五力分析價值結果來診斷出 IT 策略的決定因素和 KPI(Key Performance Index)，最後擬定出 IT 策略內容。

以上是就目前產業市場環境，來分析出企業策略如何展開至 IT 策略的整合過程。但在產業市場和科技極致驅動下，是具有動態性的創新活動，因此，在上述五力分析後，再就策略三構面來診斷分析出企業策略現況，接著再回饋至源頭的內外部環境重新再做一次後續過程的分析。而同時以創新活動構面下，其產業市場將有可能被移轉乃至創造出全新的產業，所以，接下來，就以科技創新策略三構面來形成發展出新的策略形態與資源，進而創造新的商業模式，最後，在新的產業生態推移中，就又會成為目前的產業市場。

17-2-2 企業資訊系統整合

從整合架構圖（圖 17-2）來看，可知 ERP 是一個基礎骨幹，它包含企業內部的運作功能，有六大模組應用功能有：銷售訂單、生產製造管理、物料庫存管理、成本會計、一般財務總帳會計、行政支援（包含人事薪資、品質管理等）等模組應用功能，而在企業內部的運作是須依賴 work flow 工作流程自動化，它是一種流程控管的引擎（engine），從此引擎開發出有關其企業整個流程步驟的平台，該平台上可建構出不同簽核流程、流通表單、組織人員、電子表單、文件管理等，這個流程控管的引擎是可使企業有效的落實資訊化的規劃及執行，接下來，在接近現場製造環境中，會有製造執行系統 MES（Manufacturing Execution System），它是用來輔助生管人員收集現場資料及製造人員控制現場製造流程的應用軟體。MES 系統最主要是一個快速而且即時的監控現場的活動。另外在現場生產排程中會有先進生產排程系統（APS），它是一種智慧性可事先模擬的生產排程方法論。另外在工程研發設計環境中，會有產品資料管理（PDM）系統是用來管理新產品或是產品工程變更從研發到量產之產品生命週期裡所產生的一切資訊和流程，這些系統幾乎涵蓋了大部份日常企業的營運資料，有了這些系統所產生的營運資料後，其企業就可利用這些重要的資料資產，來產生更有用的資訊，那就是決策支援系統的功用，它是給主管使用，並進而以便能發展出 BI（Business Intelligence）機制。有了管理資訊和決策資訊後，就可成為整合性資料中心，接著若再以知識管理（KM）系統來運作，則可得出知識庫（Knowledge-based）。

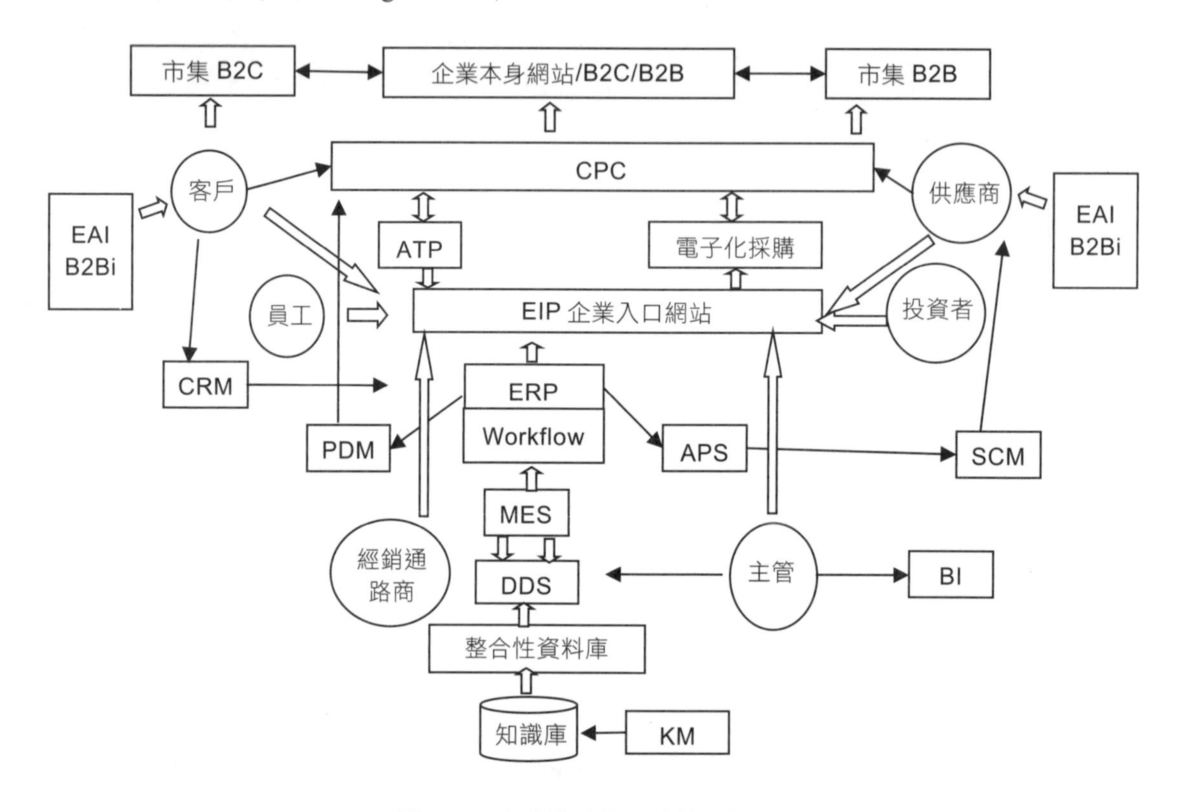

圖 17-2 企業資訊化系統整合架構

以上這些系統可透過企業入口網站，來讓相關企業角色（投資者、員工、客戶…等）互相溝通互動，另外最重要的是企業相關角色可透過企業入口網站 EIP（Enterprise Information Portal），來執行企業之間的運作功能，它主要是包含電子化採購和供應鏈管理、研發協同設計等系統，這些系統可說是企業對企業的整合（B2B integration， Enterprise Application Integration, EAI），它們是著重在研發和供應這二個角度，並且延伸到企業外部的角色互動，其中研發協同設計（Collaboration Product Commerce, CPC）是由產品資料管理（PDM）所擴大的，它是將 PDM 的範圍和角色和功能擴大到產業層次，其實這就是產業資源規劃的最佳化。

另外，從 ERP 的客戶和廠商角度延伸到對外角色互動，是有客戶關係管理（CRM），和供應鏈管理（SCM）這二個系統，在 SCM（Supply Chain Management）系統中供應管理功能，是可由 APS 系統延伸而來的，並它也會影響到現有客戶在訂單的運作進度效率，且能發展出 ATP（Available To Promise）機制。另外，在協同產品商務系統中產品管理和客戶需求這兩者，也就是說，可利用這兩者的運作再加上 CRM 系統，得出工程研發規格和客戶功能需求描述的關聯性，進而使新產品功能符合客戶的需求。

再者，其中企業網站是指企業本身的簡介、產品型錄、據點等公司資料呈現；而客戶用網頁網站（B2C）是指企業對消費者之間的作業，包含線上的下單、詢報價等業務交易流程；而產品行銷用網頁網站（B2B）是指企業如何利用網頁網站來向企業型客戶行銷公司產品和服務，企業網頁網站須和客戶用網頁網站結合，進而和產品行銷用網頁網站結合，以達到網路行銷的整合。若擴展運用到外網環境，則可和市集 B2B/B2C（也就是市集上網購平台）做結合。

17-2-3 商業模式

商業模式是結合策略、能耐、價值所形成的一種企業營運模式。本文以下述四項重點來探討商業模式發展的關鍵處。

以解決方案來提供客戶服務為公司的定位

因整體市場競爭日益激烈，優質的產品只是基礎，已無法滿足客戶之需求，客戶要的是整體解決方案，不是單一的產品，它還包括後續維修和客戶服務作業，故須由本身產品配合整套解決方案技術才能加強企業所提供之價值。

強化產業體系競爭優勢和長期目標

在產業體系中，包括了成品的需求與供應的管理、尋求原物料、製造和組裝、製造排程、庫存管理、訂單輸入和管理、運送、倉儲、通路、客戶服務等，由於牽涉到上下游之間的各個環節，因此整個資訊系統需要能連接其中的每一個活動。而唯有每一個活動的參與廠商有利基，才能使整個產業體系能有競爭優勢，如此位於產業體系內的企業才有市場利基可言，故它須考慮到長期目標。

強調客戶與產業體系之整體獲利和維持力

企業將持續以顧客的觀點，推出符合客戶需求之產品，以為顧客創造獲利。但在和客戶運作時，若有考慮到其他產業體系活動，則可使得更能滿足客戶的需求，當然也要考慮到公司與協力體系之營運成本，以提昇經營體質。

專注在利基市場之佔有率和核心能力的產品建立

產業之市場區分成很多專業領域市場，若要經營全部市場，則需要很多人才資源，一般企業是在有限資源下，如何不讓公司資源分散，使得核心技術無法累積，而導致公司營運失去方向和花費成本過大，故應投入經過評估之利基市場，期望藉由專業市場經營，能夠成為該專業市場之領導者，並使獲利成長，而在這過程中，如何去建立核心能力的產品，更是重要。

17-3 本文個案的實務解決方案

根據問題形成的診斷結果，以上述提及方法論，提出本案例之實務創新解決方案：

規劃從結合企業策略和資訊策略到商業模式形成

依圖 17-1 的企業和資訊策略展開程序，可分析出五力價值中的消費者和經銷商的顧客價值，此價值以資訊策略來發展可規劃出整合各網購平台和該企業後端整體作業的公有雲 IRP 系統，並以此形成新的商業模式：

1. **以協同營運解決方案服務為公司的定位：**結合各利害關係人（總公司、經銷商、消費者、運輸業、網購業者）力量，分別扮演終端設備、系統平台、網路提供、服務營運、內容提供等各角色類別，提出協同營運的 Solution。
2. **以 IRP 強化產業體系競爭優勢和長期目標：**根據上述協同營運 Solution，將整個傢俱產品營運作業流程以 IRP 最佳化方式來控管。
3. **強化消費者市場與經銷通路之整體獲利力：**從網購平台來拓展消費者市場是在輔助、強化經銷通路能力，使得在傢俱營運體系，能夠維持消費者和其他利害關係人的獲利所在。
4. **專注在各自利基市場和核心能力的服務營運建立：**各利害關係人有各扮演角色，並從此角色來中來鞏固各自利基市場，例如：網購業者扮演服務營運角色和利基所在。

以雲端和物聯網所形成 IRP 系統來建構上述商業模式

創新商業模式主要在於商機辨識，商機辨識可分成機會辨識和商機發現，而要產生這二個項目之前，須先有需求挖掘，也就是整個順序是：需求挖掘→機會辨識→商機發現。在此僅說明機會辨識和商機發現，所謂機會辨識是指「需求與資源的創新發展方式，機會辨識主要是受到資訊來源、創業家認知與判斷（judgment）能力，機會辨識乃是從體認到一個未知的機會，搭配時空與資源，用創新的方法將其概念化的過程。」從科技策略三構面架構（科技策略三構面架構包含科技策略、創新管理、網路行銷三構面交叉運作可得出新的商業模式，而此商業模式必須能滿足消費者的最終需求，而此需求必須回歸至人類的最根本人性欲望），可知機會辨識是由科技策略和創新管理的交集結合，以本文案例而言，具有感知和運算的物聯網和雲端 2 項目就是對應到科技策略構面中的核心技術，以及因各網購平台和總公司後端沒有整合而需創造出無縫隙的營運流程，因此，透過前述的「核心技術」和「創造無縫隙的營運流程」之交集結合。就可辨識出機會所在，其機會就在於如何克服因各自利害關係人的不同資訊系統整合所引來服務缺口問題，也就是可利用物聯網和雲端運算來達成具有 IRP 最佳化的協同營運。

有了機會辨識後，就可發展成商機發現。所謂「商機發現」是指商業智慧（BI）領域的知識發現（Knowledge Discovery），其知識發現是指「在於能透過一連串的資訊處理流程，建構出一套邏輯化法則和模式，以支援判斷決策的分析基礎，而最重要的是決策者是在一個經過智慧型技術處理過的累積經驗與專業知識（Domain Knowledge）環境內，如此評估和解譯，才有其真正的知識成效。」因此商機發現具有商業智慧的功能和特性。透過商機辨識，可為企業提供管理上解決方案，更能創造出新的營收來源和商業機會。以本案例而言，從物聯網和雲端運算應用於無縫隙的營運流程，可發展出一個 SaaS 模式的網購整合平台，利用此平台可整合控管整個傢俱銷售流程，這就是一種商機，所以，此案例商機發現就是可透過 SaaS 模式的無縫隙網購整合平台來做雲端商業智慧分析，例如：消費者的購物籃推薦分析。

從上述的應用說明後，針對本案例問題形成診斷後的問題項目，提出解決方法如下：

問題 1. 以產業資源規劃系統來整合各自不同來源網購平台：以往，整合不同企業應用資訊系統，都是用資料轉換（XML）、流程介面程式（API）、流程連接（EAI）這三種不同層次效用的方式來解決整合性問題，但這些都是仍以各自企業資源規劃最佳化方式來發展各自系統的連接。但在雲端運算下的產業資源規劃構面下，在各網購平台的下單系統功能都統一在公用雲環境下發展，則訂單資料就可統一且消費者只需登錄一次即可，以達到產業資源規劃最佳化效益。

問題 2. 從企業策略展開來分析 IT 策略的價值所在：以各網購平台當作拓展消費者市場的此種 IT 策略，就是沒有考慮到和企業策略結合，因為企業在行銷策略上是要從消費者市場上擴大營收來源，和直接面對消費者，以便了解需求喜好來做為產品設計的重要依據。但只是以輔助性工具平台來做為 IT 策略，則就無法達到企業策略效益，因此，解決之道就是以企業策略的內外在環境分析一直展開至 IT 策略的五力分析，可參照圖 17-1。

問題 3. 從創新企業和資訊策略來重新思考新的商業模式：創新企業策略的展開，必定會影響到原有商業模式，進而衝擊到各利害關係人的原本利潤，因此，在當經銷商和消費者市場發生利潤來源衝突時，就應該在企業策略規劃時思考出雙贏的商業模式，也就是，如何以拓展各網購平台來做為經銷商通路的另一多重行銷管道，而不是分散掉經銷商利潤，當然，這期間需有一些配套管理方法（例如：鼓勵消費者以網購方式下單，可享優惠價等）。

問題 4. 從企業資訊系統整合擴散到產業資源規劃系統整合：若以 IRP 系統的公有雲架構來看（可參照本雜誌第 32 期筆者文章），則各網購平台流程是和該企業內部出貨作業是無縫隙連接的，若能再輔以 RFID 和 WSN（無線感測網路）、GPS（衛星定位系統）等技術，和雲端 IRP 系統結合，則總公司就可在消費者網購下單時，立即掌握並且啟動工廠倉庫出貨事宜，且和當地經銷通路店面、運輸業者即時溝通，以便進行送貨運輸事宜，而在同時，可由傳簡訊至消費者手機，讓他隨時了解送貨進度和狀況。

問題 5. 將雲端運算和物聯網做為創新商業模式的 IT-enable 致能科技者：在現今朝向產業生態化競爭趨勢下，企業和資訊策略結合不再只是輔助支援角色，而是要創造出新的商業模式，而且此商業模式是以產業資源為基礎，所發展出各利害關係人整合模式，但因這些利害關係人都是以各自本位利益角度而言，所以協同營運就有其困難，因此唯有以雲端運算和物聯網所形成的 IRP 系統來做為協同營運的解決方案，才可使此商業模式得以可行運作，也就是說它們是一種致能科技者。

17-4 管理意涵

從企業營運績效構面而言，雲端運算和物聯網對於企業真正的創新價值鏈是在於 IRP 環境的形成。透過 IRP 環境的運作，使得任一型態的廠商都得加入此環境中來創造新的商機。因此，身為現今 CIO 必須面對雲端運算和物聯網的趨勢，及其所形成 IRP 環境的來臨，當然本身更要能轉型因應其挑戰，也就是說原有資訊化為輔助支援的工具平台，已是過時的能力，它必須具備新的三項技能：“資訊策略和企業策略整合”、“企業資訊系統整合”、“商業模式”等三種。

資訊策略的內容發展來自於企業經營策略內容，也就是說資訊化策略和企業策略需求是息息相關的。而從此資訊策略發展出具各企業資訊系統整合的 IRP 最佳化之解決方案，並以此解決方案在雲端和物聯網技術下形成創新商業模式。此商業模式融合了各自不同利害關係人在協同營運上的商機辨識，而這一切商機都來自於 IRP 環境所帶來的契機。例如：原本悠遊卡只用在捷運上，但現正擴大為超商小額支付和某些停車場停車支付用的產業規模，如此就不會因不同廠商有不同支付票券等資源浪費和不便。面對目前及未來如此巨大改變的挑戰，CIO 不得不深思啊！

chapter

18 應用案例 6：虛擬實體整合的 3C 產品銷售

企業實務情境　顧客知識和客戶分群

有一天，一位林小姐（消費者）到一家電子 3C 販賣店欲購買 LCD 顯示器，她期望能買到價格便宜和新技術功能的商品，雖然她一點也不懂 LCD 顯示器知識。當她進入店面瀏覽到 LCD 商品的櫃台前，看到某些商品標示上寫著：「LCD 有亮點 3 點以下恕不退貨」，這時她疑惑著：「什麼是亮點？為何不能退貨？是不是瑕疵品，所以怕顧客買了不認賬，所以就先言明不退貨？」而她正在納悶中，其店員已悄然到她身邊解釋著：「有亮點是 LCD 顯示器的缺失，但是在 3 個亮點以下則並不會影響觀看品質，但怕消費者以為只要有亮點就可退貨，所以才先言明，然而相對地價格也較便宜。」這時林小姐問：「既然亮點就是缺失，也就是瑕疵品，你們怎麼可以賣瑕疵品？而且不准退貨，那誰敢買？」該店員不以為然的說：「這是買賣雙方互相情願的問題，若你認為不妥那就不要買！」這時林小姐一聽有點火氣的說：「有這樣對待顧客的嗎？」這時店員也更不爽的回應：「那應該怎樣？」

如此店員和消費者引起口角事件，傳到了店長耳朵裡，這時，店長該如何處理呢？

該公司位於某地區知名的電腦商場圈，擁有六家分店，全省門市坪數便高達 3,000 坪，是營業規模尚可的 3C 通路商。門市銷售的商品種類高達一萬多種、三萬種商品條碼以及 700 多家的上游供應商，每月 6,000 多張訂單等資料，目前已使用一般網路連線的進銷存管理系統，也就是說都透過 e 化系統即時彙整到總公司的資料庫。可做到自動更新，所以總公司就可掌握全省各分店最新的進貨、銷貨、存貨狀態。由於電腦 3C 賣場價格競爭極為激烈，所以該公司經營方向期望朝向商品新穎度、存貨 EVA（Economic Value Added）等經營制度，讓賣場能隨時讓客戶能夠購買到各廠牌最新的商品。並且提供價格便宜的會員服務，以及完善的售後維修服務。

18-1 問題定義和診斷

依據 PSIS 方法論中的問題形成診斷手法（過程省略），可得出以下問題項目：

問題 1. 面對為數眾多的消費者，如何簡化（運用最少時間、最小資源、成本與人力）與顧客的加強其互動關係作業。

問題 2. 如何透過顧客分群來達到個人（客戶）客製化效益。

問題 3. 如何宣傳顧客知識至個人知識的認知，以便來降低顧客和店員之間的認知落差距。

18-2 創新解決方案

本個案的主題構面是以客戶分群和顧客知識的個人化行銷，來加強客戶關係的忠誠度。根據上述問題探討，接下來探討其如何解決的創新方案。它包含方法論論述和依此方法論規劃出的實務解決方案二大部份。方法論論述包含：個人化網路行銷和買賣雙方網路行銷型態。

個人化網路行銷模式

個人化行銷，就是指針對某個人的特點需求來做行銷，但一般都會指該個人化，就是某一個消費者個體，然而若將行銷範圍依企業者、個人者來做分類，則個人化的意義就不是如此，當然行銷手法也不一樣。個人化行銷是從市場佔有率轉換到客戶佔有率的新的行銷思維，其將配合公司的整體行銷規劃，促使客戶可利用 Web 上工具和服務，獲取所需的資訊和購買產品。也就是說除了將行銷的重點投資在整個市場，以期提昇經營績效之外，企業經營者也應該思考如何增加和保有每一位客戶的貢獻度。

在個人型態的個人化網路行銷，是以個人人性為出發點，也就是說「科技始於人性」，故在設計時必須考慮個人感受和喜好，一般主要分成二種：

1. **一對一行銷**
2. **客製化行銷**

   客製化行銷必須能提供一個相當彈性且方便的系統，來管理數以千計的產品型式，以及產品型式之間的組合，如此才能讓企業快速地達到使用者的客製化目的。

大眾行銷與個人化行銷的差異如表 18-1：

表 18-1 個人化行銷與大眾行銷之差異

	個人化行銷	大眾行銷
目標消費者	個人化的消費者	大眾化的消費者
了解消費者	建立消費者個人化資料	消費者簡單資料
產品	消費者化的產品	標準化的產品
生產模式	客製化	大量生產
廣告內容	個別化的廣告	大眾廣告
促銷手法	消費者化促銷	大眾促銷
經濟模式	範疇經濟	規模經濟
配銷模式	客製化	大量配銷
行銷訴求	消費者佔有率	市場佔有率
客群來源	可獲利的消費者	所有的消費者

18-2-1 買賣雙方網路行銷型態

	買者→賣者	賣者→買者	
企業	第 I 象限：企業→企業	第 II 象限：企業→個人	個人
個人	第 III 象限：個人→企業	第 IV 象限：個人→企業	企業

圖 18-1 買賣雙方型態

從上圖，吾人可知在第 I 、II 、III 象限的類型是最常見的，但第 II 、III 象限雖然都是買者為個人和賣者為企業，不過主動性卻不一樣。前者是個人主動向企業購物，後者是企業主動推銷給個人，當然前者的購物成功率較高。

至於第 IV 象限的企業向個人購買行為是較少見的，但並不是沒有。例如：某家企業看中某個藝術家的藝術品，則就有可能產生購買結果。在本文中，以第 I 、II 、III 象限的型態，來說明個人化行銷的方法和不同之處。

第 I 型態：企業買者→企業賣者

企業對企業的行銷行為，和對個人的行銷行為是不一樣的，主要差異是在於企業買者在購物後，可能不是做消費用，而是會再投入其他物品做其他用途，如下表 18-2：

表 18-2　企業和個人的行銷行為差異

	企業的行銷行為	個人的行銷行為
產品種類	Raw materials, components	Office and computer、MRO
產品需求	Scheduled by production runs（MRP/BOM）	Ad hoc, not scheduled
產品運作	專業運作	行政運作
產品投入	No Arrival required 再投入	Arrival required 消費用
自動化	高自動化	無自動化
產品屬性	Design-specification Driven	Catalog driven

企業買者→企業賣者例子：B2byellowpages.com 是提供有關企業對企業的產品、服務、訊息等經營平台。

根據這樣的特性差異，若欲在企業買者的消費者，做「個人化」行銷，就不再只是指某個個人的消費者個體，而是組織型式的虛擬個人化，這樣的個人化行銷是和前述的不一樣，它是重視某單一組織的需求，它針對的是組織應用特性，而不是個人消費特性。故應針對組織特性做個人化行銷。

茲將組織特性整理如下：組織的好處，在於組織可藉由這些團體持續性的交流互動，使組織成員對於原本個人不一樣知識的認知，能逐步達成共識，進而對於組織的目的有完全的一致性，如此的組織交流互動，可做為組織不同部門之間員工的相互溝通基礎。

在競爭激烈的多變環境下，組織知識創造已經成為組織競爭優勢的來源。將組織內隱性知識以重現原來意義的方式將知識記錄起來，這就是一種組織知識蓄積。知識做儲存蓄積，就變成知識存量，它是擁有組織專屬且獨特的知識。

在組織的個人化行銷，是以企業應用需求為主軸來規劃網路行銷方法，一般最常用的有下列三種：

1. **大量客製化**（mass customization）**：**是指將產品的需求依照客戶個人化來訂製，也就是說在大量生產的產品中置入個人化因素，以得取消費者的個人化需求，而不是只有將客戶產品的需求視為相同或少數幾種，如此可在大眾與個人化之間找到中間點，而且可符合大量效率且低成本。例如：消費者訂製個人肖像郵票。

2. CTO（configure to order）**組合式訂單：**組合式設計訂單生產是指在接到企業型顧客或消費者訂單後，依消費者指定規格，由工程師開始設計產品的生產環境。它可透過 WEB 上的產品型號和零組件，依自己喜好和需求來做不同搭配組合，進而產生組合式訂單。

CTO 例子：Superinfoinc.com 是提供企業資訊化服務，它包含 CTO（configure to order）組合式訂單的軟體服務。

3. **接單式組裝（Assemble-to-Order, ATO）**：在接到企業型顧客或消費者訂單後依消費者指示的規格提領組件開始組裝最終產品的生產環境，吾人稱為這樣的環境是接單組裝。接單組裝的作業模式為提供快速、滿足不同客戶訂單特殊需求、高品質、具競爭性價格、能在客戶要求交期時間內即可生產完成的最終產品。客戶期望有訂單特殊需求的好處，也可以有要求交期時間內的交貨滿足。會有這樣的效果，是因為主要組件在事前就已經做好生產工作，甚至已經建立半成品庫存如此才可反應出客戶的合理時間，這個合理時間會使消費者得到滿意，進而提昇企業競爭力。

   ATO 例子： Machinedesign.com 是提供有關機械設計上訊息服務，它包含接單式組裝（Assemble-to-Order, ATO）訊息。

在上述 CTO 和 ATO 例子，若將組織的虛擬個人化對應至消費者個人而言，則就變成另一種個人賣方對企業賣方，也就是第 III 型態。

第 II 型態：企業賣者→個人買者

這種個人化型態，是目前較常見的網路行銷模式，因為是針對個人消費者特性，故銷售商品大部分都是消費性、民生性商品，因此在規劃這種個人化行銷時，就必須針對個人特性來設計。茲整理個人特性如下：

個人知識的獲取是因有個人知識來源的存在，而在企業中知識的來源是很多且分散的，有來自於公司員工、客戶、供應廠商等，若成為集中式和電子檔案來源，則公司的個人電腦就隱含著許多待獲取的知識，因此如何從個人電腦檔案中利用有效的方法將資料中有用的知識提取出來，是知識獲取的方向。

個人在管理知識時，除了知識創造的能力與效率外，其知識並不一定是在個人內部自行創造出來，而是由外部引進的。而欲外部引進，則須有知識的流通，也就是知識必須經由個人之間分享，才能在知識管理流程中，彰顯出知識的能力與價值，並在這相互溝通與轉換的過程中創造出更多元化的知識，因此知識的創造和知識的流通是互為關係的。

企業賣者→個人買者的網站例子：Wikipedia.org 是提供共用的百科全書（communal encyclopedia）的平台，它包含企業和個人的商務（Business-to-consumer electronic commerce）訊息。

第 III 型態：個人買者→企業賣者

這種個人化行銷，也是目前較常見的網路行銷模式，它和第 II 型態的最大差異是，前者是由個人主動去購買，後者是由企業推銷產品給個人消費者，這樣的差異當然也影響到在設計個人化行銷方法會有所不同，不過它們的共同點都是必須考慮個人感受和喜好，一般主要分成 2 種：

1. **「我的網站」的入口網站（my web）**：Yahoo.com 是提供入口網站，它可讓使用者建立自己本身專用的入口網站。
2. **入口搜尋網站**：Yahoo.com 是提供入口網站，它可讓使用者搜尋自己本身的需求。

18-3 本文個案的實務解決方案

根據問題形成的診斷結果，以上述提及的個人化網路行銷和買賣雙方網路行銷型態方法論，提出本案例之實務創新解決方案：

將個人化網路行銷應用於顧客知識和分群的作法

1. 首先，**設計一個客戶客製化（售後服務系統或是 FAQ 的平台）的客戶分群個人化行銷**，本技術可利用雲端運算來建構個人化之雲端商務行銷平台，進而鞏固與客戶的良好互動關係，提升顧客忠誠度。此系統須能決策產生出三階段的程序：系統與消費者互動、真人與消費者溝通、真人到府服務等階段。其解決方案如圖 18-2。

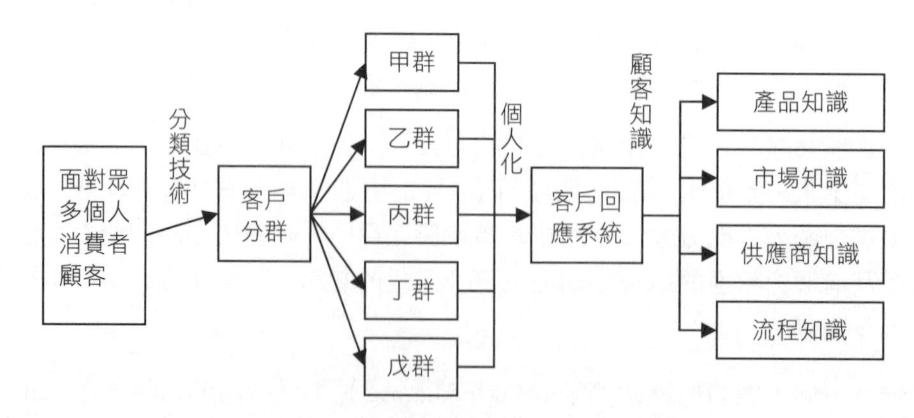

圖 18-2 顧客知識和分群的個人化行銷示意圖

2. **顧客知識（顧客回應）**，分成四大項：

(1) 產品知識：

a. 產品型錄　b. 操作使用手冊

c. Q&A 手冊　d. 技術手冊

(2) 市場知識：

a. 商品品牌　b. 趨勢情報　c. 產業分析

(3) 供應商（企業）知識：

a. 企業識別　b. 企業文化　c. 企業簡介

(4) 流程知識：

a. 行銷活動　b. 訂貨程序　c. 客服維修程序

3. **客戶分群**：

(1) 依據顧客回應的訊息型態分類，提供五種和客戶互動的作法，需融入顧客知識（產品使用、服務使用、產品組合價格）：

- 專業型顧客
- 無聊型顧客
- 精打細算型顧客
- 無知型顧客
- 實際型顧客

(2) 依據顧客心智和期望程度分類，提供五種和客戶互動的作法，其各類型對應至顧客知識說明如下：

- 快速上手型（已瞭解希望買了產品後可以馬上使用）：產品型錄、操作使用手冊、企業識別、行銷活動。
- 入門基礎型：產品型錄、操作使用手冊、Q&A 手冊、商品品牌、企業識別、企業簡介、行銷活動。
- 產品應用型：產品型錄、操作使用手冊、趨勢情報、產業分析、訂貨程序。
- 專業技術型：產品型錄、操作使用手冊、技術手冊、產業分析、客服維修程序。
- 好奇新穎性：產品型錄、商品品牌、趨勢情報。

買賣雙方網路行銷型態

本案例情景和背景，以及所設定主題構面而言，其採用的網路行銷型態可運用「個人→企業」第Ⅲ型態，但這邊所指的是第 I 形態將組織的虛擬個人化對應至真正的消費者個人，在此，僅說明 ATO 模式，ATO 模式雖說是依照顧客需求的規格來組裝，但在運作上有 2 個現實狀況限制，一個是顧客所提的規格並不清楚，很難對應至工程技術規格，顧客所能提出的只是使用認知的規格，因此，企業應引導顧客需求，例如：事先設定好顧客所認知的使用規格來引導顧客做設定，當然這必須要有某種程度的顧客知識宣傳和教育。

另一個現實限制狀況，就是在實務上企業不可能等顧客真正設定好需求規格後，才做組裝，因為消費者顧客的訂單週期時間非常短，甚至是立即取貨。若是組織型企業則就可以如此運作，況且消費者往往購買數量非常少，甚至只有一台數量，因此，實務上，企業需先組裝至消費者階段的產品型式，而這也正是上述提及的為何需以顧客知識方式來引導顧客設定其需求規格之原因所在。此 ATO 模式可建立在本文提及的個人化雲端商務平台內，讓消費者利用此平台來執行 ATO 模式的運作。

從上述對個人化網路行銷和買賣雙方網路行銷型態等的應用說明後，針對本案例問題形成診斷後的問題項目，提出如何解決方法，並透過這些解決方法，可創造出個人化之雲端商務行銷。茲說明如下：

問題 1. 由此案例，可知消費者和店員互動並沒有很良好，主要原因是在於兩人認知有差距，因此可利用先前所提及的個人化雲端商務平台讓消費者先上網了解 LCD 螢幕產品的顧客知識，尤其是有關於產品亮點的知識，以便拉近消費者的認知。當然，也有可能此消費者不會事上網了解，所以，另一作法是：當消費者進入店面往 LCD 螢幕產品看去時，其此處現場應宣傳呈現有關於產品亮點的知識，尤其是可以相對提供更便宜的價格訊息，更應以大字幕突顯方式呈現在消費者面前，而若進一步控制的話，假設該 3C 公司有做了解收集消費者偏好，則就可知道此消費者（假設是會員）的顧客分群類型，例如：精打細算型和入門基礎型顧客，進而給予適合的顧客知識。最後，相信有了上述的作業，就可降低消費者和店員的互動情況，並也可以最簡化的資源，但請注意本文的主題構面在於客戶分群和知識上的構面來探討，而非以店員溝通技巧構面來探討，因此簡言之，真正讓顧客滿意，仍需有店員服務態度的良好技巧，才可使事情劃下完美句點。

問題 2. 由於此個人化雲端商務網路行銷平台，已做到顧客分群和顧客知識的機制，以及讓顧客可用 ATO 模式來下訂單，如此消費者就可做虛擬實體整合的效益，也就是消費者在此平台，以客戶分群方式來了解此客戶的分群類型（作法有兩種：一種是客戶依此平台事先設定好的分群調查畫面來填寫資料；另一種是利用在顧客之前上網的使用經驗和紀錄，由軟體經演算法來判定其顧客分群類型），經過了解顧客分群類型的顧客知識給予消費者，如此這樣的運作，已達到個人客製化的效益，接下來，再由此平台得到消費者要的產品，以本文就是有亮點瑕疵但價格相對便宜的 LCD 螢幕產品，可先以預訂方式，再到實地分店觀看某一實務，若覺得滿意，就可直接現場購買。

問題 3. 顧客知識是針對公司就顧客在知識程度上的階段分類，以便給予個別適當的知識，但當牽涉到要轉移至個人知識時，就會和個人心智習性狀況是有相關的，因此，需能掌握消費者偏好，這就是個人化雲端商務網路行銷平台的功能效益，也就是它可主動具自動的偵測收集消費者偏好，也就是個人心智習性。透過此消費者偏好，就容易將顧客知識依個人心智習性轉換成個人知識，進而降低消費者和店員之間認知落差，以收互動良好之效果。

18-4 管理意涵

由於 3C 銷售牽涉到 3C 商品本身的專業知識，這對於一般消費者並不容易理解及具備這方面知識，所以在購買時往往會因對產品本身知識不足下，會導致買錯或誤解情況產生，這對於提供銷售 3C 商品的公司和消費者都是不利的。因此如何讓消費者有「顧客知識」就變得非常重要。所謂「顧客知識」就如同在上述對解決方案的說明，已提到商品本身、對供應商公司及服務流程的知識了解，可避免上述的衝突情況，所以若該 3C 公司能先讓消費者林小姐灌輸「顧客知識」，則就不會有對亮點缺失的誤解。然而除了上述顧問知識外，還須依消費者對顧客知識不同心智和期望態度來做客戶分群，也就是當該 3C 公司遇到不同客戶分群時，就可以適當的解決手法來因應之，再更深一層的說明，就可利用不同問題複雜性分別採取不同階段的服務流程，如此就可避免該公司的店員和消費者起衝突。總而言之，**顧客知識再加上客戶分群的作法，可利於企業在處理服務客戶問題上的行動方案決策**。

chapter

19 創新專題：微定位適地服務行銷商機計畫、APP-AR 創意行銷

19-1 微定位（Micro-Location）適地服務行銷商機計畫－商品消費履歷

計畫源起

在零售商業的商場行銷環境中，如何讓消費者快速且客製化產生購買動機和需求，是往往決定商場營利提升的關鍵，尤其若能在現場促發購買決策過程的臨門一腳，則更能營造商場氣氛的人潮。這是一種適地性服務（Location Based Service, LBS）行銷，LBS 能精準掌握消費者的位置，進而提供最近距離的服務，因此相當具有商業開發潛力。這有助於零售業者做到虛實整合，LBS 將會是驅動物聯網成長的其中一個關鍵。LBS 是可用推播（Push）服務，App 推播服務是一項在智慧型手機或平板電腦上所使用的訊息通知服務，因此如果能善用 App 主動推播資訊服務之便利，並且與網路和資料庫做結合，再搭配微定位的功能，此時手機跳出推播訊息，告知您有家店商在這裡，App 的推播機制大大增加了訊息的能見度。總而言之，本計畫目標是強化商場互動機制、提昇來客滿意度、創造通路忠誠度，也就是實體商店就不再只是一站購足的目的地，而是客製化服務的起點。

計畫目的

全面的客戶體驗是一種先進競爭能力。結合以上所述，本計劃目的可簡單歸納為以下幾點：

1. 針對零售商業的行銷環境設計消費需求及情境推薦商品與位置的客製化服務。
2. 透過顧客推薦功能分析和 APP 塑造服務行銷流程，和加入 APP 主動推播，來找出能更貼近消費者需求的精實行銷方式。
3. 藉由微定位智慧載體辨識與適地性服務方式結合雲端平台達到虛實整合效果。

計畫範圍

1. 微定位功能
2. App 商品消費履歷機制
3. APP 主動關鍵字推播機制
4. 商品文創宣傳機制
5. APP 塑造服務行銷流程
6. 關聯性廣告組合機制
7. 客製化推薦機制

計畫內容

本計畫將提出一套針對微定位（Micro-Location）適地服務行銷商機計畫，它以微定位環境感測商場周邊客戶的需求，並搭配 APP 塑造服務行銷流程，和加入 APP 主動關鍵字推播機制，進而發展商品消費履歷機制，其中包裝成商品文創宣傳風貌，來強化商品和客戶黏著度，最後並串流關聯性廣告組合，以來促發更多延伸性需求。本計畫的技術是運用 iBeacon 技術，iBeacon 是以低功耗藍牙（Bluetooth Low Energy, BLE）為基礎的微定位技術應用。

1. **微定位功能：**當用戶在專賣店走動瀏覽商品時，iBeacon 就利用藍牙提供提醒的提示訊息，包括所靠近的產品促銷資訊，以提供互動式訊息給消費者。當消費者行走在產品展示桌時，亦將得到促銷和產品相關訊息，並整合顧客的歷史消費紀錄，針對顧客的消費習性，放送不同的商品促銷訊息。另外可讓用戶在商店內能得到消費導引，可依用戶在其商店當中的位置，提供適當的廣告事件與資訊，所以，iBeacon 可主動「因時因地制宜」提供適合的服務和訊息。

   再則，偌大的空間中尋找座位和偵測使用者之位置，進而提供座位路徑給使用者知道。例如:尋找停車位，如此就可發展出停車場管理，它包括鄰近車位的預約與停放、停車位位置信息、剩餘車位數量、停車收費標準、預約車位預留時間和停車場車位數量等。

2. **App 商品消費履歷機制：**開發專屬 App，提供雲端管理平台編輯內容，打造可以根據地理位置精準投放行銷訊息的平台（如圖 19-1），當使用者進入這些場所時，App 會自動推薦相關消費履歷的資訊（包括產品位置、促銷內容、比價等，它應用 QRcode 及 APP 系統建立產品消費履歷查詢，這是可解決商品資訊不對稱的問題。在這樣商品消費履歷機制內，消費者可以追溯及追蹤商品消費歷程資訊，由此進行分類和歸屬，包括商品產地、品質及特色，並提供物流商、零售商與各服務端點使用過程中所有商品流通作業、行為和紀錄資訊，且立即追蹤問題商品，消弭消費者對於產品不信任與不安全感和降低損失。

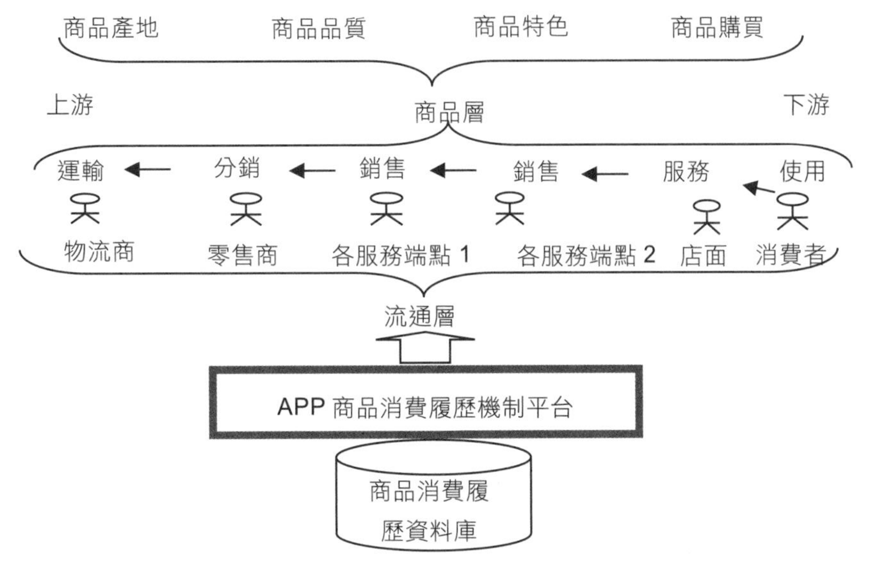

圖 19-1 商品消費履歷機制

3. **APP 主動關鍵字推播機制：**改變了商場與顧客的互動模式，讓店家能夠過即時推播訊息，增加與顧客間的互動性，進一步吸引人潮，主動推播訊息，誘使消費者產生購買慾望，而不再是由顧客單方面決定逛街方式。它可搭配 POS 系統的消費紀錄，協助業者掌握消費者購物偏好，依其偏好促銷，以增加更多商品銷售的機會。
4. **商品文創宣傳機制：**在商品店面入口處放置 Beacon，當客戶接近商品店面入口處時，手機會和 Beacon 互動，包括用 APP 程式提醒和宣傳資訊，例如:使用者目前所在商場的商品目錄，以便提升客戶的樂趣和參與感。
5. **APP 塑造服務行銷流程：**微定位行銷在於達到數位匯流效益，此效益是指整個行銷流程從頭到尾都是無縫隙且即時的整合每個步驟，例如：從詢價、瀏覽產品型錄和相關說明、購物籃點選、支付付款...等行銷流程步驟，對於客戶在運作這些流程步驟時，是很方便的、即時的、流暢的、無障礙的、可易達成的，如此，可加速真正消費付款的最後一哩路，也就是順暢完成交易目的，往往客戶在決定購買且真正付款的過程中，如何方便且即時滿足客戶需求，則是關鍵因素。而微定位行銷就是在優化這個因素，如此，就可大大提升營業績效。

然而在優化這個因素時，以往傳統現有的行銷流程是會受到實體空間的障礙，這也就是目前網路行銷都是在線上虛擬運作的原因，例如：當客戶看到實體 DM 時，欲要更了解此 DM 的商品資訊或是直接購買，需再去別的地方搜尋或詢問，才有可能滿足客戶這些需求，但這已造成障礙，當然也影響了交易延後的問題。從上述例子，可知道為何越來越多商店應用 QR code DM 和行動 App 程式整合的方法來運作行銷流程。這樣的描述，就是說明如何突破實體空間障礙，來達到數位匯流效益，再則將銷售點實體設備上的 POS 機結合 NFC（Near Field Communication）行動支付功能，因此，新一代的網路行銷必須結合物聯網應用，在此，物聯網應用就是在於解決突破實體空間的障礙問題，而這也正是微定位行銷精髓所在。

6. **關聯性廣告組合機制：**透過 iBeacon 收集到資料，並與之和廣告內容交叉分析，以便能了解廣告成效，以便精準（Audience Targeting）掌握消費者在意的廣告內容，所以微定位能在合適的時間，以合適的方式，推送廣告給最合適的人。
7. **客製化推薦機制：**該平台亦有推薦功能可藉由過去行為記錄與當下情境進行推薦，發展多種客製化、個性化的應用服務。以提供更具個人化與便利性、適地性服務（LBS）的服務。適地性服務是運用位置識別科技，位置識別科技（Location Identification Technology）:藉由得知行動裝置所在的位置，來提供特定地點為主的行動商業，則必須要在行動商務上提供相對的服務，就須使用位置識別科技，以便知道特定時間所在的實際位置，如全球定位系統（Global Positioning System, GPS）就是利用衛星站之系統正確計算出所在地理區域的科技系統。

計畫效益

1. **客戶：**可提供更優惠和客製化購買情境，來滿足客戶精實服務水準的需求。優化購物體驗，可從多種精美清單中，挑選自己喜歡的禮品，進而縮短資料查詢等待的時間。
2. **商家：**將專店鄰近的客戶們吸引到店內，如此更能吸引更多客戶來此店家消費，以及產生後續消費的潛在需求。
3. **廣告商：**可更精準地挖掘目標顧客的所在，節省行銷成本。

19-2 APP-AR 創意行銷－Ugift 禮品爲基礎的智慧商機服務

計畫源起

在東方文化中送禮是社交活動中重要的溝通方式之一，以送禮者的角度而言送禮可加深雙方的友誼，在商業活動中送禮行為更可拓展商業人派，進而創造商業機會。送禮的情境也可分為相當多種，如特殊節日、紀念意義、情誼象徵等等背景。一般而言，送禮的一方會根據收禮者的背景、特質、需求、個性及偏好等等挑選禮物，而禮物也代表了送禮者一方的形象與表達關心的程度，在挑選禮物的過程中與禮物本身所具備的意涵也能呈現出送禮者與收禮者個人特色。但是，當送禮者在挑選禮物時往往會遭遇到幾點問題：不知道要如何挑選對方喜愛且符合送禮背景的禮物以及如何在適當的時機將禮物送到收禮者手上等。因此，如能有一個即時、便利且具適地性，能根據個人特色進行客製化的送禮模式將可有效解決這些問題且滿足送禮者與收禮者的需求。

另一方面，禮品種類多且包羅萬象，現今大多的商家在舉辦行銷活動時大多以價格或話題活動等方式去促銷這些可作為禮品的商品，但這都只做到表面的運作，難以針對消費者的購物需求來達到精實深度行銷。因此，商家必須消解消費者所處需求生命週期階段而進行精實行銷。消費者需求生命週期階段可分為：引起注意、誘發動機、刺激購買慾望、產品搜尋、認識產品、下單交易、交貨、產品使用、產品拋棄、再次購買及附加物件購買等。每一階段的消費者皆擁有不同的目的與偏好，配合消費者所處地點與時間進行針對性的行銷活動。因此，如能透過資訊平台蒐集顧客資訊，如購買記錄、年齡、社群行為等等以進行禮品推薦，將可更貼切、適當的配合顧客需求進行行銷。在過去消費者除了到實體店家實際接觸商品之外，往往也會利用電子型錄與網站媒介瀏覽商品。但兩者皆具有不足之處：實體店家因空間問題無法展示所有的完整商品，而電子媒介又無法讓消費者有更真實的感受。因此，在智慧載體，如智慧型手機、平板電腦等盛行的情況下，如能透過智慧載體作為媒介為消費者提供適地性商品推薦，藉由產品樣本展示櫥窗的方式讓消費者知道在哪些地點可接觸到這些產品將帶來極大的便利性，也可達到精實服務和無所不在（Ubiquitous）的目標。

計畫目的

結合以上所述，本計劃目的可簡單歸納為以下幾點：

1. 針對送禮行為設計需求及情境推薦商品與位置的客製化服務。
2. 透過顧客需求生命週期分析找出能更貼近消費者需求的精實行銷方式。
3. 藉由智慧載體辨識與適地性服務方式結合雲端平台達到虛實整合效果。

計畫範圍

1. 如何運用 APP 和 AR 來規劃創意行銷一送禮智慧辨識新型服務營運模式。
2. APP 和 AR 創意行銷之需求分析和雲端服務平台作。
3. APP 和 AR 創意行銷之案例。

計畫內容

將提出一套針對送禮行為所產生的智慧辨識新型服務營運模式，並結合一 Ugift 消費雲端服務平台作為資訊平台媒介，它是以消費者需求生命週期導向在設計平台，其特色是在於可依顧客需求生命週期來發展個人化的商業邏輯功能和共通導流機制。送禮方可以先在已建置的資訊平台上擷取送禮資訊，如收禮者位置、金額範圍、情境等等，將送禮訊息傳送至收禮者一方，例如：個人化的祝福語音訊息。送禮相關資訊亦可夠透過平台過去的歷史紀錄以及事先所登記的使用者基本資料進行建議（例如：禮品策劃、訂單追蹤查詢）。當收禮者收到禮物訊息後，便可利用該資訊平台瀏覽設定的禮品清單，並透過適地性服務方式推薦收禮者附近可前往的適當店家。當收禮者進入推薦店家時，可以直接挑選實體商品並前往結帳，或是試用店內的展示樣品。這些作業可運用 APP 來開發，APP 開發流程七階段，依序為：客戶要求→產品規格→資訊架構→介面流程→視覺設計→程式與測試→使用者測試。

這些販賣禮品的店家又可分做兩類：通路商與一般商家。通路商本身經營業務未必與禮品相關，但店內空間可租借其他禮品製造商或代理商進行展示或代售。一般商家則是本身經營業務便與販賣禮品相關，但通路商與一般商家角色亦可兼具。

另一方面，禮品展示亦可藉由虛實整合方式陳列，如前述所提之實體商品販售、樣本展示外，也可藉由 QR code 或 RFID 或 AR（Augment reality）或 NFC 方式讓消費者使用自身或是店家所提供的智慧辨識載體進行顧客需求生命週期活動，再由商家將商品寄至收禮方。透過虛實整合方式可大大節省店家展示空間，並延伸至虛擬網站，以及讓店家與顧客接觸的媒介型態大大擴增至任一平面，如公車車體、站牌、牆面等。結帳部分則可透過行動支付 Paypal 等電子金幣方式由送禮者方進行結帳，除可符合原有送禮文化原則外，也避免收禮時的人情問題。

本計畫所規劃之 Ugift 消費雲端服務平台除可寄送訊息外，亦可記錄每次消費者之送禮記錄以及存放所有商品資料供消費者瀏覽。該平台亦有推薦功能可藉由過去行為記錄與當下情境進行推薦，以提供更具個人化與便利性、適地性服務（LBS）的送禮服務。

1. **可提供市場定位與目標客群：**本計畫將使用 STP 方法進行市場定位評估與目標客群鎖定步驟（圖 19-2）。STP 方法由三個核心項目組成：市場區隔（Segmentation）、目標市場（Targeting）、市場定位（Positioning）。

禮品市場策略行銷 S-T-P 流程

S：市場區隔 (Segmentation)	1. 禮品種類：地區精品/伴手禮、一般紀念品/贈品。 2. 市場細分：員工旅遊、股東大會、...。 3. 禮品型態：實體商品/旅遊服務。

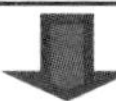

T：目標市場 (Targeting)	1. 單一集中區隔：贈禮方與收禮方一對一的禮品交流通路。 2. 特定化產品與服務：適地性禮品推薦服務。 3. 目標市場：將東部精品推廣到西部市場。

P：市場定位 (Positioning)	1. 服務的差異化：透過虛實整合的推薦模式，改變傳統禮品生命週期由一方交到另一方的順序，而是改由收禮方自行挑選禮物與虛擬禮品等創新模式。 2. 技術的差異化：將送禮資訊平台與社群網站、響應式網頁、App、QR code、NFC 及等新型科技工具相互結合，打造一個完整、新穎的送禮流程以取代傳統人工挑選、送禮的方式。 3. 策略的差異化：在行銷策略部分，可藉由送禮歷史紀錄、地理環境資訊等方式協助商家推銷適地、適時、適合的商品。 4. 通路的差異化：透過整合的禮品資訊平台可整合挑選禮物、運送禮物與訊息交流等流程，提供消費者單一窗口完成送禮活動，並可在附近的服務據點(如：旅遊中心)完成領取禮物。

圖 19-2 STP 市場定位評估與目標客群（參考來源：陳瑞陽專業團隊）

2. GiftRocket e-gift 案例（參考來源：https://www.giftrocket.com）：GiftRocket 推出禮物卡（圖 19-3）的概念，讓送禮者不用煩惱要送甚麼禮物，只需要購買禮物卡給對方，並且透過 LBS 服務即可找到與 GiftRocket 合作的當地商家，就能夠提供兌換禮物的服務以下是 GiftRocket 的送禮流程：

(1) 購買禮物卡片（GiftRocket Gift Card）：可由送禮者決定要向哪一家廠商購買禮物或是由收禮方決定。可透過電子郵件寄送或是實體卡片寄送。

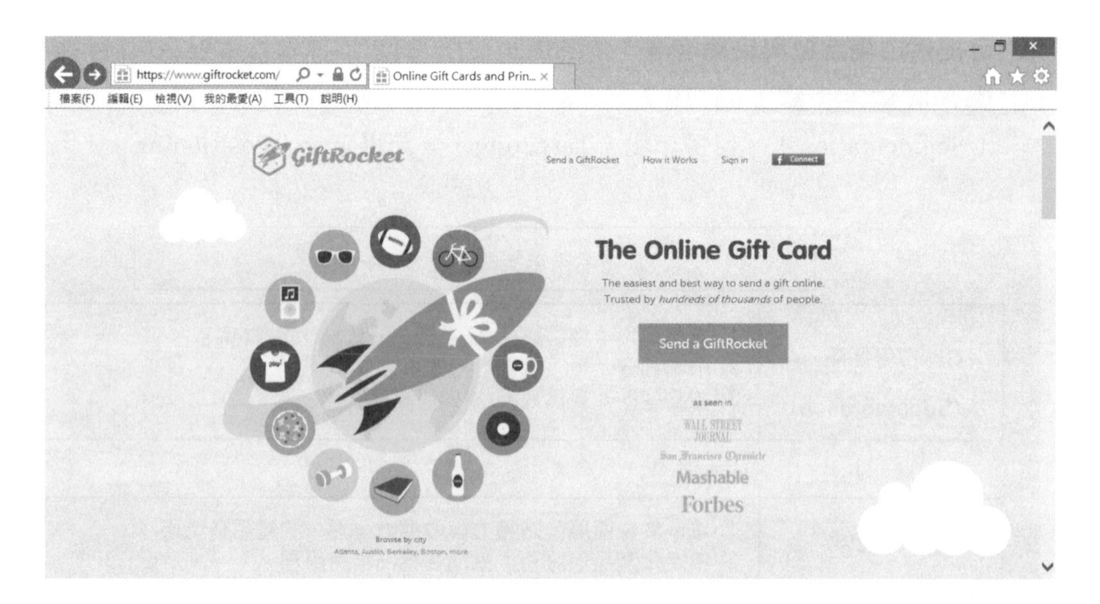

圖 19-3 1GiftRocket 禮物卡（來源：GiftRocket）

(2) 收禮方領取卡片：購買禮物的點卷可以透過銀行轉帳、信用卡、電子郵件夾帶或是 PayPal 帳戶方式寄送：

(3) 換取禮物：收禮方利用收到的點卷去換取想要的禮物，或是直接收到由贈禮方事先已選擇好的禮物並可選擇是否發出感謝訊息。

使用 e-gift 的好處：

- 重新詮釋禮物卡的意義，不僅帶有祝福更可以代表金錢價值，讓收禮方可以自由的購買、換取想要的禮物。
- 贈禮方可以透過各種管道去換取禮物，包括實體金錢或是電子票卷、點數。
- 收禮方可以在贈禮方指定的店家挑選想要的禮物，或是由收禮方自己決定要在哪裡換禮物。在這裡不限定於在任何一間店家換取禮物。

3. **Ugift 平台的運作方式**：圖 19-4 為 Ugift 平台的運作方式，送禮者可經由具有智慧標籤（如 QR Code 及 NFC）之海報或者廣告刊物連結到平台，或直接在虛擬購物牆上掃描想要贈送的禮物。平台會透過微電影的方式來介紹並吸引消費者，並鼓勵消費者透過掃描 QR Code 及 NFC tag 來贈禮能享有較優惠的價格。

   若不知道該送朋友什麼樣的禮物時，也能直接掃描虛擬購物牆上的商品，看看有哪些朋友喜愛這項商品。選完想要贈送的商品後，可直接傳送相關訊息給收禮方，讓對方使用 QR Code 來取貨或查詢商品的相關資訊；送禮者也能直接輸入送禮資訊，讓收禮者親自到店家挑選自己喜愛的禮品，同時創造雙贏的局面。

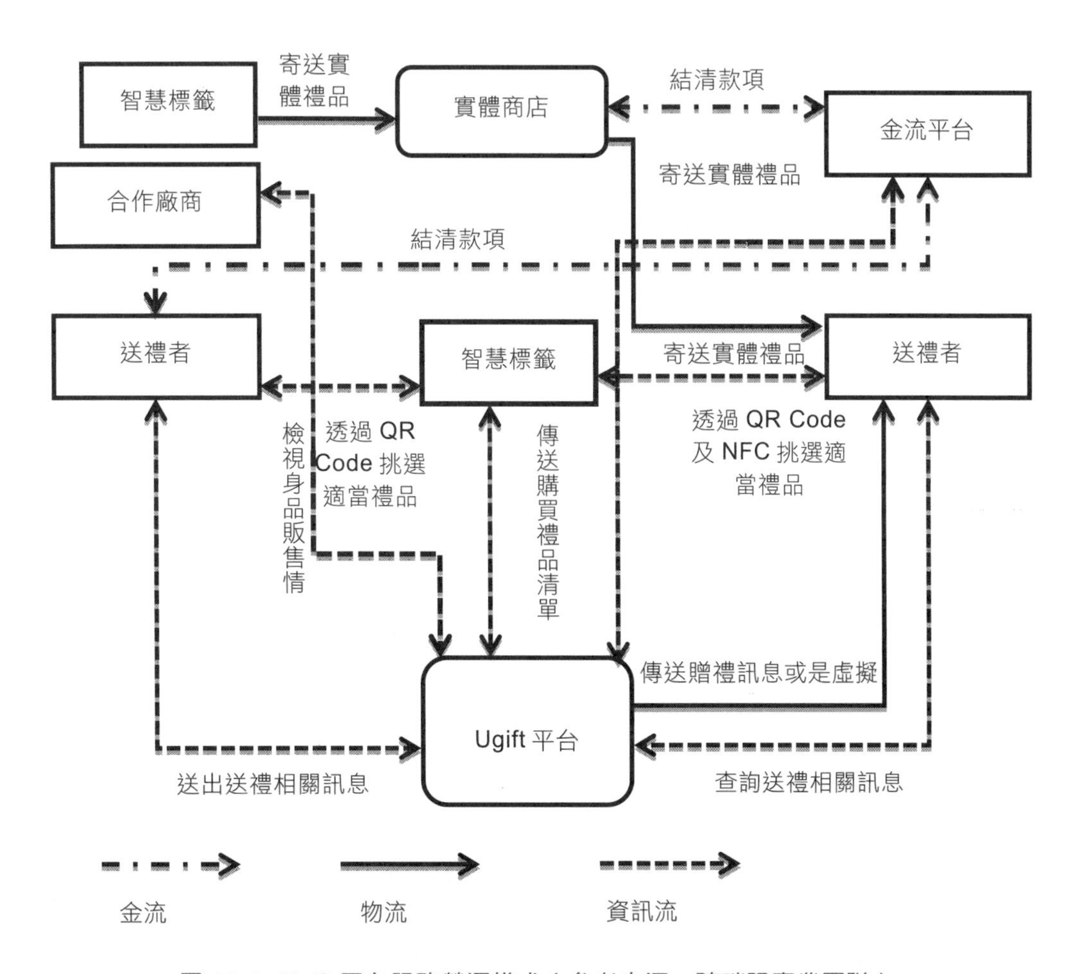

圖 19-4 Ugift 平台服務營運模式（參考來源：陳瑞陽專業團隊）

計畫效益

1. **收禮者：**優化購物體驗，可從多種精美清單中，挑選自己喜歡的禮品。不用帶著實體卡片，又能讓收禮者在消費過程中充滿彈性和便利性，從而保有了送禮的意義。
2. **送禮者：**只要付出一點點的費用就可以取得網站所提供的便利服務，並可按照預算致贈不同價位禮品的禮品冊，節省挑選禮物所耗費的時間當送禮者走進實體商店中，只要掃瞄條碼，手機便會自動搜尋眾多購物網站進行比價。
3. **中小型產品和通路商家：**不必建置銷售通路和花錢打廣告做行銷或是支出大筆費用來推廣自家的禮品卡，不需建置費。當商家刊登商品時，也可以直接掃瞄條碼，就會自動出現商品細節，減少刊登步驟。
4. **實體商店：**實體商店就不再只是一站購足的目的地，而是客製化服務的起點。當消費者訂購下單後，系統會自動將訂單彙整傳到商家端的訂單機上，商家不但可省下 e 化建置的成本，又能有效掌控訂單。

chapter

20 創新專題：未來數位金融行銷、智能物品應用行銷

20-1 未來數位金融行銷－跨界延伸性商機服務

計畫源起

銀行具有高資訊密集度之產業特性，數位金融是屬於一種破壞式創新，是驅動企業轉型的首要趨勢。數位能力才是核心競爭能力，它將驅動以往銀行被動雙向模式轉換成主動跨界模式，也就是說金融創新服務不再只是金融本身商品/服務和其售後服務，須更延伸出關聯性其他商品服務，例如：原本是消費性金融商品（例如：個人汽車貸款），但此貸款商品和汽車是具有對消費者需求關聯，因此此時，銀行就須將商品服務延伸至汽車產品，如此才能反向促使此貸款商品交易成功，但請注意不是在運作以往的策略聯盟被動方式，而是主動跨界（跨入汽車業）驅動商機挖掘和交易。

從上述說明，可知數位金融關鍵點不在於只會利用創新科技工具方法，必須回歸至人類根本需求，並運用企業管理和領域知識來提出真正解決方案，這才是競爭王道。

計畫目的

結合以上所述，本計劃目的可簡單歸納為以下幾點：

1. 從問題解決創新方案中發展數位金融商務模式。
2. 透過市場數位行銷策略分析找出能更貼近數位金融消費者需求的行銷方式。
3. 藉由服務流程創造出其他創新行銷方案，並結合雲端平台達到虛實整合效果。

計畫範圍

1. 如何運用數位科技來規劃跨界延伸性商機服務—數位金融創新
2. 科技進化客戶體驗和產業跨入金融市場
3. 金融科技的創新

計畫內容

1. **跨界延伸性商機服務：**跨界是指企業在產業邊界融解的生態中，企業運用數位科技尋求本業的跨界競爭與合作，進而發展出延伸性的商機服務。數位金融已是全球市場不變的趨勢，金融業不數位化就等著被淘汰，數位化將破壞現有銷售體系，數位科技使得各種不同的訊息內容，可以數位化的格式來發展金融服務，金融服務的商品、交易流程與運送均可透過數位傳遞完成。並提供多樣化產品以滿足消費者一站購足（one stop shopping）。

   以零售業為例說明延伸性的商機服務：零售業買賣交易，因面對付款支付行為的必須性，所以，它必須和銀行業結合，這是目前電子商務最普遍作法，但因是跨不同產業，這使得零售買賣行銷作業，也受限於銀行支付做法，如此在現今極致競爭下，也阻礙了零售業創新營運模式，例如：第三方支付和行動支付就是明顯例子，因為創新支付模式會影響到市場商機的交易，例如：第三方支付是站在同時考量買賣雙方信任機制下，由第三方（目前都非是金融業）來執行支付作業，這其中關鍵除了信任機制外，就是將商品買賣延伸到創新支付的服務，如此，才會加速買賣交易成功性，並且也可從整個服務流程創造出其他創新行銷方案，例如：運用買方對賣方信任評分積點來兌換折價品的促銷方案。從上述說明，可知零售業可透過第三方跨界到銀行支付作業。

2. **科技進化客戶體驗：**知名銀行聯合成立「數位貨幣夥伴」機制，將由科技領頭進行金融革命性顛覆，是科技進化社會體驗的成果，因此數位金融必須具備全通路互動客戶體驗一致化的業務能力，和在對等關係的信任機制下進行的交換。前者是運用客戶體驗管理與購物網站、社群等平台相互結合，並透過數位金融的科技應用，來帶給消費者不同的服務體驗。後者是運用「信任機制」結合客戶體驗所產生的行銷服務，在此一金融生態體系中的「信任機制」下，金融中心使用大數據技術實現了實時行銷，社群網路資訊數據庫，小微貸款等。大數據技術不僅考慮銀行自身業務所採集到的資料，更應考慮整合外部更多的資料，實時行銷是根據客戶的即時狀況來進行行銷，銀行可以將客戶行為轉化為資訊流，透過雲端科技與巨量資料分析，可接觸以往不到的客戶分群，並從中分析客戶的個性特徵和風險偏好，以擴展對客戶的瞭解。

3. **金融科技的創新：**運用「資訊科技」進行「服務創新」，包含：推動金融機構資訊整體基礎建設升級、雲端運算、巨量資料分析、電子商務、資料分析、社群經營與服務行動化等領域，例如：社群網站及在線上即時互動主導金融業務行銷，再例如：打造數位信貸平台，標榜可讓客戶透過此平台迅速核貸。以科技業切入 P2P 借貸平台、大數據徵信、雲運算、第三方支付提供的金融服務，其中螞蟻金服是金融科技發展最成功的例子，以螞蟻對等形象植入客戶體驗，例如:阿里巴巴來經營支付寶及餘額寶，新加坡的華僑銀行推出「Frank by OCBC」。

   金融科技的創新聚焦在區塊鏈（block chain），它是一種虛擬信任機制，區塊鏈是由所有參與者組成一群分散的用戶端節點，這裡“區塊”（block）是指交易數據打包成封包，區塊鏈的例子:比特幣點。以下是金融科技的重要系統功能：電子交易系統、數位新興支付專案，mobile 行動下單、自動化程式交易，海外分行系統建置、網路個人借貸（peer-to-peer lending）、群眾集資、交叉行銷、個性化推薦、客戶生命週期管理、中小企業貸款風險評估：即時欺詐交易識別和反洗錢分析、客戶細分及精細化行銷、客戶關聯銷售、潛在客戶挖掘及流失使用者預測、客戶精準行銷、強化網路金融資安。

4. **產業跨入金融市場：**如何因應其他產業跨入金融市場的新競爭局勢？其他產業大部分不需要申請銀行牌照及業務進入，進入門檻比傳統銀行低，此因素激發了金融業與科技業的協同合作，非銀行業者也可跨界提供過去我們認為專屬於銀行的服務，並發展出跨界跨業結盟的多元金融服務型態，善用銀行結合不同領域業者，來開創新的商業模式進而攫取網路機會，其背後連結跨業結合的廣大市場和發展虛擬通路，如此發展出數位平台全通路（Omni-channel）模式，此數位平台成為主要通路，它可提高行員展業能力，降低機構的交易成本，這樣數位平台模式就會讓現有供給現金的提款機和分行變成銀行難以承受的成本重擔，如此使得實體分行的概念逐漸式微，而導致去銀行化（De-banked）的產生，這使得分行轉化為支援性功能，並進而引入「智慧銀行」（Smart Banking）、「快易理財中心」（Express Banking）等功能。

5. **從問題解決中發展數位金融商務模式：**行動 APP 程式是行動商務是否成功的關鍵技術之一，它是一種致能科技，而企業要在行動商務中融入營運作業，則須運用致能科技來達到經營目標。數位化影響各行各業，對於金融業而言，更是影響深遠，因為它可能造成破壞式創新，使得金融營運作業起了結構化的遽變。其主要關鍵在於營運作業數位化，而只要任何形式能轉成數位化，則就可以運用數位化科技來產生無限的企業應用，例如：透過 APP 程式結合手機硬體的混搭應用，來完成轉帳功能，手機 APP 讀取特約商店所提供的 QR Code 進行刷卡交易、NFC 手機信用卡結合悠遊卡功能、行動 X 卡（將連結存款或信用卡帳戶之行動 X 卡（SD 卡）置入手機記憶卡插槽內）、mPOS 行動收單（特約商店將行動裝置搭配簡單讀卡機，即可作為無線刷卡機）、行動金融卡及行動儲值支付帳戶等業務，如此，就不需至櫃台，當然，可能現場櫃台營業人員需求就會減少。但相對的也會帶動新人才需求，也就是說上述電子交易、行動支付等金融新趨勢，會造成人力資源的重新配置，因此培育金融專業知識與數位科技運用雙核心的人才，是金融跨界發展當務之急。

6. **市場數位行銷策略：**市場數位行銷策略包括以下作法。

(1) 國內外發展方向、利益及發展策略分析

- 產業現況
- 外在環境分析。外在環境分析之目的主要在探索外在競爭環境中潛藏的機會與威脅，作為外在需求之具體呈現。其中包含以下幾項：五力分析、產業 SWOT/TOWS 分析。
- 內部環境之分析:探討企業內部之資源、能力與核心競爭力。

(2) 競爭力分析。主要的方法是透過企業外在環境的分析，找出該產業中之關鍵成功因素（Key Success Factors, KSFs），再轉換為企業之關鍵需求因素（Key Demand Factors, KDFs）。

(3) 成長四大方向策略。

市場＼產品	既有產品	新商品
既有市場	1.市場滲透深化策略-維修服務的產品營收	2.新商店開發策略
新市場	3.新市場開拓策略-在既有商品延伸出服務新市場	4.多角化策略(新商品、新市場)

(4) 數位行銷策略

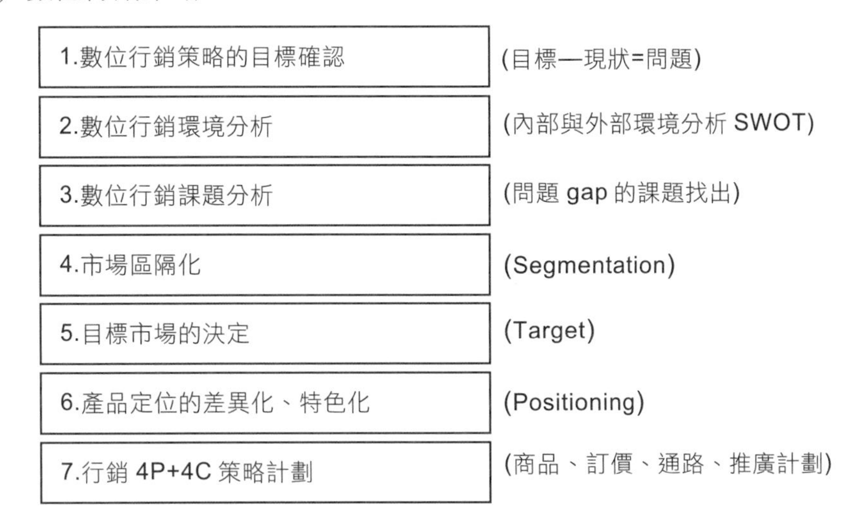

圖 20-1 以顧客為起點的行銷策略規劃 7 步驟

(5) 機會辨識

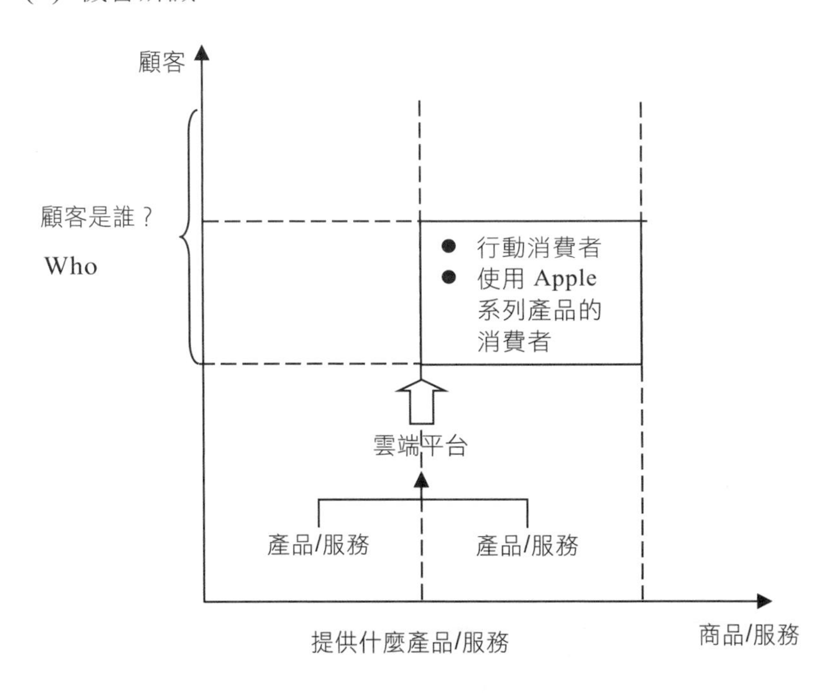

圖 20-2 事業範疇策略的數位行銷商機所在

計畫效益

金融業和非金融業可透過此本計畫來運作企業轉型。

20-2 智能物品應用行銷 – 天空中的物聯網：無人機行銷

計畫源起

無人機 UAS （Unmanned Aircraft Systems）是個正在全面起飛的產業，它是一種智能物品，也就是開發智能型自主無人飛機系統，它將發展出一股新的產業革命和潛在商機。目前，知名全球公司亞馬遜、Facebook、Google、英特爾（圖 20-3）都有志一同相繼投入無人機藍海產業，根據報導，10 年內將成長到 1,400 億美元的市場。無人機升空計畫是運用天空中的數據所發展的空中機器人，它可成為連網無人機或穿戴式無人機，它不是一般無人飛機模式，而是人工智慧無人飛機模式，也就是說無人機和玩具遙控飛機最大的差別是有無人工智慧。這樣模式造就所謂天空中的物聯網（Internet Of Things, IOT），它可達到利用網際網路、無線和感測器來擷取相關資訊，這樣的資訊以無人機在世界各地散播網路資源來發展天上的大數據（big data），透過大數據分析進而創造新的便利生活方式。從上述說明可知無人機的商機是創業開始新產品新服務的難得機會。

無人機可以增加附加裝置和利用「端」（device）超越視線操控長距離無人機，如此創新作法，可整合出無人機系統於廣告行銷活動，並運用不同的創新思維，創造出新廣告文宣行銷商機，加深了使用者的使用體驗，且進而應用於休閒娛樂市場。

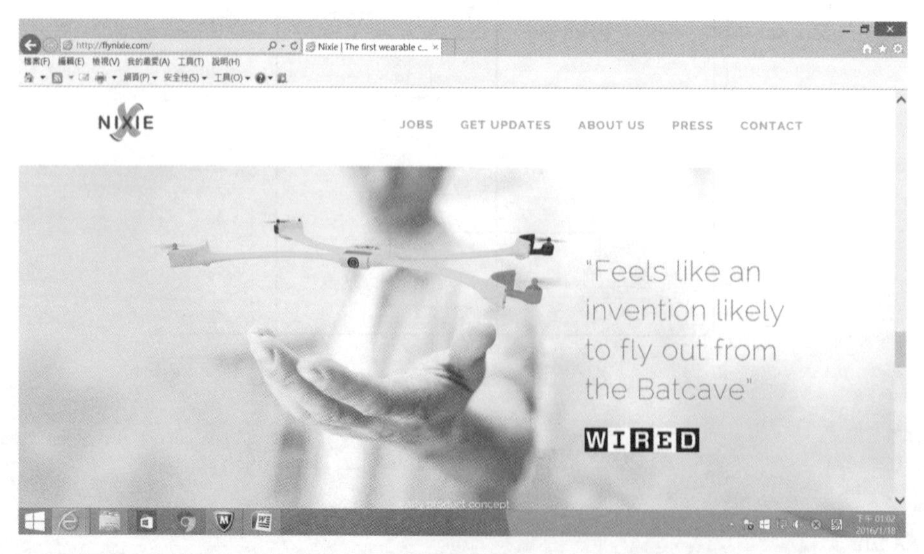

圖 20-3 英特爾穿戴式小型無人機手環 Nixie（來源： http://flynixie.com/）

計畫目的

結合以上所述，本計劃目的可簡單歸納為以下幾點：

1. 無人機技術的關鍵核心在軟體開發和演算法和軟硬系統整合技術。
2. 透過行銷與科技的結合分析找出能更貼近消費者需求的精實行銷方式。
3. 藉由智慧載體辨識與結合雲端平台，開發出智能型自主無人機運作平台。

計畫範圍

1. 如何運用無人機和其附加裝置來規劃行動行銷和服務營運模式
2. 無人機智慧運算之需求分析和系統設計
3. 無人機智慧運算之案例

計畫內容

包括無人機技術內容（如表 20-1）和無人機應用內容（如表 20-2）如下：

表 20-1 無人機技術內容

技術	說明
導航、地面導控站	仿昆蟲眼睛的感測器,能有效偵測周遭環境與自身距離而避免碰撞
軟體技術	使無人機應用領域更為廣泛(智慧運算)
即時多工嵌入式系統設計	發展其附加裝置
感測器攝影鏡頭	人無法在二度空間做的事
遙感探測(remote sensing)	獲取目標狀態訊息之計測方法
LED 燈泡	呈現其廣告內容
GPS 晶片定位	（全球導航衛星）系統
無線數據雙向傳輸	結合地面工作站，接收和傳輸多旋翼飛行數據，執行自動導航任務
鋰聚合物電池	配合飛行時間來選擇電池容量
電子變速器	控制馬達
視訊傳輸系統,OSD 系統（On-Screen Display）	多旋翼上安裝攝影機
飛控系統(飛行晶片、電子陀螺儀速度)	MCU 微控制器做為飛控系統核心(心臟，陀螺儀、加速計、磁力計)
無刷馬達與螺旋槳	載重或長時間飛行

表 20-2 無人機應用內容

應用	說明
森林收成計劃	BioCarbon Engineering 利用無人機進行播種
觀光農場拍攝服務	園區即時動態、作物與健康狀況
公園環境監測管理與維護	林木監控、地質
環境監控	石油管線和電力管線巡查 監控到人監控不到的東西(紅外線，溫度的細微變化)
高速公路車流量監測	公路車流量監控影像，可以使交通指揮中心依據更即時與全面的資料
巡邏	邊境、海域漁場巡視保護
災難救援	快速處偏遠與交通不便而得到立即的救難援助
空拍觀測	在空中具有大範圍調查與搜尋的能力
送貨	可輔助救災人員快速的運送緊急物資，自動依指定的路徑航行 亞馬遜的無人機（parcelcopter）送貨計劃
追蹤	透過空拍畫面傳回即時現場影像 DHL 揀貨、運送到追蹤等整個貨品處理流程 SAP 虛擬實境撿料倉儲管理 Google 眼鏡目視貨架完成揀貨流程
公共安全	艱困環境進行人力無法完成的任務
通訊溝通功能	整合 Wi-F 和 M2M（Machine to Machine）獲得大數據之分析
水質監測	噴灑農藥、，或是高速公路探勘
掌握農作物資訊	耕地及重要農作物種植面積和生產訊息 收成控制、分析、標記
新廣告文宣行銷商機	行銷農場特色與提供遊客旅照片 無人機結合 QR Code 在會場展翅宣傳行銷，以達到分眾市場消費者和精準行銷 能針對不同高度而改變，可根據影像回傳結果即時改變飛行路徑、方向、高度等，與使用者有更近的互動體驗（用無人機自拍）
客製化下單應用	客戶由雲端系統自行設定產品規格（包裝/顏色/…) 可和消費者的手機或平板互相溝通資訊，簡化消費者的購物流程，再加上無人機可接受物流配送端的指令來完成快速到貨的物流系統
眾包 (Crowd Sourcing) 結合民眾力量	利用多個無人機集結、分層蒐集、編輯資訊並發展出行動方案

智能物品應用行銷案例

為了讓讀者更能了解無人機智能物品應用模式，茲舉一案例：「智能物品應用」說明如下：

企業實務情境案例

從事於皮件(皮包)買賣代理已數年的小陳，為了擴增公司的營業規模和品牌形象，小陳決定踏入產品設計領域，至於生產製造就採取委外代工，如此經營模式經過數月發展下來，公司已有多個品牌的皮包，但接下來該如何行銷呢？由於網路行銷正夯之際，小陳採用了和皮包議題有關的社群粉絲團、Blog、微網誌等行銷手法，而經過一個月後，也陸續有數千個粉絲網友加入，但不知為何其營業額仍是無法提升？而更麻煩的是顧客也透過上述網站抱怨，例如：皮包無法同時放入平板電腦或電子書和其他需求物件？也就是皮包裝納空間有時要嘛就是太多閒置空間，要不然就是放不下欲裝納入的物品。另外，還有顧客抱怨皮包拉帶扣件容易斷裂損壞？還有顧客購買較高價皮包不見了，也來向公司抱怨？這些更多客訴事件如何有效聚焦收集，變成公司一大煩惱！

經過上述事件，小陳發現到產品研發、行銷通路、客戶服務、委外生產等這四項企業營運是和產品本身息息相關的，例如：皮包扣件容易損壞，有向委外廠商反應，但似乎效果不佳，所以如何尋找到好的委外廠商是小陳的需求？還有客戶抱怨的改善如何有效即時準確的反應在產品研發的作業呢？而至於產品品牌和推廣行銷如何結合，進而提升營業額呢？

上述種種問題不僅困擾小陳，也會為委外廠商帶來同樣困擾，例如：委外廠商如何在客戶(指小陳公司)設計要求下，製造出滿足消費者需求的產品？這其中也牽涉到委外廠如何和客戶做溝通確認作業流程，以及管理它的客戶，進而拓展新訂單或新客戶呢？

面對上述問題，該如何解決呢？

問題定義和診斷

依據 PSIS(Problem-Solving Innovation Solution)方法論中的問題形成診斷手法(過程省略)，可得出以下問題項目：

問題 1. 公司如何有效聚焦管理產品本身使用需求或客訴問題？

在案例中，皮包產品本身零件損壞、裝納空間無法充分配置以及皮包失竊等客訴事件，可發覺到都和產品主體本身有關，因此，這些客訴如何準確即時連接至到底是哪一個皮包產品出了問題，以及如何友善、具體、快速回應消費者問題解決需求？另外，若以產品改善角度思考，則如何追溯（Tracing）出產品出問題的原因和來源？由於客訴大部分資訊都是人為登錄，尤其是讓不甚了解產品特性的消費者來登錄客訴資料，如此就會使得上述有效聚焦收集客訴問題目的，更難達成。例如：某一消費者購買產品，如何認定具有唯一辨識的產品，包含產品機種、批號、何時何地何人購買、所採用零件供應商、零件損壞狀況…等資訊？若這些產品本身使用和問題的資訊，若無法即時、準確、完整的回應至公司，而只憑消費者在各網站人工登錄動作，則難以真正有效聚焦滿足客訴的解決需求，以及產品改善機制的落實。

問題 2. 小陳公司如何尋找適配且良好的委外供應商：

小陳公司所委託廠商的管理能力以及所提供產品品質，是會影響到小陳客戶（消費者）對皮包產品的喜好，進而採取購買的決策。所以，小陳如何尋找適當的委外供應商呢？這其中牽涉到如何搜尋配對、管理、協同作業三大功能，在此案例中，因委外廠商生產扣件零組件品質有瑕疵，造成消費者使用不久後就發生皮包損壞事件，所以，小陳所面對的應不是只有一個委外廠商，應能有提供不同需求的多家供應商組合，以因應突來狀況。

問題 3. 委外供應商如何尋找和管理其客戶：

委外供應商所面對的不只是直接接觸客戶（指小陳公司）外，還有從此客戶延伸出的客戶（消費者）也可以說是委外廠的客戶。在案例中，因生產品質瑕疵，而造成其客戶（指小陳公司）的抱怨回應，當然也造成消費者的客訴，如此運作程序，使得委外廠不僅要了解其直接客戶，更需要收集了解消費者需求，這樣才能獲得客戶訂單。因此，委外供應商必須結合起具有客戶層級關聯的客戶組合，透過此組合，委外供應商可有效聚焦的尋找和管理這些有關聯性的客戶群，進而提升本身企業的競爭力和營業額。

問題 4. 皮包產品品質和使用問題影響小陳公司的營運績效：

在案例中，產品品質和使用問題所引起客訴事件，影響到小陳公司的營運績效，主要有行銷銷售、產品研發、客戶服務、委外生產等四項，在行銷銷售方面，因產品客訴導致消費者對產品品牌形象有了負面影響，進而造成銷售營業額不佳。在產品研發方面，從消費者客訴資訊可回應至產品研發作業，做為下次新產品改善依據，若沒有完整即時有效回應這些資訊，則產品客訴可能就會再次發生。例如：皮包收納空間適配規劃。在客訴服務方面，主要指客戶售後服務作業，也就是如何針對客訴售後服務做有效聚焦的回應。其中還包含如何防範失竊和找出皮包產品。在委外生產方面，如何將產品生產品質客訴訊息，傳輸給委外廠，以便能準確有效即時的提供生產和零組件的良好品質。

■ 本文個案的實務解決方案

從上述的應用說明後，針對本案例問題形成診斷後的問題項目，提出如何解決方法。茲說明如下：

解決 1. 從問題 1 描述，可知這些客訴資訊都是和產品本身有關係的，然而這些有關係的資訊，卻由人為登錄來產生，如此當然無法即時、有效準確的收集這些資訊。因此，即是和產品本身有關係，當然應由產品本身來自動登錄，亦即將產品塑造成智能物品。在此案例中，可就皮包產品附著一個存有產品本身資訊的 RFID 晶片條碼 Tag，其中包含 EPC(Electronic product code) 唯一碼、批號、型號、生產履歷、委外廠、經常損壞記錄…等資訊，至於零件損壞狀況，若能搭配具有 AR (擴增實境) 功能的智慧型手機，就可利用它來掃瞄此損壞零件狀況，進而連同這些所有訊息透過手機傳輸至小陳公司所建立的雲端平台，以便有效聚集客訴資訊 (這就是虛實整合)，來即時收集並回應至公司內部營運作業，包含產品維修改善和客訴解決服務作業。如此運作，不僅消弭人員登錄的麻煩不便，而且也能依皮包產品 EPC 碼，結合 GPS、手機、雲端平台來追蹤並找回失竊的物品。

解決 2. 皮包產品品質和使用問題影響小陳公司的營運績效：身為自有品牌和研發設計能力的小陳公司而言，應建立其各種和多個供應商的組合資料庫，透過此組合資料庫，來提供配對出因應委外生產所發生問題可解決的供應廠。在案例中，因小陳公司只找一家委外廠，若此委外廠出了問題，則就無法即時可解決這些問題。所以，小陳公司應在平時就須建立和公司本身關係的供應廠組合資料庫。然而，除了資料庫外，尚需考量產業層級關聯性，因為企業在產業鏈的運作是具有層級關係的，例如：小陳公司向委外廠訂購代工生產，而此委外廠向製造零組件供應廠採買零組件，這些就是產業層級關聯性，因此，在建立組合資料庫時，應先建構有產業層級關聯的產業鏈。如此，才能透過此關聯結構，來即時、有效聚焦的管理這些供應商，進而達到產業資源規劃最佳化的產業競爭績效。

解決 3. 小陳公司所面臨的消費者客戶，是具有客戶數量頗多和主體個人化的特色，因此，要讓每個消費者滿意，則須做到消費者個人化服務，所以，小陳公司必須能掌握到每一個消費者喜好行為分析，這可來自虛擬通路 (社群、Blog、微網誌…等）和實體通路（店面、經銷…）的資料收集，也就是利用雲端平台來增加對不同分群的消費者每一個客製化功能，進而分析是否能帶來顧客的邊際價值，以便來決定是否採取對消費者做此個人化服務。在此案例中，若針對健忘型客戶，可提供具皮包產品追蹤功能，如此就可為此消費者做有顧客價值的個人化服務。

同樣的，若以委外廠角度而言，它所面對的客戶層有 2 個：小陳公司和消費者。當然，它主要客戶仍是小陳公司，但它的主要客戶當然也不是只有一個，所以，所延伸的第二層客戶也不是只有一個或一種。這樣的客戶延伸客戶的層級關聯，就形成了產業聚落，因此，委外廠不僅要管理其主要客戶，也要延伸管理到客戶的客戶，如此才可呈現出產業鏈的顧客價值。而要做到此顧客價值，就必須能執行企業個人化的服務。由於企業在產業鏈中有聚落特性，因此可利用這些聚落特性來形成企業在管理客戶鏈的關聯性，進而運用此關聯性來執行企業個人化服務。在此案例中，就委外生產和品質的關聯性，委外廠可在 ICS 平台中建構委外生產進度查詢和委外客訴回報這二個針對小陳公司所規劃的個人化雲端功能，如此，就可管理到每一個客戶層級的關係，進而創造出顧客價值。

解決 4. 小陳公司因研發委外生產出皮包產品，進而銷售此產品來賺取營業額，因此若產品無法銷售出去或整個營運過程出問題的話，則就沒有營業額收入。在案例中，有四項營運作業和產品本身有關，也就是須將企業營運需求嵌入於產品內，但要發揮其效用，則須將產品改造成智能物品。茲舉在品牌行銷方面例子：雖然產品不免有客訴事件，但應將消費者需求和產品品牌結合成良好形象，以提升消費者對產品正面影響，例如：小陳公司有一款適用於專業人士的公事皮包（附有 RFID），其中裝納空間特別設計可放置並保護平板電腦用途，因此可塑造平板電腦和此公事包結合的專業品牌形象，其運作方法有在雲端平台內記載此款公事包如何收納和保護使用平板電腦的資訊，並且透過消費者的公事包唯一 EPC 碼，在自己的平板電腦連上雲端平台來做工作上的公事包作業（有工作行程安排、備忘筆記 Note…等），另外如此的結合，可讓消費者覺得帶此公事包可和平板電腦專業人士形象綁在一起，而且運用連接軟體公事包功能，增加專業人士工作效率，這樣的塑造產品品牌形象，以便可達到品牌行銷的效益。在具有傳送 NFC（Near Field Communication）機制的平板電腦內，將在連線於雲端平台所提供公事包軟體功能的客戶拜訪行程資訊，事先傳送給儲存於公事包的 RFID 晶片，如此在離線或沒帶平板電腦情況下，就可用手機來擷取並掌握其行程資訊。

chapter

21 創新專題：物聯網為基礎的新一代資訊系統、服務導向的數位行銷管理師職能認證

21-1 物聯網爲基礎的新一代資訊系統－智慧化客戶社群平台

計畫源起

智能產品不僅對消費者（客戶）是一種銷售使用的智慧化商品，更是企業在 IRP（industrial resource planning）環境下的研發設計、行銷通路乃至於整體營運之致能者（enabler）。它是一種以開發在雲端運算和物聯網為基礎的產品設計和行銷、使用，也就是將企業營運需求的服務納入於產品設計中。例如：應用 Apps（軟體功能）強化某優酪乳與在地化過敏指數的關聯性，增加某優酪乳的功能及產品品牌印象。這就是智能產品管理，它是指強調產業間相關企業和供應商和客戶的協同作業與整合所有企業外部內部的資源，並隨著知識經濟盛行和奈米、生技、微機電等高科技發展，客戶這時不僅不再滿足於多產品多功能變化的產品，這時網際網路的軟體技術也已是結合無線行動方案的層次，因此資訊系統的應用是以產業資源整合系統，面對產業鏈緊密生存及影響，其有效結合外部資源已是必備作業模式，但產業鏈生命共同體，才是競爭永續經濟關鍵之處，故如何使產業鏈所有資源在所有企業下達到最佳化，則是產業資源整合系統可使產業獲利的挑戰。例如：利用安裝在車內的感應器來詳細記錄車子每分鐘如何運轉資訊，而汽車保險公司則可從中找出哪些駕駛是安全駕駛或危險駕駛，再據以擬定客製化保單的保費。

計畫目的

物聯網為基礎的新一代資訊系統是一種先進競爭能力。結合以上所述，本計劃目的可簡單歸納為以下幾點：

1. 針對資料自動匯流聚集到某中心平台（Intelligent Customer Social, ICS 平台），而有了這些資料，就可以 BI（商業智慧）技術來建立消費者客製化服務模式。
2. 企業營運需求是和產品形成過程是有很大的關聯性，而且客戶和企業有關聯的焦點就是在於產品本身，所以，企業營運透過產品來管理客戶，可說是最直接便捷的途徑。
3. 建構有產業層級關聯的產業鏈。如此，才能透過此關聯結構，來即時、有效聚焦的管理這些供應商，進而達到產業資源規劃最佳化的產業競爭績效。

計畫範圍

1. 以顧客知識和顧客等級分群來聚焦目標客戶
2. 建構智能物品來達成虛實整合的顧客服務
3. 建構具有產業層級結構和組合的供應商關係
4. 將企業營運需求嵌入於智能物品

計畫內容

本計畫將提出一套方法論論述包含 IRP-based 的智慧化客戶社群、嵌入式知識、虛實整合、層級式顧客結構和分類的顧客服務等四種。

1. **IRP-based 的智慧化客戶社群：**網路社群在產業鏈的企業營運秩序下，其社群應朝專業定位和產業層級來發展，在此，筆者以 IRP-based 的客戶營運社群發展出智慧化客戶社群（Intelligent Customer Social, ICS）平台，如圖 21-1。在此平台中，首先匯流來自於實體通路、B2C、以及網路行銷等途徑的相關客戶營運資訊，其這些資訊透過 ICS 平台功能，來達到虛實整合的顧客服務，其服務主要建構於在產業客戶層級上，也就是消費者客戶→組織型客戶→廠商等客戶層級，並透過 Pull（拉式）和 Push（推式）管理方法來管理這些彼此之間具有結構關係的客戶營運，這裡所謂 Push 管理，是指企業廠商主動向客戶推銷並管理其相關流程和資料。另外，所謂 Pull 管理是指由客戶需求自動化驅動對客戶和企業廠商做彼此之間緊密的供需管理。

   再者，在此 ICS 平台內，為了符合上述運作功能，則須將其平台建構成有層級式客戶結構和分類的關聯性，以及發展出具有顧客價值鏈的個人化服務。有了這二個基礎，將上述客戶營運資訊轉換成顧客知識，並以此顧客知識嵌入於產品設計中，而成為嵌入式知識，最後，結合物聯網和雲端運算分別發展出智能物品和商業智慧雲端運算的功能，再加上嵌入式知識，整合出將企業營運需求納入於產品設計中，以達到智慧化的客戶社群營運。

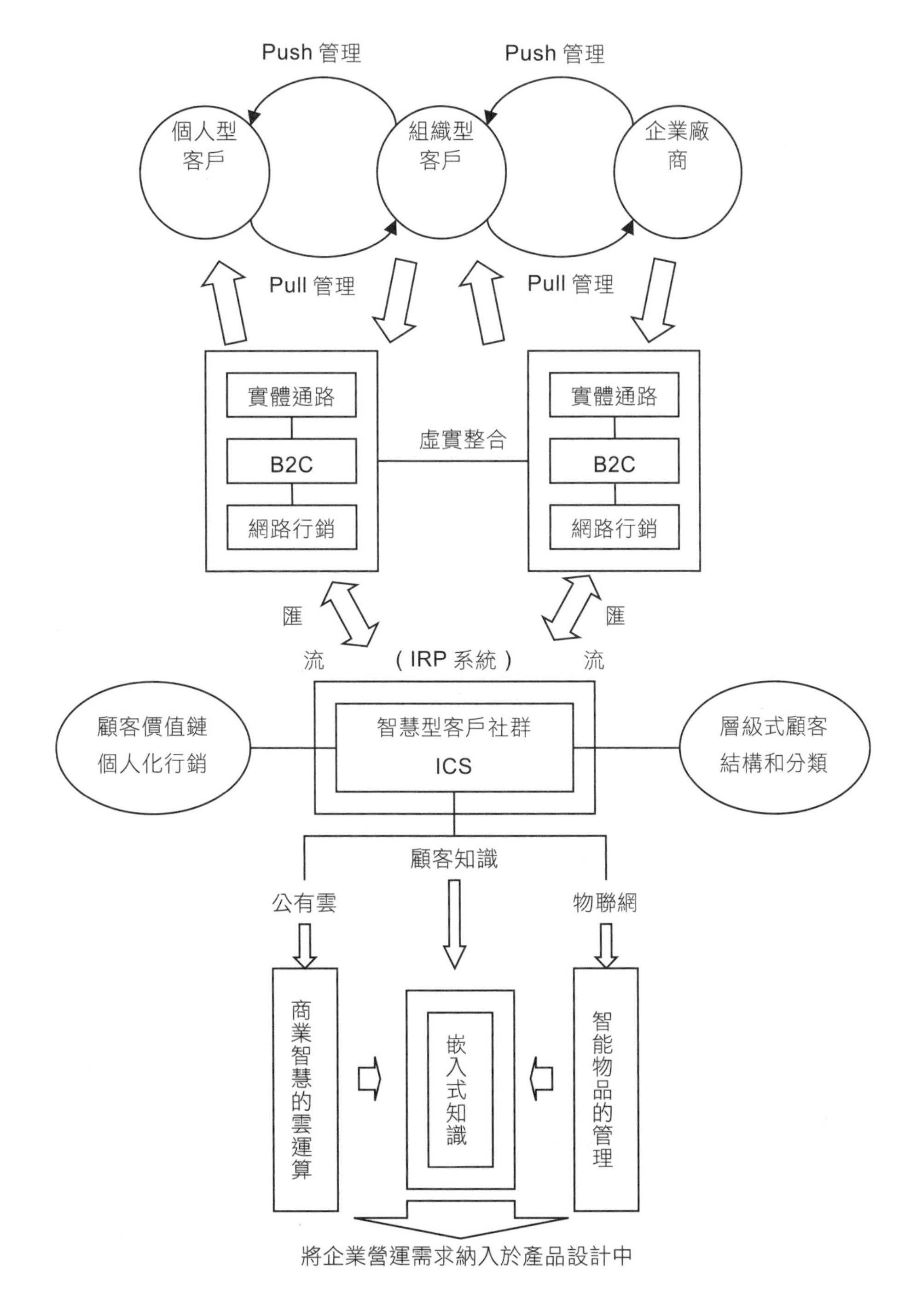

圖 21-1 智慧型客戶社群

2. **嵌入式知識：**「嵌入式知識」是指在於嵌入式系統的軟體介面驅動的特性下，也就是說你可將知識的內容包裝成軟體運算型式，進而來驅動硬體產品的功能。例如：在個人數位助理的嵌入式系統產品，將知識地圖的內容嵌入在軟體介面內，如此企業員工就可透過這個知識型的個人數位助理，來達到知識分享和創造。這就是嵌入式知識系統。它是具有跨領域的整合性、透通性（Transparent）、移植（porting）性能力。例如：從嵌入運算能力的衣服上學習或顯示器嵌入眼鏡來閱讀新聞。例如：運用擴增實境技術去掃瞄、檢視整個書架上書本的位置，以來幫助館員能夠正確、快速地將書本歸位。例如：開發軟體來監控汽車電池的剩餘電量。

3. **虛實整合的顧客服務：**根據其服務作業型態不同，一般可分成無形產品服務，例如有理髮或顧問業等，另一個可分成有形產品的服務，例如：漢堡食品或油品加油等。由於產業解決方案的重心是在服務，故以顧客導向服務，更是重要。若以人力員工方式來為顧客服務，就會受到人力成本影響，而在網路行銷的環境中，是以網路平台方式來為顧客服務，則就不會受到人力成本影響，當然有一些服務是一定須要人力，例如: 美髮工作，但它可將美髮設計型錄化和網路預約等非人力作業，轉換成在網路行銷平台上運作，以便使得受到人力成本影響降低到最低，如此才可突破以往營業額。在產業內，不管是有形或無形產品，都需要在一個實體服務環境中運作，但對於虛擬網路環境中，卻可以搭配成更好的顧客服務組合，進而整合成顧客價值鏈，如圖 21-2。例如：有一個資訊顧問的公司，他會到客戶企業內實際執行資訊系統診斷和輔導的運作，但他可以把診斷運作階段的無形產品，以程式系統對話方式數位化，進而將該數位化產品設計於網路內，以便利用網路做行銷。再例如：有一個販賣 3C 消費性產品的企業，會有一個或連鎖的實體通路店面在運作，但該企業可以把有關 3C 的產品促銷資訊，予以產品的資訊數位化，並設計於網路上，進而做顧客管理的網路行銷。

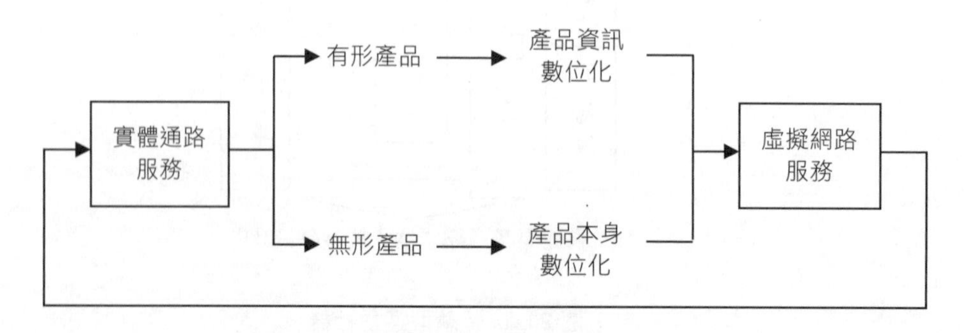

圖 21-2 顧客服務的虛實整合模式

4. **層級式顧客結構和分類：**利用網路行銷工具，例如：社群、Blog、團購是可以聚集相同或類似喜好需求的追求者或同好者，然而這些聚集客戶都只是潛在客戶，而非目標客戶，這也就是為何營業額沒有提升的關鍵所在，所以須將這些潛在客戶以客戶等級和分群來做分類，首先，在客戶等級可分成潛在、目標、準、交易、忠誠客戶等 5 種等級。其等級分類的基準可以 RFM（Recent，Frequency，Money）、再回購率、黏著度、貢獻度等指標來衡量。當然，須和網購訂單資料連接，才可以得出這些指標數據。再者，其客戶分群可以客戶關係基準來對不同客戶層級做分類，其客戶關係基準可分成依顧客回應關係、顧客心智期望關係…等各種基準，例如：依顧客心智期望關係，可分成快速上手型、入門基礎型、專業技術型、產品應用型、好奇新穎型等顧客等級。從上述顧客等級和分群結果，可建立其顧客關係管理資料庫，並從這些資料庫結合顧客知識，來做為和顧客關係產生互動社群效益，進而掌握不同客戶等級，做出適當的行銷決策，以提升營業額。

計畫效益

在今日及未來時代巨輪轉動下，由於氣候變遷、科技極致、小國崛起等三大趨勢接踵而至，其世界已成為全球在地化、在地全球化的生態，而此生態也巨觀（Macro）的改變了當代企業營運和核心競爭風貌，此風貌也微觀（Micro）的造就了產業資源規劃（IRP）的局面。企業和個人透過此 IRP 局面，展開了新一代的核心能力和生存本能之磐石。例如：GiftRocket.com 的送禮服務提供了不用帶著實體卡片，又能讓收禮者在消費過程中充滿彈性和便利性，進而提昇了送禮的效益。例如：Evernote.com 是一套雲端筆記本紀錄的 IRP 系統。Opentable.com 是一家整合所有訂餐業者和消費者的 IRP 系統。在此，智慧化客戶社群就是 IRP-based 的一種磐石。其中企業透過此 ICS 平台來管理客戶層級的營運，而消費者個人也透過此 ICS 平台來管理自己供需的運作，這樣互動溝通的客戶社群營運，如此可來因應全球在地化、在地全球化的生態衝擊，以便求得企業和個人生存競爭之磐石所在。

21-2 服務導向的數位行銷管理師職能認證－產業種子人才跨領域培訓計畫

計畫源起

因應欲推動課程分流計畫(教育部),而目前正值政府勞動部也在推動 TTQS(Taiwan Training Quality System)和職能導向課程認證 http://icap.wda.gov.tw(國際趨勢),所以,本計畫將結合此認證,來發展其認證品質的分流計畫。為輔導及協助學生對 ICT(資通訊)數位展跨各種產業所影響的行銷能力,本計畫特發展「結合職能導向課程分流的產業種子人才跨領域培訓計畫」,針對數位行銷領域所需之特殊技能,參考相關職能基準,開辦一系列課程、實作技術、及實務等相關訓練,以將我國厚實之 ICT 數位科技與數位行銷能量挹注到各產業,以期建立學生對數位行銷在產業舞台上的能量地位,俾使學生具備「畢業即能就業」之能力本職能課程設計內容主要有(1)推動專業實務為導向之課程內容及教學型態變革(2)強化高教人才在校學習歷程與職場體驗之連結規劃(3)引導產業與學系合作深入課程、教學、研發活動。

藉由國際的職能導向課程規劃文獻及最新研究,以及勞動部和 Australian 之職能導向課程認證作業,來了解職能課程的規劃設計,進而應用於學校講授的課程教學大綱,如此課程內容運作就具有實務職能導向的效用,這對於學生學習就更具有職場實務能力,並且若經勞動部審查課程認證通過後,就更具有國家級品質的認可,這不僅會讓產業企業更加肯定學生學習能力品質,更會做為錄用人才的優先依據。如此職能課程的規劃設計可促進教師對職能導向課程規劃知識和產學互相交流,以達成提升教師教學與產學研究能力的目標。

計畫目的

結合以上所述,本計劃目的可簡單歸納為以下幾點:

1. 規劃強調具實務性的認證課程,例如:ERP 實作認證,並且和政府相關單位企業電子化認證結合。
2. 可讓學生就業有認證目標和能力證明。
3. 設計某些實習學分可抵部份認證科目,以加強課程品質和誘因。

計畫範圍

1. 依專才階段，規劃出不同專才種類的分組，讓學生依自己能力意願，來決定分為那一個組別，例如: 系統設計就是一個組別，如此可兼顧專才深入的培養，和自己興趣所在。
2. 成立企業認養學子的機制，由企業和學生做適合性的配對後，規劃出學生專才符合企業的需求。
3. 可結合學生所做的專題題目。
4. 成立類似品管圈的「 專才圈 」，並固定舉辦職能能力產品競賽。

計畫內容

目前各種產業實務培訓認證繁多，而且多以選擇題庫方式，來進行培訓認證作業，如此使得認證效果並無太大實質成效，導致產業對培訓認證品質的質疑，進而影響對人才認證的能力鑑定認同，有鑑於此，本培訓認證期望能和產業職能需求結合，進而養成真正人才認證和評量。本計畫結合產、學、訓及申請政府補助等多方資源，提供學生了解數位行銷管理實務運作之資訊系統平台及使用方式，此以「 職能導向學位課程認證 」來協助大學校院發展特色作法，已開始成為各校發展目標（ 見 http://epaper.heeact.edu.tw/archive/2014/07/01/6196.aspx ）。本計畫預期目的乃在協助縮短產學落差，經由此培訓認證制度，提升學生增加就業競爭力，有效銜接大專院校【 最後一哩 】計劃，並增加雇主聘用意願，進而提昇學校競爭力。所以。本職能認證探討內容如下：

(1)計劃內容知識和說明	職能課程概念、認證、機制、設計	(6)職能分析	職能分析方法
(2)計劃內容運作	ADDIE 和工作表單	(7)發展階段	教學方法規劃表/教材與教學資源規劃表
(3)職能課程整體規劃	職能導向課程總表	(8)實施階段	課程辦理檢核表
(4)分析階段	引用職能及需求表/引用職能範疇表/職能內涵重組表/課程地圖規劃表	(9)評估階段	學習成果評量規劃表/收集學習成果證據表/監控評估機制規劃表
(5)設計階段	教學訓練目標設定表／課程內容規劃表	(10)課程規劃報告和 paper	職能導向課程品質認證自評表/職能導向課程規劃與執行報告書

1. **職能課程目標：**本課程為增進學生對數位科技應用於行銷方面之議題，主要目的在於介紹數位化行銷的相關概念與實務，以及各種新型態的數位化行銷模

式，其中討論最新前瞻科技的趨勢議題，包含雲端商務、LBS（location based service）、物聯網等前瞻性的理論和實務應用內容。並整合資訊及行銷專業知識與技術，以培養產學界對此領域專業人才所需之能力。

此課程主要特色在於數位行銷應用於產業之實務運作，在課程中，將邀請業界專家傳授數位行銷的方法與工具之實務經驗，並透過具體的企業場域來運作數位行銷專案，以便培養同學在數位行銷專案企劃之能力。在產業應用學習上，是運用創新資訊科技資源結合行銷，來有效地支援服務產業行銷領域，進而以提升服務產業運作績效與競爭力，其創新方向是在於企業如何以雲端商務和物聯網為礎石來發展企業經營數位化行銷的模式和作業。

本課程為培養同學運用數位科技來發展數位行銷的能力，將透過實務操作、個案教學、案例演練、證照以及專案導向的方式，將學習化為實務活動，以便增強同學就業及網路創業的職場競爭力。其中在個案教學學習上，是以問題解決創新方案（Problem-Solving Innovation Solution, PSIS）手法，吸引學員從情境故事入門至學習論述方法等起承轉合，漸進鋪陳的過程（包含案例、問題、創新手法、解決方案（科技化服務趨勢及整合）、管理意涵），以更能達到學用合一效益。最後，引導同學擇一企業場域來撰寫實務數位行銷企劃專案。

2. **職能課程執行：**此數位行銷實務課程，乃是針對業界職能所需求的知識、技能、態度這 3 項，來執行整個學期課程，因此，其執行情況主要分成 3 大方向：

 (1) 業師協同教學：此課程邀請不同實務專才的業師，並透過這些業師和同學互動，讓學生更能了解產業需求。

 (2) 學生實務產出：要求學生在實作方面有多元化產出，目的是培養學生實務技能，其實作包括企劃報告、心得、行動報告、競賽、認證考試、PTT 簡報、google 軟體操作等項目，這些產出項目是以實際台灣公司為探討對象，期望學生能主動去了解產業情況和公司營運，以便讓學生更了解業界工作內容。

 (3) 實務課程安排：分別針對數位行銷實務內容，來規劃課程內容，包含 RFID 物聯網、SIP 策略數位行銷、雲端 APP 應用、數位行銷口碑內容、付費內容、品牌內容、搜尋引擎優化、關鍵字廣告、介面的優化、SEO 搜尋引擎優化、可即時透過網路傳送、增加廣告促銷收入、即時民調、市調…等。透過這些安排，讓學生進一步主動學習相關實務內容，可從書本網站、公司等管道，來訓練學生主動尋找資訊、閱讀觀察、分析解決問題等能力。

3. **運作產業實務在學術上的結合：**規劃出這整個運作圖（如下圖），以明確發展學習如何來運作產業實務在學術上的結合。

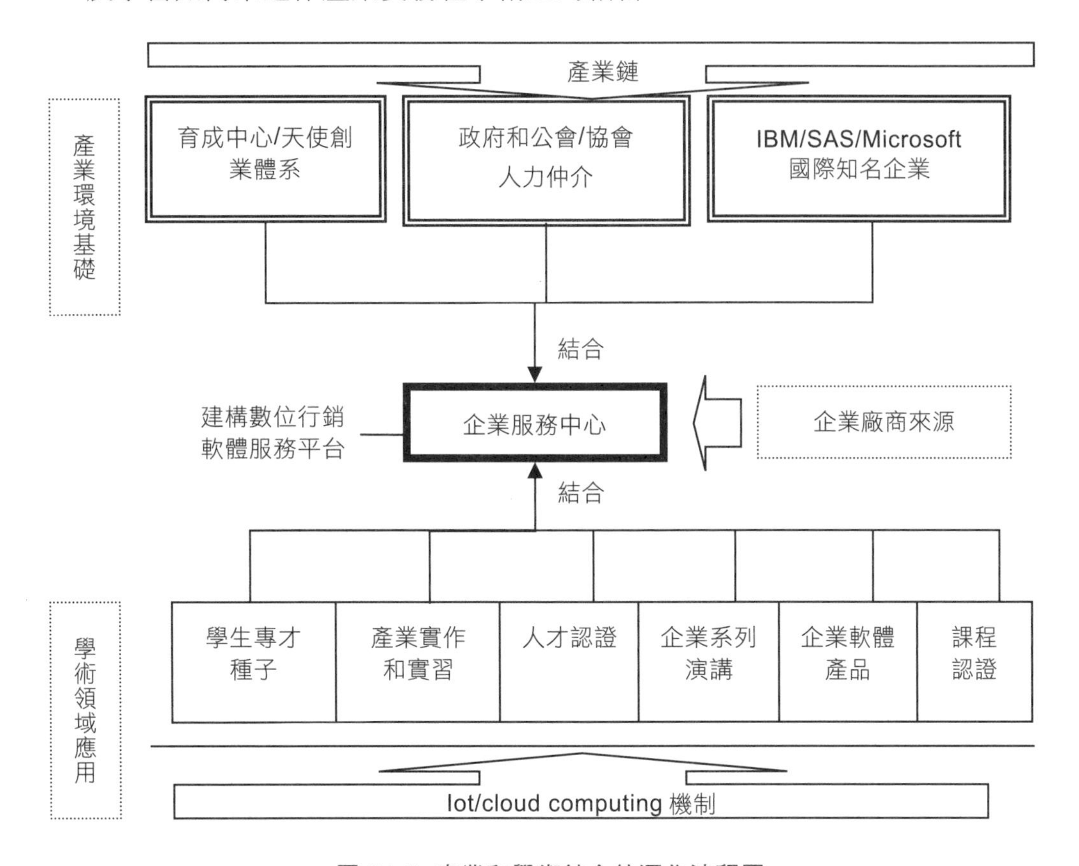

圖 21-3 產業和學術結合的運作流程圖

整個運作流程圖，是以企業服務中心為出發核心。它結合「育成中心天使創業體系」、「政府和公會/協會/人力仲介」、「IBM/SAS/Microsoft 國際知名企業」等組織，以做為發展產業和學術結合的環境基礎。另外也結合「學生專才種子」、「產業實作和實習」、「人才認證」、「企業系列演講」、「企業軟體產品」、「課程認證」等機制，以做為學術領域在產業上的應用。

它包含在 SOA（服務導向架構，Service Oriented Architecture）下的新一代流程整合創新技術 BPM（Business Process Management），用來管理、整合、自動化整體價值鏈流程。並發展出企業數位行銷解決方案的個案知識庫，和企業行銷等媒合網絡平台。並成立企業數位行銷技術論壇，讓師生和企業就技術上做討論和分享。另外就學術專才，提供智慧型的方法，以顯示其差異化的獨特優勢。再則。結合學校育成中心和全國的各個育成中心和天使創業的廠商數位行銷研發計劃，例如：協助廠商提出 SBIR 計劃。再則。結合

IBM/SAS/Microsoft 國際知名企業。參與這些知名企業的軟體產品計劃，例如: AscentnAgilePoint 是微軟最新.NET 技術的企業級 BPM（Business Process Management）解決方案。成為扮演學校角色的夥伴，讓學生在學時就可接觸到知名企業的產業活動，例如：IBM SOA 新秀大賞活動。讓系上能和國際的最新技術有同步接軌的運作，以便邁向國際知名度。

再則規劃強調具實務性的認證課程，例如：數位行銷實作認證，可讓學生就業有認證目標和能力證明。再則。依數位行銷運作的專才階段，規劃出不同專才種類的分組，讓學生依自己能力意願，來決定分為那一個組別，例如：「數位行銷企劃」就是一個組別，如此可兼顧專才深入的培養，和自己興趣所在。同時成立企業認養學子的機制，由企業和學生做適合性的配對後，規劃出學生專才符合企業的需求。再則，可結合學生所做的專題題目和競賽。

4. **職能課程成效：**預期成效可從教學、學習、成果三構面來說明之。

(1) 教學構面

- 讓學生了解實務數位行銷內容。
- 讓學生了解數位行銷職能內容。
- 讓學生了解產業對數位行銷需求內容。
- 讓學生了解數位行銷就業狀況。
- 讓學生了解如何應用數位行銷知識技能來完成工作目標。
- 讓學生了解產業界業師工作經驗和心得。

(2) 學習構面

- 學生如何發展數位行銷工作內容。
- 學生如何發展團隊合作（分組）運作方式。
- 學生如何發展將業界公司案例應用於數位行銷。
- 學生如何發展參與式的問題解決導向之個案學習。
- 學生如何發展實務課程學習方式和態度，它是有別於一般課程。

(3) 成果構面

數位行銷課程	課程學習成果評量和產出								
	課堂討論	實務操作	作業記錄	教學輔導紀錄	業師演講	報告實作	參加競賽	能力鑑定/認證	案例演練
產出	講義	Google analytic	心得報告、個案分享	教學輔導紀錄	業師	實務數位行銷企劃專案報告	數位行銷創新企劃競賽	初階數位行銷認證考試	雜誌
相對應的評量工具	學習成效回應	操作例子	作業	輔導紀錄單	學習成效回應	報告書	競賽過程和結果	認證參與和成績	演練設計

從這些實際產出成果，可知它們是符合業界職能需求的部分成果，而從這些實作產出的運作過程中，更能讓學生感到到業界工作方式、氣氛和知識技能，由於任課老師之前也是在產業界工作，因此在這些產出中，任課老師也給予工作經驗指導和分享，並引進產業案例在這些產出實作報告中，並個別和學生作互動，以確保學生在學習產出的實作成效。本課程利用教育部分流計畫，增建創新服務商業模式能力，進行業界老師課程參與，而為培養同學運用數位科技來發展數位行銷的能力，將透過實務操作、企業場域、個案教學、案例演練、證照以及專案導向的方式，將學習化為實務活動，以便增強同學就業及網路創業的職場競爭力。為能日後增進學生的創新服務商業能力，特別將數位行銷企劃專案的相關步驟，融入課程設計之中，在課程主題逐步增加學生對數位行銷的過程與客戶需求的認知，為日後的數位科技應用於創新行銷打下初步基礎。

計畫效益

採學術研究與實務應用並重，探討更深廣的領域，鼓勵學生深入實作。使學生在進入職場能預作準備，或在現有之工作表現上，能取得領先優勢。在學時就可接觸到企業的產業活動和了解企業組織內所擔任的功能別工作角色，鼓勵及早接觸企業實務，帶領學生實際進入企業進行觀摩並實作，並學習到全球熱門趨勢議題: 雲端商務、Big data 商業分析、物聯網。

appendix

文獻資料來源

1. Stanton, William J., Michael J. Etzel & Bruce J. Walker (1991), Fundamentals of Marketing, 9thed., New York: McGraw-Hill.
2. Kotler, P. & Armstrong, G. (1997). Marketing: An introduction. NJ: Prentice Hall.
3. Cockburn, C. and Wilson, T. D., "Businesses use the world wide web", International Journal of Information Management, Vol.16 (2), (1996), pp. 83-103.
4. Catalano, F., and Smith B. E., Internet Marketing for Dummies, Wiley, John & Sons Incorporated, Hoboken, 2000.
5. Krauss, M., "How the web is changing the customers," Marketing News, Vol. 32 (10), 1998, p. 10.
6. Nisenholtz, K., E. Martin (1994), "How to market on the Net.", Advertising Age, Vol.65 (29), p. 28.
7. Daniel, Online Marketing Handbook (1995).
8. Mehta, R., Sivadas and A. Eugene (1995), " Direct Marketing on the Internet: An Empirical Assessment of Consumer Attitudes." Journal of Direct Marketing,Vol.9 Iss. 3, pp. 21-32.
9. Schultz, Don E.& Tannenbaum Stanley I.& Lauterborn Robert F. (1993). Integrated marketing communications. Lincolnwood, NYC Business Books.
10. Shimp, Terence A.(2000).Advertising, promotion, supplemental aspects of integrated marketing communications. Fort Worth, Tex.：Dryden Press.
11. Steuer, J., "Defining Virtual Reality: Dimensions Determining Telepresence", Journal of Communication, vol. 42, no. 4, 73-93 (1992).
12. Meyer, M.H., & Zack, M.H., "The Design and Development of Information Products", Sloan Management Review, 37 (1), 43-59 (1996).
13. Hoffman, Donna L. & Homas P. Novak (1997), "A New Marketing Paradigm for Electronic Commerce," The Information Society, 13: pp. 43-54.
14. Peterson, R. A., S. Balasubramanian & Bart J. Bronnenberg (1997), "Exploring the Implications of the Internet for Consumer Marketing .", Journal of the Academy of Marketing Science, Vol. 25, No.4, pp. 329-346.
15. Duboff, R., & Spaeth, J. (2000), Researching the future internet. Directing Marketing, 63, pp. 42-54.
16. Hagel Ⅲ, J. & A. G. Armstrong, 1997, Net Gain: expanding markets through virtual communities, Boston: Harvard Business School Press.
17. Angehm, A. A., and Meyer, J. F., "Developing mature Internet strategies: insights from the banking sector", Information Systems Management, Vol. 14, Iss. 3, 2009, pp. 37-43.
18. Peppers, D. and Rogers, M., "Don’t resist marketing automation," Journal of Sales and Marketing Management, Vol. 150, Issue 10, 1997, pp. 32-33.
19. Hoffman, D. L., Novak, T. P., and Chatteriee P., "Commercial scenarios for the web: opportunities and challenges," Journal of Computer Mediated Communications, Vol. 1, 1996.

20. Kotler, P., "Marketing Management: Analysis, Planning, Implementation and Control", 9th ed., New Jersey: David Borkowsky (1997) .

21. Gogan, J. L., "The Web's Impact on selling Techniques：Historical Perspective and Early Observation", International Journal of Electronic Commerce, Vol. 1 (2), Winter (2010).

22. Senn, J. A., "Capitalizing on Electronic Commerce - The Role of the Internet in Summer.Electronic Markets", Information System Management, pp.15-24 (2011).

23. Chaffey, D., "Achieving Internet Marketing Success," The Marketing Review, Vol.1, Iss.1, Autumn 2000, pp.35-59.

24. Kotler, P. and Armstrong G., Principles of Marketing, 9th Ed., Pearson Education, New Jersey, 2000.

25. Kotler, P., Marketing Management, 10th Ed., Pearson Education, New Jersey, 2000.

26. Harris, T. L., Value-Added Public Relations: The Secret Weapon of Integrated Marketing, NTC Publishing Group, New York, 1998.

27. Peterson, R. A., Balasubramanian, S., and Bronnenberg, B. J., "Exploring the Implications of the Internet for Consumer Marketing," Journal of the Academy of Marketing Science, Vol.25, No.4, Fall 1997, pp.329-346. Hanson (2000).

28. Hanson, W., Principles of Internet Marketing, South-Western College Publishing, 2000.

29. Schultz,Don E.&Tannenbaum Stanley I.&Lauterborn Robert F. (1993). Integrated marketing communications. Lincolnwood,Ill.：NYC Business Books.

30. Evolution of Integrated Marketing Communication, Integrated Communication", Advertising Age,Vol：64, Oct.11.

31. Kolter,P (1994), "Marketing management：analysis, planning,implementation, and control", New Jersey：Prentice-Hall, EnglewoodCliffs.

32. Kotler, P. (1991), Marketing Management: Analysis, Planning, Implementation and Control, 6th ed., Prentice-Hall, pp. 454-477.

33. Wu, S., "Internet marketing involvement and consumer behavior," Asia Pacific Journal of Marketing and Logistics, Vol.14, Iss.4, 2002, pp.36-53.

34. Hanson, W., Principles of Internet Marketing, South-Western College Publishing, 2000.

35. Angehm, A. A., and Meyer, J. F., "Developing mature Internet strategies: insights from the banking sector", Information Systems Management, Vol. 14, Iss. 3, 1997, pp. 37-43.

36. Catalano, F., and Smith B. E., Internet Marketing for Dummies, Wiley, John & Sons Incorporated, Hoboken, 2000.

37. Wedgbury, M., "WEB MARKETING", Computer Dealer News, Vol. 16 Issue 23, pp.32. (2009)

38. Steuer, J., "Defining Virtual Reality: Dimensions Determining Telepresence", Journal of Communication, vol. 42, no. 4, 73-93 (1992).

39. Hoffman D.L.,Novak T.P., "Marketing in Hypermedia Computer-Mediated Environments: Conceptual Foundations", Journal of Maketing, Vol. 60, July (1996).

40. Deighton J., "The Future of Interactive Marketing", Harvard Business Review, November-December, pp.151-162 (2010).

41. Meyer, M.H., & Zack, M.H., "The Design and Development of Information Products", Sloan Management Review, 37(1), 43-59 (1996).

42. Roth, J., Web Offset Outlook, American Printer, Chicago, (1998).

43. Hamill, J., "The Internet and international marketing", International Marketing Review, 14(5), pp.300-323 (2008).
44. Dutta, S. & Arie Segev (1999), "Business Transformation on the Internet." European Management Journal, Vol.17, No. 5, pp.466-476.
45. Quelch, J. A., "The Internet and international marketing," Sloan Management Review, Vol. 37, Iss. 3, 19 96, pp. 60-76.
46. Khalil, M. T.(2000),Management of Technology: The Key to Competitiveness and Wealth Creation, the McGraw-Hill Companies, Inc.
47. Kotha, S., 1998, "Competing on the Internet: The Case of Amazon.com", European Management Journal.
48. Hagel Ⅲ, J. & A. G. Armstrong, 1997, Net Gain: expanding markets through virtual communities, Boston: Harvard Business School Press.
49. Quelch, J. A., L. R. Klein (1996), "The Internet and International Marketing.", Sloan Management Review, Spring, pp.60-75
50. 5Rheingold. H., 1993, Virtual community: Homesteading on the electronic frontier, New York: Addison-Wesley.
51. Kinnear, Thomas C. & Kenneth L. Bernhardt (1990), Principles of Marketing, 3rded., Illinois: Scott, Foresman / Little, Brown.
52. Berry, Leonard L. & A. Parasuraman (1991), Marketing Services-Competing through Quality, New York: The Free Press.
53. Peppers D., & Rogers M., "The One to One Future", Doubleday: Currency (1993).
54. Luthans, F. (1992), "Organizational Behavior", Sixth Edition, Prentice-Hall International, Inc.
55. Peppers, D., Rogers M., & Drof B., "Is Your Company Ready for One-to-One Marketing", Harvard Business Review, Jan.-Feb., pp. 151-160 (1999).
56. Kotler, P., Marketing Management, 10th Ed., Pearson Education, New Jersey (2000).
57. Kotler, P. & Armstrong, G., "Marketing: An introduction.", NJ: Prentice Hall (1997).
58. Thedens, R., Relationship Capital: Attracting and Retaining Customers Online, The Digital Economy Forum, Singapore (2001).
59. Surprenant, Carol F. and Michael R. Solomon, "Predictability and Personalization in the Service Encounter, " Journal of Marketing Vol. 51,April 1987, pp. 86-96.
60. Peppers, D., Rogers M., & Drof B., "Is Your Company Ready for One-to-One Marketing", Harvard Business Review, Jan.-Feb., pp. 151-160 (1999).
61. Allen, C., Kania, D., & Yaeckel B., "Internet world guide to one-to-one web marketing", NY, John Wiley & Sons (1998).
62. Pine III, B. J., & Peppers, D., "Do you want to keep your customers forever?", Harvard Business Review, Vol. 73 Issue 2, pp. 103 (1995).
63. Deighton J., "The Future of Interactive Marketing", Harvard Business Review, November-December, pp.151-162 (1996).
64. Seybold, Patricia B. (2000), Customer. Com: how to create a profitable business strategy for the internet and beyond, Patricia Seybold Group, Inc.

65. Blattberg, R.C., & Deighton, J., "Interactive Marketing: Exploring the Age of Addressability", Sloan Management Review, 33 (1), 5-14 (2007).
66. Kalakota & Whinston (1996) Kalakota, R. & A. B. Whinston (1996), Frontiers of Electronic commerce, Addision-Wesley Publishing Company, Inc.
67. Duboff, R., & Spaeth, J. (2000). Researching the future internet. Directing Marketing, 63, pp.42-54.
68. Duboff, R., & Spaeth, J. (2000). Researching the future internet. Directing Marketing, 63, pp.42-54.
69. 1.Kotler, P., Marketing Management：Analysis, Planning.
70. Implementation, and Control, 10th ed., New Jersey ：David Borkowsky (2000).
71. Hughes, A. M., The Complete Database Marketer Second Generation Strategies and Techniques for Tapping the Power of Your Customer Database, Revised ed., McGraw-Hill Publishing Company Inc., (1996).
72. Robert Shaw & Merlin Stone, database marketing : strategy and implementation, New York : John Wiley & Sons, (1990).
73. Colin J. White, "The IBM Business Intelligence Software Solution", Data Base Associates International, Inc., Version 3, March 1999.
74. 5; Tu, H. C., Hsiang, J., "An Architecture and Category Knowledge for Intelligent Information Retrieval Agents," Proc. 31st Annual Hawaii International Conference on System Science, 1998, pp. 405-414.
75. Shoham, Y. (1993). Agent-Oriented Programming,Artificial Intelligence, 60 (1), pp.51-92.
76. Wooldridge M., Jennings, N.R., & Kinny, D. (1999). A Methodology for Agent-Oriented Analysis and Design, in Proceeding of the Third International Conference on Autonomous Agents (Agents'99), Seattle.
77. Yu, Philip S., "Data Mining and Personalization Technologies," 6th Intenational Conference on IEEE, 1999, pp. 6-13.
78. Frawley, W. J., Paitetsky-Shapiro, G. and Matheus, C. J., "Knowledge Discovery in Databases: An Overview," Knowledge Discovery in Databases, California, AAAI/MIT Press, 1991, pp.1-30.
79. Han, J. and K. Micheline, Data Mining: concepts and techniques, Morgan Kaufmann, 2001.
80. Kotler, P., Marketing Management：Analysis, Planning,Implementation, and Control, 10th ed., New Jersey：David Borkowsky, 2000.
81. Hughes, A. M., The Complete Database Marketer Second Generation Strategies and Techniques for Tapping the Power of Your Customer Database, Revised ed., McGraw-Hill Publishing Company Inc., 1996.
82. Robert Shaw & Merlin Stone, database marketing : strategy and implementation, New York : John Wiley & Sons, 1990.
83. Swift, R. S., Acceleration Customer Relationships: Using CRM and Relationship Technologies, Upper Saddle River, Prentice-Hill, New Jersey, 2000.
84. Kahan, S., "Forging long-term relationships" . The Practical Accountant, Vol.31, No.4, pp.675, 1998.
85. Colin J. White, "The IBM Business Intelligence Software Solution", Data Base Associates International, Inc., Version 3, March 1999.
86. Tu, H. C., Hsiang, J., "An Architecture and Category.
87. Knowledge for Intelligent Information Retrieval Agents," Proc. 31st Annual Hawaii International Conference on System Science, 1998, pp. 405-414.

88. Shoham, Y. (1993). Agent-Oriented Programming,Artificial Intelligence, 60 (1), pp.51-92.

89. Wooldridge M., Jennings, N.R., & Kinny, D. (1999). A Methodology for Agent-Oriented Analysis and Design, in Proceeding of the Third International Conference on Autonomous Agents (Agents'99), Seattle.

90. Yu, Philip S., "Data Mining and Personalization Technologies," 6th Intenational Conference on IEEE, 1999, pp. 6-13.

91. Frawley, W. J., Paitetsky-Shapiro, G. and Matheus, C. J., "Knowledge Discovery in Databases: An Overview," Knowledge Discovery in Databases, California, AAAI/MIT Press, 1991, pp.1-30.

92. Han, J. and K. Micheline, Data Mining: concepts and techniques, Morgan Kaufmann, 2001.

93. Swift, R. S., Acceleration Customer Relationships: Using CRM and Relationship Technologies, Upper Saddle River, Prentice-Hill, New Jersey, 2000.

94. Kahan, S., "Forging long-term relationships" . The Practical Accountant, Vol.31, No.4, pp.675, 1998.

95. Kalakota, Ravi and Marcia Robinson (2001), e-Business 2.0,Roadmap for Success,Addison Wisley, 2001.

96. :Kalakota, Ravi and Marcia Robinson (2001), e-Business 2.0,Roadmap for Success,Addison Wisley, 2001.

97. Tiwana, A. (2001), The Essential Guide to Knowledge Management, Prentice Hall PTR, Upper Saddle River, NJ, 2001.

98. Swift, Ronald S. (2001), Accelerating Customer Relationship, 1st ed., Prentice Hall, Upper Saddle River, N. J.

99. Winer, Russell S. (2001), "A Framework for Customer Relationship Management," California Management Review, Vol. 43, No. 4, pp. 89-105.

100. Strauss, Judy and Raymond Frost (2001), E-Marketing. Upper Saddle River, NJ: Prentice Hall.

101. Prahalad, C. K. and Venkatram Ramaswamy, "Co-opting Customer Competence," Harvard Business Review, Vol. 78, No. 1, 2000, pp. 79-87.

102. Cronin, M. J., Banking and Finance on the Internet, Wiley, John & Sons Incorporated, Hoboken, 1997.

103. Yu, Philip S., "Data Mining and Personalization Technologies," 6th International Conference on IEEE, 1999, pp. 6-13.

104. Mehta, Raj and Eugene Sivadas, "Direct Marketing on the Internet: An Empirical Assessment of Consumer Attitudes," Journal of Direct Marketing, Vol. 9, No. 3, summer, 1995

105. Smith, Ellen Reid (2001), "Seven steps to building e-loyalty,"Medical marketing and Media, Boca Raton, Vol.36 (Mar), pp. 94-102.

106. Cronin, M. J., Banking and Finance on the Internet, Wiley, John & Sons Incorporated, Hoboken, 1997.

107. Henard, David H. and David M. Szymanski(2001), "Why Some New Products Are More Successful Than Others,"Journal of Marketing Research, Vol. 38(August), pp. 362-375.

108. Eighmey, J. (1997), "Profiling User Reponses to Commercial Web Sites,"Journal of Advertising Research, pp. 21-35.

109. Berry, L. L. (1995), "Relationship Marketing of Services-Growing Interest, Emerging Perspectives,"Journal of the Academy of Marketing Science, "Vol. 23 (4), pp. 69-82.

110. Leonard-Barton, Dorothy(1992), "Core Capabilities and Core Rigidities: A Paradox inManaging New Product Development,"Strategic Management Journal, vol. 13, 111-125.

111. Lu, Y., Loh, HT, Ibrahim, Y., Sander, PC && Brombacher, AC (1999), "reliability in a time driven product development process", Quality and Reliability Engineering International 15, 427-430.

112. U.M. Fayyad et al., 1996, "Advances in Knowledge Discovery and Data Mining", AAAI Press/ The MIT Press, Menlo Park.

113. Fayyad (1996), " Data Mining and Knowledge Discovery: Making Sense out of Data," IEEE Expert, Vol.11, No.5,pp.20-25.

114. Logan, D. and Caldwell, F., "Knowledge Mapping: Five Key Dimensions to Consider, Gartner-Group," 2000.

115. Tiwana, A., "The Knowledge Management Toolkit," N.J.: Prentice Hall, 2000.

116. Vaidynathan, R. (2002), "Wireless and Mobility Enterprise Application Deployments", eAI Journal, September 2002, pp.26-28.

117. Gunasekaran, A. and E. Ngai (2003), "Special Issue on Mobile Commerce (M-Commerce): Strategies, Technologies and Applications (MCSTA)", Decision Support System, 2003.

118. Tarasewich P., R. C. Nickerson and M. Warkentin (2002), "Issues in Mobile E-Commerce", Communications of the Association for Information System, 2002, Vol. 8, pp.41-64.

119. Siau, K., Ee-Peng Lim and Zixing Shen (2001), "Mobile Commerce: Promises, Challenges, and Research Agenda", Journal of Database Management, July-Sept 2001, pp. 4-13.

120. Geoff Vincent (2001), "Learning from i-mode,"IEE Review, pp.13-18.

121. Gabrielsson, M.; Gabrielsson, P.,Internet-based sales channel strategies of born global firms,International Business Review Volume: 20, Issue: 1, February, 2011, pp. 88-99.

122. Chiang, Chi; Lin, Chiun-Sin; Chin, Shun-Peng, Optimizing time limits for maximum sales response in Internet shopping promotions, Expert Systems With Applications Volume: 38, Issue: 1, January, 2011, pp. 520-526.

123. Arnold, Ivo J.M.; van Ewijk, Saskia E.,Can pure play internet banking survive the credit crisis?, Journal of Banking and Finance Volume: 35, Issue: 4, April, 2011, pp. 783-793.

124. Zhang, Xueqing, Web-based concession period analysis system, Expert Systems With Applications Volume: 38, Issue: 11, October, 2011, pp. 13532-13542.

125. Hertweck, Bryan M.; Rakes, Terry R.; Rees, Loren Paul,Using an intelligent agent to classify competitor behavior and develop an effective E-market counterstrategy, Expert Systems With Applications Volume: 37, Issue: 12, December, 2010, pp. 8841-8849.

126. Liao, Shu-hsien; Chen, Yin-ju; Hsieh, Hsin-hua, Mining customer knowledge for direct selling and marketing, Expert Systems With Applications Volume: 38, Issue: 5, May, 2011, pp. 6059-6069.

127. Yuan, Soe-Tysr; Fei, Yan-Lin, A synthesis of semantic social network and attraction theory for innovating community-based e-service,Expert Systems With Applications Volume: 37, Issue: 5, May, 2010, pp. 3588-3597.

128. Llopis, Juan; Gonzalez, Reyes; Gasco, Jose,Web pages as a tool for a strategic description of the Spanish largest firms, Information Processing and Management Volume: 46, Issue: 3, May, 2010, pp. 320-330.

129. Chen, Deng-Neng; Hu, Paul Jen-Hwa; Kuo, Ya-Ru; Liang, Ting-Peng, A Web-based personalized recommendation system for mobile phone selection: Design, implementation, and evaluation,Expert Systems With Applications Volume: 37, Issue: 12, December, 2010, pp. 8201-8210.

130. Alireza Hassanzadeh, Leila Namdarian, Sha'ban Elahi," Developing a framework for evaluating service oriented architecture governance (SOAG)", 2010.

131. I.-Hsin Chou, "Service-o riented architecture for an overall radioactive waste package record management system", 2011.
132. David Isern, David Sánchez, Antonio Moreno, "Organizational structures supported by agent-oriented methodologies", 2010.
133. Kun-Chieh Yeh, Ruey-Shun Chen, Chia-Chen Chen, "Intelligent service-integrated platform based on the RFID technology and software agent system ", 2010.
134. Özgün Yılmaz,Rıza Cenk Erdur, "iConAwa-An intelligent context-aware system", 2011.
135. EPCGlobal Taiwan,"Foundation Certificate in EPC Architecture Framework 認證考試標準訓練教材 "，2009。
136. Luigi Atzori, Antonio Iera, Giacomo Morabito,"The internet of things : A survey", Computer Networks, Volume 54, Issue 15, Pages 2787-2805, 2010.
137. Rolf H. Weber,"Internet of things - New security and privacy challenges", Computer Law & Security Review, Volume 26, Issue 1, Pages 23-30, 2010.
138. Rolf H. Weber," Accountability in the Internet of Things", Computer Law & Security Review, Volume 27, Issue 2, Pages 133-138, 2011.
139. Rodrigo Roman, Cristina Alcaraz, Javier Lopez, Nicolas Sklavos, "Key management systems for sensor networks in the context of the Internet of Things", Original Research Article,Computers & Electrical Engineering, Volume 37, Issue 2, Page 147-159, 2011.
140. Nathalie Mitton, David Simplot-Ryl," From the Internet of things to the Internet of the physical world ", Comptes Rendus Physique, Volume 12, Issue 7, Page 669-674, 2011.
141. GS1, "EPCglobal Standards Overview", http://www.epcglobalinc.org/standards, 2011.
142. Georg Lackermair, "Hybrid cloud architectures for the online commerce", Original Research ArticleProcedia Computer Science, Volume 3, Page 550-555, 2011.
143. Fekete ZOLTÁN ALPÁR, "Matchmaking Framework for B2B E-Marketplaces", 2010.
144. Jesus Bobadilla, Antonio Hernando, Fernando Ortega, Jesus Bernal, "A framework for collaborative filtering recommender systems", 2011.
145. Tuan Hung Dao, Seung Ryul Jeong, Hyunchul Ahn, A novel recommendation model of location-based advertising: Context-Aware Collaborative Filtering using GA approach, 2011.
146. Kun-Chieh Yeh,Ruey-Shun Chen,Chia-Chen Chen,"Intelligent service-integrated platform based on the RFID technology and software agent system",Expert Systems with Applications, 38, Page 3058-3068, 2011.
147. Luigi Atzori, Antonio Iera, GiacomoMorabito,"The internet of things:A survey",Computer Networks, Volume 54, Issue 15, Page 2787-2805, 2010.
148. Rolf H. Weber,"Internet of things - New security and privacy challenges", Computer Law & Security Review, Volume 26, Issue 1, Page 23-30, 2010.
149. Rolf H. Weber, "Accountability in the Internet of Things", Computer Law & Security Review, Volume 27, Issue 2, Page 133-138, 2011.
150. Tuan Hung Dao, Seung Ryul Jeong, Hyunchul Ahn, "A novel recommendation model of location-based advertising: Context-Aware Collaborative Filtering using GA approach", Expert Systems with Applications, 39, Page 3731 -3739, 2011.

網路行銷與創新商務服務--雲端商務和物聯網個案集(第四版)

作　　者：陳瑞陽
企劃編輯：江佳慧
文字編輯：江雅鈴
設計裝幀：張寶莉
發 行 人：廖文良

發 行 所：碁峰資訊股份有限公司
地　　址：台北市南港區三重路 66 號 7 樓之 6
電　　話：(02)2788-2408
傳　　真：(02)8192-4433
網　　站：www.gotop.com.tw
書　　號：AEE032833
版　　次：2018 年 04 月四版
建議售價：NT$540

國家圖書館出版品預行編目資料

網路行銷與創新商務服務：雲端商務和物聯網個案集 / 陳瑞陽著.
-- 四版. -- 臺北市：碁峰資訊, 2018.04
面；　公分
ISBN 978-986-476-756-4(平裝)
1.網路行銷　2.電子商務
496　　107003022

讀者服務

- 感謝您購買碁峰圖書，如果您對本書的內容或表達上有不清楚的地方或其他建議，請至碁峰網站：「聯絡我們」\「圖書問題」留下您所購買之書籍及問題。(請註明購買書籍之書號及書名，以及問題頁數，以便能儘快為您處理)
http://www.gotop.com.tw
- 售後服務僅限書籍本身內容，若是軟、硬體問題，請您直接與軟、硬體廠商聯絡。
- 若於購買書籍後發現有破損、缺頁、裝訂錯誤之問題，請直接將書寄回更換，並註明您的姓名、連絡電話及地址，將有專人與您連絡補寄商品。
- 歡迎至碁峰購物網
http://shopping.gotop.com.tw
選購所需產品。